U0291495

倾吐真情之心　还艺术于人民

——祝贺《杭州西湖风景园林艺术》付梓

孟　兆　祯

这本书编著人林福昌同道是一位谦虚平和的人。毕业后分配到杭州数十年如一日，从满头青丝到一头银发，通过反复地身游和无尽的思致，对西湖的风景园林有了深有所得的积累，通过多次作论文论述，最终积累成本书。我诚挚地向他和致力于本书的全体工作人员表示同道的感谢和衷心的祝贺。

正如苏轼人有诗末句行言"西湖艺术"雄能识其全。本书的内容就园林而言是比较全的。对博真的风景园林艺术"从史出论"地作了科学和艺术的论证，论点鲜明正确，论据充分和生动。钱学森先生说"中国园林是科学的艺术。"王菊渊先生说"中国园林有独特优秀的民族传统"。美学家李泽厚先生用现代语言归纳了中国园林的特色是"人的自然化和自然的人化"，也就是"天人合一"的园林。尊重自然，极尽自然之美，而又主张"师物固人成胜概"。美学分为自然美，社会美和艺术美。我们是将社会美寓于自然美的风景园林艺术美。意在于先，藉"迁想妙得"化意为象，迁想就是园林的借景和文学中的比兴。以浙省为言，而言，西湖山水本是自然的恩赐，但纯朴的自然不能满足人的"赏心文心"要求和"赏心悦目"的需求，于是唐代建白堤使孤山与文翠相连，不仅孤山不孤而且营造了西湖十景中两景。"东坡横亘白沙隄"，又连南接通南北，这是综合的筹措，由水利带动，便利了交通，更划分了水空间的层次。西湖有了里外分，三岛兴建于三个朝代，最后形成山中有湖，湖中有岛，岛中有湖，长堤卧波，三岛鼎立的山水画集。"山水以形媚道"，无尽文化蕴涵，极为人间天堂，也是中国园林风景园林的地标（此据托先生语），中国可贵的是历五朝代兴建，尤为一人执笔。

古代的画集有"画必俱山水"，中国版图土要是山水。

古言"大事成于细"，如果说"兵不厌诈"，那就是"画不厌精"。孤山西端岳王庙内的岳坟设计很成功。庙有半字篆"精忠柏"，传说岳飞蒙害风波亭有柏树，地说"忠良遭害我也不活了"，这是一块柏树的木化石。庙内塔背刻人骂，有岳母刺字的"尽忠报国"四个显目的大字，两旁有岳飞涛帅和敌溃岳飞的浮雕，下屋为火海，两边向外破墙成金城汤池，半湖主人解此事的主业。入庙侧首西两旁有此彼铸成秦桧对使跪相，门联"青山有幸埋忠骨，白铁无辜铸佞臣。"更在强调的"敬忠憎奸"的情感"分屁检"，中国人对敌人是"惟不共碎是方程"，设计者巧借某检是一种既适宜劳方尤为。苏州木渎清苔古怪建筑梦的形象情节尤觉很深是"腐朽灵奇"，分屁检本做引。

本书收集的资料全，可以查古和上历史变迁，如将"满州米芾言像介绍传作情景，资料全面细致，还有不少史迹都有历史依据。可看得出作者的真实感情。以艺术修辞西湖风景园林。艺术本来是人民创造的，作者取之于民，而又还于民。

西湖风景园林艺术

林福昌 著

中国建筑工业出版社

序

倾吐真悟之心 还艺术于人民

——挚贺《西湖风景园林艺术》付梓

孟兆祯

这本书编著人林福昌同道是一位谦逊、祥和的人，毕业后分配到杭州数十年如一日，从满头青丝到一头银发，通过反复地身游和无尽的思考，对西湖的风景园林有了深有所悟的积累，通过多次作论文论述，最终积累成本书，我诚挚地向他和致力于本书的全体工作人员表示同道的感谢和衷心的祝贺。

正如苏圣人有诗末句所言，西湖艺术"谁能识其全"。本书的内容就园林而言是比较全的，对悟真的风景园林艺术"从史出论"地作了科学和艺术的论证，论点鲜明正确，论据充分和生动。钱学森先生说"中国园林是科学的艺术"。汪菊渊先生说："中国园林有独特优秀的民族传统"。美学家李泽厚先生用现代语言归纳了中国园林的特色是"人的自然化和自然的人化"，这就是"天人合一"的园林。尊重自然，极尽自然之美，而又主张"景物因人成胜概"。美学分为自然美、社会美和艺术美，我们是将社会美寓于自然美的风景园林艺术美，意在手先，借"迁想妙得"，化意为象，迁想就是园林的借景和文学中的比兴。从布局艺术而言，三面湖山是自然的恩赐，但纯朴的自然不能满足人的"景面文心"要求和"赏心悦目"的要求，于是唐代建白堤使孤山与东岸相连，不仅孤山不孤，而且营造了西湖十景中两景。"苏堤横亘白堤纵"，又建苏堤通南北，这是综合的举措，由水利带动，便利了交通，更划分了水空间的层次，西湖有了里外之分。三岛兴建于三个朝代，最后形成山中有湖，湖中有岛，岛中有湖，长堤纵横，三岛散点的山水间架。"山水以形媚道"，无尽文化蕴涵，成为人间天堂，也是中国园林、风景园林的地标（孙筱祥先生语），中国可贵的是历五朝代兴建，犹如一人执笔。

古代的国策有"国必作山水"，中国版图主要是山水。古言"大事成于细"，如果说"兵不厌诈"，那就是"国不厌精"。孤山西端岳王庙内的岳坟设计很成功，门前半亭安"精忠柏"，传说岳飞遇害风波亭有柏树，它说"忠良遇害我也不活了"，这是一块柏树的木化石。进门墙背如人背，有岳母刺字的"尽忠报国"四个醒目的大字，两旁有岳飞诗廊和歌颂岳飞的诗廊，中庭为水池，两进间为城堞，以"金城汤池"表明主人翁从事的主业。入城洞背面两旁有生铁铸成秦桧等奸倭跪相，门联："青山有幸埋忠骨，白铁无辜铸佞臣"。最应强调的"敬忠、锄奸"的借景"分尸桧"。中国人对敌人是"恨不得碎尸万段"，设计者巧借秦桧之桧是一种树，遭雷劈后，犹如苏州木渎清、奇、古、怪遭雷劈的形象，借景最高境界是"臆绝、灵奇"，分尸桧木做到了。

本书收集的资料全，可以查出景点历史变迁，如将小瀛洲来龙去脉介绍得很清楚。资料全面而细微，还有不少变迁都有历史依据，可以看得出作者的真实感情。以艺术诠释西湖风景园林，艺术本来是人民创造的，作者取之于民，而又还之于民。

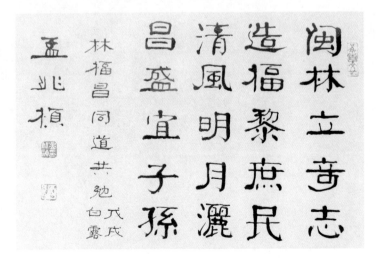

目录

倾吐真悟之心　还艺术于人民
——挚贺《西湖风景园林艺术》付梓——————————— 孟兆祯

第一节　杭州自然环境概况

杭州地处长江三角洲的南翼，钱塘江下游，京杭大运河的南端。地理位置为东经120°16′，北纬30°15′。

杭州的地势由西南向东北倾斜，连接山峦起伏的天目山地，为海拔500米以下的低山丘陵。东北部地势平坦，连接河网交叉的杭嘉湖平原，海拔为黄海标高3～10米。杭州有钱塘江、京杭大运河、上塘河、余杭塘河等城市河道470条，纵横于东北平原，河荡交错，总长达1000多公里，构成密布的水网。

杭州属亚热带北缘季风气候。年平均气温16.27摄氏度，极端最高气温42.1摄氏度（1930年8月10日），极端最低气温-10.5摄氏度（1916年1月24日），年平均降水量1452.5毫米，年平均蒸发量1235.22毫米，年平均无霜期250天，年平均太阳总辐射量100～110千卡/平方厘米，年平均日照时数1900小时，年平均空气相对湿度78%，年平均风速8.1米/秒。总的气候特征是气候温和、雨量充沛、日照较长、四季分明。

杭州属亚热带常绿阔叶林区，温湿的气候和多样的自然环境为动植物创造了优越的生存条件。常绿植物以壳斗科的苦槠、青冈栎、石栎，樟科的香樟、浙江樟、大叶楠，以及杜英、木荷、冬青和杜鹃花科植物为主。西湖山林植被类型主要有亚热带针叶林、常绿阔叶林、常绿与落叶阔叶混交林、落叶阔叶林、针阔叶混交林、竹林等。西湖景区内共有各类动物1000余种。

第二节　杭州历史沿革

杭州是全国重点风景旅游城市和历史文化名城。

早在新石器时代，位于杭州近郊的老和山、半山水田畈、良渚、反山和瑶山等地就有人类在此繁衍生息，从事原始的农业生产，兼营渔猎和畜牧，创造了以玉器和黑陶为特征的、灿烂的远古文化，考古学上称之为"良渚文化"。作为世界文化遗产的良渚

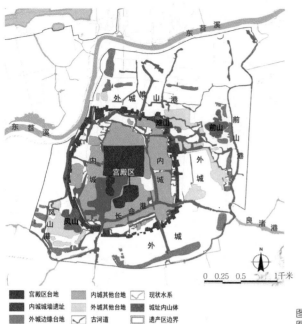

图1-1　良渚古城遗址城址区结构图
图片来源：《良渚古城申遗正本》

古城遗址是实证中华五千年文明史的圣地，展现中华文明已进入了早期国家形态（图1-1）。

春秋战国时期（公元前770—前221年），吴越两国争霸，杭州先属吴，后属越，辖属不定。秦始皇统一六国之后，建立了我国历史上第一个多民族的、统一的、中央集权的封建国家，推行郡县制。公元前222年设立钱唐县，隶属会稽郡。至南北朝，改县治为郡治，称钱唐郡。西汉时，钱唐县地位逐渐显要。汉武帝元狩年间（公元前122—前117年），会稽郡的治安军事机构西部都尉治设在钱唐，钱唐改称为"泉亭"。东汉建立后，又恢复钱唐县旧名。汉顺帝时（125—144年），会稽以钱塘江为界一分为二，江北增置吴郡（治所为今苏州），钱唐县隶属吴郡。

三国两晋和南北朝时，北方战事不断，大量人口南迁，促进了钱塘江流域的开发和航运业的发展，钱唐县的经济得到发展。沿江码头遍布，居民也在江边定居，但钱江怒潮成为钱唐县居民的最大隐患。南朝刘宋政权时期（420—479年），钱唐县令刘道真在《钱唐记》中记述了汉末都议曹华信筑塘（堤）的故事，故名"钱唐"。南朝萧梁政权（502—557年）将钱唐县升为临江郡，南朝陈时期（557—589年）又改为钱唐郡。从此钱唐县治所就成为郡治之所。

隋开皇九年（589年），文帝杨坚灭陈，结束了魏晋以来长期分裂的局面。隋朝废除钱唐郡，建置杭州，这是杭州名称的起始。州治设在余杭，钱唐成为杭州的属县。大臣杨素在凤凰山山脚建杭州州城，隋开皇十一年（591年）杭州州治迁移到凤凰山麓的柳

图1-2 京杭大运河杭州主城区段拱宸桥（孙小明 摄）

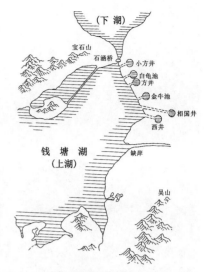

图1-3 钱塘六井位置分布图
图片来源：《中国古代灌溉工程技术史》

浦。隋大业六年（610年），隋炀帝重新疏凿和拓宽了长江以南的运河故道，形成了从京口（今镇江）经苏州、嘉兴到杭州的"江南运河"（图1-2），促进了杭州经济、文化的发展，使杭州逐渐成为"川泽沃衍，有海陆之饶，珍异所聚，故商贾并辏"的大郡。

到了唐代（618—907年），杭州又称余杭郡，始属江南东道，后又隶属浙江西道，昭宗时升为大都督府。此时，杭州日渐繁荣，其丝绸业、造船业均有较大发展，有"东眄巨浸，辖闽粤之舟樯；北依郭邑，通商旅之宝货"[1]"骈樯二十里，开肆三万室"[2]的记载，可见当时的盛况。自唐朝以来，唐德宗建中年间（781—784年），李泌（722—789年）任杭州刺史。当时杭州处于低湿盐卤地区，地下水苦咸，不能饮用，李泌组织市民开凿了相国井、西井（俗称化成井）、方井（俗称四眼井）、白龟池、小方井（俗称六眼井）和金牛池等六个大井，采用"阴窦"的方法开引西湖水入城，让居民饮用淡水，促进了城市的发展。唐长庆二年（822年），白居易任杭州刺史，重修六井，修筑长堤，进一步治理西湖和开发杭州，使杭州成为四方辐辏、海外交通日益发达的"东南名郡"，也使杭州成为"绕郭荷花三十里，拂城松树一千株"的风景城市。

公元907年，朱温逼迫唐哀帝"禅让"，自立国号为"梁"，史称"后梁"。此时群雄割据。钱镠于后梁龙德三年（923年）正式接受后梁册封成为吴越国国王。吴越国地有十三州一军八十六个县，定都杭州。

---

① （唐）罗隐《杭州罗城记》。
② （唐）李华《杭州刺史厅壁记》。

图1-4　南宋临安市井繁荣图
图片来源：杭州博物馆

在此之前，钱镠已对杭州旧城进行过两次扩建。分别在唐昭宗太顺元年（890年）筑夹城，城墙长五十余里；唐昭宗景福二年（893年）新筑罗城，周长七十里，建十个城门。城楼东西五十步，南北减半；杭州城南北长、东西窄，形如腰鼓。后梁太祖开平四年（910年），钱镠第三次大规模拓建城池，扩展城市东南部，达三十余里；为消除钱塘江潮对杭州城市安全的隐患，钱镠组织民众兴建从六和塔至艮山门的一条海塘。海塘采用竹笼装石与泥土交替密排，堆成泥塘，塘外又植"梶桩十余行，以折水势"，泥塘之内，再筑石塘，后人称为"钱氏捍海塘"或"钱氏石塘"[①]，石塘附近"悉起台榭，广郡郭周三十里"。钱镠又凿平了钱塘江中的罗刹石（浅石滩），使江运畅通，促进了海外贸易。"舟楫辐辏，望之不见其首尾。"[②]杭州真正成为"大都""名郡"始于五代吴越钱氏。吴越国在钱氏治理下"邑屋华丽，盖十余万家"，繁荣富盛。

978年，钱弘俶纳土归宋，杭州为北宋两浙路路治。杭州经大批重臣名流精心治理，中原文化与吴越文化磨合交融为一体，社会经济、文化事业和自然科学等得到突飞猛进的发展。宋仁宗为梅挚题诗壮行有云："地有湖山美，东南第一州"。南宋著名诗人范成大于绍熙二年（1191年）在《吴郡志》中第一次使用"天上天堂，地下苏杭"的赞语。

南宋偏安杭州，"高宗南渡，民之从者如归市"，因中原人口大量南迁，临安府人

① （清）李卫《浙江通志·卷六十二·海塘》。
② （宋）薛居正等《旧五代史·卷一三三·世袭列传》。

口增至120多万，一跃成为当时我国乃至世界上最大都会之一，都市经济和文化发展达到了历史高峰。作为南宋中央政权所在地，杭州建造了九里皇城和辉煌的宫殿，还有大量的皇家御园和贵戚第宅，"一色楼台三十里"，大小园囿不知其数。南宋成为杭州的帝王宫苑（皇家园林）、第宅园林（私家园林）、寺庙园林的大发展时期，仅佛教寺庙就从360所增至480所，并出现了"西湖十景"的品题。

作为五代吴越和南宋（1127—1279年）的都城，杭州在这两个历史阶段出现经济、社会、文化发展的两次高峰，成为当时东南地区的政治、经济、文化中心（图1-4）。柳永在《望海潮》中写道："东南形胜，三吴都会，钱塘自古繁华"。欧阳修在《有美堂记》称赞吴越都会盛况时说，"钱塘自五代时，知尊中国，效臣顺。及其亡也，顿首请命，不烦干戈。今其民富足安乐，又其习俗工巧，邑屋华丽，盖十余万家，环以湖山，左右映带。而闽商海贾，风帆海舶，出入于江涛浩渺、烟云杳霭之间，可谓盛矣"。苏轼在《表忠观记》刻碑中也描述说："吴越地方千里，带甲十万，铸山煮海，象犀珠玉甲于天下"。据陶谷《清异录》载，杭州北宋时已有"地上天宫"之说，并有"万物富庶的东南第一州"的美誉。

南宋景炎元年（元世祖至元十三年，1276年），元军兵不血刃占领杭州。南宋祥兴二年（至元十六年，1279年）南宋灭亡。元代作为一个欧亚大一统的庞大帝国，东西陆海一时大为畅通，给杭州带来了进一步发展。京杭大运河沟通杭州与大都，促进杭州工商业发展。此时的杭州经济繁盛，海外贸易兴盛，成为胡商麇集之所，为当时东方富庶的国际性都市。作为江浙行中书省（简称"江浙行省"）的省会，杭州是元代东南统治中心，也是这个多元文化和各民族融合的统一帝国中经济文化交流融合的中心城市之一。杭州也是元代文化艺术（诗歌、书画、戏剧）的传承、创作、革新和表演中心。当时西湖风光依旧，园林名胜密布。正如1275年来华，在华任职、生活17年的马可·波罗（1254—1324年）在游记中记述："世界上最美丽华贵的天城""世界诸城无有及者，人处其中自信为置身天堂"。另外，鄂多立克（意大利人）、马黎诺里（意大利人、传教士）、伊本·白图泰（摩洛哥人）分别于1322年、1345年、1347年来到杭州游历，分别著有《东游录》《奉史东方录》《伊本·白图泰游记》，他们称杭州是"全世界最大的城市""天堂之城""最美丽、最伟大、最富裕、人口最稠密，总之最为奇特之城，繁华富庶，冠绝一时"。后因杭城内外运河年久失浚，且河不通江之故，商业日渐萧条，又遭多次重大火灾和兵患，无力恢复，致"数百年浩繁之地，日就凋敝，实基于此"。又因政治区域大为减缩，失去了大都会的地位，"东南第一州"亦不复保持（图1-5~图1-7）。

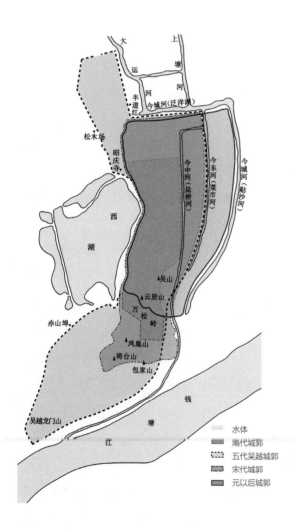

图1-5 隋至元代杭州城址变迁图
图片来源：杭州博物馆

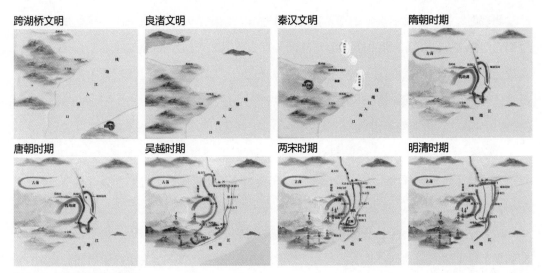

跨湖桥文明	良渚文明	秦汉文明	隋朝时期
唐朝时期	吴越时期	两宋时期	明清时期

图1-6 杭州城市形成示意图
图片来源:《杭州总体城市设计概要》

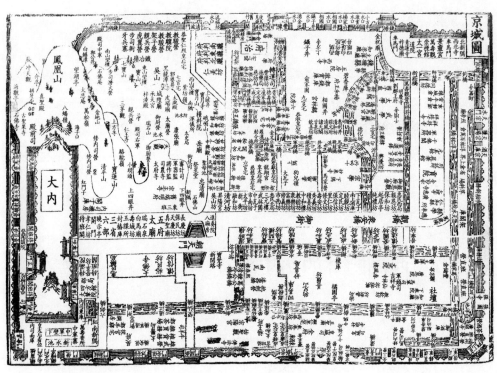

图1-7 京城图
图片来源:《咸淳临安志》

明朝时，杭州辖境缩小，不及元代的三分之一。明洪武九年（1376年）改杭州路为杭州府。经过一段复苏之后，到明万历年间（1573—1620年），杭州又是商贾云集，游人纷至沓来，"今民居栉比，鸡犬相闻，极为繁荣"。明代后期，政治日趋腐败，海防松弛，倭寇侵扰，内部党争，各种社会矛盾激化，引发农民大起义，李自成军1644年3月占领北京，宣告明朝灭亡。

随后，清军乘虚大举入关，是年十月初，清顺治帝定都北京。顺治二年（1645年）六月攻下杭州。顺治五年（1648年），在湖滨一带建立旗营，方圆九里，筑有五门城墙，占地1430余亩。清代仍复明制，杭州乃隶属浙江等处承宣布政司。清康熙元年（1662年）设浙江行省，杭州为省会，也是杭嘉湖道治和杭州府治所在，辖八县一州。清朝期间，地方政府对西湖也有所浚治，特别是康熙帝和乾隆帝多次南巡，对西湖的治理起了一定的推动作用。

清咸丰元年（1851年），太平天国起义爆发。咸丰三年（1853年），太平军攻下南京，改名天京。咸丰十年（1860年）三月，太平军攻下杭州城。随后经过几轮争夺拉锯战，太平军失败。清宣统三年（1911年）十月十日，武昌起义敲响了清朝统治的丧钟。杭州的革命党人纷纷参加起义，十一月四日顺利占领杭州，结束了清朝的统治。

民国元年（1912年），废杭州府，拼钱塘、仁和两县，改称杭县。民国16年（1927年），属钱塘道，建制为杭州市。1949年5月3日杭州解放，时年10月1日，中华人民共和国成立。

新中国成立后，杭州为浙江省会。经过60余年的发展，特别是改革开放以来，杭州面貌发生了深刻的变化，经济繁荣、城市发展，社会稳定、人民富足，含珠蕴玉、人文荟萃。杭州凭借其深厚的人文积淀和秀雅的自然景观，被列为国家历史文化名城，同时拥有西湖文化景观、京杭大运河、良渚古城遗址等3处世界遗产。现在的杭州是既充满浓郁中华文化韵味，又具有面向世界宽广视野的、充满活力的城市。

第三节　西湖园林的历史变迁

西湖是杭州的"根"与"魂"，亦是杭州的象征。

西湖因位于杭州城西而得名。它风光秀丽，三面环山，一面临城，中涵碧水，由三岛、四堤、一山分隔的湖面空间格局，是我国以"西湖"命名的36个湖泊中的佼佼者；唐、宋以来驰名遐迩，享有"胜甲寰中"的称誉。白居易《冷泉亭记》开篇就说"东南山水，余杭郡为最。"

西湖在两千年以前还是一个海湾。现今西湖北边的宝石山和南边的吴山，便是怀抱着这个海湾的两个岬角，舟楫可达灵隐冷泉亭。西湖之形成，古代说法比较简略（图1-8）。近代学者从地形、地质、沉积物和水动力学诸方面作考证。一说，由于潮汐带来的泥沙淤积，在南北两山的山麓逐渐形成沙嘴，星移物换，两个沙嘴日积月累，不断延伸，相互交接，最终毗连在一起，形成沙洲，把海湾与大海分隔开来。这样，在沙洲的内侧便形成了一个湖，地质学上称"潟湖"，在两汉时，仍然随潮汐出没。汉时郡议曹华信筑塘，西湖就此诞生了。二说，并非由沙堤所封闭之典型潟湖，地质界认为是"礁湖""潮力所影响而积成湖堤"或"火山口隐落造成马蹄形低洼积水"，根据钻孔岩样，又可为"早期潟湖、中期海湾、晚期潟湖"之说，则推定现代西湖的最早出现应在东汉年间（25—220年）。

据近代地理学家竺可桢先生于1920年提出西湖从海湾、潟湖到湖的形成，经历了一万二千年。20世纪70年代，学者对西湖及其周边地区进行钻探，从而证实了杭州西湖由山间谷地到潟湖、海湾再变成潟湖和淡水湖的判断。

"潟湖"，秦汉时位于武林山麓，人称"武林水"；唐朝时期，由于位于钱唐县境，官书文件称之为"钱唐湖"，又由于位于州城之西，谓之西湖。

西湖形成后，人们的生息活动主要在湖西、湖东的沙洲之上。东晋咸和元年（326年），西印度僧人慧理来杭，创建灵鹫寺、灵隐寺、下天竺翻经院等五刹，是为杭城建寺之始。南北朝，梁武帝赐田扩建灵隐寺，杭州佛寺才初具规模，建立仪制。

唐代，朝廷崇佛，杭州寺庙遍布湖山之间。西湖处在风景湖初期阶段，其水域的西部、南部都深至山麓，面积约有10.8平方公里。唐德宗建中二年（781年）李泌凿六井，引西湖水以足民用（图1-9）。唐穆宗长庆二年（822年），白居易（图1-10）到杭州任刺史，大力整治西湖，建水闸，筑堤塘，浚治六井，为免于水患，蓄水灌田。传说白居易兴筑一道从古钱塘门外石涵桥至武林门方向的湖堤，并立《钱塘湖石记》的石碑（今已荒圮）。杭州百姓为缅怀白居易的杰出贡献，就将"最爱湖东行不足，绿杨阴里白沙堤"诗句中提及之堤称为"白堤"（林正秋《南宋临安都城》）。

五代吴越建都杭州，这一时期是西湖历史上大规模全面建设时期。钱氏王朝（图1-11）筑城拓池，修筑海塘，疏浚西湖，并设置"撩湖兵"，疏浚涌金池，引湖水入城，以利民用。湖中白堤绿柳成荫，芳茵遍地；孤山楼阁，一如蓬莱景色，使西湖秀色再现。四代钱王以"保境安民""信佛顺天"为国策，扩建、新建寺庙，"倍于九国"。据冷晓《杭州佛教史》，"杭州寺院遍布，佛塔林立，梵音相闻，僧众云集""仅杭州扩建、创建的寺院可查的就有二百余所"，杭州被称为"东南佛国"。同

① 印支期：
使古生代地层褶皱为"西湖复向斜"

② 燕山期：
形成葛岭火山岩系

③ 中—晚更新世：
西湖处于山间溪谷阶段

④ 全新世中期（相当大西洋期）：
西湖变成海湾

⑤ 全新世后期（距今2500年前）：
河口沙坎使西湖隔离成潟湖

⑥ 今日西湖：
美丽清秀的淡水型风景湖泊

图1-8 杭州西湖演变图（沈跃庭 编绘）
图片来源：杭州博物馆

图1-9 李泌开"六井"泽惠杭城百姓
图片来源：清《西湖佳话古今遗迹·白堤政迹》

图1-10 白居易画像
图片来源：褚斌杰《白居易》

图1-11 钱镠像
图片来源：临安博物馆

时，开凿烟霞洞、慈云岭、天龙寺、飞来峰4处石窟造像；营建六和塔、保俶塔、雷峰塔、闸口白塔和经幢等著名建筑物。吴越"纳土归宋"，佛教又受宋王朝的青睐，在赵抃、苏轼等州官的支持下，佛寺增至三百六十所，梵音不绝于耳。苏轼诗中"三百六十寺，幽寻遂穷年"（《怀西湖寄晁美叔周年》），此时，杭州以寺观园林为盛。今西湖景区里，大多古寺、佛塔、石窟造像仍是吴越旧物。

吴越归宋后的百余年间，废"撩湖兵"，西湖常年不治，水涸草兴，葑草湮塞。北宋熙宁五年（1072年）苏轼任杭州通判时，葑田占湖面十分之二三。北宋元祐四年（1089年）苏轼再来杭州当太守时，葑田竟占了湖面的一半。当年适逢大旱，舟运艰苦，米价暴涨，他深知保护西湖的重要，向朝廷呈《乞开杭州西湖状》，详述西湖有"必废之渐"和"五不废之忧"的理由（图1-12）。奏章获准，于是次年动员20万民工疏浚西湖，把挖起来的淤泥在湖中堆了长堤（图1-13），从南山到北山，横贯湖面，上建六桥以畅通湖水，堤上遍植桃柳、芙蓉，这就是著名的"苏公堤"，简称"苏堤"。苏轼在诗中写道"六桥横绝天汉上，北山始与南屏通"。苏轼还在湖中立小石塔为界，其内禁植水生植物。经过这一系列治理，西湖烟水渺渺、绿波盈盈，景色更加迷人。苏轼也写了大量赞誉西湖美景的诗篇，正如《饮湖上初晴后雨》所形容的"水光潋滟晴方好，山色空蒙雨亦奇。欲把西湖比西子，淡妆浓抹总相宜。"西湖名声日盛。北宋时，西湖面积约为9.3平方公里。

宋仁宗《赐梅挚知杭州》中，对杭州有"地有湖山美，东南第一州"的品评，当时民间已有"天上天堂，地下苏杭"的流传。

宋室南渡后（1127年），偏安临安，杭州更是繁华至极，商贾云集。君臣耽乐湖山，纵情自娱，竞建园林楼馆，西湖之畔屋宇如云，"一色楼台三十里，不知何处觅孤山"。当时，宋室不仅在大内造御园，而且在南北两山以及京城内外，修建行宫和御园（图1-14）。《梦粱录》载有49处，《都城胜概》载有46处，其中西湖之南有聚景、真

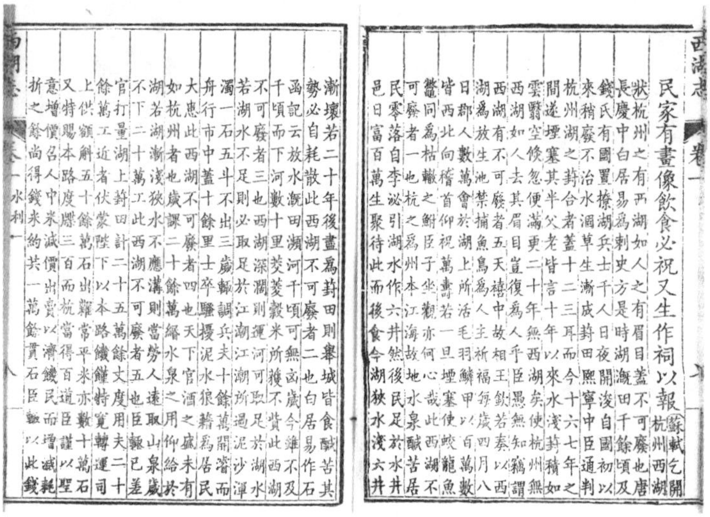
民家有畫像飲食必祝又生作祠以報
蘇軾乞開杭州西湖狀
杭州之有西湖如人之有眉目蓋不可廢也唐
長慶中白居易爲刺史方是時湖溉田千餘頃及
錢氏有國置撩湖兵士千人日夜開浚自國初以
來稍廢不治水涸草生漸成葑田熙寧中臣通判
杭州湖之葑合者蓋十二三耳而今十六七年之
間遂堙塞其半父老皆言十年以來水淺葑積如
雲翳空倏忽便滿更二十年無西湖矣使杭州無
西湖如人去其眉目豈復爲人乎臣愚無知竊謂
西湖有不可廢者五天禧中故相王欽若奏以西
湖爲放生池禁捕魚鳥爲人主祈福每歲四月八
日郡人數萬會於湖上所活毛羽鱗甲以百萬數
皆西北向稽首仰祝萬壽若一旦堙塞使蛟龍魚
鱉同爲枯轍之鮒臣子坐觀亦何心哉此西湖不
可廢者一也杭之爲州本江海故地水泉鹹苦居
民零落自李泌引湖水作六井然後民足於水井
邑日富百萬生聚待此而後食今湖狭水淺六井
漸壞若二十年後盡爲葑田則舉城皆食鹹苦其
勢必自耗散此西湖不可廢者二也白居易作石
函記云放水溉田瀕河千頃可無凶歲今雖不及
千頃而下河數十里茭菱穀米所獲不貲此西湖
不可廢者三也西湖深闊則運河可取足於湖水
若湖水不足則必取足於江潮江潮所過泥沙渾
濁一石五斗不出三歲輒調兵夫十餘萬開濬而
舟行市中蓋十餘里士卒騷擾泥水狼藉爲居民
大患此西湖不可廢者四也天下官酒之盛未有
如杭州者也歲課二十餘萬緡水泉之用仰給於
湖若湖漸淺狹水不應溝則當勞人遠取山泉歲
不下二十萬工此西湖不可廢者五也臣輙已差
官打量湖上葑田計二十五萬餘丈度用夫二十
餘萬工近者伏蒙陛下以本路饑饉特寬轉運司
上供額斛五十餘萬石出糶常平米亦數十萬石
又特賜本路度牒三百而杭當得百道臣謹以聖
意增價召人中米減價出賣以濟饑民而增減耗
折之餘尚得錢米約共一萬餘貫石臣輙以此錢

图 1-12　苏轼《乞开杭州西湖状》
图片来源：清《西湖志》

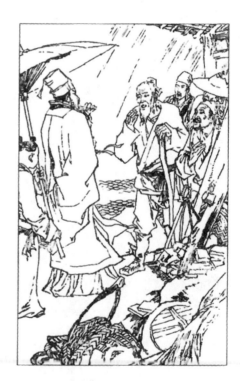

图 1-13　苏东坡筑苏堤
图片来源：莫高《苏东坡与杭州》

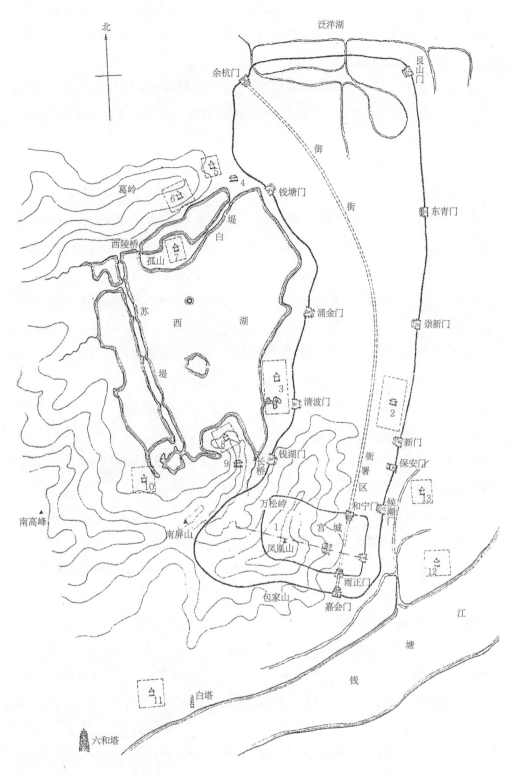

北

泛洋湖

余杭门   艮山门

葛岭   钱塘门   东青门

白堤   崇新门

西陵桥   孤山

苏堤   西   湖   涌金门

新门

清波门   保安门

钱湖门   衙署区

万松岭   候潮门

南高峰   南屏山   宫城   和宁门

凤凰山   便门

包家山   雨正门

嘉会门   江塘

钱

白塔

六和塔

1—大内御苑；2—德寿宫；3—聚景园；4—昭庆寺；5—玉壶园；6—集芳园；7—延祥园；8—屏山园；9—净慈寺；
10—庆乐园；11—玉津园；12—富景园；13—五柳园

图1-14 南宋临安主要宫苑分布图
图片来源：林正秋，《南宋都城临安》

珠、南屏；北有集芳、延祥、玉壶、天竺山中的下天竺御园等帝王宫苑，还有富览园、蒋园、秀芳园、真珠园、半闲堂等第宅园林30余处以及寺庙园林等。总之，可稽考的在西湖绿水黛山之间，御园、王府、大小园囿竟达百余处。

据《梦粱录》载："西林桥即里湖内，俱是贵宫园囿。凉堂画阁，高台危树，花木奇秀，灿然可观""贵宅宦舍，列亭馆于水堤；梵刹琳宫，布殿阁于湖山，周围胜景，言之难尽"。此时，介于人工园林与自然风景之间的风景园林形成，祝穆在《方舆胜览》一书中写道："西湖山水秀发，四时画舫遨游，歌鼓之声不绝，好事者尝命十题，有曰：平湖秋月、苏堤春晓、断桥残雪、雷峰落照、南屏晚钟、曲院风荷、花港观鱼、柳浪闻莺、三潭印月、两峰插云。"吴自牧的《梦粱录》上也有西湖十景景目命题。南宋画院多人画有《西湖十景图》，同时还有湖山十景诗和西湖十景词。十景之目，得以流传至今。南宋时，已形成皇家、私家、寺观和风景园林诸胜类型。

南宋淳祐七年（1247年），杭州大旱，湖水尽涸，知府赵与𥲅奉命全面开浚西湖，从今湖滨一带至钱塘门、上湖亭、西泠桥、跨虹桥，沿苏堤至西湖南岸，经长桥柳浪闻莺到涌金门等沿湖地区，清除一切翳塞之物，恢复古时湖岸线，方得湖水旧貌（图1-15）；同时，将所浚淤泥，堆筑自苏堤东浦桥向西到曲院的东西向湖堤，后世称之"赵公堤"。赵知府为保护西湖，发动民夫凿渠引天目山水（即东苕溪水），沿途建坝多座，采用桔槔提水原理，一路翻坝送水，仰注西湖，于是城内水系通流，民赖其利。

元代对西湖几乎无建树，废而不治、荒湮严重。马可·波罗赞美杭州的话，仅是南宋落日的余晖而已（图1-16）。据《元史·世祖本记》记载，至元二十五年（1288年）二月"辛巳，以杭州西湖作为放生池"；又据明《成化杭州府志》记载，元时杭州的官员们不问、不管浚治西湖的事，导致沿湖四周湖岸旁泥土淤塞，湮没为茭田荷塘，"豪民"霸占取利。"湖西一带，葑草蔓合，侵塞湖面，如野陂然"；苏堤以西，阡陌纵横，鳞次栉比；六桥之下，水流如线；孤山之南，已经湮合，虽有"好事者疏之"，也仅通舟楫，秀丽的西湖已面貌全毁。

元代留下的灵隐飞来峰摩崖龛像的石刻造像有一百二十多尊，凿于元至元十九年（1282年），终于元至治二年（1322年），题材丰富、造型生动、技法创新，为国内罕见。元代在西湖周边重修了林逋墓，植梅并修放鹤亭。当时，西湖一带还有菌阁、梅隐、竹西山居、鲜于枢庐和龙华山别业等第宅园林。元代有人仿"西湖十景"创作了"钱塘十景"，即两峰白云、西湖夜月、孤山雾雪、六桥烟柳、葛岭朝墩、北关夜市、九里云松、浙江秋涛、冷泉猿啸。

明代初叶，《成化杭州府志》载："西湖百余年来，居民寺观实为己业，六桥之西悉为池田桑埂，里西湖西岸亦然，中仅一港通酒船耳。孤山路南，东至城下，直抵雷峰迤西皆

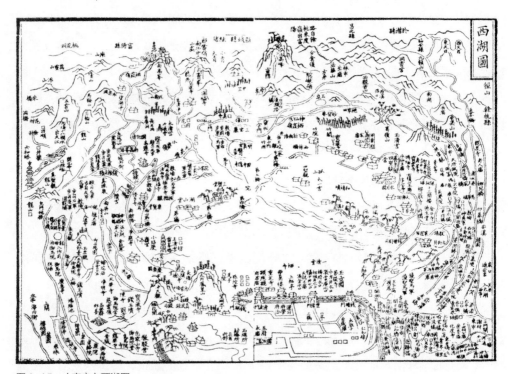

图1-15 （南宋）西湖图
图片来源：《咸淳临安志》，清道光十年（1830年）钱塘振绮堂汪氏仿宋重雕本

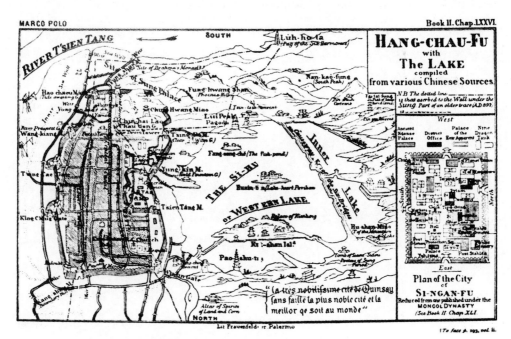

图1-16 马可·波罗的杭州府及西湖图
图片来源：马可·波罗《关于东诸国胜迹》，杭州博物馆

然"。官府对豪富乘时抢夺占湖为田，或种菱茭牟利，或填湖筑屋建园，不予禁止，把水光潋滟、碧波万顷的西湖，切割得支离破碎。有茶隐诗派李东阳的民谣讥讽说："十里湖光十里笆，编笆都是富豪家；待他享尽功名后，只见湖光不见笆"。明景泰十七年（1466年）、成化十九年（1483年）、弘治十二年（公元1499年），杭州官府分别重建了岳王庙、铸四跪像，修筑了西湖石闸，整理了湖岸的石坎并修筑石堰。这些整治规模小，收效甚微。

明代中叶以后，随着城市经济的繁荣，西湖园林建设亦有长足进步。灵隐寺在各朝都有修缮，并在龙弘洞口建了理公塔。明嘉靖、万历等朝，在涌金门外修筑柳洲亭、问水亭；重建钱王祠；净慈寺曾两毁两建，并铸新钟。明嘉靖年间，倭寇犯杭，纵火焚烧雷峰塔，致使只剩赭色残坯；六和塔亦毁于大火，万历年间袾宏重修。

从明宣德、正统年间始，就有人议开浚西湖，招致浮议蜂起，直至明天顺年间（1457—1464年）西湖湮塞过半，知府胡浚，顶着风险，对外湖小范围水面进行疏浚。

明弘治十六年（1503年），杨孟瑛任杭州知府，目睹了西湖荒湮凄景，向朝廷呈送《开湖条议》（图1-17），提出"若西湖占塞，则形势破损，生殖不繁"等理由，因"群议阻之"未果。直至明正德三年（1508年），"锐情恢拓，力排众议"，几经曲折，才获部议批准，遂兴浚湖。是年二月动工，拆毁田荡三千四百八十一亩，用银二万八千七百多两，历经一百五十二天，用工六百七十万，使苏堤以西至洪春桥、茅家埠到山麓尽为湖西，淤泥堆起了一条与苏堤平行的长堤，后人称为"杨公堤"，堤上自南而北也建六桥，称"里六桥"，与苏堤六桥遥相呼应。使"西湖恢复唐宋之旧"。又将苏堤填高二丈，拓宽五丈三尺，补植桃柳，使苏堤景色倍增。

明万历年间，时任苏杭织造太监的孙隆捐资修建了净慈寺、昭庆寺、灵隐寺等寺观，以及白堤、湖心亭、问水亭等园林，还有一些地方官员也热心于整治湖泊，修葺园林和建筑，极大地促进了西湖景观的恢复（图1-18）。

西湖中旧有湖心寺，北宋期间赐额"水心宝宁寺"。苏轼昔日所立三塔，位于寺外湖中，明孝宗时寺塔俱毁。明嘉靖三十一年（1552年），知府孙孟在北塔遗址上建"振鹭亭"，明万历四年（1576年）按察司金事徐廷裸等人又重建亭台，称"太虚一点""宛在水中央"。后司礼太监孙隆改建后称"喜清阁""金碧辉煌""如海市蜃楼"。

在始建于五代后晋天福年间的水心保宁寺的旧址上，于明弘治五年（1492年）建德生堂。明万历三十五年（1607年），钱塘知县聂心汤，疏浚西湖，"用苏公法卷取葑泥，绕滩筑埂"，成为湖中之湖，为放牛池；明万历三十九年（1611年）县令杨万里续筑外埂，即为"小瀛洲"。尔后，德生堂规制尽善，遂以增茸为寺，复以"湖心寺"额，寺外湖中建造小石塔三座，后圮。后直至清康熙三十八年（1699年），在堤之南湖筑起葫芦瓶形的3座石塔，鼎峙而立至今。

图 1-18　明《天下名山胜概记》之西湖全景（1633 年，墨绘斋刻本）

明代中后期，杭州地方官府不仅疏浚西湖，而且在明嘉靖十八年（1539年）、四十四年（1565年）时，订立《禁侵占西湖约》，刻立碑石，严为禁防。至清雍正年间，西湖面积约为7.4平方公里。明代治湖有功的还有杭州郡守胡浚、御史谢秉中、布政司刘璋、御史吴一贯等。

明代西湖多私人园林，据记载比较著名有：涌金门外的楼外楼、尺远居、芙蓉园，南屏山一带的孙太初别业、南山小筑、南屏别墅、藕花居，理安山"澹社"，石屋岭的"齐树楼"，凤凰岭的"龙泓山居"、新庵，西湖北山的"来鹊楼""倚醉阁""小辋川"，孤山的"大雅堂"以及灵隐山下的"岣嵝山房"等。

清初，西湖景致颓废，汪汝谦《西湖纪游》载："缅然四十年来，景物繁华，依依眉睫。乃沧桑忽改，十罕一存，无限风光湮没于荒烟蔓草。"

清顺治十一年（1654年），朝廷发诏，令地方官修筑堤防，蓄泄西湖之水，以利农事。浙江布政使，重立西湖禁约，勒令占湖面为私产者归还。清雍正二年（1724年），雍正帝鉴于西湖水利关系民生，令工部查议，发文凡侵占湖面立即查处。当时，浙江巡抚黄叔琳对被占田荡440亩和葑滩湖面120亩进行了一次较大规模的疏浚，恢复水面。清雍正四年（1726年），浙江巡抚李卫和盐驿道副使王钧，重视西湖水域保护和名胜复兴，历时二年，耗银42742两，开浚西湖。清嘉庆十四年（1809年），浙江巡抚阮元（图1-19），又一次疏浚了西湖。据《西泠怀古集》载："北山至南山，相距十里，湖面空旷，三潭以南遇风作，无停泊处。适浚湖，仿坡公筑堤之法，绩葑为墩，为游人舣舟之所。"

此次疏浚将湖泥在湖中堆起第三个小岛，始名"阮滩"，面积为8.5亩，即今阮公墩。至此，现代西湖的空间格局已形成。清嘉庆二十年（1815年），浙江巡抚颜检决意浚湖，历时四个月，湖上积草除，淤泥清，重见"天光云影共徘徊"的景象。清同治三年（1864年），浙江巡抚蒋益澧创立西湖浚湖局，专责西湖疏浚。辛亥革命后，杭州常设浚湖队伍，始用机器挖泥船、捞草机船进行浚湖工作。后因时局多变，社会动荡，财政支绌，浚湖之事时掇，难以遏制西湖水域淤塞。

西湖疏浚，自唐代至清代，比较主要的有23次，其中相隔百年以上的3次，最长间隔时间168年，相隔20年以下有7次，最短间隔时间为8年。几次重大疏浚工程包括：822年白居易浚湖、907年越王钱镠浚湖、1089年苏轼浚湖、1247年赵与𥲄浚湖、1508年杨孟瑛浚湖和1809年阮元浚湖等。

清代康熙、乾隆两朝是西湖园林建设的繁盛时期。巡抚李卫奏准改孤山行宫为圣因寺；增筑小瀛洲的曲桥、长廊、水轩等，环岛补植芙蓉；改孤山水仙王庙为精舍并建"西爽亭"；增筑玉泉观鱼亭廊；又在万松岭补植松树，让清初已是"平为大涂，而松

图1-19 阮元立像
图片来源：杭州苏东坡纪念馆

亦无几"之地成为"天空击戛如洪涛澎湃，时与江上潮声相应答"的景色宜人之地；辟建湖山神庙、竹素园；主持撰修《西湖志》。

清代西湖园林建设还有：修建平湖秋月亭和平台，建文澜阁，重建岳王庙并立石坊，重修三竺寺院，并由乾隆帝改赐寺名；创立西泠印社等。清代，西湖有名园小有天园、留余山居、长乐山馆、红栎山庄、汾阳别墅和水竹居等。

清代的康熙、乾隆二帝南巡时都多次驻留杭州。康熙三十八年（1699年）康熙帝来杭游玩，为西湖十景题写景名，三年后又勒石刻字建亭。后来，乾隆帝又题了十景诗，这样"西湖十景"之目沿用至今。康熙、乾隆两帝还分别御题龙井八景、孤山行宫八景、小有天国、竹素园、漪园等景目和灵隐寺、六和塔等匾额，促进了西湖名胜的传播（图1-20、图1-21）。此外，清代增加了"西湖十八景"。

1911年，杭州拆除城墙，形成了湖、城紧密相依的格局（图1-22~图1-24）。

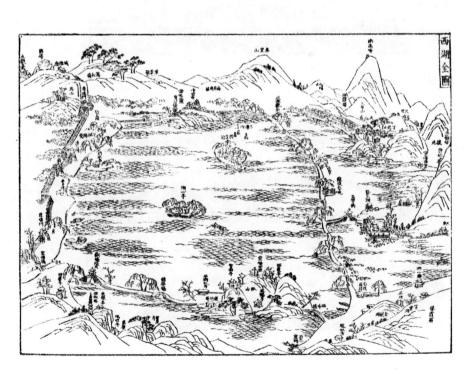

图1-20 西湖全图（1731年）
图片来源：清刊《西湖志》

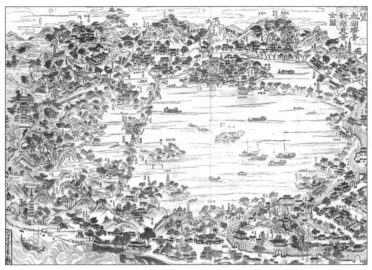

图1-21　清《御览西湖胜景新增美景全图》
图片来源：《西湖古版画》

图1-22　20世纪20年代西湖图
图片来源：《西湖旧照》

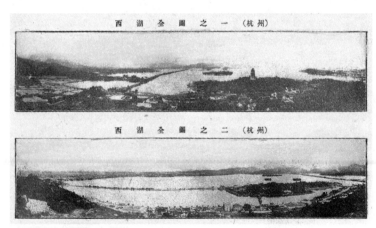

图1-23　西湖全图（1936年）
图片来源：《浙江新志》

图1-24 20世纪60年代西湖图
图片来源：浙江人民出版社明信片

第四节 新中国成立后西湖风景园林建设

　　在西湖的发展历程中，有时风光明媚、画舫笙歌，有时湖面淤塞、田荡弥漫。新中国成立初期，西湖湖水淤浅，湖岸塌陷，平均水深仅0.55米，舟楫艰难；环湖洼塘低地，葑草丛生。西湖周边山地本是林木参天、修竹翠绿、丹桂飘香的景象，但由于日寇的大肆砍伐和民国时的失管、破坏，导致约3817.4公顷的西湖山地沦为荒山秃岭，荒冢累累，仅在少数几个景点残留些大树；山区水土流失严重，又加速了西湖淤浅；风景名胜衰败荒凉，残破不堪；文物建筑年久失修，濒临倒塌，能够游览的景点屈指可数，总面积只有50多公顷。西湖十景或亭塌碑破，或已不复存在。环湖绿地或被围墙割据，或荒凉衰败，满目疮痍，一片萧条景象（图1-25）。基于上述状况，1950年，杭州市人民政府首先制定西湖山区造林规划，而后于1952年拟定《西湖风景区建设计划大纲》，提出西湖风景区的范围与建设目标。坚持以西湖为中心，治理西湖，修复文物古迹，以保护和开发建设风景名胜为重点，开展恢复西湖美景的治理活动，为今日秀丽的湖光山色和优美的旅游环境奠定了基础。

　　在苏联专家的具体帮助和指导下，1953年8月，杭州编制了《杭州市初步规划示意图》（第一轮），并绘制了《总体规划示意图》，将城市性质定为以风景休疗养为主的城市。这个规划基本上是以西湖为中心。拟将环湖路到湖边的5000多亩土地建成一个"环湖大公园"。明确规定这一地带原有建筑只拆不建，对那些可以保留的建筑物也要逐步改造成游览服务设施。由于控制得十分严格，直至"文化大革命"前夕，除杭州饭店外，环湖地带17年没有增加与风景游览无关的建筑物。但这个规划也带来了另一个后果，由于城市性质定位为休疗养城市，从1953年起，众多的休疗养单位陆续在西湖景区拔地而起，筑墙围地，分割了风景区。

一、绿化荒山

　　根据统筹全局和因地制宜相结合的原则。为改变湖山面貌，杭州市制定了以植树造林为中心的绿化规划，建立育苗基地122.95公顷，采取了封山育林与植树造林相结合、群众性护林造林与园林专业队伍造林护林相结合的方式。西湖山区自1950年至1988年累计植树造林2891.89万株，在省政府帮助下，制定了一系列保护绿化、封山育林的制度和法规，实行常年封山育林。正是由于制度严格，加之管理认真负责，群众自觉育林护林（图1-26），使西湖的荒山秃岭披上了绿装，呈现万木争荣、郁闭成林的景象。后来因受松毛虫、松干蚧危害，西湖周边大批马尾松死亡，林相一度出现斑秃现象。后经1980年代造林补缺、林相改造和森林自然演替更新，现今，西湖风景山林已成为亚热带北缘的常绿落叶混交林，林木茂盛，色彩斑斓（图1-27）。

　　环湖地区根据规划目标进行绿化之后，形成了特色植物景观，如：孤山的梅花和腊梅，白堤的垂柳和碧桃，南山的红叶和桂花，玉泉的玉兰和茶花，花港的牡丹，柳浪公园的柳林和月季，灵隐的七叶树，玉皇山的樱花，西山的兰花和菊花，云栖的翠竹等景致。这是园林工作者从园林美学出发，结合植物的生物学特性而勾画出的美丽风景画面。

二、综合治水

　　水是西湖的魂，水也是杭州的灵气所在。新中国成立后，西湖经过了3次大规模的整治，即1952—1958年、1976—1982年、1999—2003年。第一次疏浚，是一项以恢复西湖库容、摆脱湖泊沼泽化困境为第一要务的抢救性工程。7年间，挖出湖泥720.88万立方米，填塞了湖边低地洼塘，为增辟环湖公园打下极为有利的基础。1955年秋冬，连续干旱造成西湖大片水面干涸。政府发动市民四万多人次参加挖淤泥运土的义务劳动（图1-28～图1-30），使西湖平均水深达到1.81米，最深处达2.6米，蓄水量达到了1027.19万立方米。疏浚后的20多年时间里，由于西湖四周泥土冲刷、污水入湖和西湖本身沉积物的积累，湖水深度由1.81米降至1.47米，沿湖许多地段的驳岸坍塌破损，湖水水质总体变差。为保持湖水盈满，使西湖景色常在，杭州市政府在1976年又进行了不间断的水域疏浚，至1982年总共挖掘清除淤泥达到18.84万立方米。从1985年始，西湖疏浚采用

图 1-25　荒山秃岭九曜山
图片来源：《西湖旧踪》

图 1-26　洋望山义务植树（20 世纪 70 年代）

图 1-27　今日洋望山

图 1-28　20 世纪初长桥湾淤塞成了陆地
图片来源：《碧水盈盈》

图 1-29　1955 年冬岳湖挖湖泥义务劳动（陶力　摄）
图片来源：《碧水盈盈》

图 1-30　1955 年 11 月岳湖挖湖泥义务劳动（王奎源　摄）
图片来源：《碧水盈盈》

小型挖泥工具进行常年疏浚，每年约挖出2万立方米淤泥。

1986年，杭州实施钱塘江引水配水工程，通过日取水量30万立方米、年引水总量1.2亿立方米，解决了西湖水源不足的困境，提高了西湖水体自净能力，改善了西湖的水环境，水体富营养化得到控制。通过配水，使杭州市区河道和运河水质得到改善。

根据湖泊水域生态系统的生物化学转换过程，湖底底泥也是引起湖水富营养化的重要因素。据研究论证，西湖底泥沉积速率为0.93厘米/年。因此，经多方研究，为摆脱富营养化的后果，采用以绞吸式疏浚为主、铲斗式疏浚为辅的疏浚办法，将西湖底泥用管道送至3.2公里外的江洋畈泥场自然干化。据测定，第三次疏浚后，西湖湖底地形比较平坦，平均水深达2.27米，个别区域（三潭印月东附近）水深达到4米，最浅不到1米。第三次疏浚清除淤泥267万立方米（水下方），水体的库容量达1429万立方米，平均湖面降水量为562.9万立方米，平均水体透明度达到0.6米，水质基本达到国家景观水体B类标准。

1982年开始，为消除污染源，保护西湖水质，杭州搬迁了西湖周边27家工厂企业，并实施环湖污水埋管截流工程，对汇水区域实施上游清源措施。对长桥溪、慧因涧、龙泓涧和金沙涧等4条天然溪流21.22平方公里流域面积，采取疏通溪流、拆除沿溪违法建筑、加强流域沿岸的污水排放控制、集中处理溪中垃圾、拆除支流上的人为覆盖并恢复明渠等措施。西湖周边地区旅游服务及生活所需燃料改用石油液化气，环湖建成无黑烟区；改柴油游船为电瓶船；合理选择鱼类和投放数量；提倡在农业（茶）生产中使用有机肥料和低毒农药；注意西湖湖面的保洁，建立"西湖美容师""当代撩湖兵"等专业队伍。杭州市还制定了《杭州市西湖水域保护管理条例》，于1998年4月24日获得浙江省人大常委会批准通过，从而具备了依法保护西湖水域的条件。

2002年初，杭州开始实施西湖综合保护工程。次年初，"西湖西进"工程正式动工，开挖、拓展湖面0.70平方公里，形成金沙港、茅家埠、乌龟潭、浴鹄湾四个区块水面，使西湖水域面积从5.68平方公里增至6.38平方公里。通过引配水工程，确保西湖水体一月一换，改善水质，提高湖水透明度。同时，恢复了杨公堤，重现了西湖历史上的"一湖二塔三岛四堤"空间架构。由于换、排水之故，也显著改善了城市河道的水质。

纵观西湖水域千余年的变迁，由于自然沼泽化和人为的因素，致使水域淤塞或被侵占，水质遭到污染。杭州人民为保护西湖的完整性和环境的多样性，采用了多种多样的方式、方法和手段，进行综合治理并不断创新。通过历代坚持不懈的努力，才有现今西湖的风貌。

三、全面整修湖岸和游步道

由于历史、社会原因，西湖湖岸驳坎的规格、式样、用材、基础处理手法各异（图1-31）。到1949年，西湖驳坎总长约9025米，其余则未做人工驳坎而处于自然或者破败状态。为了巩固湖岸、防止坍塌、堵截污水，同时改善环境、美化湖容、利于湖上游览活动，杭州市在疏浚西湖的同时，多次投资进行驳坎局部整修，采用条柴沉褥法、箟笼式基础等抛石自然护坎，总计达10010米。由于湖底泥炭土层较厚、耐力差、压缩性大，加上湖广浪大，不断冲击湖岸，护土被冲刷，抛石沉陷或位移，又使湖岸坍塌。故1976年10月到1980年3月，杭州市对环湖一周、孤山、湖中三岛、两堤两园（花港观鱼、曲院风荷）的岸线，进行分期分段整修，整修总长度达29800米，规模空前。整修之后，岸顶标高为7.55米，高出西湖常水位0.4米。其中，新建自然式石坎16065米、条石整齐式石坎2245米，拆除重建条石整齐坎7430米，整修条石整齐坎4060米，使西湖湖岸更加整齐、坚固、美观（图1-32、图1-33）。

2003年，杭州市实施西湖湖西综合保护工程，恢复了金沙港、茅家埠、乌龟潭、浴鹄湾等几处大水面，基于营造人工湿地和突出山水野趣的考虑，湖岸多采用松木桩、竹片围护或自然延伸入水，未做人工硬质驳坎处理。

西湖山区原有游步道形式杂乱、规格悬殊，由于年久失修，残缺甚多，给游览者带来不便。20世纪50年代初，政府组织失业人员采用以工代赈方式，就地取材，或使用断砖等材料，修筑以弹石路面为主的游步道20余公里。1979—1985年，遵循因地制宜、顺应自然、充分利用旧材料的原则，和牢固安全、行走舒适、路容美观并与周围环境协调的要求，修整了吴山区、北山区、灵竺区、南高峰区、玉皇山、九溪、龙井、五云山等地游步道27425米。有些地段是利用天然岩石人工凿成蹬道。整修后的游步道路路贯通，处处联景，与自然山野融为一体，给人回归自然之感，大大地扩展了游览范围。

四、整修风景名胜和文物古迹

新中国成立时，西湖风景区大部分景点名存实亡（图1-34）。早在新中国成立初期，杭州市政府整修了灵隐大殿、凤凰寺、六和塔、孤山、湖心亭、刘庄等风景点。"一五"期间，又整修了岳王庙、玉皇山、苏堤、白堤（图1-35、图1-36）、岳王庙（图1-37）三潭印月、九溪十八涧、吴山、湖滨公园等，并新建了花港观鱼、柳浪闻

图1-31　20世纪初北里湖弧山湖坎
图片来源：《西湖旧踪》

图1-32　西泠桥旧影
图片来源：《西湖旧照》

图1-33　西泠桥今貌

图 1-34 南屏晚钟
图片来源:《西湖旧踪》

图 1-35 20 世纪 50 年代的白堤
图片来源:西湖博物馆

图 1-36 今日白堤

图1-37 岳王庙正殿

莺、涌金公园、植物园（筹建）等公园绿地，使西湖风景区内主要景点初步恢复了景致。中华人民共和国成立十周年之时，西湖呈现一片欣欣向荣的崭新景象，成为"鲜花常开、绿树成荫、湖水明净、景象开朗、富丽多彩、生气蓬勃"的大公园。20世纪60年代，杭州市续建花港公园二期、西山花圃，改建平湖秋月沿湖地区（图1-38）和玉泉观鱼景点，加速续建植物园，完成了总体规划中的主要景区。"文化大革命"期间，西湖风景园林遭受了一场严重的浩劫，文物古迹受到严重破坏，大量花木、盆景被毁，被迫批准毁林种茶755亩，风景区内企事业单位达144家，占地359亩。1973年杭州动物园在虎跑景点北侧兴建，1975年竣工开放。为迎接来访的国际贵宾，一大批风景名胜点得到整修。20世纪80年代，杭州市实施环湖动迁建设工程，在环湖和湖西一带，相继搬迁了一大批单位和居民，拆迁改建了一批破旧房屋，开辟了供人游览的公园绿地，建起了一公园至六公园、圣塘路、少年宫广场、望湖楼、镜湖厅、太子湾、郭庄、曲院风荷、阮公墩、灵峰探梅等新公园绿地。

1985年，通过媒体策划和群众评选，杭州市选出了云栖竹径、九溪烟树、龙井问茶、虎跑梦泉、玉皇飞云、吴山大观、黄龙吐翠、阮墩环碧、宝石流霞、满陇桂雨等西湖新十景。新、老西湖十景体现了西湖风景自然和人文魅力。

在对西湖景区的文物古迹进行了全面普查、整修、恢复后，据统计西湖景区有全国重点文物保护单位21处，包括六和塔、岳飞墓（庙）、飞来峰造像、闸口白塔、临

图1-38　平湖秋月

安城遗址、文澜阁、宝城寺麻曷葛剌造像、梵天寺经幢、西泠印社、胡庆余堂、凤凰寺、于谦墓、郊城下老虎窑遗址、之江大学旧址、慈云岭造像、烟霞洞造像、天龙寺造像、吴汉月墓等（表1）；省级文保单位22处；以及市级文保单位56处。这些文物反映着我国古代劳动人民的智慧，闪耀着东方文化美丽光华的历史文化，是西湖文化的象征。为保护传统并增添当代的西湖文化，杭州市新建了浙江美术馆、西湖博物馆、杭州博物馆、中国茶叶博物馆、南宋官窑博物馆、中国丝绸博物馆、中国中医药博物馆、西湖美术馆、唐云艺术馆等文化设施，以及章太炎、张苍水、苏轼等人的纪念馆，改扩建孔庙为"杭州碑林"、浙江省博物馆。由此，西湖景观格局更为完善，人文内涵更为深厚（表1）。

五、盛世西湖再添华章

杭州倚湖而兴，因湖而名，以湖为魂。西湖以自然生态为形、文化内涵为神，承载着千余年的历史，有着深厚的文化积淀。保护西湖就是保护杭州的"根"与"魂"。

2002—2009年，杭州市启动了传承历史文化、保护生态环境的西湖综合保护工程。工程坚持保护第一、生态优先，传承历史、突出文化，以民为本、还湖于民，整

杭州西湖风景名胜区全国重点文物保护单位名录　　　　表1

序号	名称	类别	时代	区域	地址	级	级别信息	数量
1	六和塔	古建筑	南宋	西湖区（西湖景区）	浙江省杭州市西湖区西湖街道九溪社区之江路16号龙山月轮峰南麓六和塔公园内	国保	国保第1批（180处），国文习字40号，1961年3月4日	
2	岳飞墓	古墓葬	南宋	西湖区（西湖景区）	浙江省杭州市西湖区西湖街道栖霞岭社区北山路80号	国保	国保第1批（180处），国文习字40号，1961年3月4日	
3	飞来峰造像（含西湖南山造像）	石窟寺及石刻	五代—元	西湖区（西湖景区）、上城区（西湖景区）	杭州市西湖区、上城区	国保	国保第2批（62处），国发〔1982〕34号，1982年2月23日；国保第6批（1080处），国发〔2006〕19号，2006年5月25日	
4	闸口白塔	古建筑	五代	上城区（西湖景区）	浙江省杭州市上城区南星街道白塔岭社区白塔岭上，南距钱塘江约150米	国保	国保第3批（258处），国发〔1988〕5号，1988年1月13日	
5	临安城遗址（太庙遗址、严官巷御街遗址、德寿宫遗址、恭圣仁烈皇后宅遗址、临安府治遗址、南宋京城墙遗址、中山中路御街遗址、南宋三省六部遗址、钱塘门遗址、南宋大内遗址）	古遗址	南宋	上城区、上城区（西湖景区）	浙江省杭州市上城区	国保	国保第5批（518处），国发〔2001〕25号，2001年6月25日	共计21处
6	吴越国王陵——吴汉月墓	古遗址	五代	上城区（西湖景区）	浙江省杭州市上城区南星街道玉皇山社区施家山3号、5号间，施家山南侧	国保	国保第6批（1080处），国发〔2006〕19号，2006年5月25日	
7	文澜阁	古建筑	清	西湖区（西湖景区）	浙江省杭州市西湖区西湖街道栖霞岭社区孤山路26号	国保	国保第5批（518处），国发〔2001〕25号，2001年6月25日	
8	宝成寺麻曷葛刺造像	石窟寺及石刻	元	上城区（西湖景区）	浙江省杭州市上城区紫阳街道十五奎巷社区吴山瑞石山东麓，城隍阁东南下方约300米	国保	国保第5批（518处），国发〔2001〕25号，2001年6月25日	
9	梵天寺经幢	石窟寺及石刻	五代	上城区（西湖景区）	浙江省杭州市上城区南星街道馒头山社区梵天寺路87、89号，凤凰山东麓现省军区后勤部六一幼	国保	国保第5批（518处），国发〔2001〕25号，2001年6月25日	
10	西泠印社	近现代重要史迹及代表性建筑	近代	西湖区（西湖景区）	浙江省杭州市西湖区西湖街道栖霞岭社区孤山路31号	国保	国保第5批（518处），国发〔2001〕25号，2001年6月25日	
11	郊坛下和老虎洞窑址	古遗址	宋至元	上城区（西湖景区）	浙江省杭州市上城区南星街道玉皇山社区乌龟山南麓、凤凰山与九华山之间的山岙中	国保	国保第6批（1080处），国发〔2006〕19号，2006年5月25日	
12	于谦墓	古墓葬	明至清	西湖区（西湖景区）	浙江省杭州市西湖区西湖街道三台山社区三台山麓	国保	国保第6批（1080处），国发〔2006〕19号，2006年5月25日	
13	钱塘江大桥	近现代重要史迹及代表性建筑	民国	上城区（西湖景区）、西湖区（西湖景区）	浙江省杭州市西湖区西湖街道九溪社区六和塔附近的钱塘江上	国保	国保第6批（1080处），国发〔2006〕19号，2006年5月25日	
14	之江大学旧址	近现代重要史迹及代表性建的	民国	西湖区（西湖景区）	浙江省杭州市西湖区西湖街道九溪社区之江路51号六和塔西侧秦望山上	国保	国保第6批（1080处），国发〔2006〕19号，2006年5月25日	
15	灵隐寺石塔和经幢	古建筑	五代、北宋	西湖区（西湖景区）	浙江省杭州市西湖区西湖街道灵隐社区法云弄1号，灵隐景区北高峰南侧山脚下，飞来峰对面	国保	国保第7批（1943处），国发〔2013〕13号，2013年3月5日	
16	保俶塔	古建筑	五代、明、民国	西湖区（西湖景区）	浙江省杭州市西湖区北山街道宝石社区宝石山巅	国保	国保第7批（1943处），国发〔2013〕13号，2013年3月5日	
17	西湖十景（包括西湖三潭石塔）	其他	南宋至清	西湖区（西湖景区）	西湖区	国保	国保第7批（1943处），国发〔2013〕13号，2013年3月5日	
18	胡庆余堂——胡雪岩旧居	古建筑	清	上城区（西湖景区）	元宝街2号	国保	国保第6批（1080处），国发〔2006〕19号，2006年5月25日	
19	第一届西湖博览会工业馆旧址	近现代重要史迹及代表性建筑		浙江省杭州市西湖区		国保	国保第8批（762处），国发〔2019〕22号，2019年10月7日	

序号	名称	类别	时代	区域	地址	级别	级别信息	数量
20	五四宪法起草地旧址	近现代重要史迹及代表性建筑		浙江省杭州市西湖区		国保	国保第8批（762处），国发〔2019〕22号，2019年10月7日	共计21处
21	浙江图书馆旧址	近现代重要史迹及代表性建筑		浙江省杭州市上城区、西湖区		国保	国保第8批（762处），国发〔2019〕22号，2019年10月7日	

资料来源：杭州西湖风景名胜区管委会。

体规划、分步实施的原则，以西湖核心景区为重点，围绕西湖的生态保护、环境优化、文脉延续、景致修复、水质治理、建筑整治和景中村的建设等，实施全方位的整治（图1-39）。据统计，通过连续8年的西湖风景区综合保护工程，累计拆除违章违法建筑和无保留的建筑面积59.4万平方米，外迁单位265家，外迁住户2791家，减少景区人口7021人；新增公共绿地100多万平方米，恢复西湖西部水面0.7万平方公里；完成了西湖疏浚工程以及引配水工程，西湖平均水深由疏浚前的1.65米增加到2.5米，西湖水的透明度从50厘米提高到73厘米；恢复、重建、修缮了180余处人文景点，复建雷峰塔和雷峰夕照景点。至此，历史上的西湖十景恢复了九处景致（"双峰插云"待恢复），与历代形成的钱塘十景、西湖十八景、杭州二十四景、西湖百景等相映生辉，并使西湖从湖滨公园至长桥公园（除柳浪宾馆段外）沿湖地带全线贯通，环湖绿树缭绕、芳草如茵（图1-40）。

西湖在申遗整治中，坚持以南宋"西湖十景""清代辅景"及"历史文化遗存"为重点，通过疏理、修缮的整治方式，维护其历史真实性和完整性，力求恢复西湖的自然和历史原貌，符合世界文化景观遗产的标准。实现了遗产保护与利用的可持续性，展现了盛世西湖的历史和现代文脉，显示了西湖传统和创新的互动，体现了西湖坚守与开放的兼容。所有这些都是过去历史的积累和当代保护的成果，也是未来发展的基础。

纵观西湖历史的本源，由海湾到潟湖到陂湖再到西湖，经历多次淤积、干涸和人工疏浚，才保存下来。按自然沼泽化规律，西湖必然因泥沙及营养物质的沉淀而淤浅消失，但今日之西湖仍然碧波盈盈，正是历代先贤、有识之士和劳动人民悉心呵护、辛勤劳动的结果。

现今，西湖景区总面积59.04平方公里，其中风景山林31.94平方公里，游览公园14.6平方公里。分为9个景区122处景点（群）。西湖水域面积为6.5平方公里，湖体轮廓呈椭圆形，湖岸周长15公里，湖底平坦，平均水深2.27米。白堤、苏堤将整个西湖分成外湖、北里湖、西里湖、岳湖、小南湖5个部分。湖中有孤山、小瀛洲、湖心亭、阮公墩4岛。今湖西（杨公堤以西）恢复金沙港、茅家埠、乌龟潭、浴鹄湾4个水面。

西湖景区的景观虽然是古典的，但不是墨守成规和僵化的仿古形态。西湖景观在发展进程中，总是融贯中西、博采众长，在革新中有保留，在传承中有创新，是融自然情趣和民族审美理念，结合时代意识去构景造境。也正由于西湖在景观整体空间布局、建筑营建和植物配植等方面的继承与创新，发展、丰富和强化了西湖风景的特性，使西湖重新焕发出生机。

西湖风景园林有今日的面貌，与杭州老市长余森文先生（1904—1992年）全力倾注于杭州城市建设，特别是西湖风景园林的保护和建设，是分不开的。

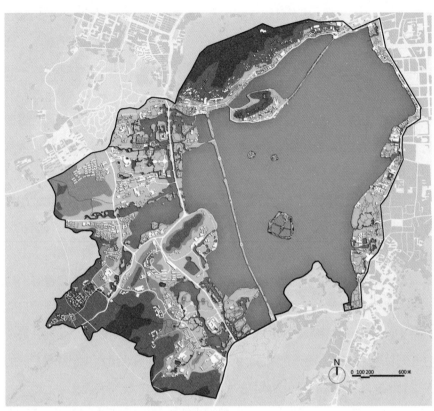

图1-39　"综保工程"西湖西进图
图片来源：《多义景观》

图1-40　今日之西湖长卷

新中国成立后，面对西湖山光湖塞、风景名胜和文物古迹破败的景象，余老为西湖风景园林的恢复殚精竭虑。他着重抓西湖治理和生态环境恢复，抓西湖疏浚和风景山林恢复，筹建植物园和花圃，建设花港观鱼、柳浪闻莺等公园绿地，恢复西湖中许多风景名胜。苏联专家穆欣来杭帮助指导，编制了杭州城市总体规划并绘制了规划示意图。余老对规划的基本点予以严格控制把关。余老阅历中外，纵览古今，崇尚自然，在西湖风景园林的恢复建设中，强调西湖风景应突出自然生态，提出既要传承西湖历史文化，也要博采中西方园林艺术之长，大胆创新，建设符合时代的"新园林"。余老在植物配植上，强调"向大自然学习"，学习自然界浑宏开阔的气魄，汲取自然植物群落的树种组合、层次结构作为植物配植艺术的借鉴，在掌握自然山林演替规律的基础上，选精集锦，创造出合乎自然、来自现实之美的风景山林。

图1-41　余森文先生
图片来源：《余森文园林论文集》

余森文先生是我国现代风景园林领域的勇敢探索者，是杭州西湖现代风景园林的开拓者和奠基人，为保护西湖、建设西湖作出了历史性的贡献（图1-41）。

第五节　西湖风景园林艺术对国内外园林的影响

西湖不仅有美丽的自然景观，而且还有悠久的忠孝文化、名人文化、佛道文化、隐逸文化、文化艺术以及民间神话传说、民俗风情等，这些深藏于丘壑林泉之间，与自然山水融成一片，相映生辉，形成特色景观，在世界湖泊景区中是独特的。西湖以山水等物质世界为依托，以儒家审美导向为基础，形成了最能体现中国传统文化核心价值的审美实体和东方审美体制中最具经典性的文化景观，展现其文化价值的真实性、完整性和延续性，并展示了其景观内涵的多样性和丰富性。其对海内外园林的影响更多地体现在后世园林对其的模仿、借鉴或写仿上，不是形似，更多的是神似。

一、南宋大内御苑及德寿宫

南宋皇宫大内后苑，方圆三四里，以西湖山水为楷模，精心设置与布局（图1-42）。据《武林旧事》记载："禁中及德寿宫皆有大龙池、万岁山，拟西湖冷泉、飞来峰。若亭榭之盛，御舟之华，则非外间可拟"。龙池为十余亩大的水体，亦称"大龙池"为"小西湖"，池中有水月、境界、澄碧三亭及芙蓉阁。池四周遍布亭阁廊轩，倒映水中，别成画境。湖侧叠石为山、高十余丈，玲珑剔透，洞室相连，曲折离奇，有"小飞来峰"之称。山下有一溪萦带，溪中仿冷泉亭建亭名清涟（原灵隐冷泉亭亦在水中央）。登峰俯瞰，后园景色尽收眼底。

德寿宫原是南宋初年奸相秦桧府。南宋绍兴三十二年（1162年）宋高宗禅居于此，并进行了扩建，规模与皇宫相当（图1-43）。布局亦与皇宫相似，花园建筑精美程度超过大内，成为盛名京师的园林。据《梦粱录》记载："高庙雅爱湖山之胜，于宫中凿一池沼，引水注入，叠石为山，以象飞来峰之景，有堂，匾曰'冷泉'。孝庙观其景，曾赋长篇咏曰：山中秀色何佳哉，一峰独立名'飞来'"。又据《武林旧事》载："聚远楼，高宗雅爱湖山之胜，恐数跸烦民，乃于宫内凿大池，引水注之，以象西湖冷泉，叠石为山，作飞来峰。"因此，德寿宫御园是按高宗的意愿建造的。

二、清代皇家园林

清代皇家园林多形成于康熙、乾隆两帝时期，多方吸取江南人文写意园林的布局、结构、风韵、情趣之长作为蓝本，有"天上人家诸景备"之愿望，把人间和幻想中的美

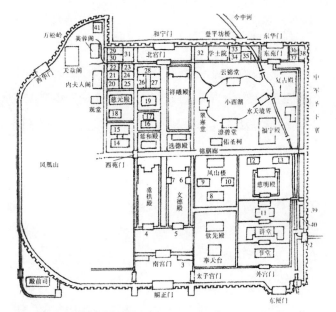

图 1-42　南宋皇城内部布局图
图片来源：《南宋皇城密谈》

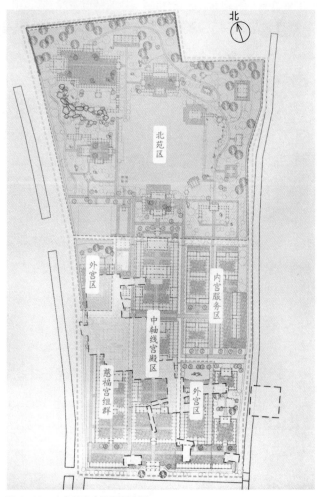

图 1-43　南宋德寿宫平面示意图
图片来源：南宋德寿宫遗址博物馆

景都纳入皇家园林中，"谁道江南风景佳，移天缩地在君怀"。清初，康熙帝南巡，深慕江南园林风物之美，返京后还延聘江南造园家张然和江南文士叶洮参与畅春园的规划设计工作。清乾隆十五年（1750年），乾隆帝第一次南巡之前，曾命画家董邦达绘制《西湖图》长卷，并题诗以志其事，诗中已透露了欲在近畿造园，以模仿西湖景观的意图。清康熙、乾隆两帝较高的文化素养及自成高格的园林审美情趣，加上两帝浓厚的江南园林情结，使得北方皇家园林深深地烙上了"江南"印记。

1.热河行宫

热河行宫位于今河北省承德市，始建于1703年，历经清康熙、雍正、乾隆三朝建成，是清朝皇帝的夏宫，也称"承德避暑山庄"（图1-44）。山庄的总体布局按"前宫后苑"的规制，分为宫殿、湖泊、平原、山峦等区。康乾两帝对杭州西湖的偏爱，在山庄苑林区人工开凿水体，其湖区的风景构图略仿杭州西湖之意。以西湖为蓝本，巧妙地采用洲岛、堤桥的分隔布局手法，形成了逶迤曲折、层次多变和空间丰富的八个池沼，总称"塞湖"。在洲岛上布置建筑，达到建筑美和自然美的高度统一，使之"自成自然之趣"。康熙帝有一副对联："自有山川开北极，天然风景胜西湖"，是说山庄的湖区仿西湖，但又有创新之妙。如"芝径云堤"上烟柳笼纱，湖中近岸栽植荷花，乾隆帝有"荷花伴秋见"的诗句，慢步堤上，仿佛置身于杭州西湖苏堤春晓之景中。正所谓"明湖苏白，未得专美"。又如双湖夹镜——长虹饮练桥，连山隔水，是风景荟萃之区。"山中诸泉从板桥流出，汇为一湖，在石桥之右，复从石桥下注，放大为湖。两湖相连，阻以长堤，犹西湖之里外湖也。"（御制《三十六景诗》）其刻意仿西湖风景，自不待言。清代诗人汤右曾有一首诗写道："夹镜澄明倒碧虚，四山晴翠绕周庐。分明图画西湖景，此景西湖较不如。"正说明了山庄湖区风景构图的特点。

2.圆明园

圆明园是清康熙四十六年（1707年）赐给四子胤禛的赐园，有"藩邸所居赐园也"之说。后经雍正、乾隆两朝的营造，成为"平地起园"的"园中有园"，是富有江南园林韵味的典型园林（图1-45）。圆明园的布局特色，诚如胤禛《圆明园记》所写："因高就深，傍山依水，相度地宜，构结亭榭"。古人对于布局的原则，称谓"景从境出"。圆明园的布局就是创造众多的曲水周绕、岗阜回抱的可以构景的境域，得以或障或隔，因高就深，傍山依水，创造出各种形势。它不仅从山水地貌创作上着手，同时还

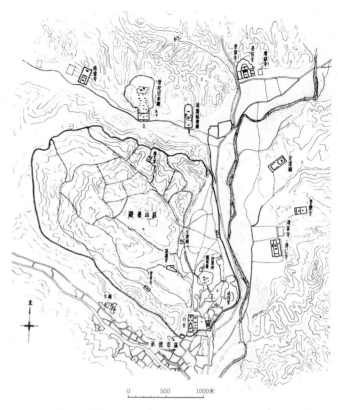

图 1-44　热河行宫图
图片来源：《中国古代建筑史》

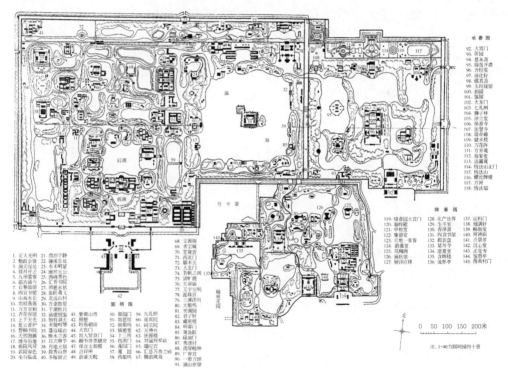

图 1-45　圆明三园图
图片来源：《中国古代园林史》

从建筑布置上着眼，去表现圆明园的主题，即山水建筑宫苑。圆明园是集了我国古典园林平地造园筑山理水手法之大成。

历史上圆明园是由圆明园、长春园、绮春园（万春园）组成，三园紧邻毗连，通称圆明园，总占地5200余亩（约350公顷）。

圆明园对杭州西湖的模仿采用"借名题景""借景借名""借景题名"的借鉴手法。

圆明园直接移植杭州西湖十景始于清雍正时期，在其题名的"二十八景"中就有"平湖秋月"。"平湖秋月"依山面水，左右支板桥，以通步履。湖可数十顷，当秋月当空，潋滟波光，接天无际，正是赏月胜地。乾隆帝扩建时，"圆明园四十景"中又添加了"曲院风荷"一景。从布局看其建筑群位于园林北部，狭长的南面遍植荷花，颇有杭州西湖曲院风荷的景致。真有宋人杨万里的"毕竟西湖六月中，风光不与四时同。接天莲叶无穷碧，映日荷花别样红"的意境。

圆明园内岗阜穿错，水道萦回，"四十景"中有两处直接采用杭州西湖十景的景名，分别是"曲院风荷"和"平湖秋月"。此外还有柳浪闻莺、南屏晚钟、三潭印月等附属于景点的一景。

乾隆帝的"最爱南屏小有天，登峰原揽大无边"，表达了对"小有天园"的钟爱。1756年他再次南巡，竟"为之流连，为之依吟"而忘返。回京之后即下令在长春园仿建"小有天园"，相对于"略师其意"而言，显得更为刻意而直接。有的园子采取变体创作的手法，如圆明园中"坦坦荡荡"，乾隆帝诗序："凿池为鱼乐国。池周舍下，锦鳞数千头，喁唼拨剌于荇风藻雨中，回环泳游，悠然自得。"在景观设置时把握住杭州西湖的"玉泉鱼跃"的泉、鱼的主题特色，保持整形泉池及沿矩形池宽度方向的主轴构图，池沿置汉白玉栏杆以观鱼，池周围筑水榭和方亭，池中置有湖石，着意模仿了杭州"玉泉鱼跃"景观。

圆明园对西湖十景并非简单模仿，而是在保持被模仿对象某些特征和匠意的基础上，因地制宜地进行再创作。

3. 清漪园

清漪园（颐和园的前身）位于北京西北郊，始建于清乾隆十五年（1750年），是一座以瓮山和瓮山泊为主体的离宫别苑，是"三山五园"中最后建成的一座皇家园林。瓮山泊又称大泊湖，明代和清初称西湖。清代沈德潜《西湖堤散步诗》有句云："闲游宛似苏堤畔，欲向桥边问酒垆"，就以此湖比拟杭州西湖了。还有好事者仿杭州"西湖十景"命名了北京的"西湖十景"。因此，瓮山西湖早有神似杭州西湖的口碑。清乾隆帝在元、明和清初的西湖基础上，修建清漪园，改称西湖为昆明湖，改瓮山之名为万寿山。清光绪十二年（1886年），光绪帝在被英法侵略军焚毁的清漪园废址上复建此园，称之颐和园，于1894年竣工，历时约十年之久。

清漪园的总体规划是以杭州西湖为蓝本，关于这点，乾隆帝《万寿山即事》一诗可为佐证："背山面水地，明湖仿浙西。琳琅三竺宇，花柳六桥堤"（图1-46、图1-47）。昆明湖的水域划分、万寿山与昆明湖的位置关系，西堤及六桥在湖中的走向以及周围的环境都酷似杭州西湖。西堤是乾隆修清漪园时，仿杭州西湖苏堤而建的。西堤连接昆明湖南北两端，与玉泉山、西山融为一体，使清漪园环境空间得到无限的拓展。乾隆帝《荇桥三首（其二）》有句云："六桥一带学西湖，蜿蜒长虹俯接余"。而掩映在湖光山色中的西堤六桥，也是仿照苏堤六桥建造的，从最北端依次为界湖桥、豳风桥、玉带桥、镜桥、练桥和柳桥。乾隆帝《玉带桥》言："长堤虽不姓髯苏，玉带依然桥样摹。荡桨过来忽失笑，笑斯着相学西湖"，说明对西湖玉带桥的模仿。

清漪园还在主要景点的营造中仿照了西湖景点的景观艺术。如颐和园建在前山中央部分的"大报恩延寿寺"，从山脚到山顶依次为临湖牌坊、天王殿、大雄宝殿、多宝殿、石砌高台的佛香阁、琉璃牌楼、众香界，构成纵贯前山南北的一条中轴线（图1-48）。与始建于南宋理宗淳祐十二年（1252年）在杭州西湖孤山南坡规模宏大的"西太乙宫"御花园（后为清行宫）极为相仿。佛香阁采用六和塔的平面八角形建筑形式，气势雄伟，从而创造了一个完整而富于变化的空间序列，使得中轴线地位更明确、形象更突出。这个序列上的建筑有前奏、有承接、有高潮、有尾声，结合山形地貌，因势利导，一气呵成，仿佛一个起伏跌宕而带有强烈节奏的乐章，成为清漪图前山建筑布局的构图主体和中心。清乾隆十九年（1754年），为祝皇太后寿辰，在万寿山大报恩的延寿寺东侧空地上建"以肖钱塘云林（灵隐寺）、净寺五百罗汉堂，并亲撰堂记。"

此外，"转轮藏室"一组佛教建筑仿照宋代杭州法云寺藏经阁的样式；"留佳亭"摹仿西湖边的"留余山居"景；"畅观堂"仿西湖"蕉石鸣琴"；此外，由于乾隆帝对西泠桥的喜爱，将万寿山西部的长岛命名为"小西泠"等。所有这些仿造可从乾隆帝御制诗得到佐证。

清漪园（颐和园）之摹拟杭州西湖，不仅表现在园林山水、地形的整治上，而且表现在前山前湖景区的景点建筑之总体布局乃至局部设计之中，其摹拟并不是简单地抄袭，而是"略师其意""不舍己之所长"，贵在神似而不拘泥于形似的艺术再创造。

清漪园的园林造景"略师其意"地汲取杭州西湖风景之精粹，再结合本身的特点又"不舍己之所长"。如杭州西湖与颐和园比较，前者沿湖园林景点建筑半藏半露于疏柳淡烟之中，人工与自然浑然一体。杭州西湖具有"三面青山一面城"的环境格局，湖面

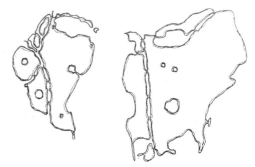

图 1-46　清漪园与杭州西湖之比较
图片来源：周维权《中国古典园林史》

1—东宫门　2—勤政殿　3—玉澜堂　4—宜芸馆　5—乐寿堂　6—水木自亲　7—养云轩　8—无尽意轩
9—大报恩延寿寺　10—佛香阁　11—云松巢　12—山色湖光共一楼　13—听鹂馆　14—画中游
15—湖山真意　16—石丈亭　17—石舫　18—小西泠　19—蕴古室　20—西所买卖街　21—贝阙
22—大船坞　23—西北门　24—绮望轩　25—赅春园　26—构虚轩　27—须弥灵境　28—后溪河买卖街
29—北宫门　30—花承阁　31—澹宁堂　32—昙华阁　33—赤城霞起　34—惠山园　35—知春亭
36—文昌阁　37—铜牛　38—廓如亭　39—十七孔长桥　40—望蟾阁　41—鉴远堂　42—凤凰墩
43—景明楼　44—畅观堂　45—玉带桥　46—耕织图　47—蚕神庙　48—绣绮桥

图 1-47　清漪园平面图
图片来源: 周维权《中国古典园林史》

图 1-48 颐和园前山建筑布局
图片来源：周维权《中国古典园林史》

为空间的中心，存在着一定程度的内聚性和较强的封闭性。而在清漪园中，湖边前山的景点建筑，以一系列的显露形象和格律秩序，于天成的自然中更突出人工意匠的经营；景观的开阔度很大，外向性亦很强，为园外借景创造了条件。

清漪园在绿化和植物配植上，沿湖岸和堤上大量种植柳树，形成"松犹苍翠柳成珠，散漫迷离幻有无"的景色。西堤除柳树外，以桃树间植而呈现桃红柳绿的景象。乾隆有"千重云树绿才吐，一带霞桃红欲燃"的诗句。为了赏荷，清漪园划出前湖3个水域范围种荷，甚至把西堤的练桥一带直接比拟为杭州西湖的"曲院风荷"。

三、城市风景湖泊

1.颍州西湖

明代张萱有诗云："九州之内三西湖，真山真水真图画。"这三西湖指的是杭州西湖、颍州西湖和惠州西湖，都与苏轼有关。颍州西湖（图1-49），兴于唐，盛于宋。唐代诗人许浑曾写下一首《颍州从事西湖亭宴饯》："西湖清宴不知回，一曲离歌酒一杯。城带夕阳闻鼓角，寺临秋水见楼台。兰堂客散蝉犹噪，桂楫人稀鸟自来。独想征车过巩洛，此中霜菊绕潭开。"此时，西湖已有寺庙、楼台及宴饮场所，已成为当时的游赏胜地。晏殊贬知颍州（今安徽阜阳市）时，疏浚了西湖并建造了亭阁。欧阳修知颍州期间，在湖上修建了飞盖、望佳、宜远三桥和西湖书院，并在湖岸种植树木。北宋元祐六年（1091年）苏轼知颍州，为抵御水患、发展农业而大修水利，疏浚颍州西湖，把清淤的泥土，仿照杭州西湖修筑蜿蜒曲折的护堤，时人称为苏堤，堤间种植桃柳，并修建3座水闸控制颍州西湖及周边河渠的水量。晏殊、欧阳修、苏轼等人都在颍州留下了大量诗词。苏轼留下描写颍州西湖的诗篇26首，其中有诗："大千起灭一尘里，未觉杭颍谁雌雄"，其又夸赞颍州西湖："西湖虽小亦西子，萦流作态清而丰"。颍州西湖在宋代声名远扬，后因战乱和黄河泛滥，面积逐渐缩小，虽历代不断有疏浚和修整，终不复当年之盛，最终在1938年的黄河花园口决堤之后，被黄河泥沙彻底掩埋。

2.惠州西湖

惠州西湖在广东省惠州市城西，原名丰湖（图1-50）。北宋绍圣元年（1094年），苏轼又被贬惠州。次年，苏轼写《赠昙秀》诗，将丰湖改称作西湖。在他任职的3年里，解犀带，献赏金，得助款修筑苏堤，堤上建西新桥，桥上建"飞楼九间"，不仅连接湖东西

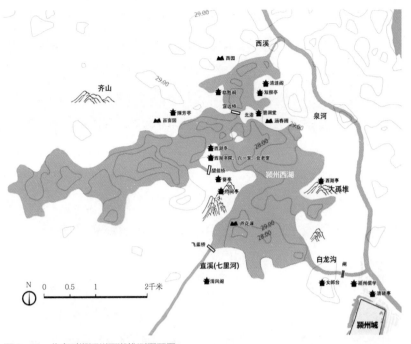

图 1-49　北宋时期颍州西湖推测平面图
图片来源：于佳宁.颍州西湖历史风貌与城湖关系研究 [D]. 北京：北京林业大学，2020

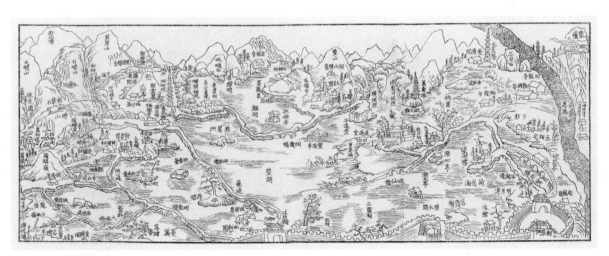

图 1-50　惠州西湖全景
图片来源：刘管平《广州园林》

两岸的交通，而且堤自成景，亦可观景。后来，西湖之上又修筑了诸多堤桥，如陈公堤和明圣桥、甘公堤和圆通桥、烟霞堤和烟霞桥、横槎堤和横槎桥等，形成了"四堤五湖六桥"的空间格局。惠州西湖有与杭州西湖相同景名的苏堤、孤山、湖心亭等景物。今惠州西湖的"十景"中，有"平湖秋月""花港观鱼""苏堤玩月"和"烟霞柳浪"等与杭州西湖相同或相关的景题。苏轼在惠州的故居，凿的井，挖的放生池，筑的钓鱼台，建的六和亭，整治的朝云墓以及他游湖的行踪等构成惠州西湖的重要名迹。

"东坡到处有'西湖'"，一时传为美谈。北宋秦少章诗云："十里熏风菡萏初，我公所至有西湖，欲将公事湖中了，见说官闲事亦无"。南宋杨万里对这种巧合，也作过一首诗："三处西湖一色秋，钱塘汝颖及罗浮，东坡原是西湖长，不到罗浮那得休！"

3.昆明翠湖

昆明翠湖在旧城内，邻近圆通山和五华山西麓，原是滇池的湖湾，明代扩建昆明城时将翠湖纳入城池（图1-51）。因其风景秀丽，吸引了官署、军营、书院、园林、宅邸和寺庙在周边兴建，翠湖逐渐变成人文荟萃之地。但翠湖本身实质上长期被权贵府邸所独享，以沐氏柳营别业和吴三桂的平西王府为代表，经过不断营建，成为"花木扶疏，回廊垒石"的园林。清康熙三十一年（1692年），云南巡抚王继文在小岛上建碧漪亭，在北岸建来爽楼，翠湖开始了内部园林景观的建设，初具公共园林的性质。后来又在岛上建莲华禅院和放生池，增添了宗教活动内容。

据民国时期《昆明市志》记载，清道光年间，云贵总督阮元仿效苏轼在杭州西湖筑苏堤的善举，修筑了一条纵贯翠湖南北向的长堤，人称"阮堤"，堤上建桥三座，1919年

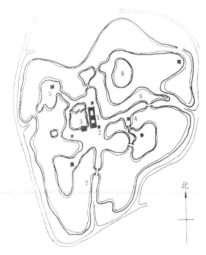

1—莲华禅院；2—湖心亭；3—观鱼楼；4—会中亭；
5—锁翠亭；6—唐堤；7—阮堤；8—九龙池

图 1-51　翠湖平面图
图片来源：周维权《中国古典园林史》

云南督军唐继尧命人经湖心岛另筑一条东西向的长堤，俗称"唐堤"，并在堤上架桥二座，从而将水面分为四个水域，堤畔植杨柳，湖中种荷花，形成一处"杨柳荫中鱼竞跃，菰浦深处鸟争鸣"的具有自然生态美的公园。

四、海外园林设计中的西湖元素

中国传统园林在世界园林艺术史上有着重要地位，不仅对东方园林产生了巨大影响，而且对西方近代园林的发展起到不可忽视的推动作用。中国传统园林的典型特征："天人合一""范山模水""诗情画意""巧于因借""小中见大""委婉含蓄"和"循序渐进"的空间序列，都能在西湖景区中得到印证。西湖风景园林艺术，通过访问学者、僧人、传教士以及绘画、诗书等途径，传播到世界各地，尤其是日本和英国等，促进了这些国家的园林发展。

1.日本园林中的西湖元素

中国园林经过三千多年的造园实践，所形成一整套系统而完善的园林艺术创作理论与园林工程技术经验，使中国古典园林成为在世界园林史上独树一帜的、具有鲜明民族特色和浓厚东方趣味的独立的园林体系。它以表现自然山水为主旨的园林艺术形式，不仅自身日趋完善，而且深深地影响着与中国毗邻的一些国家，尤其是日本的园林艺术发展。

中国的传统文化对日本产生了重要影响，突出表现在两个阶段：公元6世纪至8世纪，中国园林模式被传入日本；公元12世纪至17世纪，日本与中国交流再度活跃，中国园林与中国水墨画的意韵对日本园林的新发展又产生很大的影响。日本园林重在把中国园林的局部内容，有选择、有发展地兼收并蓄，融汇创新，融入其本土文化中。后一阶段又通过中国禅宗的传入，把对园林精神的追求推向极致，并产生了具有明显特色与日本风格的园林形式。

日本园林在飞鸟时代以前少有资料记载。而在飞鸟时代（592—710年）、奈良时代（710—794年）期间，从出土的流杯渠残石判断，我国晋代文人追求林泉归隐的"曲水流觞"这一内容已经传到日本，其园林中有湖池、神山、仙岛等要素。

日本平安时代（794—1185年），白居易《白氏文集》传入日本（约834年），其中描写西湖景观的诗文让日本人知晓了杭州西湖景观。

中国南宋时期西湖景观文化内涵的高度丰富和发展，对东亚文化传播区产生了巨大影响。镰仓时代（1185—1333年），日本僧人荣西再度入宋留学四年，回国后传播禅宗佛教，并将茶及啜茗这一林泉生活习尚带回日本。1246年，南宋僧人道隆东渡日本传教，在镰仓得到幕府的支持，修建"建长寺"，传播了禅宗思想。由宋及元，杭州的两大禅宗寺院净慈寺和灵隐寺吸引了不少前来参学的日本僧人。日僧中岩圆月1325年来到中国，8年间足迹踏遍江南的禅寺伽蓝，曾在文章中记述过杭州西湖和白居易、苏轼、林逋等人的西湖诗词和故事。禅宗哲学促成了日本写意山水庭院的出现。

室町时代（1336—1573年），日本禅僧最喜欢传颂苏轼的"溪声便是广长舌，山色岂非清净身"等带有浓厚禅味的体现自然观的诗句。明永乐年间，中日开展勘合贸易，杭州是日本遣明使从宁波到北京的必经之地。许多随使团到中国的日本使者、僧人都留下不少描绘西湖的诗歌和文献。策彦周良曾3次出使明朝，多次游览西湖，留下了不少记录和诗词描绘他的见闻，其中包括著名的《晚过西湖二首》。

日本室町时代画坛北宗周文派的水墨画，师法南宋画院马远、夏珪笔意，又引禅宗的自然观而别开画境，从而使水墨山水成为日本的主要画风。南宋山水画也对日本的园林创作起了直接作用，造园多取法于山水画，或者直接参照宋、明绘画。日本"画圣"雪舟曾来华留学访问，畅游西湖，回国后，亲自参加日本的造园活动，设计了常荣寺庭园（图1-52）等园林，将西湖意象导入园林设计之中。雪舟的学生秋月等观绘制过一幅《西湖图》，详细描绘了六桥、南北高峰、保俶塔等西湖标志性景观。日本学术界评论，日本造园艺术的象征性、抽象性的所谓"缩三万里程于尺寸"的写意手法的形成，主要是由于中国传入的佛教禅宗及宋儒理学思想的影响，促进了日本造园的发展，方有"石庭""枯山水"（亦称唐山水）之类极端写意的园林形式出现。

江户时代（1603—1867年），有关西湖的景观营造，通过诗文、绘画、地方志等传入日本。日本园林设计中的西湖元素不断增加。明遗臣朱舜水流亡日本20年，除讲学外，还从事园林创作活动，对日本造园起到促进作用。如朱舜水参与设计的著名的东京"小石川后乐园"，以中国北宋文学家范仲淹《岳阳楼记》中的名句"先天下之忧而忧，后天下之乐而乐"题名。园中有单孔石拱桥——"圆月桥"，还有"西湖之堤""小庐山"等摹拟中国名胜的景点。西湖之堤为一狭窄石堤，堤上有微型石拱桥，摹写西湖苏堤之意。又如广岛的"缩景园"（图1-53），最初是为广岛藩主浅野长晟修建的别墅，一说是园林浓缩了各地美景的精华，另一说是整个园林乃仿效杭州西湖景色缩小而成，园中的代表性景观——石堤和圆拱桥，师法杭州西湖苏堤景色。江户初期修建的芝离宫，中岛西侧的"西湖之堤"即仿西湖苏堤的样式，以条石筑堤，中间砌石拱桥（图1-54）。位于和歌浦的"养翠园"是江户时代藩主德川治宝历经8年时间建成，以西湖为蓝本，有仿苏堤的"三断桥"、仿平湖秋月的"观海阁"。

明末清初杭州人戴笠，因不愿侍奉清廷，于1653年东渡日本行医，后落发为僧，

图1-52 日本"画圣"雪舟设计的常荣寺庭园（1475—1478 年）
图片来源：网络

图1-53 缩景园
图片来源：网络

图1-54　旧芝离宫西湖之堤（林箐　摄）

图1-55　山口县岩国市锦川河的锦带桥
图片来源：《钱江晚报》

取号"独立性易"。1661年，岩国第三代藩主吉川广嘉患病，请来名医独立性易。独立闲谈杭州西湖和《西湖游览志》时，广嘉非常想看这本书，独立就派人回长崎取书。因山口县岩国市锦川河宽200多米，当广嘉看到《西湖游览志》上描述苏堤六座拱桥时，灵光一闪，也想在锦川河上堆起小岛，岛间架起拱桥。于是于1673年建成五孔石墩木拱桥，跨度27.5米，全长193.3米，宽5米，师法西湖白堤桥名取名"锦带桥"（图1-55），至今尚在，成为日本三大名桥之一。

在园林植物配植方面，日本也受到中国前期造园的"陈列鉴赏、奇物名品"的集锦式创作思想的影响，自我国引种驯化，培育植物材料，绿化其庭园。如奈良时代，唐招提寺开山大师鉴真就从杭州孤山引松子育苗，作为该寺庭园的观赏植物，又如"六园馆庭园"中的四川柳、西湖梅等植物。横滨市金泽区的金泽六浦是关东地区离中国最近的港口，江户时代以后，因其景色优美，被认为是日本的西湖。这里著名的称名寺，室町时代就有从杭州移植来的西湖梅。

根据相关研究，从13世纪到16世纪，仅日本五山禅僧写的汉文作品中，涉及西湖的就达381篇，提到六桥26次，苏公堤12回。日本有史可载的最早的西湖图完成于1359年，题名"西湖十境"。目前日本机构和个人收藏的15世纪至19世纪的西湖图多达30幅。日本学者吉诃功研究发现，日本摹仿杭州西湖景致达20余处。

2.朝鲜半岛园林中的西湖元素

据记载，古朝鲜新罗国的文武王（661—681年在位）曾派人到唐朝学习园林艺术，建造苑囿（庆州月城的雁鸭池），在御园中作池，叠石为山，象征巫山十二峰，栽植花草，蓄养珍禽奇兽。

高丽王朝（918—1392年）与宋朝的文化联系非常密切，宋朝的造园艺术对高丽产生了很大影响，高丽朝廷从南宋引入不少珍贵园林植物和珍奇异兽。南宋时期皇宫后苑主要池沼呈方形，称为大池。据《梦粱录》记载，南宋"禁中及德寿宫皆有大龙池、万岁山，拟西湖冷泉、飞来峰"。从现存反映南宋皇宫园林的宋画上可以看出池水局部及岸线多是直线形的。韩国现存的宫苑园林池水也多为方池或池岸呈直线形。在庭院中充满怪石、花卉，也种植松、竹、梅、菊，反映出自高丽时代就开始流行的中国宋朝理学的传统。

韩国江陵大学任光淳先生指出，这种造园传统在朝鲜半岛一直留存，尤其是方池造园一直影响着当代韩国的景观设计。在韩国景福宫内，庆会楼、香远楼的水池与中国宋代的金明池在水池的形状、桥梁和岛屿的构成布局等方面很相似。韩国韩相真《中韩

图 1-56　汉江十景之一"仙峰泛月"
图片来源：网络

末代皇家园林》中指出："从朝鲜时代初期开始，池塘的形态已改变为方形。庭院中其他要素形态都采取自然的曲线，而只有池塘的形态为直线，这可以说是受到阴阳五行思想的影响。韩国的方池、方塘文化，应该是受杭州西湖景观中大内、德寿宫方池和名胜'花港观鱼''玉观观鱼''虎跑泉'等景点景观的影响"。

朝鲜半岛题名景观也受我国两宋影响，出现了"汉江十景"（白石早潮、青溪夕岚、栗屿雨耕、麻浦云帆、鸟洲烟柳、鹤汀明沙、仙峰泛月、笼岩观涨、鹭梁渔钓、牛岑采樵）等景目（图1-56）。

3.欧洲园林中西湖风景园林艺术的理念

中国人崇尚的"师法自然""天人合一"的园林理念，以及诗人的心理、画家的眼光、绘画的方式，构成了"诗情画意"的园林理法。所有这些理念和理法，对西方近代园林产生了巨大的影响。

16世纪后，随着文艺复兴的传播，意大利造园艺术传到英国、法国和欧洲其他国家。到了17世纪下半叶，法国开始改造了从意大利传来的台地造园艺术，在唯理主义、君权主义控制下，其造园艺术按照几何结构和数学关系发展。这种古典主义的园林风格主要是建立在建筑是花园的主体的思想上，为此在中轴线上布置林荫道、花坛、喷泉、河渠、水塘和雕塑等，而林园也为几何形，水被限制在规则的池子里。法国古典主义的园林艺术是"强迫自然接受匀称的法则"。17—18世纪，随着海外贸易的发展，欧洲许多商人和传教士来到中国，带回大量商品、书信、绘画和书面报告，为欧洲人展示了一个完全不同的文化，在欧洲掀起了中国热。在他们对中国的描述中，有一些是关于园林的。他们注意到中国的园林是模仿自然的，有水面、桥梁、塔、庙宇等，他们尤其对假山和山洞有浓厚的兴趣。意大利传教士马国贤（Matteo Ripa，1692—1745年）曾任清代宫廷画师，游览过畅春园，并赴热河行宫绘制三十六景图。他在回忆录里写道："畅春园，以及我在中国见过的其他乡间别墅，同欧洲的大异其趣……在他们的花园里，人工的山丘造成复杂的地形，许多小径在里面穿来穿去……湖里点缀着小岛，上面造着小小的庵庙，用船只或者桥梁通过去"。马国贤返回欧洲的时候带去了他绘制的避暑山庄三十六景图，这些图纸对于欧洲艺术中的"中国热"起到了促进作用。中国的园林形式与欧洲几何式园林截然不同，形成鲜明的对比，正好与18世纪上半叶英国的思想文化潮流合拍。

18世纪，经验主义哲学、资产阶级革命、启蒙主义思想、浪漫主义文学艺术，为英国风景园的产生创造了土壤，而中国园林的艺术形式对这一时期的园林变化起到了促进作用。英国风景园不仅风格上是自然的，而且许多园林中都设计有叠石假山和拱桥。

法国传教士王致诚（Jean Denis Attiret，1702—1768年）曾任清宫廷画师，参与了绘制圆明园四十景图，他在给友人的信中盛赞圆明园，"这是一座真正的人间天堂"。他认为中国园林艺术的基本原则是"人们所要表现的天然朴野的农村，而不是一所按照对称和比例的规则严谨地安排过的宫殿"，园林是"由自然作成"，无论是蜿蜒曲折的道路，还是变化无穷的池岸，都不同于欧洲那种"处处喜欢统一和对称"的造园风格。他认为中国园林是以景为基本单位，园林不是简单的自然一角，而是经过典型化处理的自然的艺术风格，比欧洲园林更富有诗情画意，更有深度。他的精辟论断，轰动了整个欧洲。英国的散文家艾迪生赞誉中国园林"总是把他们所使用的艺术隐藏起来"；法国神父韩国英认为"中国园林是经过精心推敲而又自然而然地模仿乡野的各种各样的美景……这门艺术最杰出的成就是：通过景的密集、变化和使人感到意外，来扩大小小的空间；从大自然取来它的一切资源、并用他们来颂扬自然。"

长春园大水法的设计者、法国传教士蒋友仁神父谈到中国皇家园林时指出："中国人十分成功地用艺术去使自然完善"。英国建筑师钱伯斯（William Chambers，1723—1796年）年轻时曾到过中国，后来成为宫廷建筑师。他出版了《中国园林的布局艺术》《东方造园艺术泛论》等著作，主张"明智地调和艺术与自然，取双方的长处，这才是一种比较完美的花园"，而中国园林"虽然处处师法自然，但并不摒弃人为"，它的"实际设计原则，在于创造各种各样的景，以适应理智的或感情的享受等各种各样的目的"。又认为"中国人的花园布局是杰出的，他们在那上面表现出来的趣味，是英国长期追求而没有达到的"。钱伯斯在丘园里建造了中国塔（图1-57），在欧洲引起了很大反响，掀起了在园林中建造中国式建筑、桥和假山的新潮，这种园林被称为"英中式园林"。18世纪下半叶，法国的地图家、版画家和建筑师勒·胡日（Le Rougge）出版了《英中式园林》，共计21册，收罗了欧洲的英中式园林的平面图和中式建筑的图纸，其中第14~17册收集了97幅关于中国皇家园林的图，包括3张圆明园的景图。这些都对当时园林设计中的"中国风"起到了推波助澜的作用。

17世纪到19世纪，在中国园林艺术通过传教士、旅行者和商人传播到欧洲并对欧洲园林产生巨大影响的过程中，清代皇家园林所起的作用最大、影响最深远。清代皇家园林"圆明园""颐和园"和"热河避暑山庄"等的造园艺术曾经深受西湖风景园林艺术的影响，因此这些吸取了中国造园艺术的欧洲园林也蕴含了杭州西湖风景园林艺术的影响。

20世纪八九十年代，中国庭院在世界各国落地。如美国纽约大都会艺术博物馆的"明轩"、洛杉矶市亨廷顿植物园的"流芳园"、俄勒冈州波特兰市唐人街的"兰苏园"、迪斯尼公园的"锦绣中华园"，爱尔兰都柏林市的"爱苏园"，法国法兰克福市贝特曼公园的"春华园"，德国慕尼黑西公园的"芳华园"，日本登别市的"天华园"、鸟取县的"燕赵园"、川崎市的"沈秀园"、大阪的"同乐园"、横滨的"友谊园"，加拿大蒙特利尔市植物园的"梦湖园"、温哥华市的中山公园（图1-58），瑞士世贸组织总部园内的"姑苏园"，荷兰格罗宁根市植物园的"谊园"等园林。此时，杭州园林部门亦设计建造了日本御津町"中国梅园"、岐阜市"中国门"以及修复了新加坡"同济院"。

五、"景题语意"的传播

据记载，西湖山水之名，始于唐，盛于两宋，大批的文人雅士对其歌咏赞颂。尤其是白居易、苏轼两位大文豪，写了大量赞誉西湖山水之美的传世诗词。北宋初年，著名诗人潘阆（962？—1009年）寓居杭州，自作《酒泉子》词十首，追忆杭州西湖的山水胜景。这是最早使用联章体歌咏西湖山水的诗歌，为南宋西湖十景的命名方法和格式奠定了基础。北宋治平年间（1064—1067年），宋迪（？—1083年）任职湖南期间绘有"潇湘八景"。沈括《梦溪笔谈》记述："度支员外郎宋迪工画，尤善为平远山水。其得意者有平沙雁落、远浦帆归、山市晴岚、江天暮雪、洞庭秋月、潇湘夜雨、烟寺晚钟、渔村落照，谓之'八景'。好事者多传之。"将地方景物以四字题名画作的方式形象化，无疑能获得更多人的认可和更广泛的传播。南宋时，朝廷偏安杭州，在西湖美景的熏染下，画院画家们创作了大量山水画作，并效仿"潇湘八景"逐一题名，如马远的《柳浪闻莺》《两峰插云》《平湖秋月》，陈清波的《断桥残雪》《三潭印月》《雷峰夕照》《苏堤春晓》等。画家们从自己的审美角度和才情趣味，从不同的空间角度去欣赏西湖，找出西湖独特的意境，以画的形式表现并为其命名。景名随着画家的画作和诗意的景题而广为流传，形成对西湖景观的概括提炼。这种以画绘景、以诗题画的方式，形成"诗中有画，画中有诗"的境界，正是中国诗画结合传统园林的一种经典的体现。完整的"西湖十景"四字景目首先出现在南宋祝穆所编撰《方舆胜览》中（约成书于1239年）。

"景题语意"一般前两字是主体部分，指出风景的实体或处所，后两字是描写叙述部分，指出主体的美和特色，点出景观的神韵和最美的时刻或角度以及与周围环境的美学关系等。如"三潭印月"的"三潭"指景物实体，"印月"指美的最佳时刻是在月夜。景题文字的语法结构有主谓关系如"苏堤春晓"（图1-59）；有"主从关系"如"断桥残雪""南屏晚钟"；有主动宾关系如"双峰插云"等。所用之词语要能雅俗

图 1-57　丘园中国塔

图 1-58　加拿大温哥华中山公园

图 1-59　景题语意——苏堤春晓

共赏，如"曲院风荷"，其"风"字便点出了荷花的动态美。同时"四字景目"要求音韵协调，平仄相间，避免四字全仄或全平，常见的用平平仄仄，如曲院风荷，或仄仄平平，如雷峰夕照。总之，第二和第四字的平仄必须相反，达到旧体诗"一三不论，二四分明"的要求。

"景题语意"题名景观的文学形式，实质上将人们的视觉借助于语言文字，升华到精神领域的层面，成为一种历史文化的积淀。从南宋到明初，以近体诗的韵律来要求组景题名的文学形式逐渐风行起来，并臻于成熟。小到一园一名胜，大到一城一州，风景往往通过"景题语意"来提炼和传播，这也成为中国传统园林艺术的特色之一。

"西湖景观"能流传至今并保持特有的审美文化传统，"点景题名"提供了独特的传承典范。自南宋创立"西湖十景"之后，在其后的7个世纪中，杭州又产生了元代的"钱塘十景"、清康熙年间的"西湖十景"、清雍正年间的"西湖十八景"和清乾隆年间的"杭州二十四景"。直至20世纪和21世纪，杭州又再次在全国范围开展了由社会各界人士和广大群众广泛参与的西湖景观题名活动，评出"新西湖十景""西湖新十景"。杭州西湖景观题名是迄今为止全国，乃至整个东方"点景题名"传统中最为突出和持久的文化活动。

以"西湖十景"为代表的"四字景目"题名景观为金、元、明、清各代所传承并延续至今。在长达700余年的时间里，流传到中国各地乃至东亚地区，从而为东方这一古老独特的文化传统提供了稀有的见证。朝鲜半岛也出现了"松都八景""关东八景"和"上林十景"等题名景观。"四字景目"的影响波及皇家园林、私家园林和寺庙园林，如金代"燕京八景"、清代"关中八景"；皇家园林的圆明园四十景、香山静宜园二十八景，玉泉山静明园十六景，清漪园（颐和园）四十景，避暑山庄三十六景；广西桂林三十景，四川峨眉山十景和新八景；浙江富春江有严陵八景、春江八景等。

现代园林创作中也使用"四字景目"这一特殊形式，如上海共青森林公园八景："月色江声""秋林爱晚""翠屿寻幽""松壑涛声""溪涧问鱼""石矶垂钓""香远溢清""幽谷松涛"。大都市香港也有香港十景："古刹钟声""宋台凭吊""破堞斜阳""香江灯火""小港夜月""海国浮沉""筲箕夜泊""升旗落日""西高夏兰"和"松壑猴群"等。在现代房地产产业中也使用"四字景目"，如杭州颐景园住区就有"云崖飞瀑""凭岸听风""曲水流影"和"百花争艳"等景观点。可见，"景题语意"广为传播，为风景园林增添了诗情画意的文化内涵。

第六节　历代对西湖的评价

杭州西湖风景园林以朴素无华的元素、委婉含蓄的方式，表达了丰富细腻的情感，给人以想象空间并传情达意，以端庄典雅的外貌赢得了世人的广泛赞誉。

西湖山水秀丽，自古以来歌颂题咏者着实太多，涉及一年四时、昼夜朝夕、阴晴风雨、霜雪雷霆、山光水态、烟柳寒梅、六桥三竺、双峰孤山等，概括无遗。五代、两宋时就有"上有天堂，下有苏杭"之说。"天堂"的美既包括自然美，又体现理想的社会美、人情美。唐代诗人白居易有诗《春题湖上》："湖上春来似画图，乱峰围绕水平铺。松排山面千重翠，月色波心一颗珠。碧毯线头抽早稻，青罗裙带展新蒲。未能抛得杭州去，一半勾留是此湖。"一千多年前的名句，道出了古往今来人们对西湖依恋难舍的心境。如果将秀峰清江妆点的杭州喻为一顶金冠，那西湖就是镶嵌在这个玲珑剔透的金冠上的一颗璀璨明珠（图1-60～图1-63）。白居易《忆江南》写道："江南忆，最忆是杭州。山寺月中寻桂子，郡亭枕上看潮头。何日更重游？"白居易在杭州期间，留下诗词70余首，奠定了西湖绚丽的诗词文化的基础。

宋仁宗赵祯在《赐梅挚知杭州》诗中有对杭州"地有湖山美，东南第一州"的评价。北宋词人柳永在《望海潮》中写道："东南形胜，三吴都会，钱塘自古繁华。烟柳画桥，风帘翠幕，参差十万人家。云树绕堤沙，怒涛卷霜雪，天堑无涯。市列珠玑，户盈罗绮，竞豪奢。重湖叠巘清嘉。有三秋桂子，十里荷花。羌管弄晴，菱歌泛夜，嬉嬉钓叟莲娃。千骑拥高牙，乘醉听箫鼓，吟赏烟霞。异日图将好景，归去凤池夸。"

北宋文学家苏轼描绘西湖的诗作《饮湖山初晴后雨》："水光潋滟晴方好，山色空蒙雨亦奇。欲把西湖比西子，浓妆淡抹总相宜"是传诵千古的名篇。

南宋文学家杨万里在《秋山》中描绘过西湖的山景："梧叶新黄柿叶红，更兼乌桕与丹枫。只言山色秋萧索，绣出西湖三四峰。"南宋诗人葛天民有描绘苏堤的诗《正月二十七日雨中过苏堤》："一堤杨柳占春风，柳外群山细雨中。人苦未晴浑不到，只宜老眼看空蒙。"

晚清政治家康有为游"三潭印月"后留下一副长联，上联为："岛中有岛，湖外有湖，通以九折画桥，览沿湖老柳，十顷荷花，食莼菜香，如此园林游遍未曾见"。近代著名音乐家、书法家李叔同曾为西湖作歌词一首："看明湖一碧，六桥锁烟水。塔影参差，有画船自来去。垂杨柳两行，绿染长堤。飐晴风，又笛韵悠扬起。看青山四围，高峰南北齐。山色自空蒙，有竹木媚幽姿。探古洞烟霞，翠扑须眉。雪暮雨，又钟声林外起。大好湖山如此，独擅天然美。明湖碧无际，又青山绿作堆。漾晴光潋滟，带雨色幽

图 1-60 晴日里的西里湖，北山在望

图 1-61 宝石山上银溶汞结（林葵 摄）

图 1-62　刘庄沿湖景色

图 1-63　孤山斑斓秋色

奇。靓妆比西子，尽浓淡总相宜。"现代学者郭沫若的诗《游西湖》描绘了雨后天晴的
西湖美景："雨后四山净，湖开一镜平。霞光映波碧，水色入心情。"

　　历史上有不少到过杭州的外国旅行家或者僧侣、传教士都对这座城市和西湖有过由衷
的赞美。意大利威尼斯人马可·波罗在《马可·波罗行记》中称赞杭州为"世界上最美丽华
贵之城""世界诸城无有及者，人处其中自信为置身天堂"，又载"皇宫周围十哩，环以高
峻之城垣。垣内为花园，可谓极世间华丽快乐之能事，园内所植俱为极美丽之果园。园中
喷泉无数，又有小湖，湖中鱼鳖充牣。……"对杭州作出了生动的描述。明武宗正德七年
（1512年），日本国求法僧人普福（又名答里麻）来华时游西湖题诗一首："昔年曾见此湖
图，不意人间有此湖。今日打从湖上过，画工犹自欠功夫。"（见《四夷广记》）

　　随着近现代国际交往的增多，有越来越多的国家领导人和国际友人对西湖表示了赞
赏。国际美学学会主席阿诺德·伯利恩说："这样别具风味的景观，在世界上也是不多
见的。"日本建筑理论家冈大路称："西湖风光明媚实居天下之冠。"

　　习近平主席在浙江任职期间，在《加强对西湖文化的保护》一文中指出：杭州西湖
承载着悠久历史，积淀着深厚的文化。西湖文化在杭州文化中有着独特的位置。在西湖
四周，留下了吴越文化、南宋文化、明清文化的深刻印记，留下了无数文人墨客的佳话
诗篇，留下了不少民族英雄的悲歌壮举，留下了许多体现先民勤劳智慧的园、亭、寺、

图1-64　第三十五届世界遗产大会审议通过西湖文化景观现场（陈志华　摄）

塔。可以说西湖周围处处有历史，步步有文化。这些历史遗存，我们一定要保护好、利用好，传承下去，发扬光大。[①]

2011年6月24日，"杭州西湖文化景观"列入《世界遗产名录》（图1-64）。"杭州西湖文化景观"突出普遍价值的承载要素，包括西湖自然山水，以及依存与融合于其间的景观格局"两堤三岛"、题名景观"西湖十景"、十四处西湖文化史迹与西湖特色植物，以及呈现为"三面云山一面城"的城湖空间特色，总面积为4235.76公顷。国际古迹遗址理事会（ICOMOS）技术评估团对西湖的评价是："她是中国历代文化精英秉承'天人合一'哲理，在深厚的中国古典文学、绘画美学、造园艺术和技巧传统背景下，持续性创造的中国山水美学景观设计经典作品，展现了东方景观设计自南宋（13世纪）以来讲求诗情画意的艺术风格，在9至20世纪世界景观设计史和东方文化交流史上拥有杰出、重要的地位和持久、广泛的影响。她在10个多世纪的持续演变中日臻完善，并真实、完整地保存至今，未有大的变换，成为景观元素特别丰富、设计手法极为独特、历史发展特别悠久、文化含量特别厚重的'东方文化名湖'"。国际古迹遗址理事会评估报告认为："她是在中国2000多年关于人类活动和居住所遵循的'天人合一'理念支配下，结合中国古代的地理知识和理想的山、海景观概念，在一个特大范围，巧妙而大规模地利用特有的地形地貌、山形、水势、气候和其他自然条件，所实现的人工创造与自然造化融为一体的伟大的景观作品和理想的人居范例"。

西湖模式体现了系统联系观念之下，人、城市、自然三者之间的融合互动和水乳交融。西湖不仅给游人呈现出山水美景，还蕴含着深远的文化意味，体味了传统文化的延续。

---

① 《浙江日报》"之江新语"栏目，2003年9月15日。

第一节　自然美的基础

　　人们所说的"自然美"通常有两个含义，其一是未经人类劳动改造的"纯粹"的自然美，其二是经过了人类劳动改造的自然景物，即"人化自然"，体现着人类的智慧和力量，人们欣赏它的美，也就是对人类智慧和力量的肯定。西湖的美，是二者的结合（图2-1）。

一、西湖景观特征

　　西湖的景观以山水为本，自然生态为形，文化内涵为神。

　　西湖三面环山，一面临城，水光潋滟，湖平如镜。西湖景区为山不高，但洞壑岩泉，诸胜层出，而有层次起伏；为水不广，而空间大小分隔，自成佳景；湖山比例恰当和谐，尺度适当。西湖之妙在于湖盈山中，山屏湖外；登高可眺湖，游船并望山。山影倒置湖中，湖光映衬山际，山水相依，不可复离。总之，西湖之美，在于山水相融，天地相参，秀丽、清雅的湖光山色与璀璨的文物古迹、文化艺术融为一体，使西湖成为融自然美、艺术美与伦理美为特色的景区。

　　西湖山水秀丽，波光岚影，风姿绰约，时时有景，处处生情，诗情画意，情景交融，让人产生"未能抛得杭州去，一半勾留是此湖"的无限缱绻之情（图2-2、图2-3）。诚然，大自然赐予的美是可贵的，但历代劳动所创造的美和对美的维护更值得称颂。两者各臻其妙且水乳交融，才使西湖景观达到美的极致。

二、西湖景观类型

　　西湖的自然景观有：丽质天成的水域景观，逶迤连绵的多层次低山丘陵景观，神奇莫测的气候气象景观，丰富多样的天籁之声景，多种动物的形体、色彩和活动之美，繁盛而富有生机的植物景观。

图 2-1 （南宋）李嵩《西湖图》
图片来源：上海博物馆馆网

图 2-2 雷峰塔上看西湖

图 2-3 宝石山看西湖

1.丽质天成的水域景观

西湖处于平原、丘陵、湖泊与江海相衔接的地带，自然条件得天独厚。她三面环山，层峦叠嶂，中涵绿水，水天一色，景色宜人，全湖面积达6.4平方公里（含湖西新拓水面）。苏堤、白堤、赵堤和花港观鱼半岛，横卧在西湖的东西和南北，把西湖分隔为外湖、北里湖、西里湖、岳湖、小南湖等5个大小不等、比例合宜的水面（图2-4），避免了如太湖般的浩瀚之感，又增加了层次和景深。杨公堤以西，新拓展的金沙港、茅家埠、乌龟潭和浴鹄湾等四处水体（水面面积0.78平方公里），也以不同的形态展现在湖西地区，与山麓衔接，增加了西湖水面的层次和景深。

宋代郭熙在《林泉高致》中写道："水，活物也，其形欲深静，欲柔滑，欲汪洋，欲洄环、欲肥腻、欲喷薄，……"详尽地描绘了水的多种多样的情态。而西湖之水，不仅有动静之别，还有形态上的对比，如外湖与岳湖、小南湖的大小之比，外湖与北里湖的宽窄之比，北里湖与西里湖的横竖之比。湖西新拓水面体现了幽趣、野趣、闲趣、逸趣的景观特点，通过旷奥、藏露、曲直、刚柔等一系列对比，营造富有节奏和层次的空间序列，既回归自然，又体现西湖山水的传统风格。

西湖水域是构成西湖景观的主要因素之一。从湖滨西望，可见远处澹澹云山连绵起伏（图2-5）；远岸高树低木，郁郁葱葱；开阔的水面上，悠悠烟水，叶叶扁舟，翩翩鸥鸟，好似一卷横向展开的水墨山水长卷，意境开阔平远，令人心旷神怡，志清意远。行走在白堤上，两侧是开阔的湖面，湖水在阳光下闪烁着粼粼的波光，堤岸上一株杨柳一株桃，远处是一抹淡淡的青山，亭台楼阁点缀其中，秀美的景色让人仿佛在画中。从"柳浪闻莺"的湖边透过万树柳丝往北望，只见柳帘缭绕的小瀛洲、影影绰绰的阮公墩和湖心亭、"人间蓬莱"孤山、漂浮在湖中的苏白二堤，以及横亘数里的宝石山。若站在宝石山放眼四望，孤山屹立，像是水面上的绿色翡翠；苏堤、白堤仿佛两条锦绣缎带飘浮于碧水之上，沟通了湖岸的南北和东西；小瀛洲、湖心亭、阮公墩三岛鼎立湖中，如同海上神山。西湖岚影波光，风姿绰约，沿湖皆绿树成荫，繁花似锦，树丛花丛中隐现着数不清的楼台轩榭，不禁让人感叹"山色湖光步步随，古今难画亦难诗"。

2.逶迤连绵的多层次低山丘陵景观

西湖的美，不仅在湖，也在于山。郭熙在《林泉高致》中曾写道："山以水为血脉……，故山得水而活；水以山为画，……故水得山而媚。"西湖湖山映衬，相得益彰。环绕西湖的群山，可分为内外两个层次：内周，北面有宝石山（海拔78米）、葛

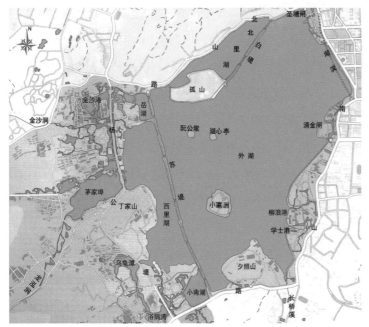

图 2-4　西湖水域分布全图
图片来源：杭州西湖水域管理处

图 2-5　湖滨西望

图 2-6　层峦叠翠的群山

岭（125米），东面是吴山（74米）、紫阳山（98米）和云居山（98米），南面有夕照山（48米）和南屏山（101米），西面有丁家山（42米）；这些临湖的山丘，其高度多在海拔42~125米。环抱西湖的两个山岭——宝石山、吴山的海拔分别为78米和74米。外围，向北是北高峰（314米）、秦亭山（168米）、灵峰山（163米）和老和山（156米），往南部和西部有凤凰山（157米）、玉皇山（239米）、九曜山（239米）、南高峰（257.2米）、棋盘山（243米）、狮峰（342米）和五云山（344.7米）；这些山峦高度一般不超过海拔350米，但峰奇石秀、林泉幽美（图2-6）。从湖岸望环湖群山，视角多在3度~12度，湖山尺度比例合适，并呈现多层次的景观，给人以曲曲层层、高低起伏、面面皆入画的视觉感受。西湖四周群山的地质构造，生成在不同地质时期：生成在泥盆纪，由千里岗砂岩构成，如北高峰、五云山等；生成于二叠纪，大部分由石灰岩构成，如飞来峰、玉皇山、紫阳山等；形成于白垩纪，由火山喷出的流纹岩构成，如葛岭、孤山等。由千里岗砂岩及流纹岩构成的山岭，其岩石浑圆兀立；由石灰岩构成的山岭，形成一系列分布在西湖西部和南部风景区域的奇峰怪石和深邃洞窟，如飞来峰、烟霞三洞、玉皇山的紫来洞、潜云洞、南观音洞、北山五洞和"秦王系缆石""寿星石"、蛤蟆石、紫阳山的"十二生肖石"、瑞石洞飞来石，以及龙井地区峥嵘山石，包括"龙井八景"的"一片云""神运石"等，所有这些山峰、石景和洞窟是西湖风景元素的重要组成部分。总之，西湖景区有72座山、21峰、29岭、22坞、37洞、19岩和28石等[①]。

湖西地区，山势逶迤连绵，高低远近，自然天成。南北高峰遥相对峙，卓立如柱，把控着西湖的西部景域，构成了西湖十景之一的"双峰插云"。湖之南北，两山之势如若龙翔凤舞，北山的宝石山是凤凰的头，南山的玉皇山如蛟龙的首。三面群山环抱着西湖这颗明珠，形成了"龙凤抢珠"之势。古有"群峰来自天目山，龙飞凤舞到钱塘"的诗句，正是西湖山景的写照。

重建的雷峰塔屹立于夕照山上，宝相庄严，与耸立于宝石山上亭亭玉立、秀丽玲珑的保俶塔隔湖遥遥相望。两塔几乎处在同一南北轴线上，是西湖风景空间的两个突出标志物，起到控制、点缀西湖景观的作用，成为西湖空间艺术构图的中心，展现出不同的风姿。由于西湖特殊的地理位置，从风景角度而论，从东向西、从南向北，其山峦处在阳面，景物宜人，故北山、西山是西湖景观最佳的风景面。

西湖山区面积是湖区面积的7倍，它不只是湖区的背景，其内部幽深的山谷，穿林绕麓、曲曲弯弯的溪涧，以及深藏于群峰环峙、环境清幽的山林之中的山居岩舍、名泉洞壑和佛道寺院，都是西湖的重要景观，为景区平添风韵，吸引着人们去寻幽览胜。

---

① （清）李卫等修、傅王露等纂《西湖志》。

3.神奇莫测的气候气象景观

因朝夕晨昏之异，风雪雨霁之变，春夏秋冬之殊，西湖呈现出异常绚丽的气象景观。"水光潋滟晴方好"与"山色空蒙雨亦奇"道出了不同气象条件下的西湖的美。历代喜游西湖的人，从来不看轻"三余"，即"冬者岁之余，夜者日之余，雨者晴之余。"

1）西湖的风雨云雾露雪

西湖的风有不同的面貌。春风和煦，吹来一派翠绿，轻柔拂面，大地五彩缤纷；秋风肃杀，卷走了万紫千红，满眼枯寂。风吹树林，花叶飞舞，姹紫嫣红；风入群山，百鸟齐鸣，山谷回响；风过天空，行云流动，形离影散；风掠水面，清波荡漾，皱纹丛生。风给天空、大地、水面都会带来变化，使自然生物生机勃勃。

唐代诗人杜牧有诗："云容水态还堪赏，啸志歌怀亦自如。"[①]。云高高悬挂在天空，飘忽不定，时隐时现，变幻莫测，形成各种足以给人丰富想象力的形状、色彩，带来一种特殊"云自无心水自闲"的境界。每当白云飘浮在西湖三面群山之中、峻岭之上时，西湖十景之一"双峰插云"的景观也随之呈现。山入云中，云山雾罩，时隐时现，宛若仙境。清晨和傍晚的云，在阳光的映射下，"山地云"会变成绚丽的彩霞，映得天边生辉，景物明丽，让人赏心悦目。五云山上缭绕的五彩"云雾"就是典型的妙景。

每天清晨，当旭日东升，晓雾淡淡地笼罩在清冷的湖面上，湖水似乎还沉浸在睡梦里，一丝涟漪也没有。此时的西湖显得格外柔美、恬静（图2-7）。而当日暮降临，"正参差，烟凝紫翠，斜阳画出南屏"[②]，淡日西斜，烟云四合，远山近水，融入苍茫的暮霭之中，使人感到如梦如幻。

在春夏或秋冬交替季节天气晴朗的早晨，在湖畔的青青芳草和一片片嫩叶娇花上，挂满了晶莹剔透的露珠，使繁花绿叶显得更加鲜活清新。湖面上无论盛开的荷花还是才露尖尖角的小荷，也挂满了细小的露珠，渐渐汇聚成滴，跌落在荷叶上，引起荷叶轻轻颤动，水珠随之来回滚动，正是"秋荷一滴露，清夜坠玄天。将来玉盘上，不定始知圆"[③]。

西湖的雨，更是给人多种多样的感受（图2-8）。春雨多是细雨蒙蒙，飘飘洒洒，若有若无，别有一种柔顺之美。倘若在细雨霏霏的时刻，纵目四望，湖山呈现出白茫茫

---

① （唐）杜牧《齐安郡晚秋》。
② （元）张翥《多丽·西湖泛舟席上》。
③ （唐）韦应物《咏露珠》。

的色调。而当云雾蒸腾，那雨说是雨，其实更像雾，但又不翻滚飘摇，只是静静地垂落着。在雨丝风片之中，湖山的景物若隐若现，似有似无，宛如一幅水墨画卷。雨中的西湖，时而云层变薄，阳光透过薄云漫射开来，雨变得晶亮，定睛望去，只见无数的游丝在半空中闪烁飘荡，连天彻地。此时，远处的山是黛色的，近处的水是淡青色的，天上的云是灰白色的，等到云开雨霁，红日悬空，西湖又是波光潋滟，千顷一碧，山色青青，显得格外静谧、秀美。

夏日亦是多雨时节。小雨中漫步湖畔，但见烟雨蒙蒙，水天一色。湖水如烟，着了微雨，近水泛起一层银灰的颜色。"湖水荡漾眼波凝，烟色朦胧更多情"，此时的西子湖如美人风鬟雾鬓，若隐若现，有一种特别迷人的朦胧美。夏日的阵雨，往往夹杂着雷鸣电闪，气势磅礴，如同瓢泼，砸落水面激起一片水泡。每当雨过天晴，清新明丽，大地洁净无尘，而空气中却散发着一种雨水的清香，让人心旷神怡。这时的西湖绚丽夺目，成一幅趣味天成的画境。最难得的是"遇雨翻晴"的壮观景色，"黑云翻墨未遮山，白雨跳珠乱入船。卷地风来忽吹散，望湖楼下水如天"①。

秋雨，则是"一场秋雨一场寒"，瑟瑟的秋风夹杂着绵绵的秋雨渐渐地把人们带入枯黄、寒冷的季节，让人的心情变得容易伤感和哀怅。"鉴湖女侠"秋瑾曾有"秋风秋雨愁煞人"的名言，西湖岳坟地区滨湖有"风雨亭"，因此而题名，以纪念秋瑾烈士。故而，秋雨的色彩是一种悲伤的美。

冬天，大雪欲来，乌云笼罩着风平浪静的西湖，在水中映出倒影，湖周围的山峦和亭台楼阁都变得扑朔迷离，欲明又灭。雪花悄无声息地落下，飘飘洒洒，扑面似春天里粉蝶飞舞，连天接地，形成一片白茫茫的雪幕。雪中的西湖，静怡、安然、纯粹，充满着朦胧的美感。一场大雪过后，西湖披上了银装，天地间浑然一色。玉树琼枝，风起处，枝丫摇曳，琼花飞舞。曲廊亭榭披上了皑皑白雪，洁白纯净、虚实相映，宛如神仙世界。西湖群山白皑皑一片，经过积雪的浸润，显得格外朗润秀美（图2-9）。湖光山色相映成趣，高洁雅致，宛如水墨画卷。当瑞雪乍晴，处处铺琼砌玉，远山近水，琼林玉树，在阳光下明丽洁净，晶莹闪烁，让人陶醉。苏东坡在《腊月游孤山访惠勤惠思二僧》中写道："天欲雪，云满湖，楼台明灭山有无。水清出石鱼可数，林深无人鸟相呼……出山回望云木合，但见野鹘盘浮图"。恰似一幅西湖冬景的写意画。元末明初，杭州人凌云翰《柘轩集》中有关于西湖"雪湖八景"的诗，"雪湖八景"即：鹫岭雪峰、冷泉雪涧、巢古雪阁、南屏雪钟、西陵雪樵、断桥雪棹、苏堤雪柳、孤山雪梅。其诗在写实的同时，以丰富的想象力描述了"雪湖八景"美得不可方物，仿佛天宫，胜似天景，却在人间。明代散文家张岱在《湖心亭看雪》中写道："崇祯五年十二月，余住

---

① （北宋）苏轼《六月二十七日望湖楼醉书（其一）》。

图 2-7　晨雾迷濛（钱小平　摄）

图 2-8　"山色空蒙雨亦奇"（集贤亭）

图 2-9　南山积雪（林葵　摄）

西湖。大雪三日，湖中人鸟声俱绝。是日更定矣，余拏一小舟，拥毳衣炉火，独往湖心亭看雪。雾凇沆砀，天与云与山与水，上下一白。湖上影子，惟长堤一痕、湖心亭一点、与余舟一芥、舟中人两三粒而已！"写出了雪中西湖的孤寂和沉静之美。明时，汪砢玉有"西湖之胜，晴湖不如雨湖，雨湖不如月湖，月湖不如雪湖"的赞美之词。

2）西湖的日月光影

西湖水域宽广，南、北、西三面环山，无论是在湖西岸观日出东方，还是在湖东岸看日落西山，视野都非常开阔，湖水似镜面，倒映着红日和彩霞，异常壮观（图2-10、图2-11）。元代钱塘十景中的"葛岭朝暾"，观赏点就在西湖北山的葛岭之巅。每当晴天破晓，看金轮乍起，微露一痕，瞬间霞光万丈，天半俱赤，离奇变幻，五彩缤纷，莫可名状。后人在此建初阳台，登台观旭日初升，视野更广，景色壮丽。20世纪90年代评选"新西湖十景"，距离初阳台仅几百米的保俶塔以"宝石流霞"景名入选，取的也是朝阳之景。漫天灿烂的朝霞映衬着保俶塔俊雅秀丽的剪影，山脚是被染成金色的湖水。与保俶塔隔湖相望的是位于夕照山上的雷峰塔，也是西湖十景之一"雷峰夕照"的景点所在，因夕阳西照，塔影横空，彩霞披照，景象十分瑰丽（图2-12）。

夜晚的西湖，当月色溶溶、蛟蟾当空、波光生潋之时，绿树茵草、亭台楼阁，在月华里仿佛披上了轻纱，让人恍若置身于琼楼玉宇之中。平湖秋月历来是赏月胜地，在皓月当空的秋夜，碧澄的湖水上清辉如泻，宛如万顷银波，湖中三岛亦是赏月佳境。清代学者俞樾曾在湖心亭赏月，感慨于美景，写下了《虞美人·月湖》一词："一轮乍透疏林缺，洗尽人间热。湖心亭上倚阑干，便觉琼楼玉宇、在尘寰。树阴满地流萍藻，夜静光愈皎。天心水面两相摩，时有银刀拔刺、跃金波。"

水面具有反射的作用，能够反映并放大日月之光辉，并将周围景物倒映其中，呈现虚涵倒影之美。在净练不波之时，西湖收纳万象于其中，呈现"天光云影共徘徊""上下天光，一碧万顷"的景象。而当微风吹拂，波纹晃动，涟漪随风，水中倒影随之曲屈、摇曳、分散、聚合，生发出无穷的变化，产生真实、变形和虚幻的美。而当夜晚，"微风不定，幽香成径，红云十里波千顷。绮罗馨，管弦清，兰舟直入空明镜。碧天夜凉秋月冷。天，湖外影；湖，天上景"[①]。湖光月影让人仿佛置身仙境。

3）西湖的春夏秋冬

春天是一年四季中最美丽最让人陶醉的季节。春回大地，萧瑟的大地披上了新装，各种植物重新发芽、开花，用美丽的色彩和姿态带给人们视觉上的享受（图2-13）。垂柳含翠，红桃吐艳，沿湖四周，"十里香风花霭霭"。"双飞燕子几时回？夹岸桃花蘸水开。春雨断桥人不度，小舟撑出柳阴来。"宋代徐俯的这首《春游湖》描写了西湖

---

① （元）刘致《山坡羊·侍牧庵先生西湖夜饮》。

图 2-10　西湖旭日东升朝霞染红水

图 2-11　天工赋彩写妙景——茅乡晚霞

图 2-12　雷峰夕照

春景，充满诗情画意。唐白居易的《钱塘湖春行》："孤山寺北贾亭西，水面初平云脚低。几处早莺争暖树，谁家新燕啄春泥。乱花渐欲迷人眼，浅草才能没马蹄。最爱湖东行不足，绿杨阴里白沙堤"，描写了春雨初晴的西湖三月景象。

春天或风和日丽，或细雨蒙蒙，夏天则时而骄阳如火，时而大雨滂沱。夏季的美是一种成熟的美。夏日，"曲院风荷"和北里湖一带，莲叶接天，荷花映日，新绿一片，红白点点，景色醉人（图2-14）。夏日里，强烈的阳光照射在西湖水面上，波光粼粼，璀璨夺目，郁郁葱葱的树木与蔚蓝色的天空上下交相辉映，显得辽阔壮丽。蓝天碧水，阳光明媚，绿树芳草，一幅天然图画。

秋季是一个收获的季节，也是一个色彩缤纷的时节。南宋杨万里的《秋山》中："梧叶新黄柿叶红，更兼乌桕与丹枫。只言山色秋萧索，绣出西湖三四峰。"[1]描绘了西湖秋色斑斓、山容如绣的秀丽风光。西湖的秋天不仅有绚烂的秋叶，还有三秋桂子香飘云外，金菊傲霜，"十月芙蓉赛牡丹"，还能够"留得残荷听雨声"。

冬天，虽然"朔风扣群木，严霜凋百草"[2]，西湖却仍有不畏朔风的樟、松傲然挺立，仍有孤山、灵峰的寒梅斗雪，暗香浮动；山中茶花、蜡梅陆续绽放，依然是生机盎然。

总之，杭州西湖，由于地貌多变，形成了多姿的自然环境异象呈现，奇观突出，人工经营雕琢，天象气候的巧配，更为胜景增辉。春有"苏堤春晓"，夏有"曲院风荷"，秋有"平湖秋月"，冬有"断桥残雪"。晨有"宝石流霞"，晚有"雷峰夕照"。有"吴山天风""玉皇飞云"，有"水光潋滟晴方好"，又有"山色空蒙雨亦奇"。有观五云山的彩云，也有赏跨虹桥的彩虹，各有意趣。有由于特殊天气条件而形成的奇景，如凤凰山的"月岩嵌月""双峰插云""湖滨晓月"，以及日月共吸的钱江怒潮等。还有由特异小气候形成的景致，如幽泉奇洞的水乐洞、玉乳洞，夏日酷热为人送凉；晨观日出的"葛岭朝墩"、谷地小气候的"九溪烟树"为人添趣；月夜秋凉、神思幻境的"九溪烟树"任人骋怀。可以说，西湖之美在于天地相参，山水相映。

4.丰富多样的天籁之声景

自然界的许多声音，都会为人们的内心带来微妙的感受。如风、雨、雪吹打着植物，带来自然之声，也让人感知到自然界的变化。在中国传统文化中，"雨打芭蕉"

---

① （南宋）杨万里《秋山》。
② （唐）薛光曜《相和歌辞·子夜冬歌》。

图 2-13 绿茵桃柳争春

图 2-14 夏日荷花映日

图 2-15 滔天独浪排空来（马红梅 摄）

图 2-16 水乐洞"天然琴声"

不亚于美妙的音乐，雪落竹丛也是让人倾心的自然之声。"飞雪有声，惟在竹间最雅。山窗寒夜，时听雪洒竹林，淅沥萧萧，连翻瑟瑟，声韵悠然，逸我清听。"①万松岭的"天风击戛，如洪涛澎湃，时与江上潮声相应答"是"西湖十八景"之一"凤岭松涛"的写照。

"八月十八潮，壮观天下无。"钱塘江大潮来时，"远若素练横江，声如金鼓；近则画如山岳，奋如雷霆"。刹那间，波涛千顷，万马奔腾的壮丽气势，正是元时"钱江秋涛"和三评西湖十景之"六和听涛"的写照（图2-15）。

流水之声历来受到人们的推崇。烟霞三洞的水乐洞，山泉从石缝中涌出，流量很大，声如金石，和谐悦耳，为"天然琴声"（图2-16）。丁家山上奇石林立，状如芭蕉，有天然泉水从石根罅隙涌出，潓潓作声，为清代"钱塘二十四景"之"蕉石鸣琴"。曾巩有诗云"最喜晚凉风月好，紫荷香里听泉声"②，说明淙淙泉水之声带给人清凉的感受。清代俞樾的诗句"重重叠叠山，曲曲环环路，丁丁东东泉，高高下下树"，将人们带进了九溪十八涧如画的胜景和美妙的泉声中。

西湖良好的自然环境中栖息着各种动物，它们发出的声音也是大自然天籁之音的一部分。"西湖十景"中"柳浪闻莺"，万树柳丝迎风摇曳，浓荫深处，时而传来呖呖莺啼，清脆悦耳，扣人心弦。苏堤上也有"何处黄鹂破暝烟，一声啼过苏堤晓"的描述。古时，灵隐、天竺山上生活着许多猿猴，有"月照前峰猿啸岭，夜寒花落草堂青""猿啼一声松子落，无数白云生翠屏"的诗句。据载，呼猿洞畜有黑白二猴，"每于灵隐寺月明长啸，二猴隔岫应之，其声清皦"，即为"钱塘十景"的"冷泉猿啸"。

"南屏晚钟"也是西湖景观中著名的声景。每当暮霭四起，湖山一片宁静之际，蓦然间古刹钟响远远传来，萦绕在游人耳畔，久久不去，那种韵律和氛围让人怦然心动，浮想联翩，难以忘怀。

"湖上空谷聆回声"，古时候孤山巢居阁北望葛岭一带，相距约300米，正当两山之陬，对山一带是坚硕的火山岩巉岩，山势呈微凹弧度，回声颇巨，游人在此大声长啸，则山谷响应，谓之"空谷传声"。如入深山幽谷，换来"以声求静，寂处有音"的诗情幻境。现在林木森森，回响甚微。

所有这些松涛泉淙、鸟语猿声、晨钟暮鼓等音声之美，让人心旷神怡。

---

① （明）高濂《山窗听雪敲竹》。
② （宋）曾巩《西湖纳凉》。

5.多种动物的形体、色彩和活动之美

在殷商时期的范围，禽兽仅作为狩猎对象。到了汉代，部分禽兽才开始转化为观赏对象。历经时代的演进，禽兽由狩猎对象变成为人们亲和的审美对象，与人和谐共处在一个艺术的天地之中，点缀、充实着风景园林之美。如林逋隐居孤山，种梅养鹤。每逢客至，叫门童子纵鹤放飞，林逋见鹤必棹舟归来。"梅林归鹤"是清代西湖十八景和二十四景之一。鹤在中国文化中被称为仙禽、灵禽，"性洁高，不与凡鸟群"。在传统文化心理中，又是长寿的象征，有"鹤寿千年"之说。因而，西湖这一景既有神话传说的象征之美，又有动物的声音、姿态之美。

西湖历来是鸟类的栖息地。宽阔的水域吸引了大量的水鸟，其飞翔、浮游、鸣叫等行为，都为西湖增添了动态之美。野鸭、大雁、夜鹭、白鹭、灰鹭、鸳鸯、鸬鹚等水鸟，在西湖的水面上或扎堆栖息，或独自觅食，或追逐嬉戏，或结队纷飞，成为一道美丽的风景。在西湖后孤山北里湖、曲院风荷的风荷区和花港观鱼翠雨厅西的荷花丛中，绚丽多彩的鸳鸯穿梭其间，令人见而生情，吸引了许多摄影爱好者的"长枪短炮"（图2-17）。

鱼儿在水中争游的景观，是极富审美价值的。在碧波荡漾的水中，锦鳞赤鲤，色彩斑斓，或追逐嬉戏，喋喋青藻；或扬鳍而来，回环穿梭；或悠然自得，摆尾而去（图2-18）。饵之则霞起，惊之则火流，这种景观往往能引得游人如织，观者如堵，"花港观鱼"就是一例。"西湖十八景"之一的"玉泉鱼跃"景点中，泉池蓄养着众多重达百斤的大青鱼。人们凭栏俯瞰，只见青鱼在绿水中忽东忽西，浮沉上下，显得悠然自得；若投饵池中，则群鱼扬鳍而来，争逐食饵，翻腾纵跃，泼刺有声。廊柱上"鱼乐人亦乐，泉清心共清"的楹联，让人深得"鱼乐"之意趣。杭州是金鱼的发源地之一，在六和塔、净慈寺和动物园的金鱼池（馆），都能见到那色彩瑰丽夺目、体型雍容华贵、婉若游龙姿态的金鱼，被视为活的艺术品。

图 2-17 里湖觅情长

图 2-18 锦鲤鱼

6.繁盛而富有生机的植物景观

杭州处于亚热带北缘，气候温和，雨量充沛。在地质、土壤及气候等因素的影响下，杭州的植被属于常绿阔叶与落叶阔叶的混交林，植物品种繁多，季相丰富多彩（图2-19）。虽然经过了生物物种的世代繁衍，但自唐代有文献记载以来，构成西湖植物景观的主要植物种类没有太大的变化。现代，人们通过对历史风貌的文脉相承，使西湖的植物景观特色得以再现。在植物配植中，体现种群布局生态美、参差错落的空间美、季相搭配的色彩美和枝叶花果的生命美。

西湖的不同景点有不同的植物景观特色，如沿湖和苏白二堤为柳桃，吴山为香樟，满觉陇为桂花，灵隐和天竺为七叶树，黄龙洞和云栖为竹林，孤山和灵峰为梅花，曲院风荷为荷花，九里松为松树，充分体现了西湖植物的历史传承，并与西湖的风景相和谐。春花秋叶，夏荫冬枝，随着时序的变化，植物给人以生命的韵律感。桃红柳绿的春天，十里荷花的夏天，红叶烂漫的秋天，梅花傲雪的冬天，展现了西湖多姿多彩的植物景观。北宋苏东坡有"花落花开无间断，春来春去不相关"的诗句，道出了西湖花景四时常有的事实。

第二节　寓社会美与自然美创作风景园林艺术美

杭州是一座有着悠久历史和文化的古城，是中国历史上著名的六大古都之一。杭州西湖以风景秀丽著称于世，也蕴含着历代劳动人民创造的丰富的人文景观，两者交相辉映，相得益彰。

西湖文化集历史上新石器时代的良渚文化、五代吴越文化、南宋文化等各个时期、内涵丰富的文化精华，集自然山水和各种文化形态于一体，使自然景观与人文景观和谐统一，达到"天人合一"的境界。它涵盖历史文化、名人文化、景观文化、旅游文化和西湖艺术文化，而西湖艺术文化则有山水文化、园林文化、民俗文化、宗教文化、建筑文化、休闲文化、餐饮文化等，呈现开放性、多样性和包容性。西湖文化的内涵包括了爱国、为民、公正、仁爱、中和、孝慈、诚信、宽恕、谦让、自省等中国优秀传统美德。西湖历史悠久，钟灵独秀，自古而来就与灿烂的文化、优美的神话、动人的传说、英雄的事迹、丰富的民俗文化、诗人画家的轶事结下不解之缘。人们在欣赏西湖的风景的同时，可以循着历史的踪迹，追寻英雄人物的丰功伟绩、名

图 2-19　繁茂的山林

图 2-20　岳飞像

图 2-21　岳飞墓（20 世纪 20 年代）
图片来源：《西湖旧踪》

图 2-22　青山有幸埋忠骨（岳飞墓）

人志士的萍踪轶事、帝王将相的来去沉浮，并欣赏精美的古建筑、石窟艺术和碑刻塔幢，获得人文美的熏陶。

一、忠孝文化——精忠报国、孝亲忠国

忠孝文化是中国儒文化的重要组成部分，是传统社会伦理道德规范的核心内容。忠指臣对君的忠诚，孝指子女对父母的顺从。传统的忠孝文化在西湖景观中留下了很深的印记。其突出代表是历史上著名的"西湖三杰"岳飞、于谦、张煌言，辛亥革命烈士秋瑾、徐锡麟、陶成章等。他们埋骨于青山绿水之间，他们的英勇事迹和浩然正气永远地镌刻在历史典籍之中。清代诗人袁枚有诗云："江山也要伟人扶，神化丹青即画图。赖有岳于双少保，人间始觉重西湖。"为风光旖旎的西湖注入了深沉的传统中国道德文化特质。

1.青山有幸埋忠骨

岳飞（1103—1142年），字鹏举，河南汤阴县人，南宋抗金名将，我国历史上著名的民族英雄（图2-20）。

岳飞生活在一个大变动时代，他的一生是不平凡的。1125年，北方女真贵族率领金兵进犯宋王朝，年轻的岳飞参加了抗金部队，以后逐步成长为抗金派的主要代表人物。1127年秋，他率军渡过黄河，挺进太行山；1129年，宋王朝接连放弃汴京（开封）、建康（南京）、临安（杭州），向海上逃跑，岳飞率领孤军，转战江南，终于在第二年收复建康；1134年，岳飞率领威名远播的岳家军，从江州（九江）出发，沿长江汉水北上，辗转三个月，收复襄阳六郡，使南宋版图的东南与西北连成一片。1140年，岳家军在河南郾城给予金兵主力部队以歼灭性打击。接着岳家军乘胜追击，又在颍昌、朱仙镇大败金兵。这时，黄河以北的人民武装也纷起响应。正当岳家军在中州战场浴血奋战、节节胜利的大好军事形势下，南宋王朝以秦桧为代表的投降派，通过宋高宗的御旨，将12道迫令撤军的金牌传到岳飞手中。岳飞喟叹："十年之功，废于一旦"。南宋绍兴十一年（1141年）十月，秦桧等人以"莫须有"的罪名，设置冤狱，诬陷岳飞、岳云父子，将其押入大理寺狱。后岳飞被杀害于狱中，年仅39岁。岳飞遗体由善良狱卒隗顺冒着生命危险背出城，葬于九曲丛祠旁（图2-21、图2-22）。其子岳云和部将张宪也惨遭杀害。南宋乾道五年（1169年），宋孝宗下诏恢复岳飞官职，岳飞才得以平反，以礼改葬于栖霞岭下。乾道六年（1170年），赐岳飞庙曰忠烈，尔后谥武穆，封鄂王，改谥忠武王、忠文王等。今岳王庙内大型壁画有勤奋学习、岳母刺字、收复建康、连结河朔、还我河山、郾城大捷、被迫班师、风波冤狱等8个景目，正反映了岳飞的一生。岳飞也留给后人以资借鉴的"敌未灭，何以为家"的抱负，"文臣不爱钱，武臣不惜死，天下太平矣"的精辟见解，以及"冻死不拆屋，饿死不打掳"的严明治军纪律。

岳飞被害后，其帐下殿前小卒施全，为忠良报仇，行刺秦桧未成，被处磔刑；部将牛皋被毒死，埋葬在栖霞岭上；蜀中大将张宪葬于马岭山山麓；其他部将亦多葬于杭州。

岳飞不仅是一位民族英雄，还是一位满怀激情的文人，存有《岳武穆王遗文》，其慷慨激昂的诗词散文中，最著名的就是《满江红》。

2.粉骨碎身浑不怕，要留清白在人间

于谦（1398—1457年），字廷益，号节庵，浙江钱塘（今杭州）人，明代名臣，一代民族英雄，我国明代杰出的政治家、军事家（图2-23）。

于谦出生在杭州，蒙难后也归葬在西湖三台山。他自小聪颖敏慧，才学过人，且为人耿直，志向不凡。十五岁考中秀才，十六岁读书于吴山三茅观。这时于谦潜心求学，努力读书，"濡首下惟，凡不越户"。此时，于谦写下了著名的《石灰吟》："千锤万凿出深山，烈火焚烧若等闲。粉骨碎身浑不怕，要留清白在人间。"这首诗成为他为人一生的壮志与气节的写照。

明永乐十九年（1421年），于谦中进士，从此踏上仕途。明正统年间，宦官王振专权，百官进见王振，必须献纳财物。于谦任山西、河南巡抚，进京奏事，因不愿向王振送礼，遭诬陷入狱。由于群情愤激，朝廷只好释放于谦，将其降为大理寺少卿。在两省百姓和藩王力请之下，朝廷不得不给予官复原职。

明正统十四年（1449年）秋天，瓦刺部队向明朝发动大规模的进攻，明英宗御驾亲征，让太监王振任总指挥，导致明朝五十万大军在土木堡惨败。明英宗朱祁镇也成为俘虏。首都北京岌岌可危，朝堂乱作一团，战逃各有主张。此时，身为兵部左侍郎的于谦挺身而出，力排众议，坚请固守，响亮地提出了"社稷为重君为轻"的口号，一方面立代掌朝政的朱祁钰为帝，另一方面布置并加强了北京内外的防务，在战场上屡败敌军，终于挫败瓦刺部首领也先挟朱祁镇进驻北京的阴谋，并翦除叛阉喜宁等重要间谍。经过于谦等人的努力，明朝国防力量日趋巩固与强大。朱祁镇一年后得以南归，回到北京。

八年后，趁朱祁钰病重，太子未立，徐有贞、石亨等发动宫廷政变，再立朱祁镇为帝（1457年）。他们掌权后的第一件事是清除于谦。在拿不出任何证据的情况下，以"意欲"二字定于谦以谋逆罪，加以杀害。明成化初，于谦得以平冤并复官赐祭，其遗体归葬在西湖三台山（图2-24、图2-25），明弘治年间谥肃愍，赐在墓地边建祠堂，题为"旌

图 2-23 于谦像
图片来源：包静《吴山》

图 2-24 于谦墓（20 世纪 20 年代）
图片来源：《西湖旧踪》

图 2-25 于谦墓

功"，由地方于年节祭拜，万历中改谥忠肃。于谦身后留有忠怀激荡的《于忠肃集》。

于谦在历史上的最大功绩，乃击退瓦剌入侵，使明朝转危为安的北京保卫战。于谦一生襟怀坦荡，刚正不阿，光明磊落，忠君爱国，为政勤勉，为民请命，清正廉明，是中华民族的脊梁。后人为其建祠立碑，清乾隆帝御赐"丹心抗节"额。林则徐又作楹联："公论久而后定，何处更得此人"。

3.生比鸿毛犹负国，死留碧血欲支天

张煌言（1620—1664年），字玄箸，号苍水，浙江鄞县（今鄞州）人，是南明将领、诗人和民族英雄（图2-26）。他生于官僚家庭，本是衣袖书香的儒生，却尚武，十六岁县试，以第一名中秀才，22岁中举人，文武双全。

1644年，清兵入关，攻占京师，次年，清军大举南下，连破江南城池，明室岌岌可危。张煌言毅然投笔从戎，与钱肃乐等组织浙东义军，与清兵辗转斗争十九年，三入长江，三下闽海，三遭风覆，仍百折不挠。1664年，随着南明昭宗永历帝、鲁王、郑成功等人相继离世，张煌言见大势已去，被迫解散义军而隐居不出。后因叛徒出卖被清军俘获，在解杭途中，他慷慨吟出悲壮诗句："国破家亡欲何之？西子湖头有我师。日月双悬于氏墓，乾坤半壁岳家祠。"同年九月初七，45岁的张煌言喝下诀别酒，遥望了凤凰山一带，坦然道"好山色"，而后英勇就义，被葬于西湖南屏山麓荔枝峰下（图2-27）。清乾隆四十一年（1776年）赐谥号"忠烈"。

张煌言也是一位杰出的诗人，其特点是以诗存史、诗如其人、悲壮质朴。他就义之前饱含血泪，著有《甲辰八月辞故里》二首、《放歌》和《绝命诗》，是传世之作。

综上所述，"西湖三杰"所共同秉持的人格精神和爱国情操，感召、影响着中华儿女，是中华民族弥足珍贵的精神财富。

4.鉴湖女侠，名垂千古

秋瑾（1875—1907年），字璿卿，号旦吾，东渡后改名瑾，字竞雄，别署鉴湖女侠。生于厦门，祖籍浙江绍兴人。她是辛亥革命前夕中国妇女为革命抛头颅、洒热血的第一人。

秋瑾长大后，由父母做主，远嫁湖南。1900—1903年，随夫两次赴京任官，认识了当时的一些社会精英，阅读了进步书报，思想和眼界都有了很大开阔，也亲历了庚子之乱，对于中华民族面临的危机有了深刻的认识。1904年，她赴日留学，创办《白话报》，宣扬民主革命，提倡男女平等，并与鲁迅、陶成章、何香凝、宋教仁等留日精英

图 2-26　张苍水像

图 2-27　张苍水墓

图 2-28　原凤林寺前秋瑾等墓园
图片来源：《西湖旧踪》

图 2-29　秋瑾墓塑像

联络密切。1905年，秋瑾回国筹措学费，由徐锡麟介绍加入了光复会。同年8月，孙中山在日本组建同盟会，秋瑾加入同盟会，并被推举为浙江省主盟人。1906年，秋瑾回国，在上海创办中国公学。次年，她创办《中国女报》，在发刊词中明确地宣布："吾尽欲结二万万的大团体于一致，……使我女子生机活泼，精神奋飞，绝尘而奔，以速进于大光明世界。"她在妇女解放运动方面起到了巨大的推动作用。

20世纪初，各地革命党都在秘密筹备武装起义。秋瑾联络各地革命党人，准备接应起义。湖南萍浏醴起义之后，秋瑾在杭州南山麓白云庵与徐锡麟策划起义大计，并接替徐锡麟任主持革命秘密机关大通学堂的督办，一面宣讲革命，一边研究军事。1907年7月6日，徐锡麟在安徽起义失败被害。7月13日，清兵包围了大通学堂，秋瑾被捕。在清政府酷刑逼迫下，秋瑾横眉冷对，留下"秋风秋雨愁煞人"的名句。7月15日，秋瑾在绍兴轩亭口慷慨就义。1908年，根据秋瑾生前遗愿，她的生前友人徐自华将她的骸骨葬于西湖西泠桥畔（图2-28）。后来一度又迁往湖南、绍兴等地，1912年又迁回杭州原址（图2-29）。现秋瑾墓墓碑正面刻有孙中山先生的手书：鉴湖女侠千古。

秋瑾既是革命志士，又是晚清诗坛上风格卓越的诗人。她"孤山林下三千树，耐得寒霜是此枝"，以诗言志，又以"危局如斯敢惜身，愿将生命作牺牲"发出投身革命的铿锵誓词。

二、西湖的名人文化

西湖不仅擅山水之胜、林壑之美，她更因众多的历史人物而生色。自唐、宋以来，西湖就和名人、诗人、画家结下了不解之缘，《西湖志》载有168人之多。西湖人文荟萃，有载入史册的吴越王钱镠，有为杭州西湖作出重大贡献的唐代李泌和白居易，宋代苏轼，明代杨孟瑛，清代李卫和阮元等人。诗人白居易、苏轼、王安石、林逋、柳永、陆游、杨万里等，都留下了千古传诵的诗篇。

闻名遐迩的"西湖十景"的景目，来源于南宋著名画家李唐、刘松年、马远、夏圭等人画卷的题名。他们多生于江南，专注于描绘江南清新、疏朗的自然环境，陶醉于田园风光，平远小景，喜欢用简洁明快的画面勾画大自然一隅，寓真实于平凡里，藏天水于一色中，隐现参半，以少胜多，以少概全，善用画龙点睛的手法，做到绘景精细入微，命题极富诗意。后来，西湖十景经清康熙、乾隆两帝的题字，勒石竖碑流传至今。近代画家吴昌硕以及现代画家黄宾虹、潘天寿，都曾以画来描绘西湖的仙姿丽质。西湖正是因古今名人、诗人和画家的题咏与描绘而闻名天下。

1.半颗心留在江南的北方人——白居易

白居易（772—846年），字乐天，号香山居士，祖籍下邽（今陕西渭南东北），唐代宗大历七年（772年）生于河南郑州新郑，晚年寓居洛阳。白居易自幼聪慧，9岁能辨音韵，15岁便有名诗传世，胸怀宏放。唐德宗贞元十六年（800年）中第四名进士，四年后擢进士甲科，授秘书省校书郎，后历任集贤校里、翰林学士、左赞善大夫、江州（今江西九江）司马、忠州（今重庆忠县）刺史、杭州刺史、苏州刺史、秘书监、刑部侍郎、太子宾客、河南尹、太子少传等职。唐会昌二年（842年），以刑部尚书致仕。他的一生经历了唐代八个皇帝，早年怀抱"兼济"的志向，敢于上书谏言，中年以后"乐天知命"，晚年寄情山水，礼僧拜佛，自称"香山居士"。他文辞艳丽，尤工于诗，是唐代杰出的现实主义诗人。

白居易在江州时曾在庐山香炉峰下筑草堂利用自然环境汲取四周景物造园，成为古代"山居"之典型。

白居易在唐穆宗长庆二年（822年）到杭州任刺史。任职期间，他重视西湖水利建设，组织民工修筑长堤，兴建水闸，蓄积湖水，提高水位，解决了湖水涨落无时，旱涝成灾之患，做到湖、河、田畅通无阻，还浚治李泌所开掘的6个井，给市民用水提供方便。为规范水利管理，白居易作《钱唐湖石记》，将文刻石湖畔，详细阐述了修筑湖堤、涵闸的作用以及使用和管理方法，并告诫后人应注意的事项。文中写道："凡放水溉田，每减一寸，可溉十五余顷；每一复时，可溉五十余顷。先须别选公勤军吏二人，立于田次，与本所由田户，据顷亩，定日时，量尺寸，节限而放之。……今年修筑湖堤，高加数尺，水亦随加，即不啻足矣。……虽非浇田时，若官河干浅，但放湖水添注，可以立通舟船。……其郭内六井，李泌相公典郡日所作，甚利于人，与湖相通，中有阴窦，往往堙塞，亦宜数察而通理之。则虽大旱，而井水常足。……其石函、南筧，并诸小筧闼，非浇田时，并须封闭筑塞，数令巡检，小有漏泄，罪责所由，即无盗泄之弊矣。又若霖雨三日已上，即往往堤决。须所由巡守预为之防。……大约水去石函口一尺为限，过此须泄之。"此文不仅为后世西湖的治理提供了借鉴，而且是西湖水利史上的重要文献。

白居易写过许多赞美西湖的诗篇。其中有千古传诵的《春题湖上》："湖上春来似画图，乱峰围绕水平铺。松排山面千重翠，月点波心一颗珠。碧毯线头抽早稻，青罗裙带展新蒲。未能抛得杭州去，一半勾留是此湖。"他在《冷泉亭记》中说："东南山水，余杭郡为最；就郡言，灵隐寺为尤；山寺观，冷泉为甲。"可见他十分欣赏灵隐一带自然的山光水色。白居易在杭三年太守任满，临走时，州民扶老携幼，拦路相送，泪别居易（图2-30）。他在《别州民》诗中写道："耆老遮归路，壶浆满别筵。甘棠无一树，那得泪潸然。税重多贫户，农饥足旱田。唯留一湖水，与汝救凶年。"白居易离开杭州后，怀念杭州的诗作很多。如《忆杭州梅花因叙旧游寄萧协律》："三年闲闷在余杭，曾为梅花醉几场。"又如《答客问杭州》："为我踟蹰停酒盏，与君约略说杭州。山名天竺堆青黛，湖号钱唐泻绿油。大屋檐多装雁齿，小航船亦画龙头。所嗟水路无三百，官系何因得再游！"白居易在杭期间及其后，作有《春题湖上》《冷泉亭记》《钱唐湖石记》《杭州春望》《西湖留别》等品题杭州和西湖的诗文二百余首，传诵后世，是历代诗人中写西湖诗篇最多之人。

2.开创杭州西湖景观的吴越王——钱镠

钱镠（852—932年），字具美，浙江临安人。幼年"喜武而灭文"，15岁始贩盐挑米，侍奉父母，凭一身武艺，走上贩私盐之路。逢唐末藩镇割据，石镜镇指挥使镇将董昌募兵平叛，钱镠前去投军，在其下当偏将，开始了戎马生涯。参加过讨伐藩王和起义军的多次战役，战功卓著，官至都知兵马使。后董昌在越称帝，钱镠受诏讨伐，终于攻陷越州，俘获董昌。同年十月，唐朝廷嘉其功，授镇海、镇东等军节度使。唐天复二年（902年）钱镠受封越王。时钱镠已统一两浙，并占有苏州。唐天佑元年（904年）钱镠被封为吴王；五代后梁龙德三年（923年），钱镠被册封为吴越国王，正式建立吴越国。吴越国地分十三州一军八十六县，定都杭州。五代后唐长兴三年（932年），钱镠去世，赐谥号武肃。

钱镠在册封国王前，任杭州刺史兼防御使。于唐大顺元年（890年）开筑夹城，唐景福二年（893年）筑罗城外城。被封为吴越王后，又筑子城，直到五代后唐同光二年（924年）将城扩拓到西关，成为"东南形胜第一州"。

钱镠在位期间，以保境安民为国策，兴修水利，扶植农桑，发展海上交通。城内，在唐李泌凿的六井之外，"钱王又凿井九十九眼，以泽民"，并设置"撩湖兵"千人，专门用以开浚西湖，是为最早之浚湖专职人员。五代后梁开平四年（910年），为防钱塘江潮汐之患又筑堤塘，人称"钱氏石塘"。相传吴越王凿平了钱塘江中的"罗刹石"（石滩），以利航运，促进贸易。吴越宝大元年（924年）开慈云岭，辟成自钱塘江至西湖之通道。今将台山排衙石上尚有钱镠诗刻残迹（图2-31）。人们以"陌上花开""江上射潮"来代誉钱镠的文治武功。钱镠及其子孙大力提倡佛教，不仅扩建了唐代以前的20多座旧寺庙，而且新建寺院300多个，其中钱弘俶在位期间，杭州新建佛寺103座。这一时期还到处兴建塔幢，仅杭州一地就有一百多幢，并在慈云岭、烟霞洞、灵隐飞来峰和石屋洞等地开凿石窟龛像。吴越王子孙还始建了保俶塔、雷峰塔、六和塔、白塔和众多经幢等景致，为西湖景观构架添彩。

3.乞开杭州西湖状，东坡原是西湖长——苏轼

苏轼（1037—1101年），字子瞻，又字和仲，号东坡居士（图2-32）。四川眉州眉山（今四川眉山）人。北宋嘉祐二年（1057年）进士乙科，八任地方知州，官至端明殿侍读学士、礼部尚书，北宋建中靖国元年（1101年）卒于常州，年六十六，谥文忠。他是北宋杰出的文学家、书法家和画家。苏轼的父亲苏洵、弟弟苏辙，都是北宋著名的文学家，一门三杰，人称"三苏"。

苏轼一生几遭贬谪，大部分时间在做地方官。神宗时，因反对新法遭到排斥，于北宋熙宁四年（1071年）出任杭州通判，熙宁七年（1074年）改知密州，后任徐州、湖州等处地方官。又因"乌台诗案"，触犯朝廷，贬谪黄州（今湖北黄冈市）。经此打击，苏轼的心境渐渐地由豪放旷达变为恬淡闲适。宋哲宗即位后，新党失势，苏轼还朝，官至翰林院学士，但因朝堂争斗，于北宋元祐四年（1089年）第二次出任杭州知州。元祐六年（1091年），苏轼承旨回朝，不久又任颍州、扬州、定州等地方官。晚年又遭"诽谤朝廷"的罪名，被贬谪惠州（今广东惠州），后又被流放到海南儋州。他创办书院、

图 2-30　雕塑：《白居易惜别杭城》（作者：林岗　等）

图 2-31　将台山排衙石
图片来源：杭州之江园林公司

图 2-32　（清）朱野云《苏轼画像》

传播中原文化、教化民众。北宋元符三年（1100年）遇赦北归，次年病死常州。

在唐宋年间，西湖不但山明水秀、景色优美，而且对农业灌溉、市民饮水、城市内河航运和酿酒业等生产、生活影响很大。但从宋初以来，西湖长年不治，草兴水涸，积成葑田。苏轼第一次来杭任通判时，西湖葑田已占湖面的十分之二三。当苏轼第二次来杭任太守时，西湖葑田已占湖面的一半，不禁感慨"葑合平湖久芜漫，人经丰岁尚凋疏"。

苏轼决心大治西湖，他只靠朝廷给他的一百道僧人的"度牒"，加上救荒余款，采取以工代账办法，雇工开撩。从夏到秋，花工二十万，把葑草打撩干净。从此，西湖烟水渺渺，恢复旧貌。他将葑草、淤泥筑成一条由南而北横贯湖面的长堤，上架六桥，旁植杨柳、芙蓉，这就是"苏公堤"，简称"苏堤"。苏轼有诗"六桥横绝天汉上，北山始与南屏通"，并立石塔为界，其内禁植水生植物，后这界碑式石塔成了"西湖十景"之一的"三潭印月"。

苏轼两次来杭州主政，发动百姓疏浚西湖，建设西湖，灌溉农田，又修浚六井，创办民间救济医院，救济灾民，政绩斐然，作出了巨大的贡献；同时为我们留下了一条苏堤、一湖碧水以及数百首脍炙人口的吟咏西湖的诗词和无数民间传说。

4.浚湖奏书五年久，白苏以后贤太守——杨孟瑛

杨孟瑛，字温甫，四川酆都县（今重庆丰都）人。明成化二十三年（1487年）进士。明弘治十六年（1503年）杨孟瑛到杭州当太守。他到杭州时，西湖沿湖已被民间侵占竟达十有八九了。西湖封塞，将使城内内河、井水源断绝，上塘河沿河良田千顷亦失灌溉之利，影响国计民生。于是建议于御车荣，佥事高江，并疏奏朝廷，疏浚西湖如此严峻，而其手续更加繁复。他上书《开湖条议》至朝廷到正式开工，历时5年，终于在明正德三年（1508年）三月动工至九月完工，日用民工8000人，历时152天，清除田荡3481亩，费银38700余两，将开拓西湖的淤泥葑草，在里西湖筑一条南北走向的长堤，人称"杨公堤"，建濬源、景行、隐秀、卧龙、流金、环碧六桥，并加高苏堤，拓宽至五丈三尺（约5.99米），两旁遍植杨柳，使苏堤恢复了"六桥烟雨"的旧观。此外，他还主持修复西湖名胜古迹。《西湖游览志》载："自是西湖始复唐、宋之旧"，西湖重现"湖上春来水拍天，桃花浪暖柳荫浓"的动人景色。杨孟瑛治理西湖，蓄泄湖水，有益于农田水利。《西湖游览志余》赞其"西湖开浚之绩，古今尤著者，白乐天、苏子瞻、杨温甫三公而已"。然而在浚湖期间，竟遭盘查御史胡文璧弹劾"开浚无功、靡费官币""宜罢黜"，经吏部议以"工在既往，理无可复"，降职为杭州知府，命其仍"量用民力，以终全工"。尔后再次降职为顺天府丞而离杭。

三、西湖的隐逸文化

隐逸是中国传统中一种独特的生活方式和生活态度，表现为不介入官场，崇尚自在、闲适、质朴的生活，并追求道家所倡导的人与自然和谐的境界。隐逸文化生成于魏晋，对当时乃至以后的世俗文化有深刻的影响，逐渐发展为东方文化的特殊品质。在西湖景观文化中，隐逸文化的代表人物是北宋时期隐居在孤山的诗人林逋。

1."梅妻鹤子"话和靖

林逋（967—1028年），字君复，后人称和靖先生，杭州人，隐居孤山北麓，平日除了作画咏诗，还喜欢种梅养鹤，"梅妻鹤子"的传说即由此而来。据说林逋"种梅三百六十株，花既可观，实亦可售，每售梅实一株，以供一日之需"。林逋隐居孤山，大力植树造林，种梅栽果，还从事种药、采药、卖药和捕鱼等生产活动。他还养了一只鹤，每当外出时，客人到访，家僮开笼放鹤，他望见鹤飞来，得知有客，就马上棹舟归来。当他与客人饮酒咏诗时，鹤能起舞为主人助兴。林逋赋咏《鸣皋》："皋禽名祗有前闻，孤引圆吭夜正分。一唳便惊寥泬破，亦无闲意到青云。"老年时，林逋为自己在庐旁修了墓（图2-33），并作诗："湖上青山对结庐，坟前修竹亦萧疏。茂陵他日求遗稿，犹喜曾无封禅书。"元代陈子安（杭州人）在林逋隐居处造亭一座，取名放鹤亭，亭内刻有南北朝鲍照的《舞鹤赋》。今碑文是清代康熙皇帝临摹董其昌书法的手稿，刻石宽2.96米，高2.39米。现在的亭子为1915年重建，面宽8.75米，进深8.85米。放鹤亭一带是西湖赏梅胜地之一。

林逋一生写过许多咏梅的诗，其中"疏影横斜水清浅，暗香浮动月黄昏"为千古咏梅绝句，深受欧阳修称赞。古代士大夫们一向有着把树木花草之美喻为高洁品行的传统，尤其偏爱梅、兰、竹、菊等植物。梅花冰肌铁骨、清高傲雪、孤芳自赏，在中国传统文化中象征着知识分子的高洁品格。隐居在孤山的林逋，种梅爱梅，其才华和行为又与梅花一般高洁，因而获得千秋清名。

林逋不是一个天生的隐士，他对隐的认识也是在命运的颠簸中形成的。年轻时他曾出游四方，结交官宦，咏诵崇尚武功的诗篇，只是北宋朝廷掀起"封禅"的腐败，促使林逋身心厌倦，回归杭州，到孤山隐居，过着20年不入城的隐士生活。当时隐士越隐，显贵越是要来寻探，如大诗人梅尧臣与他为世交，官场中范仲淹与他结友，杭州历任太守中，至少有5人与林逋交往甚密。与他交往的书生也达40余人。甚至皇帝听闻他的故事，宋真宗赐他粟帛，并要求府县关照他。他去世后，宋仁宗赐谥"和靖先生"。

林逋隐居孤山，以梅为妻，以鹤为子，孤高自好，高风亮节，被后世文人雅士视为楷模（图2-34）。林逋所代表的隐士风范获得了其后传统文人士大夫价值观上的认同，"隐逸"作为东方人独特的生活方式或生活态度，在11—18世纪东亚地区的文人阶层，特别是16世纪之后的朝鲜半岛的儒生中获得传播。林逋"梅妻鹤子"的隐士生活，也受到了日本文人的推崇和景仰，种植梅花成为高雅的象征，西湖梅花也被引种到日本。入明日本禅僧天与清启曾论："西湖以梅而重焉，梅以和靖为重焉……天地开辟以来，虽有此梅，而无和靖则梅不能以为梅也，西湖只是一野水而已。"虽有夸张之嫌，但说明了日本对于林逋的推崇，以及对他之于西湖文化的重要性的看法。

2.抱朴道院漫话葛洪

葛洪（283—363年），东晋丹阳郡句容（今江苏句容）人，字雅川，自号抱朴子，是东晋著名道士。他是中国历史上著名的道教理论家、医药学家、炼丹术家。少年丧父，家道贫困，以砍柴所得换回纸笔，在劳作之余，刻苦地抄书学习，常年积累，十年如一日，导致身体虚弱。为探求养生之道，少年时广览经、史、百家，尤好神仙养生之道。"时或寻书问义，不远数千里，崎岖冒涉，期于必得。遂穷览典籍，尤好神仙导养之法"[①]，终成为知识渊博的学者，特别专注于药物医疗和炼丹学研究。此时，有人劝他出来求仕，他答道"读书为明理耳，乞为功名贫贱哉？"

葛洪师从伯祖父葛玄弟子郑隐习炼丹术。葛玄是一个方士，擅长炼丹之术。相传他后来白日飞升，号称"葛仙公"。郑隐不违师训，将道教典籍和炼丹术传授给他，葛洪潜心向学，尽得其法。后来葛洪在独自遨游山水时，又拜擅长炼丹之术的南海太守鲍靓为师。鲍靓对葛洪十分器重，见其仪表雄伟，气质不凡，才思横溢，就将女儿许配给他。

葛洪游遍吴越名山，准备择一善地，潜心研究炼丹术。当他游到钱唐（今杭州），见西湖山水秀美，踏遍山峦幽谷，唯独选中宝石山西葛岭，大喜道"此地可吾居矣"。此处居高临下，极目展望气象万千。东观海日，南对江湖，有高山可樵，岭上多有磐石，近处有泉可汲可涤，遂在此结庐，隐居、炼丹、著述，自号"抱朴庐"（图2-35、图2-36）。据《西湖梦寻》载"智果寺西南为初阳台，载锦坞上，仙翁修炼于此。台下有投丹井，今在马氏园"。西湖葛岭上至今尚有炼丹台、炼丹井、初阳台等遗迹。据载，灵隐山门"景胜觉场"传为葛洪所书，在灵隐莲花峰旁葛坞等处留有其炼丹的遗迹。葛洪也曾几度为官，但终因志不在仕，辞官归隐，扶困济贫，施药于民，被人们尊为"葛仙翁"。他晚年隐居罗浮山，悠游闲养，著作不辍，后以丹鼎生涯终老而卒，享年81岁（图2-37）。

---

① （唐）房玄龄等《晋书·葛洪传》。

图 2-33 孤山林和靖之墓

图 2-34 （清）华嵒《林和靖梅鹤图》

图 2-35　葛岭旧貌
图片来源：《西湖旧踪》

图 2-36　抱朴道院

图 2-37 《葛稚川移居图》
图片来源：《中国文史百科》

葛洪继承东汉方士左慈、从祖葛玄和其师郑隐的炼丹理论，并精鲍靓所授医术，集各家炼丹术之大成，写成传世经典《抱朴子》一书，记述了许多化学制药的实验。这部著作论述了战国以来神仙家的理论，记载了炼丹的方法，被奉为道家的经典著作，对隋、唐炼丹术的发展，有相当影响，并为研究中国炼丹史及古化学史提供了珍贵的资料。他还写过许多医书，如《金匮药方》一百卷，《肘后备急方》八卷。如在《肘后备急方》中介绍了许多传染病及其使用中药治疗疾病的单方，都符合现代科学的。而在《抱朴子·仙药篇》中还介绍了治疗疾病的药用植物和使用方法，是我国原始药物学的论述。作为我国古代的炼丹家，葛洪涉猎广泛，在化学和医药学方面有较大贡献。

四、西湖的艺术文化

西湖的名字也与灿烂的历史文化紧密地联系在一起，这里有许多摩崖石刻、石窟造像等，是我国的艺术瑰宝。

1.摩崖题记及碑刻

金石篆刻是我国优秀的艺术遗产，它融书法和雕刻于一体，具有独特的风格。据《西湖志》记载，西湖有318处碑刻。

（1）杭州西湖孤山西泠印社保存有"三老讳字忌日碑"（图2-38）和汉代画像刻石等。"三老"是汉代掌管文化教育的乡官。"讳字"是指死人的名字。"忌日"就是死的日子。这块石碑是东汉初年遗物，于清咸丰二年（1852年）五月间在余姚县客星山出土，是浙江已发现的石碑中最早一块，距今一千九百余年。这是一块记述"三老"等忌日的石碑，碑文字体介于秦篆与汉隶之间。在我国历史上，刻碑记事始于东汉初。因此，"三老讳字忌日碑"对于研究我国碑刻和墓志的起源与发展，具有重要参考价值。

（2）南宋孔庙始建于北宋仁宗年间，为杭州州学，南宋初为府学，后为孔庙，今亦称杭州碑林。杭州碑林有碑、帖、墓志三百四十一块。荟萃五朝名家手笔、帝王手笔、诏旨、书家学政、释道碑记、名家法帖、地方史料、天文图刻、海塘水利等。其中南宋石经，亦称"南宋太学四体石经"（图2-39）。所谓"石经"就是朝廷选定的四书五经，刻在石板上，作为学生的标准读本。"南宋石经"是高宗皇帝赵构和皇后吴氏手书，有《周易》《尚书》《毛诗》《中庸》《春秋左传》《论语》《孟子》七种内容。南宋石经原有131石，现仅存85石，在我国石经系统中占有重要的地位。在太学内有北宋李公麟画的"孔子及七十二弟子像赞"刻石，画面用单线勾勒，线条概括、洗炼，

图 2-38 三老讳字忌日碑
图片来源：杭州国家版本馆

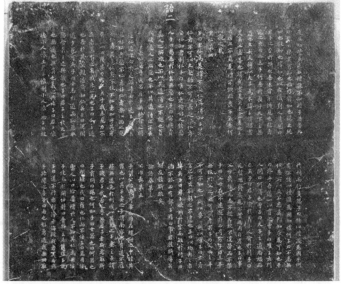

图 2-39 南宋太学石经所刻《论语》局部
图片来源：杭州碑林

人物气韵生动，是我国绘画中的精品，且每像附赵构书写的赞词，于南宋绍兴二十六年（1156年）刊刻。杭州碑林内还有南宋理宗御书圣贤赞"刻石十五石"，古今楹联汇刻十九石，涉及明清书家269人，楹联300余对。杭州碑林是一座具有历史、科学和艺术价值的石质书库。此外尚存《佑圣观重建玄武庙碑》，系"承直郎太子文学元明善撰，中顺大夫扬州路泰州尹兼劝农事赵孟頫书并篆额"。

（3）贯休画《十六应真像》（十六罗汉，石刻）。该石刻原藏孤山圣因寺罗汉堂，今存杭州碑林内，是我国古代绘画中的著名作品（图2-40、图2-41）。贯休（823—912年）俗姓姜，字德隐，唐末兰溪人，诗人、僧人画家，师从阎立本，以画罗汉著称。擅书，人称"姜体"，又精草书，时人比诸怀素。他曾投诗给吴越国王钱镠，诗中有"满堂花醉三千客，一剑霜寒十四州"的句子。钱镠见到此诗后派人传话：把诗中"十四州"改为"四十州"，我才接见。贯休回答说："州既难添，诗亦难改"，就此拂袖而去。他画的十六罗汉，"胡貌梵相，曲尽其志"，容相奇特，姿态各异，有庞眉大眼的、有长耳隆鼻的、有身倚松石的、有静坐山林间的；或闭目岩中，或抱藤独坐，或双手合十，或跌坐盘陀。杭州碑林内的这组罗汉像石刻是清乾隆二十九年（1764年）根据贯休所绘原刻早期拓本雕刻而成。清乾隆帝南巡，对照梵本的贯休十六罗汉，亲笔修改罗汉名字，各题赞辞。贯休《十六应真像》最早收入《宣和画谱》，是中国绘画艺术史上不可缺少的一课。

（4）五代石刻星图，其是目前我国最早的石刻星图（图2-42），于1963年在杭州玉皇山南麓发掘五代吴越国王钱元瓘墓及其妃吴汉月墓时发现的。钱元瓘（图2-43）卒于后晋天福六年（941年）八月，次年二月归葬。石刻版原是盖在墓顶上，用红砂石制成，碑长4.12米，宽2.7米，厚0.32米。全图以北极为中心，外面刻有四个同心圆圈。最小的一圈直径49.5厘米，表示北极附近常年可见的界限，内刻拱极星，有四个星座，每个星座由附近的若干颗星星组成。其外一圈为地球赤道在天球上的投影，直径119.5厘米，周围分布二十八宿。再外一圈为外规，直径189.5厘米，是观察纬度星象的可见范围。最外圈是重规。全图原有星座218颗，现存星座183颗，星象位置准确，并有基本坐标线，二十八宿的附属星座齐全。星图应是钱元瓘归葬前刻制的，它比南宋淳祐七年（1247年）的苏州石刻天文图还要早三百年以上。

吴汉月墓的石刻星象图，碑高3.2米，宽1.78米，厚0.3米。红砂岩石质，刻于后周广顺二年（952年）。星象图刻四个同心圆圈，内规圆圈直径42.6厘米，刻北极、北斗星宿，外刻28宿；外围圆圈直径180厘米。此图共刻星座30，附座9，应有星座189座，现存星座178座。全图星象以阴线刻画，刻工精细，位置准确。这两块石刻星象图是研究古代天文学的珍贵资料，今存杭州碑林。

（5）司马光《家人卦》刻石（图2-44）：北宋宝元元年（1038年），大臣、史学

图 2-40　贯休的《十六应真像》局部
图片来源：杭州碑林

图 2-41　贯休的十六罗汉全图
图片来源：浙江博物馆

图 2-42　五代石刻星象图
图片来源：杭州碑林

图 2-43　钱元瓘像
图片来源：浙江博物馆之江分馆

图 2-44　司马光《家人卦》刻石
图片来源：《杭州花港摩崖萃编》

家司马光书《家人卦》摩崖刻石，位于南屏山西麓（今南屏俱乐部）清乾隆时期的"小有天园"中。《家人卦》刻在一块高5.9米、长9米的大岩石上，隶书竖行字龛宽2.21米、高2.71米，12行，每行17字。摩崖左上角有阮元题记，以广西融县老君洞的司马光隶书《家人卦》摩崖，证明此摩崖为司马光所书。刻有《家人卦》的这块岩石旁边还有《乐记》和《中庸》，左侧有"琴台"二字，楷书竖行，字龛高144厘米、宽68厘米，字径100厘米，据说是北宋大书法家米芾所书，用笔饱满，字体雄浑古拙，笔画自然，似行云流水。另有"小有天园"清乾隆帝御题诗碑。《家人卦》刻石展现司马光的楷书特点：用笔提按分明，结构规整扁平，毫端彰显笔力，笔画沉着刚劲，线条直弧相参，尽显古拙秀美之态，虽是隶法，但有楷意，具有一定的书法艺术价值。

（6）苏轼《表忠观碑》：北宋元丰元年（1078年），苏轼撰并书《表忠观碑》，赞扬钱弘俶在北宋时顺应统一历史潮流的史实，元代观毁碑残。明嘉靖三十九年（1560年）改灵芝寺为观，重刻表忠观碑，立于殿前。碑分刻8块，每块高2.24米、宽1.04米，字径9厘米。碑今存3块于杭州碑林。苏轼在书法艺术上造诣很深。他的书法与黄庭坚、米芾、蔡襄一样，都受过唐代颜真卿革新书体的影响，又越过唐代，追溯魏晋书源。苏轼写字着重笔画内在的刚健，要求"峰藏画中，力出字外"。他自评书法是"余书如绵裹铁"，也就是其"外柔内刚"的特殊风格。

（7）感花岩刻诗：感花岩刻诗在紫阳山麓宝成寺后。因苏轼宝成寺赏牡丹有感，题《赏牡丹诗》明刻于摩崖。明代朱术洵题"感花岩"，刊刻其上，成化间吴东升题刻"岁寒""松竹"4字。

（8）放鹤亭刻石：位于孤山北麓，《舞鹤赋》为南朝鲍照所著，清康熙帝临明代书法家董其昌所书此赋，字迹清逸潇洒，具一定的艺术价值。

（9）云居山浙江体育会摩崖题记：云居山刊刻浙江体育会摩崖题记以缅怀先烈，继承秋瑾创办的体育会未竟事业。左侧尚刻有"云山万古"及"逸趣""贞固"题刻。体育会摩崖题记是研究我国体育史难得的实物例证。

（10）"西湖十景"碑石景目题刻和碑身上的诗刻：均由清康熙、乾隆两帝所题。其中"苏堤春晓"和"曲院风荷"两块碑为原物，余为拓片重刻。

（11）理公岩摩崖：理公塔又名灵鹫塔，位于飞来峰龙泓洞口的理公岩（曼寂岩）上，是为纪念开山祖师慧理的构筑物，塔内有慧理的骨灰。陆游曾撰《二寺记》于晏息岩下，后僧人亦在四周镌刻罗汉像，并有"天削芙蓉""八面玲珑"等题刻。明万历十五年（1587年）六月，塔因淋雨冲坍。明万历十八年（1590年）重建，为六角七层，高二丈七尺的石塔，刻有塔铭、金刚经和佛像。塔旁有理公岩，上刻一行梵文，其意是"莲花中有一块白玉"。古时有唐尚书令杨遵隶书"理公岩"三字。塔圮址中有刻石铭

图2-45　吴汉月墓石刻（青龙）

记："北宋开宝八年，募众重建"，至今已有千年。

（12）吴汉月墓石刻：吴汉月墓坐落在郊坛施家山南坡，约成于五代后周广顺二年（952年）。吴汉月（913—952年）是五代吴越国国王钱元瓘的次妃，也是吴越国国王钱弘俶的生母。其墓是座石椁墓，前有斜坡形墓道。墓穴长方形，分前后两室。前室的门扉上，雕镂着两个精致的持幡女像，体态凝重含蓄，全身比例合度，头上挽有双髻，身穿斜襟广袖长衣，腰带舒展，垂于身旁，下身着裙，双手拢在胸前，合持长竿。立像脸型丰润，容相端丽，眉目传神，表达出人间味和真实感。后室四壁上部浮雕着一条由牡丹花纹图刻组成的带状花边；中部浮雕"四神像"；底部为十二生肖浮雕神像，分别立于壶门或龛内，较完整的仅存七尊，均作道童状。东壁为青龙（图2-45），西壁为白虎，南壁朱雀已毁，北壁上的玄武雕刻颇有装饰图案趣味。雕技精湛、造型生动、风格古朴，雕刻艺术较完整地保护在原地原状，是五代吴越文化的珍贵遗产，今为全国重点文物保护单位。

此外，在将台山的山顶平地上，有两排石笋，苍翠玲珑，森若朝拱，钱氏命为排衙石，上刻钱镠七言诗并序。高1.07米、宽1.04米，部分字迹尚清晰。诗刻前有"仙圣所居，必有祯祥之事，宫廷既建，御题七言八句"行书，余文不辨。传说凤凰山的"忠实"刻字是南宋高宗的手书，另有北宋蔡襄的"光影中天""天地万物""有美"以及明代洪珠的"高大光明"等石刻。

2.石刻造像艺术

石窟是佛教文化的产物，源自古代印度。石窟在漫长的历史长河中，逐渐由单一性洞窟"僧伽蓝"的功能，发展成为集建筑、雕塑与壁画于一体的佛教石窟文化综合体，如印度的阿旃陀石窟。中国石窟文化从产生、发展到流变，经过中西文化的交汇综合、互补互融，产生了中国式的佛教与石窟文化形态。石窟从中亚经西域传播至中原，兴于北魏，经南北朝、隋代的过渡，至唐代发展到它的高峰。中国石窟大致可分为西域石窟和中原石窟。新疆拜城县克孜尔千佛洞是我国现存时代最早的石窟。

西湖石刻造像始自五代吴越，盛于宋、元时期，是我国东南沿海地区最大的石窟造像群。西湖石窟造像最早兴起于吴越皇城所在地凤凰山周围的寺院（南塔寺、胜果寺、天龙寺等）和南山地区。北宋、元代则以灵隐飞来峰为中心。西湖石刻造像从形式上可分3种：一是在天然岩洞里雕凿而成，如烟霞洞雕像；二是在露天石壁上雕造，如飞来峰的大弥勒像造像；三是在危岩石壁上开龛，在龛中雕刻造像，如慈云岭造像。西湖石刻造像，由于时代不同和佛教宗派的各异，在造像内容和风格上各具特色，但均具有江南雕刻艺术的特点。南山石刻造像多采用圆雕技法，圆熟洗练，饱满瑰丽，雄健奔放，别具江南特色，是五代吴越石窟造像艺术的杰出代表。元代石刻造像基本为摩崖龛像，艺术上除传承唐宋石刻造像艺术的传统技法外，还吸收了蒙、藏民族的艺术特点。

1）慈云岭造像

慈云岭造像（图2-46）位于将台山与玉皇山之间的慈云岭南坡东侧，现有弥陀龛、地藏龛两龛及四处摩崖刻石，主龛高4米、宽9.9米，内有圆雕造像七尊，中间三尊坐像为阿弥陀佛、观音菩萨和大势至菩萨，称谓"西方三圣"，均为全足跏趺坐式，端坐在仰莲须弥座上。阿弥陀佛居中，高2.45米，左侧为观音菩萨像，冠上饰化佛，右侧为大势至菩萨像，宝冠高髻，容相丰满、仪态端庄。身后都有宝珠形背光，内雕缠枝牡丹，边缘饰火焰纹。两侧还有菩萨立像（高2.72米）和金刚力士像（高2.92米）各两尊。金刚力士戴盔穿甲，雄武庄严。在这七尊造像的上部，有浮雕飞天和伽陵频伽鸟各两尊，作散花状，颇有生趣。龛楣呈拱弧形，正中横列七佛，两端为骑狮的文殊菩萨和骑象的普贤菩萨，均是浮雕。

主龛右侧，有一个坐北朝南地藏龛，龛高3.9米，宽2.38米，顶呈弧拱状，内雕地藏和左右协侍。地藏为和尚打扮，光头大耳，袒胸露腹，半跏趺坐式，左脚下垂踏莲花座，两侧协侍（道明、闵公），束发持物恭立。龛的左侧引出云头，云际间有浮雕"六道轮回"。慈云岭造像的时代，据考证，应该是五代后晋天福七年（942年）吴越国王钱弘佐在创建资延寺时雕凿的。

2）烟霞洞造像

烟霞洞（图2-47）位于南高峰西侧的翁家山南部山腰，是西湖周围最古老的洞府，洞壑幽深，洞顶石钟乳倒悬，姿态各异，形状怪异。造像利用洞内山岩，应势凿刻，十分自然，自成一格（图2-48）。洞内的左右壁上现有十六罗汉造像13尊，容相奇特，形象生动，神态各异，有的盘膝禅坐、有的沉思冥想、有的横眉怒目、有的手扶老虎、有的做降龙状。其中，一尊五代吴越造像高0.98米，老年男相，光头大耳，

图 2-46　慈云岭造像

图 2-47　烟霞洞旧貌
图片来源：《西湖旧踪》

图 2-48　烟霞洞造像——吴越罗汉

双眼正视，身着通肩袈裟，左手掌心向上，平摊在膝上，右手拉开胸膛，露出了心中的一个佛面，容相慈悲。作者运用熟练的技巧，简洁明快的线条，从动态、性格和思想等方面把罗汉栩栩如生地展现出来。罗汉附近原有题记："吴延爽舍三十千造此罗汉"，这一铺十六罗汉是五代后晋开运元年（944年）僧人弥洪镌刻的，是五代时期的典型作品。

洞口两侧有水月观音（右）和杨柳观音（左）立像，高2米，均作女相，宝冠上饰化佛，身后浮雕火焰纹顶光，其左侧饰有缠枝花。雕凿精美，脸型丰满，姿态静雅，形态自然，比例匀称。尤其是西壁的大势至菩萨，容相端庄，慈祥和悦，更多地表现出温柔娟美的女性特点，充分体现佛经所赋予菩萨的精神特质和典型性格。这种写实风格体现了北宋初年的造像特点，是雕刻艺术中的精品。原洞内尚有"西方三圣"，洞口有千官塔，均毁于20世纪60年代。

3）飞来峰石刻造像

苏轼诗："溪山处处皆可庐，最爱灵隐飞来孤"，点出了飞来峰景色的奇绝之处。实际上，飞来峰在灵隐寺前，是一座高仅167米的石灰岩山体，在玲珑剔透的怪石上和奇幻多变的洞壑中，散布着五代至宋、元、明时期（10世纪中期至14世纪前期）石刻造像115龛共470余尊，其中保存比较完整的有345尊，是我国南方古代石窟艺术的渊薮之一（图2-49、图2-50）。

飞来峰五代石刻造像尚存十余尊，分布在青林洞右边巉岩上的弥陀、观音、大势至三尊"西方三圣"佛像，系五代后周广顺元年（951年）滕绍宗舍钱所凿，是飞来峰有题记的造像中时代最早的一龛。佛像都坐在高束腰仰莲须弥座上，身后有缘饰火焰纹的背光，保留了晚唐风格。

飞来峰北宋石刻造像二百多尊，分布在金光洞内的多是小罗汉，雕刻于北宋咸平三年至六年（1000—1003年）。玉乳洞内的罗汉较大，系北宋天圣四年（1026年）的作品，经过元代重妆。洞口的雷公和凤凰浮雕生动别致。玉乳洞靠南壁上三尊释迦和五十多尊罗汉也都是宋代的作品。青林洞南口崖壁上，有一龛凿刻"于乾兴元年"的"卢舍那佛会"故事浮雕，石龛正中坐在莲花座上的卢舍那佛，面容庄严典雅，表情温和亲切。左右两侧骑在狮、象之上的文殊、普贤，还有四大天王、四菩萨像和随身供养，一共十五尊。青林洞东壁对面石壁上的十八尊小罗汉、洞口上方的弥勒佛坐像是宋代的杰作。这些造像技巧娴熟、结构完整、主次分明、形象生动，富有装饰趣味。

飞来峰石刻造像中最引人注目的，是位于冷泉溪南侧一龛开凿于北宋乾德四年（966年）的布袋弥陀像。它是宋朝大肚弥勒像中最大的一尊，亦是我国现存最早的大肚弥勒。它是飞来峰石刻造像中最大的、最精美的作品，尊长9米，高2.6米。佛像欢眉大眼，袒胸露腹，喜笑颜开，一只手拿了个布袋，一只手捻着串珠，其"容天下难容之事，笑天下一切可笑之人"的形象，颇受人们喜爱。两边十八罗汉（元代）依山势布局，各具神态，或动，或静，姿态各异，自然生动，浑然一体。弥勒和罗汉的题材组合，在全国是孤例。

飞来峰上元代石刻造像一百多尊，其中题记尚清晰可辨者十九尊，雕刻精美，保存比较完整。除龙泓洞内的一尊观音外，其余全部分布在冷泉溪南岸和青林、玉乳、龙泓、呼猿各洞周围的巉岩峭壁上。这些佛像在继承唐宋传统的基础上，蕴含藏传佛教的艺术特色。其中元至元二十九年（1292年）雕凿的金刚手菩萨，手持金刚杵，身围飞舞的飘带。同年雕凿的多闻天王，身披盔甲，骑着一头凶猛暴烈的青狮，手持宝幢，气势雄伟，形象十分威武；旁有题记：此像乃元代行宣政院使杨修（即番僧杨琏真伽）的"自造像"。过壑雷亭越溪而上，有一尊不空羂索观音，面容丰满安详，上身半裸，手持各种法器，端坐在莲座上，左右协侍菩萨，面带笑容，婀娜多姿，两侧还有四尊金刚，线条流畅，刀法洗练，也是这个时期的成功之作。

飞来峰造像是集汉传佛教和藏传佛教造像于一体的大型石刻造像群，填补了中国13—14世纪石刻艺术史上的空白。飞来峰摩崖石刻造像，依山而凿，展示了精湛的技艺、精美的雕刻、奇伟的造型，堪为罕见珍品。

4）宝成寺麻曷葛刺像

麻曷葛刺像位于吴山宝莲山南、感花岩前，宝成寺后崖壁间。宝成寺，原名释迦院，是吴越王钱弘佐妃仰氏于后晋天福年间（936—947年）所建。北宋大中祥符年间（1008—1016年）改称"宝成院"。屡建屡毁，多次易名。元至治二年（1322年）骠骑卫上将军左卫亲军都指挥使伯家奴在宝成寺佛殿后岩壁凿刻麻曷葛刺圣祖三龛七尊像。中龛内雕三世佛，南龛为奉置高僧胆巴国师像，北龛为护法的麻曷葛刺像（图2-51）。

麻曷葛刺是藏传佛教密宗的"大黑天"，或称"大日如来"，被元朝统治者尊为军神。本尊麻曷葛刺像为降魔时愤怒相，面呈为怒，袒胸鼓腹，作箕踞状。左右协侍菩萨文殊、普贤各骑狮、象。造像造型奇特、刀法简练、粗犷，艺术手法夸张。龛壁北侧镌有题记。该造像为国内唯一的有明确建造年代记录的麻曷葛刺像，在国内宗教史和造像艺术史上具有特殊地位。现为全国文保单位。

5）天龙寺造像

天龙寺位于玉皇山南、八卦田西、龙山南坡，是北宋乾德三年（965年）吴越王钱弘俶建。天龙寺造像应为建寺时镌雕（图2-52）。

天龙寺造像坐北朝南，共三龛。现存11尊佛像，西龛为阿弥陀佛，在莲花台上作全

图 2-49　飞来峰造像

图 2-50　飞来峰造像——弥勒佛

图 2-51　宝成寺麻曷葛剌像

跏趺坐式，坐像高1.1米，闭目禅定，表情安静慈祥，身披袈裟，袒胸露腹，背后有顶光和身光，上刻火焰纹。中龛7尊，造型古朴生动，刻划精致。中龛中间为弥勒端坐须弥座上，着敞胸通肩袈裟，左手扶膝，右手举胸前，双足踩莲，容相慈祥。左右两侧无著和世亲垂立，身披袈裟，双手合十于胸前。再左右则是法华林与大妙相两菩萨，头有圆光，身披薄纱。最外侧是金刚力士，皆披甲戴盔，左手作无畏印，右手持长杆宝钺，神态勇猛，为护法天神。龛内上部饰飞天浮雕两尊，上体昂起，下体平舒，由两侧向主尊弥勒飞来。东龛一尊水月观音，高仅60厘米，头戴花鬟冠，发髻高耸，脸型丰满，鼻梁挺秀，口含笑容，颈挂璎珞。身躯略向后斜，体态秀丽，文静多姿。

天龙寺造像保持了一些晚唐时期的风格，为杭州最早的石窟造像之一。

6）通玄观造像

通玄观为南宋杭州有名的道观，始建于绍兴年间，位置在现紫阳山东坡太庙巷内。在坐北朝南的岩壁上，雕凿四龛六尊道教造像（图2-53）。中间一龛为三尊立像，头

图2-52　天龙寺造像

图2-53　通玄观道教造像

戴黄冠，身着道袍，足踏祥云，容相端严。中间一尊手捧如意，像高1.42米，右上方有"掌吴越司令三茅真君像"题记。左右两尊留长须，拱手而立。在这三尊造像中，中为大茅君名盈，称司命真君；左为中茅君名固，称定箓真君；右为小茅君名衷，称保生真君，俗称"三茅真君"。在这龛造像上方，有高86厘米的玉清元始天尊像，头戴黄冠，身着道袍，端坐在仰莲座上，造像上方刻有"玉清元始天尊像"题记，这是道教信奉的最高天神。在三茅真君造像的两侧，西、东龛，分别雕有高78厘米、90厘米的真人坐像，上有"皇宋开山鹿泉刘真人像"和"大明重开山元一徐法师像"的题记。这组造像构图简洁，衣饰雕刻流利、自然，除元一徐法师像外，其他三龛造像应属南宋时期作品。这组造像是目前杭州仅有的道教造像。

石刻艺术体现了宗教审美理想的物化结果，造型庄严，由此引起肃穆、神圣的美感效应，给人以精神满足感，又作为审美心理愉悦之源，成为吸引、凝聚信徒的理想化艺术。石刻造像艺术形成了独特的美学体系，融汇了东西方文明的宝贵财富，成为精神与艺术的结晶体，成为全人类共同的文化艺术财富。

五、西湖的宗教文化

宗教是一种文化体系，是一套经过规范的对神明及超自然力的信仰和崇拜。中国古代宗教含义甚广，远古时代有鬼魂崇拜的丧葬仪礼，有对风雨雷电的自然崇拜，有尊敬土地山川之神的社祀，民间还有对动植物和天体等的祭拜，因此，从正统的拜天地、拜祖先，到民间的拜鬼神，再到汉魏以后广为流传的佛道二教，都可以算是中国传统宗教的一部分。近现代，佛教、基督教和伊斯兰教是世界三大主流宗教。

宗教的产生是人类文化活动的结果，是人类文化发展史上的一个重要环节，在其发展过程中，与各种文化活动结下了不解之缘。我国传统文化主线在"儒、释、道"三教，它们互相渗透、交叉，难分难解。尤其是道、儒交融甚深，并与佛教彼此包容。

1.佛教

佛教始自公元前6世纪至5世纪的古印度，由悉达多乔达摩创立，佛教徒尊称他为释迦牟尼。他认为一切事物都是因缘而起的假象、幻影，都无自性，都是"空"的。因此"苦集灭道"就成为其真理。

佛教作为一种群众信仰，大约在公历纪元前后，由天竺西域传入我国中原地区，虽经"会昌法难"、后周"灭佛"和北宋末的"排佛"等劫难，仍然在神州大地流传了两千多年。杭州湖山秀美，号称东南形胜。汉魏以来，佛、道两教的弘法传播者，看中了这片灵山秀水，在这里开山凿洞，结庐设斋，剃度黎民，弘扬教义。从而形成了杭州宗教发展史上初始一页。

杭州佛教源远流长，始于东晋，发展于五代，兴盛于南宋，已有一千六百多年历史。东晋咸和元年（326年），由印度僧人慧理来杭创建灵鹫、灵隐、灵山、灵峰、灵顺诸寺。吴越立国杭州，以"保境安民""信佛顺天"为国策，御治东南70余年。杭州佛寺至"吴越达三百六十寺，南宋达四百八十寺"，号称"东南佛国"。杭州不仅寺院众多，而且高僧云集，佛学兴盛，儒释交融，影响海内外。西湖景区中灵隐寺（图2-54）、净慈寺（图2-55、图2-56）、天竺三寺等佛寺均列佛教禅、教、律三宗"五山十刹"前列。历史上西湖曾形成以灵竺为中心的北山寺庙群和南屏净慈寺为中心的南山寺庙群。今天杭州有灵隐寺、净慈寺、永福寺和天竺三寺作为佛教活动场所。

10—13世纪，杭州在中国佛教发展上具有突出地位，与中国周边国家和地区存在广泛的佛教交流活动。五代吴越时期，官方开始遣使与海外交流佛学。宋末与明末，众多杭州僧人怀着"亡宋之痛""明末遗恨"的心境，出现两次东渡弘法高潮。高丽国王亦派国僧来杭求法。随着佛教禅宗东渐，以及宋代水墨画的东传，日本镰仓时代，"上天目，谒中峰"求师学法的名僧据载达220多人。杭州西湖成为渡宋求法的日本、朝鲜僧人必到的参禅之地。

2.道教

道教始源于黄帝，距今已有四千七百多年。据《庄子》载：黄帝曾于崆峒山问道广成子，修仙得道之后，于鼎湖乘龙飞天。春秋战国时，老子集道家之大成，著有《道德经》。东汉顺帝年间（126—144年），丰县（今江苏丰县）人张道陵流连于名山大川，访道求仙，修道于四川鹤鸣山，奉老子为教主，以《道德经》为主要经典，造作道书二十四篇，并创立了道教。因奉其道者，须纳五斗米，时称"五斗米道"。

西湖宝石山西端的葛岭，相传是1600多年前东晋葛洪在北山结庐炼丹之所。现抱朴道院（图2-57）有太极阁、元辰殿、广灵殿、救苦殿等殿堂，以及历史建筑"半闲堂""红梅阁"。留存有葛仙庵碑、炼丹古井、双钱泉、炼丹台等古迹。西湖另一道院在玉皇山顶，自唐开发，由宋而盛。上述两处"洞天福地"现为道教活动场所。历史上尚有黄龙洞和宋时最著名的佑圣观道院。北宋徽宗（1101—1124年）自称"教主道君皇帝"，南宋高宗赵构继承并发展其父赵佶的崇道遗风，大力兴建道观，以后几个皇帝一以贯之。

图 2-54　灵隐寺
图片来源：视觉中国

图 2-55　20 世纪 20 年代净慈寺
图片来源：《西湖旧踪》

图 2-56　净慈寺

图2-57 抱朴道院

3.伊斯兰教

伊斯兰教产生于公元7世纪的阿拉伯半岛，创建者穆罕默德。唐、宋两朝是伊斯兰教在中国开始传播的时期。据《旧唐书》记载：唐高宗永徽二年（651年），阿拉伯第三任哈里发——奥斯曼遣使来唐朝贡，我国史学界一般以此年为伊斯兰教传入中国的标志年。

"丝绸之路"是伊斯兰教传入中国的重要载体。由于世界贸易的发展，汉代开辟的"丝绸之路"，到唐代重心已由陆路转向海路了。来华的阿拉伯、大食、波斯的商人和使节等，通过陆路和海路把伊斯兰教带到长安、洛阳以及东南沿海的广州、泉州、扬州、杭州等地。他们相对聚居，自成社会，按照自己的信仰和风俗习惯兴建清真寺和墓地。历史上扬州和杭州等地曾居住着数十万阿拉伯人。清真寺是穆斯林进行宗教活动的场所。中国著名的清真寺有广州的怀圣寺、泉州的圣友寺、扬州的仙鹤寺、杭州的凤凰寺，合称我国沿海伊斯兰教四大名寺。

宋元时期，杭州以澉浦为外港，是重要的对外贸易港口城市。同时，杭州作为大运河南端的终点，也是从明州港经浙东运河转运中国内陆的海外商贸通道的重要枢纽。杭州本身也是丝绸等外贸产品的产地，杭州的茶叶、越瓷畅销西亚、北非以及南洋、东亚各国。作为商贸口岸，杭州云集了大量阿拉伯和东南亚商人。许多西域各族移民聚居杭州羊坝头，他们擅经商且大多是伊斯兰教信徒，居住地必定有清真寺（图2-58）。

图 2-58 凤凰寺旧照
图片来源：杭州博物馆

图 2-59 灵隐地区平面图
图片来源：《杭州西湖导游》

六、西湖的建筑文化

1.西湖建筑空间布局特色

西湖三面环山，一面临城。建筑布局多是"随山依水"，自由灵活，随势安排、层叠错落、巧于因借。"自然天成地造势，不待人力假虚设"。建筑平面布局灵活，空间组合疏朗，形体轻盈，色彩明快，装修衬饰简朴，呈现出"自成天然"之态，具有"清新、洒脱、文人园林的风格，是建筑美与自然美的高度和谐的典范。"总之，杭州西湖的园林建筑风格，秉承了文人山水园淡雅、朴素的风格，以富于诗情画意而见称（图2-59）。

西湖风景建筑多是以山水为依托，采用分散集锦式的布局手法，或置于岗阜，或跨越溪流，或背倚危崖，或高居山巅，或深入水际，或隐于幽谷，与自然景观紧密融合。西湖风景建筑总体上是自然山水的配角，明代聂大年诗"树烟花雾绕堤沙，楼阁朦胧一半遮"。

2.塔幢建筑文化

大约在公元1世纪时，塔随佛教一起从印度传入我国，这种外来的文化因素与中国的传统文化，特别是古建筑文化巧妙地结合，形成具有中国风格的新的建筑形象，成为我国丰富多彩的古建筑类型中一朵新花。中国古塔的形式多样，造型丰富，有楼阁式塔、密檐塔、单层塔、喇嘛塔、经幢塔、缅塔以及金刚宝座塔等。中国佛塔的典型类型是楼阁式，又分为木楼阁式和砖石楼阁式。经幢是7世纪后半期随着密宗东来而新增的一种佛教建筑。

杭州城市繁华，湖山秀美，梵宫佛刹到处可见，高僧大德代有所出。伴随着佛教兴起，佛塔如雨后春笋般矗立起来，遍布杭州城市内外和西湖周边，著名的有六和塔、保俶塔、雷峰塔和白塔等。除以上四塔外，尚有灵隐理公塔、灵隐寺天王殿前的两经幢、大雄宝殿平台两侧双塔、梵天寺经幢和西泠印社的华严经塔以及市区隆兴寺经幢等。现已不存的历史上著名的塔有南朝陈元嘉元年（560年），始建于孤山永福寺（俗称孤山寺）的辟支塔，毁于南宋建四圣延祥观时。据考，隋文帝仁寿二年（602年），僧人慧诞携神尼智仙舍利来杭，在灵隐飞来峰（灵鹫山）顶造塔，称为"神尼舍利塔"，屡建屡毁，最后毁于清末。北宋景佑初建在凤凰山中峰的崇圣塔七层，二十余丈。此外，还有北山大佛院的壶瓶塔，南高峰的荣国寺塔、北高峰的塔（即宋人题西湖十景的"双峰插云"景点）。此外，吴越钱弘俶分别在五代后周显德二年（955年）、北宋乾德三年（965年）仿宁波鄞州区阿育王寺释迦舍利塔的形制，铸造七宝铜塔与铁塔各八万四千座，刻印金字《法华经》分发给两浙丛林。元代在南宋故宫内馒头山芙蓉阁遗址上的尊胜寺附近曾建过一座塔，高达二十丈（约66.7米），犹如瓶壶，塔身涂饰垩土，呈白色，名"尊胜塔"（俗称"白塔"），又名"一瓶塔"和"镇南塔"。约毁于1359年。

（1）保俶塔（图2-60～图2-62）。始建于北宋开宝元年（968年），原名应上塔。据说北宋赵匡胤于975年灭南唐后，奉召吴越国王钱弘俶进京（今河南开封），久留未返，大臣们为祝福他平安归来，特建此塔，故名"保俶塔"。其实此塔在钱弘俶进京之前已建成。据志书记载：大约在钱镠封巨石山为寿星宝石山后，吴越国丞相吴延爽曾建九层高塔于山顶，名"宝所塔"。初建时为九级砖木结构的八边形单筒楼阁式塔，可登临眺望，后毁。北宋咸平元年（998年）重建时改为七级砖砌实心塔。以后数百年间屡建屡毁。现在的塔身是1933年按原样重建的，平面六角形，七层砖塔，高45.3米，塔基较小，在建筑处理上成功地应用了比例与尺度的关系，构成了保俶塔挺拔、高耸、秀丽的特点，是我国所存同类古塔中的佼佼者。从塔下仰望塔尖，有高不可仰之感。从山下远望塔身，亭亭玉立，秀丽玲珑。

（2）雷峰塔（图2-63、图2-64）。始建于公元977年，是吴越国王钱弘俶为供奉佛螺髻发舍利和藏经而建，初名"黄妃塔"，因塔处于西关外，又有"西关砖塔"之称。根据吴越王钱弘俶所书雷峰塔跋记，原打算建13层，高千尺，后来因财力物力，只建了7层。塔重檐飞栋，宏伟壮丽。北宋宣和年间（1119—1125年）被方腊起义军烧毁，全塔木檐及顶上两层倾覆。南宋乾道七年（1171年）—庆元五年（1199年），僧人智友发愿修塔，经20余年整治，塔被修葺一新，塔身缩为5层，为八角形五层的砖木混合结构楼阁式塔，至元时还是"千尺浮图兀倚空"的雄壮之态。明嘉靖年间（1522—1566年）倭寇入侵，纵火焚塔，雷峰塔仅存砖石塔心，形态粗壮，故有"雷峰如老衲，保俶如美人"之说。后来，因塔砖不断被盗，基础削弱，砖石塔心于1924年9月坍圮。

今日之雷峰塔是在原址上复建，2000年12月动工，于2002年10月竣工。雷峰新塔是继承与创新、历史与现代、自然与文化的完美结合。新塔平面呈八角形，塔高八层（含地宫），外观五层，占地面积3133平方米，塔身通高70.679米，置于高48米的夕照山上，依山临湖，蔚然大观。与宝石山上清秀挺拔的保俶塔遥遥相对。新塔台基包裹着旧塔的地宫遗址，台基周围装有汉白玉栏杆，各层屋面均盖铜瓦，每个转角设铜斗栱，飞檐下挂有铜质风铃，内部竖井电梯可达各楼层，八面设有檐廊和护栏。当游人倚栏环顾四周，西湖山水历历在目，仿佛一幅浓墨淡彩的山水画卷。雷峰新塔作为湖光山色间的实际存在让人有物可睹、有情可托，使"雷峰夕照"这一西湖胜景重现天下。雷峰塔闻名海内外，不仅在于斜阳夕照中的另一番景色，更因为它与《白蛇传》这一美丽的民间传说息息相关。

（3）六和塔（图2-65、图2-66）。位于钱塘江畔的月轮山上，创建于北宋开宝三

图 2-60 20 世纪 20 年代保俶塔
图片来源：《西湖旧踪》

图 2-61 20 世纪 60 年代保俶塔
图片来源：西湖照相馆

图 2-62 保俶塔

图 2-63 雷峰塔（旧照）
图片来源：《西湖旧踪》

图 2-65 朱智重修前的六和塔
图片来源：六和塔陈列室

图 2-64 复建后的雷峰塔

图 2-66 六和塔

年（970年），是吴越国王钱弘俶为镇压江潮命延寿、赞宁二僧而筑的。因其地旧有六和寺，塔以寺名，又应佛家六和规约。据载初建时塔为八面九级楼阁式砖塔，高"五十余丈"。北宋宣和三年（1121年）焚毁，南宋绍兴二十三年（1153年）高僧智昙化缘筹资重建，终于隆兴元年（1163年）完工，重建后的塔为七层楼阁式。明嘉靖三年（1524年）后两次毁于倭寇。明万历年间（1573—1620年）高僧莲池重建。此后，又经几次损坏和修缮，清道光二十三年（1843年）又因失火外部木结构败落无存。今存的六和塔系朱智出资，于清光绪二十六年（1900年）重新修缮的。

现在的六和塔有五代、南宋、元、明、清五个朝代的遗存构件。塔基占地面积达1.3亩（约867平方米），塔高59.89米，外观密檐有十三层，平面呈八角形，塔身为砖砌，外檐为木构，宽度向上逆减，明暗收分合度，造型优美。塔身内部为七级，每级塔心中部均有方形小室，用斗栱承托天花藻井。四周有螺旋形阶梯，盘旋上升，可登顶层。在砖石砌筑的须弥座和塔壁上，雕刻着飞禽走兽、飞天人物、佛教故事等图像，共174组，题材广泛，轮廓清晰，造型简练，浅施玄色，刻画精致，栩栩如生，构图和风格别具装饰意趣，为宋代砖雕精品。塔上有清代弘历用佛教典故逐层题额。塔外的木檐回廊宽阔舒展，每层檐角上都挂有风铎，风起时，玎珰有声，清脆悦耳。六和塔矗立在钱塘江边上，高大雄浑，人们可以登塔在外廊上俯瞰钱塘江，大江东流入海、白帆点点的壮观景色一览无余。六和塔是宋代楼阁式砖木混合塔的代表，是我国古建筑艺术中的珍品。

六和塔历史上也曾作为航行的标志塔。据《水浒传》记载，梁山泊的英雄鲁智深圆寂于此，行者武松亦老死在此。

（4）闸口白塔（图2-67）。白塔位于钱塘江边闸口的白塔岭上，原有白塔寺、白塔桥，并留下了"白塔桥边卖地经"的诗句。白塔建于五代吴越末期，经^{14}C测定，建造时间为公元830±75年。白塔为仿木构楼阁式的形制雕凿而成的石塔，高14.4米，生铁铸成的塔刹残高3.375米，总高近18米。外观八面九层，逐层收分，比例适度，出檐深远，起翘舒缓，轮廓挺拔秀丽。基座下为磐石，上为须弥座。磐石八边形，每边刻有山峰，平面雕刻海浪，象征佛教的"九山八海"。其上须弥座，有仿木构的腰檐、平座和勾栏。塔身八边，其中四边隐出槏柱，分成三间，明间辟有壶门，线条流畅，雕出实榻大门。塔身每面的转角处都有倚柱，束腰上浮雕佛、菩萨和经变故事，形象生动，收分明显，柱头卷杀，檐下斗栱为五铺作，平座用四铺作，雕成长方形柱头物。塔檐雕出简瓦板、戗脊、椽子、飞子、滴水和瓦当。翼角雕出老角梁、子角梁和脊饰。造型玲珑奇巧，雕刻精湛。它是建筑史上五代吴越时期仿楼阁式塔的杰出代表，也是我国第一幢仿楼阁式石塔。塔身上所雕造的140余尊像，亦是吴越时期造像艺术的珍品之一，成为大运河注入钱塘江的标志。

八角边的楼阁式塔，始自五代吴越国，逐渐影响中原和北方，并成为江南普遍应用的形式。因此，闸口白塔是研究五代宋初江南地区建筑形制的实物资料，具有很高的科学、艺术和历史价值。

（5）理公塔。东晋咸和初，西印度僧人慧理由中原云游入浙，分别于咸和元年（326年）、咸和三年（328年）和咸和五年（330年）创立灵鹫寺、灵隐寺和下天竺翻经院，为灵竺开山祖师。理公塔为纪念慧理而建，据文献记载唐代已有此塔，后宋代重建。现在的塔为明万历十八年（1590年）重建，为六角七级的石塔，高约8米，刻有塔铭、金刚经和佛像。塔旁有理公岩，岩铭篆书，由唐尚书令杨莲所书，上刻一行梵文，意思是"莲花中有一块玉"。侧有岩记一碑，系元周伯琦书。

（6）灵隐寺石塔、经幢。灵隐寺天王殿前东西侧经幢（图2-68）为宋太祖开宝二年（969年）吴越国王钱弘俶建造，原来位于钱氏家庙奉天寺，刻有"天下兵马大元帅吴越国王建，时大宋开宝二年己巳岁闰五月"字。北宋景佑二年（1035年），灵隐寺住持将经幢移至今址。经幢原为十一层八面形。东幢镌刻大佛顶陀罗尼经，西幢刻着随求即得大自在陀罗尼咒经，分别高7.07米和11米。经文字迹清晰，书刻亦佳。耸立在大雄宝殿丹墀侧的八面九层仿木结构楼阁式石塔（图2-69），高12米，为北宋建隆元年（960年）钱弘俶为纪念永明大师而建。三层有石匾书"吴兴广济普恩真身宝塔"十字，每层东南西北辟壶门、古建、构造部件，脊饰刻有仙人像，塔身下为须弥座及龙山八海基石，塔身浮雕佛像，各种装饰花纹，以及书刻精美经文。每层檐下刻出重重斗栱，挑托深远的塔檐，远观宛然木结构，是典型的宋代建筑。这两经幢两石塔造型优美，雕刻精湛，充分显示了古代人民的智慧和艺术才能。

（7）梵天寺经幢（图2-70、图2-71）。为钱弘俶建于北宋乾德三年（965年），幢身八面，仿木结构，高15.67米，两幢均有建幢记，雕刻精美，经文书刻亦佳。经幢各部分比例和谐，体量与制作为省内经幢之首，富有整体美感，是国内现存最高、层次最丰富、雕饰最精美的佛教经幢之一。

（8）华严经塔。在西泠印社最高处，1924年由招贤寺和尚弘伞筹建。塔高二十多米，八面十一级，上面刻有《金刚经》《华严经》、十八应真（罗汉）像等。因刻华严经，又称华经塔。每层塔檐上都挂着小铃，造型挺拔，比例恰当。

虎跑头山门两侧有始建后晋天福八年（943年）的两座经幢，后毁。清代拼凑部件复建，20世纪60年代毁，2007年按清代图照于头山门右侧恢复一幢。

此外，在杭州市区有建于唐开成二年（837年）的隆兴寺经幢，史载："石高五尺六寸"，幢身高176厘米，平面八边形，每边宽27厘米，幢身下为平座，每边宽47厘米，上刻勾栏，华版上刻有勾片、如意、斜方等花纹；腰檐为八角形，屋角微翘，

图 2-67 闸口白塔

图 2-68 灵隐寺天王殿侧经幢

图 2-69 灵隐寺大雄宝殿丹墀侧石塔

图 2-70 梵天寺经幢旧貌
图片来源：浙江博物馆之江分馆

图 2-71 梵天寺经幢

幢身刻满菩萨和唐代书法家吴季良《佛顶尊陀罗尼经》的经文。再上为翘角屋面和宝顶，造型朴实庄严，雕刻精美，是杭州现存年代最久的建筑物（经幢），是珍贵的艺术品，具有很高的历史文物价值。市区尚有建于清康熙五十二年（1713年）香积寺双塔。香积寺于近年复建，仅西塔为历史原物。塔八面九层，下有须弥座，是仿木结构的楼阁式石塔。

3.西湖的古建筑艺术

古建筑是我国古代灿烂建筑文化的结晶，是人类建筑宝库中的一份极其珍贵的民族遗产，也是园林景观中不可或缺的重要组成部分，有的还是园林的主体。中国古建筑在世界上形成了独特的建筑体系，由于时代不同、环境不同、地区气候差异，不同朝代和地区的建筑有不同的特征和风格。杭州地处江南锦山秀水之间，依据群山、河湖、平原等地理优势，繁华无双，曾经建造过无数的宫殿、庙宇、宅院和园林，虽然，随着历史上一次次的天灾人祸，许多建筑在历史长河中灰飞烟灭，但还是有不少的古建筑留存在西湖景区内，融合在青山绿水之间。

1）灵隐寺

西湖灵隐寺创建于东晋咸和元年（326年），至五代吴越时（907—978年），钱弘俶笃信佛教，命僧延寿大建寺宇，时有九楼十八阁七十二殿堂，并建经幢于寺的左右。僧房一千三百多间，僧众三千余人。从山门到方丈室，回廊穿林越壑，缦回环绕。苏轼有"高堂会食罗千夫，撞钟击鼓喧朝晡"之句。南宋时灵隐寺香火更加兴旺，成为禅宗五山之一，号称"东南第一山"。明代张岱在《西湖梦寻》中也有"香积厨中，初铸三大铜锅，锅中煮米三担，可食千人"的记载。元至正十九年（1359年），寺毁于兵火，虽重建，但盛况不再。此后屡毁屡建。清顺治十五年（1658年），僧宏礼重建，有七殿十二堂四阁二轩一林三楼之盛。清嘉庆二十一年（1816年），寺宇毁于火，朝廷拨款重建殿宇，至新中国成立时为二殿二阁，即天王殿、大雄宝殿、大悲阁、联灯阁。该寺于1954年和1970年进行全面整修。

灵隐寺现存建筑主要有双经幢、天王殿、双石塔、大雄宝殿（图2-72）、药师殿、藏经阁、五百罗汉堂、东西厢房、联灯阁、大悲阁。除经幢、石塔是吴越时留下的，其余均为19世纪后重建的，1953年与1974年进行过两次重修。

天王殿系民国20年（1931年）重建，为钢筋混凝土结构，面阔七开间，约长36米，进深四开间，约宽20米，为重檐歇山顶建筑。上下檐斗栱为十字牌科七出参，外三重凤头昂，内三重丁字栱，并有桁向栱，上悬"云林禅寺"匾额，为康熙帝的手笔。殿内古风朴朴，正中是袒胸露腹的弥勒佛。后壁的佛龛内，站立着神态庄严、手持降魔杵的韦驮菩萨，系由独块香樟木雕成，这件木雕艺术的杰作是南宋遗物，至今已有700余年历史。天王殿两侧端坐着四大天王，传说中他们是风调雨顺、国泰民安的象征。

大雄宝殿系清朝宣统年间重建，是一座单层、三重檐歇山顶的建筑，面宽七开间，长40米，进深五开间，宽约28米，高达33.6米，1954年整修时，改为钢筋混凝土仿木结构，第一层檐下斗栱为十字牌科七出参，三重十字栱，横向枫栱相连，二层檐下有一斗六升栱作装饰；贴式构造为前后双步，内为三角梁，中间作百龙图棋盘平顶，高29米。巍峨高大，气势宏伟。殿正中是释迦牟尼坐像，用24块香樟木雕成，高19.6米，两厢排列着好似"诸天"佛像。后壁有"慈航普度"的"五十三参"佛山群塑，姿态各异，栩栩如生。观音大士居中而立，意态潇洒，善财、龙女侍立两侧，神采奕奕。此群塑在宗教艺术上有一定价值。

2）文澜阁

文澜阁（图2-73、图2-74）位于西湖孤山的南麓，浙江博物馆内，是清乾隆年间为珍藏《四库全书》而专门修建的七大书阁之一。

文澜阁是以圣因寺行宫后面的玉兰堂为基础，于清乾隆四十七年（1782年）改建而成。清咸丰十一年（1861年）焚毁，部分藏书散失。清光绪六年（1880年）开始重建，并将散失、残缺的书籍收集、补抄，才使文澜阁的《四库全书》得以恢复旧观（1787年）。书阁曾进行过多次修缮，面貌一新，成为一处别具风格的藏书楼。

《四库全书》是继明成祖时《永乐大典》（22937卷）和清康熙、雍正时的《古今图书集成》（10000卷）以后编纂的一部大型丛书（36300册，79077卷），分经、史、子、集四部，于清乾隆年间费时10余年编纂而成。

清咸丰十一年（1861年）九月，太平军攻入杭城，文澜阁无人管理，以致阁虽存而栋宇圮，书也大量散失在外。后经丁申、丁丙两兄弟的努力，不避艰险，不惜变卖家产，访求散失图书，又雇人到各处抄写，《四库全书》才免遭厄运。清光绪六年（1880年），浙江巡抚谭钟麟拨款，于五月十八日动工，在原文澜阁的基础上重修书阁，并添建了几座厅、亭、假山和太乙分清等附属建筑。

文澜阁前临西湖，背依孤山，坐北朝南，各进建筑依次分列在同一条纵轴线上。主体建筑文澜阁的形式仿照宁波天一阁建造。第一进原为垂花门，步入门厅，迎面是一座玲珑的假山。山顶东西各有一座小亭，山后为平厅。厅后凿有方池，置以山石，池中一峰独立，名为"仙人峰"，水池也具有消防的作用；东部为御碑亭，西有回廊；正中为文澜阁，重檐硬山顶，建在56厘米的台基上，面宽六间，共二层，中间有一夹层，因此是一座三层楼房。阁的东山墙处，有"文澜阁碑亭"，再向东原为太乙分清寺（1974年8

图 2-72 灵隐寺大雄宝殿

图 2-73 文澜阁图
图片来源：清《文澜阁志》之《文澜阁外景图》

图 2-74 文澜阁

图 2-75 凤凰寺礼堂

月13日烧毁），1983年基本按原样重建。文澜阁泉石庭院，面积不大，山重水复，石径回透，气势自然，颇有园林情趣。

  3）凤凰寺

杭州凤凰寺在市区中山中路羊坝头西侧，又名"真教寺""礼拜寺"，与广州怀圣寺、泉州清净寺、扬州仙鹤寺一起称作我国伊斯兰教的四大古寺。据清康熙九年（1670年）《真教寺碑记》载：该寺创建于唐，以其形似凤凰故名。初建时规模宏大壮丽，门楼五层，顶如凤冠，宋末毁于火。至元代延祐年间，有来自阿拉伯的大师阿老丁慨然捐金重修，重振古寺，寺宇焕然一新。寺内原存方砖上有阿拉伯文《古兰经》经文，侧面印着"宋杭州定造京砖"戳记，原是礼堂的藏物。凤凰寺宋代以后屡建屡毁，今寺为清顺治三年（1646年）复建，新中国成立后于1953年、2009年进行过全面修缮和整治。

凤凰寺的总体布局坐西面东，满足礼拜时面向麦加的要求，三座主要建筑门厅、礼堂（图2-75）、礼拜殿，都布置在东西向的中轴线上。礼堂与礼拜殿之间有廊屋相通，保持着古代工字殿的传统形制。轴线的两侧是教长室、浴室、碑廊等附属建筑，又符合中国传统建筑布局手法。院子的四周环以高大围墙。

大殿里面后壁下部有须弥三座，用清砂石制成，相传为宋代遗物，刀法古朴、洗练。礼拜殿为一座砖结构的无梁殿，面宽三间，进深二间，平面呈不规则的矩形，内有隔墙分平面为三间，隔墙辟两座拱门相通。每间墙顶四角各挑出一组倒球面三角形的菱角牙子叠涩，于顶上聚为圆形，其上筑穹隆顶，后建攒尖屋顶，中间攒尖顶作重檐八角亭，两旁为单檐六角亭，简瓦板垅，翼角高翘。前檐和两山均为拱门，两山和后檐有券形窗，穹下绘有彩画。

凤凰寺作为一座伊斯兰教寺院，具有一般清真寺应有的设施，在结构和功能上有着浓厚的阿拉伯建筑风格，但在总体布局等方面有不少中国建筑的艺术手法。寺内留下了一批罕见的古伊斯兰教艺术品和碑刻史料。寺内庭园北侧碑廊里陈列碑石26方，以及其他石碑数十方，碑文记载了凤凰寺变迁的历史。凤凰寺的建筑具有明显的中国传统建筑与伊斯兰教建筑高度融合的特色，反映了古代杭州人民与阿拉伯人民之间的文化交流和友好往来。

4.西湖的建筑遗址

杭州为五代吴越和南宋的都城，历史遗存丰富。吴越时期在隋唐杭州城外修筑新城，并修建了大量佛寺和佛塔。南宋杭州城池布局严谨，前宫后市，壮丽雄伟；皇宫大内占据凤凰山南麓，背山面江，居高临下，前朝后寝；朝会区布局严谨，后寝、后苑区因地制宜，灵活布局；宫殿园苑规模宏大。但如今，这些宏伟的建筑群早已湮灭，只在地下的遗址文化层内可寻踪迹。杭州城已发现有南宋皇城遗址、德寿宫遗址、郊坛下官窑遗址、南宋太庙遗址、南宋御街遗址等。

1）南宋皇城遗址

南宋皇城遗址位于西湖景区凤凰山东麓，宋城路一带，面积达50万平方米，大遗址保护范围约14.1平方公里（图2-76、图2-77）。南宋皇城是宋高宗赵构定都临安后，于绍兴年间在杭州州治的旧址上加以整修、添建，又经孝宗以后不断地扩建、改建而成。经过28年的修建，皇城方圆九里，东至凤山门，南至笤帚湾，西至凤凰山，北至万松岭路南。皇城有三个城门，南丽正、北和宁、东东华。计有殿、堂、阁、斋、台、亭、轩、观等130余处。南宋德祐二年（1276年）元兵攻入杭州，至元二十四年（1277年）民间失火，殃及宫室，南宋皇城被焚毁殆尽（《始丰稿·卷十·宋行宫考》），至明万历年间沦为废墟。经现代考古发掘，目前地下2.5米左右即南宋宫殿遗址。

南宋皇城是我国历史上唯一一座建在丘陵地带的皇城。布局上基本承袭了《周礼》"前朝后寝"的传统布局，但也突破了传统意义的方形或长方形的平面格局。它背靠凤凰山，山前钱江如带、山后西湖似镜，为水山之间坐南朝北的独特格局。"自平陆至山冈，随其上下以为宫殿。"皇城内部可分宫城内和宫城外两个部分。宫城内又分外朝、内朝、东宫、学士院、后苑等五部分，是南方宫殿形制的代表。空间布局上呈院落式，自然灵动，显得错落有致，巍峨壮丽，间有苑囿泉池，独具特色，国内罕见。

据史料记载，皇宫后苑与德寿宫苑囿，"亭榭之盛，御舟之华，则非凡间可拟"。皇宫后苑，方圆三四里，以西湖山水为模板，精心设计与布局。苑中凿有十余亩的水池，称为"大龙池"，亦称"小西湖"。池中有三亭及芙蓉阁。池周边遍布亭廊轩阁，湖侧叠石为山，高十余丈，玲珑剔透，洞室相连，曲折离奇，有"小飞来峰"之称。山下萦绕一溪，置亭其上。后苑以"小西湖""小飞来峰"为中心，又分为东南西北四区，布置不同景色。东区以赏花为主，南区以赏夏景为主，西区以赏秋季景色为主，北区以赏冬天景色为主。

南宋定都杭州的138年间，是西湖历史上最辉煌的时期。南宋皇城遗址是南宋历史文化的象征，是杭州历史文化遗产的精华，蕴含着极高的历史价值、文化价值、艺术价值和科学价值。南宋皇城遗址目前仍在科学考古发掘中。

2）德寿宫遗址

据文献记载，德寿宫鼎盛时期的四至范围应在今东接吉祥巷，南至望江路，西临中

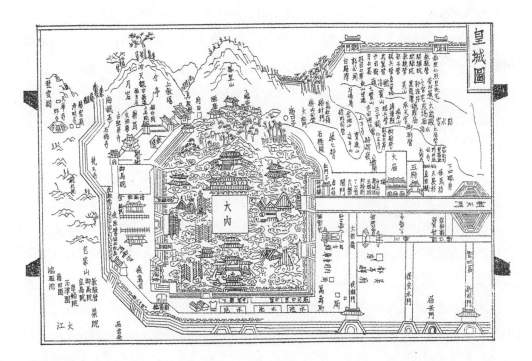

图 2-76　南宋皇城图
图片来源:《淳祐临安志》

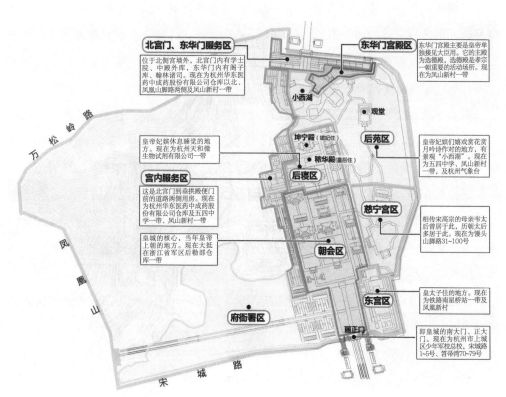

图 2-77　南宋皇城内部分区示意图
图片来源:浙江省古建筑设计研究院

河，北靠水亭址。

据《梦粱录》载："德寿宫在望仙桥东，原系秦太师赐第，于绍兴三十二年高庙倦勤。……遂命工建宫殿、匾德寿为名，……高庙雅爱湖山之胜，于宫中凿一池沼，引水注入，叠石为山，以象飞来峰之景，有堂匾冷泉。"德寿宫的规模与皇宫后苑相当，建有10余座殿院270余间和大量园林景观。布局也与皇宫后苑相似。德寿宫内建筑的规模与精美程度，有的超过大内。宫中也开凿有10余亩的大池称之为"小西湖"。

据《宗阳宫志》云："叠石为山作飞来峰，峰高丈余，峙冷泉堂侧"。宋孝宗《冷泉堂》诗："山中秀色何佳哉，一峰独立名飞来。参差翠麓俨如画，石骨苍润神所开。忽闻仿像来宫囿，指顾已惊成列岫。规模绝似灵隐前，面势恍疑天竺后。孰云人力非自然，千岩万壑藏云烟。上有峥嵘倚空之翠岭，下有潺湲漱玉之飞泉。一堂虚敞临清沼，密荫交加森羽葆。山头草木四时春，阅尽岁寒人不老。圣心仁智情优闲，壶中天地非人间。蓬莱方丈渺空阔，岂若坐对三神山。日长雅趣超尘俗，散步逍遥快心目。山光水色无尽时，长将挹向怀中渌。"可见德寿宫之豪华。傅伯星先生根据文献记载推想德寿宫花园以大池四面亭为中心，东、南、西、北"地分"布置，并各具特色。东区以赏名花为主，有香远堂赏梅、忻欣堂赏酴醾、清深堂赏桂花、芙蓉阁赏芙蓉以及泻碧亭、灿锦亭、清旷亭、月台等建筑；小西湖内种植千叶白莲。西区以山水景色为主，模仿飞来峰，建有冷泉堂、静乐堂、浣溪亭等建筑，假山亭榭，小溪流水，环绕其间。南区以文体娱乐为主，有射厅、至乐亭、半淀红亭，并筑有金碧辉煌、用于宴饮的载忻堂，亦称"德寿殿"。北区中央建有一座高楼称之"聚远楼"，以观东西两侧花景，并有俯翠、绛华等众多亭榭，以观松为主。

南宋淳熙十六年（1189年），孝宗退居德寿宫，改名重华宫，直至咸淳四年（1268年），度宗以其后圃筑道宫，称之宗阳宫，为御前宫观之一，南半部改为民居。德祐二年（1276年），元军入临安，毁南宋宫室并废宋诸陵，宗阳宫也受到破坏。

据史料记载及考古研究成果发现，南宋德寿宫遗址占地面积约17万平方米（图2-78、图2-79）。经过20余年的考古发掘，陆续发现宫殿基础、夯土台基、东宫墙、南宫墙、庭院地面、水池驳岸、砖砌地面、假山基础、部分宫内建筑遗迹以及完整的进水、排水结构等遗迹。专家分析判断："德寿宫遗址遗迹丰富，做工考究、造型精美、用料极佳"，宫殿与园林并置，小巧精致，具有江南特色，也代表了南宋皇家园林风格，在历史、艺术和科学上具有重要的研究价值。

3）郊坛下官窑遗址

郊坛下官窑遗址（图2-80）位乌龟山之南麓，面积1500平方米，包括作坊和龙窑两大部分。1956年春发现了一处窑址，窑长23米。在堆积层中发现高低两档产品。高档产品制作工整，胎质细腻，釉层丰厚，乳浊性较好，晶莹美玉，胚体厚度不足1毫米，当为传统所说的官窑器，品种多。1985年10月发掘发现长条形龙窑一条，斜长40.8米，宽1.8米，头尾高差7.2米，窑体高度不超过2米，全部用砖坯筑成，窑身狭长，两侧有墙，拱形券顶。侧墙开窑门8个，中设投柴口，尚有1/3窑头火膛。出土实物标本主要是瓷片和窑具。老虎洞窑址位于九华山麓老虎洞附近，专家确认为历史记载的"修内司窑址"。宋室南迁后，建立的郊坛下官窑和后苑的修内司窑，统称"南宋官窑"，为宋代五大名窑之一。

南宋官窑出产的瓷器，胎质细腻，胎骨轻薄，呈黑褐色或紫色。釉以青为正色，粉青亦佳，油灰最次。釉层丰厚，细密润泽，精光内蕴，晶莹类玉。表面大多有裂纹，称为"开片"。有称赞官窑"土坯细润、色青带粉红、浓淡不一。有蟹爪纹、紫口铁足。色好者与汝窑相类"。1990年已建成南宋官窑博物馆。

"乌龟山"窑址为进一步辨认杭州一带出土的窑片的窑口提供了依据，也为研究官窑烧造技艺提供了可靠的资料。

2006年5月，南宋官窑列为第六批全国文物保护单位。

4）南宋太庙遗址

太庙是帝王祭祀祖先的宗庙。祭太庙是国家大事，采用俎豆礼。据《梦粱录》记载："太庙在瑞石山，绍兴间建，正殿七楹十三室"，其规模和形制仅次于皇宫大内。太庙始建于南宋绍兴四年（1134年）。绍熙五年（1194年）、绍定四年（1231年）大火"延烧太庙"。有诗云"祖宗神灵飞上天，痛哉九庙成焦土"。绍定五年（1232年）、咸淳元年（1265年）有扩建、复建。太庙供置两宋十四个皇帝的神主牌位。

南宋太庙遗址位于杭州市上城区紫阳街道。经考古发掘，发现了南宋太庙的东围墙、东门门址和大型夯土台基等遗址，是我国经过考古发掘的时代最早、保存较为完好的古代皇家宗庙遗址。

5）南宋御街遗址

南宋御街起自皇城的和宁门，北达景灵官前斜桥，称之"天街"。据史料记载，御街长达13500尺（宋尺），约4公里，铺石板35000多块。御街分御道、河道、走廊等三部分，中央专供皇帝通行，两侧河道、河中种莲花，岸上栽桃李，"望之如绣"。百姓走河道外侧走廊，廊外居民方可设铺经商。

南宋御街遗址，目前在杭州卷烟厂和严官巷均有发现。严官巷除发现御街遗迹外，还发现了御街古河道及在河道上架桥等遗迹，清理出石砌的御街桥堍和桥墩基础遗迹，出土大量南宋时期的瓷器、建筑构件等遗物。考古发现御街是采用"香糕砖"砌筑，更正了《武林旧事》中御街采用大石板铺筑而成的记载。同时，临安城的桥墩、桥堍与河

图 2-78　考古发掘中的德寿宫遗址

图 2-79　德寿宫保护规划鸟瞰图
图片来源：浙江省古建筑设计研究院

图 2-80　郊坛下官窑遗址

道遗迹是迄今为止发现的我国南方城市河、路并行体系最早的实例。

6）南宋临安城遗址

杭州地处天目山余脉与杭嘉湖平原之间，山川秀美，水网交错，交通便捷，经济繁荣，物阜民丰，文化灿烂，在北宋时就被称为"东南第一州"。宋室南渡，建炎三年（1129年），宋高宗升杭州为临安府，作为"行在"。现已探明的临安城内外遗址类型丰富，包括皇家、官署、宗教的建筑、住宅、手工作坊、城墙城门、街道等，比较全面地揭示了南宋临安城的城市肌理、建筑布局和经济繁荣的特点。考古发现的保护较好的重要遗址有16处：南宋皇宫大内、太庙、临安府治、三省六部、白马庙巷、南宋京城墙（西城墙、南城墙）、城门（钱塘门、朝天门）、御街和西一街（位于现代城市道路中山中路、河坊街地下）和3条运河[龙山河（中河南段）、菜市河（东河）和西城河（桃花河—古新河）]等（图2-81、图2-82）。

南宋临安城遗址，区域总面积近50平方公里，遗址保护范围15.05平方公里，其中城址面积10.79平方公里。大部分埋藏于现代城市下2～3米，呈南深北浅格局。其中皇城、太庙和德寿宫埋深分别为2～3米、1.6～2.2米和1.8米；城北片区域埋深约为1.5～1.8米。临安城遗址地面遗址保存较好，道路空间变化较小，水系本体走向和规模完好，南宋城内坊巷达80多条，其中半数直接与御街连通，由此被誉为"城市坊巷制度的活化石"。所有这些遗址、遗迹具有较高的遗产完整性、真实性和延续性的特征。南宋临安城遗址于2001年6月被公布为第五批全国重点文物保护单位。

4.西湖的近代建筑

近代，不少文人雅士和官员富商在西湖边筑屋购房，或长居，或短住，留下不少趣闻轶事。由于居者、设计者和建设者的国籍、民族、历史背景和文化修养的不同，加上当时杭州的建筑又处于承上启下、中西融汇、新旧交替的过渡期，西湖名人故居形成了多样的形式和风格。其中有中式庄园风格别墅（都锦生故居、水竹居、康庄、汪庄），中式寺院客舍（招贤寺、弘一法师禅房），日式别墅（石塔儿头）；也有欧洲古典（孤云草舍），文艺复兴（抱青别墅，图2-83），西式花园[澄庐、省庐、石涵精舍、林风眠故居（图2-84）、孤云草舍、常宅、蒋经国寓所]，西式花园城堡型别墅（陈伦故居）等式样的别墅建筑；更有中西合璧式别墅（黄宾虹故居、朱庄、秋水山庄、青山白居、寂庵、逸云精舍、清雪庐）。这些建筑造型独特、典雅，室内家具装饰精致、设施齐全，院内花木繁茂，亭台楼阁大多隐映在西湖边山麓的绿荫丛中，环境寂静。平日，在建筑中可远眺空蒙烟云，可近观桃红柳绿，可听莺歌燕语，可闻

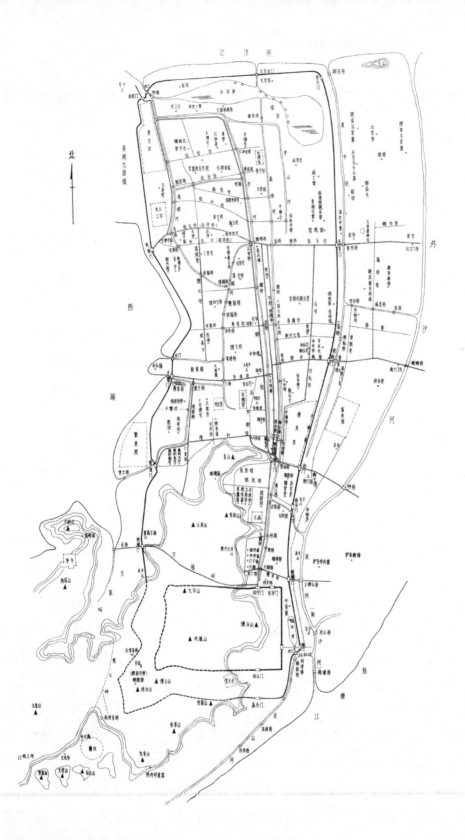

图 2-81 南宋行都临安城
图片来源：《中国古代城市规划论丛》

区划特点：
"点、线、片"结合

城垣面积10.8平方千米

城垣内保护与建控地带
面积5.11平方千米，占
城垣的47%
（城垣内其余留白用地5.68平
方千米，占城垣的53%）

保护范围总面积2.97平
方千米，其中：
——重点保护区总面积
0.85平方千米
（为遗址本体，是南宋临安时
期重要的建筑、城墙等遗存）
——一般保护区总面积
2.12平方千米
（为遗存分布区，包括水体、
道路、城墙走向及其重要建筑
范围）

建设控制地带城垣内外
总面积5.47平方千米
（为历史环境要素，包括山水、
古树名木及叠加在上面的文保
点）

景灵宫遗址片
1.83公顷

府治府学遗址片
5.7公顷

德寿宫遗址片
5.48公顷

太庙三省六部遗址片
15.43公顷

皇城遗址片
18.65公顷

八卦田遗址片
31.48公顷

图 2-82　临安城遗址保护区划图
图片来源：东南大学建筑设计院、杭州市规划设计研究院

图 2-83　抱青别墅

图 2-84　林风眠故居

草木清香，真可谓"世外桃源"。西湖景区内，浙江大学之江校区的历史建筑和处于市区中山路上的商业服务建筑等，也是近代杭州借鉴西方与自新发展相结合的特色建筑。

七、西湖的文学艺术

中国古代文学是中国传统文化中最主要、最具活力的一部分。它是古代社会的生活画卷，更是古代人的心灵记录，深刻而生动地体现中国文化的基本精神。

西湖从海湾淤塞演变而来，真正成为淡水湖泊的历史不足2000年。早在南北朝时期，就有关于西湖的记载。刘道真的《钱唐记》志书，成书于南朝宋元嘉十三年（436年）前后，唐宋时多引用其书，今已散失。北魏郦道元的《水经注》引用过《钱唐记》中关于西湖的记载："（钱塘）县南江侧有明圣湖，父老传言，湖有金牛，古见之，神化不测，湖取名焉"。

唐代中后期，也就是公元9—10世纪，随着西湖景致的营造和发展，西湖风光逐渐成为文人墨客游赏和赞咏的对象。白居易任杭州刺史期间，"在郡六百日，入山十二回"，他详细地考察了杭州的山川形势、民俗风情、名胜古迹，写了数百首诗，今存白氏《长庆集》中就有200余首。其中以《钱塘湖春行》中"孤山寺北贾亭西，水面初平云脚低。几处早莺争暖树，谁家新燕啄春泥。乱花渐欲迷人眼，浅草才能没马蹄。最爱湖东行不足，绿杨阴里白沙堤"（图2-85）和《春题湖上》的"湖上春来似画图，乱峰围绕水平铺。松排山面千重翠，月点波心一颗珠。碧毯线头抽早稻，青罗裙带展新蒲。未能抛得杭州去，一半勾留是此湖"传颂最广。他以热烈的感情去描写杭州和西湖风景，为杭州文学艺术的繁荣奠定了基础。除白居易之外，宋之问、元稹、刘禹锡、李绅、张祜、储光羲、许浑、姚合、张籍、方干、徐凝、温庭筠、丁仙芝等唐代诗人都留下了吟咏西湖的诗歌篇章。唐末五代时期道士杜光庭的《西湖古迹事实》二卷，是较早记载西湖的书籍，今已失传。

北宋文豪苏轼吟咏西湖的诗篇达160余首，其中《饮湖上初晴后雨》诗中"水光潋滟晴方好，山色空濛雨亦奇。欲把西湖比西子，淡抹浓妆总相宜"为传世佳句。柳永的《观海潮》中"东南形胜，三吴都会，钱塘自古繁华，烟柳画桥，风帘翠幕，参差十万人家。云树绕堤沙，怒涛卷霜雪，天堑无涯"，也是流传千古的赞美杭州西湖的名句。此外，张先、蔡伸、叶梦得、曾觌等也写过西湖词，潘阆写过《酒泉子》词十首，追忆西湖、钱塘江和杭州城的美景。

南宋建都杭州，乾道、淳祐、咸淳年间，知府先后三次组织编撰了《临安志》，详细记载了杭州的山川景物、城池宫殿、园林以及风土人情，后人统称"临安三志"。随着全国政治中心南移，大量的文学艺术精英汇聚临安，西湖成为他们主要赞咏对象。由此，产生了众多吟咏和描绘西湖景致的文化艺术作品，尤其是文学著作，而文学的繁荣又促进了西湖园林设计营造理念的发展。周密（字公谨，号草窗，别号四水潜夫）创作了许多关于西湖景观，如断桥残雪、平湖秋月、吴山观涛等的词，像《木兰花慢》："塔轮分断雨，倒霞影、漾新晴。看满鉴春红，轻桡占岸，叠鼓收声。帘旌。半钩待燕，料香浓、径远趫蜂程。芳陌人扶醉玉，路旁懒拾遗簪。郊埛。未厌游情。云暮合、谩消凝。想罢歌停舞，烟花露柳，都付栖莺。重闉。已催凤钥，正钿车、绣勒入争门。银烛擎花夜暖，禁街淡月黄昏。"周密还著有《武林旧事》《齐东野语》《癸辛杂识》等著作。《武林旧事》十卷系元初著成，被誉为"耳闻目睹，最为真确"。吴自牧，钱塘（今杭州市）人，著有《梦粱录》二十卷，叙述南宋时期都城临安（杭州）的情况，可补《宋史》的不足。耐得翁的《都城纪胜》和佚名的《西湖老人繁胜录》，都记述了南宋临安的市井生活和工商盛况，是研究宋史与杭州历史的重要资料。

元代，西湖疏于治理而趋于衰败，但西湖景致依然发挥着精神家园的作用，成为文人寄托思想情感、享受精神审美的场所。很多著名的文人用文学作品追思南宋时期西湖的优美景致。元初女真人奥敦周卿善曲，一首《蟾宫曲·咏西湖》道尽西湖诗意风景："西山雨退云收，缥缈楼台，隐隐汀洲。湖水湖烟，画船款棹，妙舞轻讴。野猿撷丹青画手，沙鸥看皓齿明眸。阆苑神州，谢安曾游。更比东山，倒大风流。西湖烟水茫茫，百顷风潭，十里荷香。宜雨宜晴，宜西施淡抹浓妆。尾尾相衔画舫，尽欢声无日不笙簧。春暖花香，岁稔时康，真乃'上有天堂，下有苏杭'。"元曲大家关汉卿写有《一枝花·杭州景》："普天下锦绣乡，寰海内风流地。大元朝新附国，亡宋家旧华夷。水秀山奇，一到处堪游戏。这答儿忒富贵。满城中绣幕风帘，一哄地人烟辏集。【梁州第七】百十里街衢整齐，万余家楼阁参差，并无半答儿闲田地。松轩竹径，药圃花蹊，茶园稻陌，竹坞梅溪。一陀儿一句诗题，一步儿一扇屏帏。西盐场便似一带琼瑶，吴山色千叠翡翠。兀良，望钱塘江万顷玻璃。更有清溪绿水，画船儿来往闲游戏。浙江亭紧相对，相对着险岭高峰长怪石，堪羡堪题。【尾】家家掩映渠流水，楼阁峥嵘出翠微，遥望西湖暮山势。看了这壁，觑了那壁，纵有丹青下不得笔。"

明代，西湖景观得到复苏，文化艺术名流再次汇聚西湖。大量西湖文化作品应运而生。钱塘人田汝成博学广闻而擅长诗文，罢官故里后游览湖山，考证文献、著作良多，据称作品有160余卷。其中《西湖游览志》24卷、《西湖游览志馀》26卷，集艺文、风景、古迹、历史、传说于一炉，多出于亲身见闻，内容翔实，文笔流畅，既详尽介绍了西湖风景的变迁，又保存了大量正史所没有的资料，既有地志的祥瞻，又有文学的趣

图 2-85 《钱塘湖春行》（费新我 书）
图片来源：白苏二公祠

图 2-86 《御览西湖志纂》
图片来源：浙江博物馆

味，正如《四库全书》总目中指出"非惟可广见闻，并可以考文献"。戏曲作家周朝俊所著的《红梅记》完成于明万历三十七年（1609年），写的是发生在西湖边的有关李慧娘的故事，痛斥不理朝政、整日与姬妾们游乐、导致南宋灭亡的罪魁祸首之一的贾似道。

明末清初著名文学家、戏剧家李渔（1611—1680年）曾寓居杭州，期间以"湖上笠翁"之名，创作了《怜香伴》《风筝误》等6部传奇及《无声戏》《十二楼》两部白话短篇小说集，在文坛声名鹊起。李渔在晚年再一次迁回杭州，去世后安葬在九曜山上。

清代，朝廷主持编撰了《古今图书集成》《康熙字典》《四库全书》等，保存、搜集和整理了大量的珍贵资料图书，是对古代文献的全面整理。《四库全书》得以收藏于西湖孤山的文澜阁。太平军之乱后，文澜阁书籍大量遗失，丁申、丁丙两兄弟矢志抢救补缺文澜阁《四库全书》，并编著了《武林掌故丛编》《武林往哲遗著》等。

清代，西湖受到统治者的推崇，有专供乾隆帝南下游览西湖而编印的贡书《御览西湖志纂》（图2-86）。该书是古代编撰的关于西湖的体例最科学、内容最丰富的资料。清康、乾两帝在游赏西湖后，都留下了流传广泛的诗文，如西湖十景诗10首，也引发了文人雅士创作西湖题材作品的热潮。

西湖优美的天然形胜为人们提供了繁衍生息的良好环境，悠久丰富的历史文化使这里的湖光山色倍增神韵。千百年来，如诗如画的胜景，深深地打动了每一位到过杭州西湖的人，也在文学史上留下了大量与西湖相关的诗词歌赋。我国古代吟咏赞颂西湖的诗篇可谓成千上万，按内容而言，大致有如下几个方面：一是以咏西湖为中心，写景抒情的山水诗，如白居易《春题湖上》、苏轼《饮湖上初晴后雨》等；二是以西湖为背景，咏物寓情，抒发诗人对当时社会现实的见解和对民间疾苦的同情或感怀，如南宋林升的《题临安邸》："山外青山楼外楼，西湖歌舞几时休？暖风熏得游人醉，直把杭州作汴州"；三是抒发诗人壮志凌云的爱国抱负，如明代张煌言的《入武林》："国亡家破欲何之？西子湖头有我师"。西湖诗词中，又以宋之问、白居易、潘阆、林逋、柳永、苏轼等人的作品影响最为深远。

西湖相关散文大致有几种类型：一是西湖文献资料，如唐代白居易的《钱塘湖石记》《冷泉亭记》，北宋苏轼的《杭州乞度牒开西湖状》《申三省起请开六条状》等，其文纵横畅达，是西湖散文中最为重要的历史文献。二是西湖的游记及碑记，特别是游记，内容丰富，达数以千计，如宋代欧阳修的《有美堂记》，秦观的《龙井记》《龙井题名记》，陆游的《阅古泉记》《南园记》；元代黄潜的《西湖书院田记》；明代徐一夔的《夕佳楼记》，徐渭的《镇海楼记》，杨应诏的《游西湖记》，陈洪绶的《游高丽寺记》；清代邵长衡的《夜游孤山记》《飞来峰记》，石韫玉的《灵隐游记》；近代林纾的《记九溪十八涧》《记花坞》，郁达夫的《城里的吴山》《玉皇山》，林语堂的《春日游杭记》，朱自清的《香花》，巴金的《苏堤》，田汉的《和洪晖游杭州》，丰子恺的《西湖春游》《西湖船》等。这些文章反映了西湖在各个时期的面貌，既有历史文献价值，又具较高的文学欣赏价值。其中，白居易《冷泉记》写于唐长庆三年（823年），以时任刺史的身份盛赞前几任长官在西湖相继兴建虚白亭、候仙亭、观风亭、见山亭和冷泉亭等五亭的举措，赞赏他们的山水品位和情趣，也表达出自己注重自然天成的山水审美，是中国散文史上的一篇经典之作。欧阳修《有美堂记》，语言简洁凝练，秀美清丽，具有浓郁的诗味，是众多的西湖散文中的著名篇章。明代宋谦的《宋文宪公全集》是介绍元代西湖佛教的文献；明末清初张岱的《陶庵梦记·卷七·西湖七月半》生动而翔实地记载了时人赏月的景象；清代丰子恺的《西湖春游》描述了西湖胜景，各处有不同的景色，"那便一个绿色，也各有不同。黄龙洞绿得幽，屏风山绿得野，九溪十八涧绿得闲"。

西湖的文学艺术兴起于唐代，流风余韵流传后世并不断发扬光大，孕育出不少有才华的诗人与作家，使杭州成为人文荟萃之地。唐宋时，有罗隐、潘阆、林逋等；元、明时有钱惟善、罗贯中、瞿佑、郎瑛、田汝成等；清代有袁枚、历鹗、李渔、陈端生等。他们学有专长，在文学创作和写作方面作出了卓越贡献。据不完全统计，有关西湖的文学作品数量庞大，仅民国以前的作品，总计就达2000万字以上。其中收入《西湖文献集成》的作品达400余种，总计1800万字。历代西湖诗词有两万余首，其中收入《全唐诗》及其补篇的西湖诗有300余首，作者达100余人；收入《全宋词》的西湖词有1000余首，作者200余人。

八、西湖的书画艺术

西湖景观承载了唐宋以来社会各阶层的情感寄托和审美享受，在中国的文学艺术领域得到了充分表现。有关西湖的书画艺术作者，几乎囊括了10世纪以来中国历史上的所有名家，其数量之大、持续时间之久，是任何一个园林景观或文化景观都无法比拟的。

1.西湖书法艺术

在诸多艺术门类中，书法最具中国的独特性。中国书法是由中国文字、书写工具和中国艺术哲学共同构成的一门独特的艺术。

汉字是音、形、义的统一体，是世界上最古老的文字之一。汉字历经数千年的演进和变革，从甲骨文、石鼓文、金（钟鼎）文，逐渐演变成秦篆、汉隶、草书、楷书和行书，从而形成了多种形态字体，为中华文化的传承和传播作出了巨大贡献。

西湖书法艺术是西湖的文化精粹，她亦书亦景，亦景亦书，装点湖山，印记历史，其美学价值在西湖的自然和文化景观中得到了充分的展示。西湖书法文化主要包含几方面内容：一是相关机构和个人收藏在杭州西湖的书法作品，作品本身与西湖无关，多半是石刻和碑刻。二是历史上名人书家在杭州留下的墨宝和题刻，内容多与西湖景物、人物相关，以手卷、碑刻、摩崖石刻和匾额等的形式出现。三是西湖文化熏陶下的书法流派和书法文化活动等。

西泠印社收藏的东汉时期的《汉三老讳字忌日碑记》，是我国现存的最早的碑石之一。杭州碑林的《右军六十帖》刻石，是我国古代书法的名迹，在摹录和流传上作用很大。唐代书法特盛，名家辈出，如褚遂良、孙过庭、贺知章等。此外诗人白居易曾留下诗文和墨宝，如立于西湖边的《钱塘湖石记》刻石，灵隐冷泉亭中"冷泉"字等。《宣如书谱》谓："居易以文章名世，至于字画，不失书家法度"。但因年代久远，这些早已湮灭。五代时，吴越王钱镠，喜吟咏诗句，常挥毫泼墨，且善于草隶。吴越国宰相皮光业赞其书法："四方仰之神踪，一代称之墨宝"，黄庭坚称："钱尚父书，号称当代入神品"。钱镠书法今存于天真山吴越郊坛遗址灵化洞《后梁武肃王郊台题记》和玉皇山《吴越武肃王开慈云岭记》等石刻。宋以后，随着经济的发展和文化的繁荣，杭州成为江南人文荟萃之地。北宋的蔡襄、苏轼、米芾、林逋、范仲淹等，南宋的赵构、吴说、陆游等，元代的赵孟頫、鲜于枢、杨维桢等，明代的宋克、文徵明、于谦、商辂、董其昌、陈洪绶等，清代的金龙、梁同书、陈鸿寿、赵之谦、赵之琛、俞樾、康有为等，都在西湖留下过许多诗文和墨迹（图2-87、图2-88）。这些诗词佳句得以流传，但墨迹大多已湮灭在历史的长河中。

近代的吴昌硕、章太炎、李叔同，现代的张宗祥、马一浮、陆维钊、朱家济、来楚生、沙孟海、赵朴初等书法家都在西湖都留下了墨宝。辛亥革命领袖孙中山，拜谒秋瑾墓，并手书"鉴湖女侠千古，巾帼英雄"，用笔劲健，着墨圆润，弥漫雄强豪壮之气。毛泽东先生热爱西湖，寄情西湖山水，兴吟咏叹，挥笔作书《五云山》《观潮》和《看山》，其中《五云山》被刊刻于五云山景点的碑廊中（图2-89），《看山》碑亭竖立于北高峰之巅。这些诗既表现了伟人的浪漫情怀，也展示了书法家的旷逸胸襟。

杭州碑林，原为杭州文庙，是收集书法碑刻最多的地方，藏有100多件历代书法家的名碑法帖，包括王羲之、王献之、苏轼、米芾、黄庭坚、赵孟頫、祝允明、文徵明、董其昌等人的书法作品，种类极其丰富，其中有南宋赵构的《南宋太学石经》、元代赵

图 2-87　苏轼墨迹
图片来源：《苏轼选集》

图 2-88　林逋书法
图片来源：《西湖诗词》，上海古籍出版社

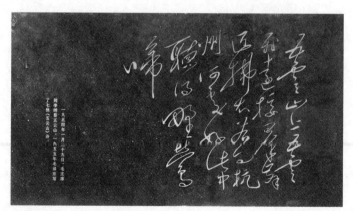

图 2-89　毛泽东《五云山》诗书
图片来源：五云山景点碑廊

孟頫的《佑圣观重建玄武殿碑》和元末明初杨维桢的《武林弭灾记》碑；《右军六十帖》刻石是清雍正年间收集王羲之的多种法帖精心镌刻而成，对古代书法名迹的摹录和流传起到了很大作用。杭州岳王庙也收藏有不少与岳飞相关的历代碑刻，《前后出师表》《吊古战场》相传为岳飞手书，《满江红》为文徵明所书。此外，西湖景点中点缀着无数碑石和摩崖石刻，如钱王祠中苏轼的《表忠观碑》，位于龙井的董其昌的《游龙井记碑》和明代屠隆的《龙井茶歌碑》。玉皇山上月岩有蔡襄"光影中天"榜书，南屏山有米芾所题"琴台"和司马光《家人卦》摩崖题刻。苏轼在大麦岭、龙井、龙华寺、韬光庵和下天竺等处原有题名刻石数处，因元祐党禁时被凿去或经后人补刻，唯有"苏轼、王瑜、杨杰、张寿同游天竺过麦岭"的摩崖题名石刻未遭损坏，为原刻，位于大麦岭，有字龛，楷书竖行，共4行15字，弥足珍贵（图2-90）。清代康、乾两帝御题的"西湖十景"御碑（图2-91），原物保留下来2块，其余是"文化大革命"中被毁后依据拓片重刻的。

清光绪三十年（1904年），在杭州的篆刻家丁仁、王禔、吴隐、叶铭等人于孤山数峰阁旁买地筑室，创立西泠印社。1913年，吴昌硕出任首任社长，李叔同、黄宾虹、马一浮、丰子恺等人都是会员。印社以研究保存金石印学为宗旨，成立一百多年来，收藏了大量的历代字画、印章，举办各种雅集、展览、研讨交流等学术活动，是海内外成立最早的金石篆刻专业学术团体，负有盛名。西泠印社社址还是西湖近代著名的园林，建筑依山势层叠而上，错落有致，巧于因借。亭阁轩榭均挂匾披联，庭院中处处点缀着摩崖题刻，均为名人墨迹，造诣深厚，其中有吴昌硕《西泠印社碑记》、吴隐书《潜泉题记》、叶铭题《小龙泓洞记》等。

所有这些书法艺术作品，都是西湖文化的精粹，印记了时代风云，铭刻着西湖的沧桑，具有很高的历史价值和艺术价值。它们演绎经典，传承文明，对西湖景观起到了点睛作用。

2.西湖的绘画艺术文化

中国古代绘画从题材上可分人物、山水、花鸟三大类型。人物画最早出现，后来山水、花鸟作为人物和建筑的环境背景日渐丰富，逐渐形成独立的题材类型。

唐代是我国古代绘画全面发展的鼎盛时期，人物、山水、花鸟画都有新的发展。唐代的李思训、吴道子和王维被认为奠定了山水画技法的基础。其中李思训倾向于青绿山水，吴道子发展了毛笔的技法，而王维开创了写意山水风格，并对整个中国艺术界产生了巨大影响，成为文人画的主要特征。

图 2-90 苏轼大麦岭摩崖题词
图片来源：浙江博物馆之江分馆

图 2-91 《苏堤春晓》碑帖（清康熙帝、乾隆帝书）
图片来源：鲍挺华《杭州花港摩崖萃编》

五代十国的绘画继承了唐代绘画的传统，并有很大创新。山水画成为主要流派（图2-92），荆浩、关仝、董源、巨然被称为五代"四大家"。五代时期的人物画从唐代缜密、深厚、恢宏的画风转变为疏朗、秀逸、简雅的风尚。禅僧贯休画的十六罗汉，有相奇特，姿态各异：或闭目岩中，或抱膝独坐，或双手合十，或趺坐盘陀……"胡貌梵相，曲尽其意"。杭州碑林中藏有十六罗汉刻石。

北宋在山水画方面名家辈出，风格多样。初期以李成、范宽成就最高；中后期有许道宁、翟院深、郭熙、王诜等人。燕文贵开创了集山水、界画为一体的"燕家景致"；赵令穰代表了富有诗情的小景山水；米芾父子的"米点山水"开创出泼墨山水的新流派；王希孟、赵伯驹等人使青山绿水达到了一个新的高峰。郭熙在画论《林泉高致》中提出高远、深远、平远"三远"（图2-93）。皇家画院的设置使汴梁成为全国绘画创作的中心，促进了绘画艺术的繁荣发展。

南宋定都临安后，高宗"仿宣和故事，置御前画院"。高宗时画院的画家有名可考达30人，多时120余人。南宋画院画家众多、技艺高超，尤其以山水见长。受江南环境，特别是西湖秀美景致所熏陶，南宋山水画形成了自己独特的风格。李唐、刘松年、马远、夏珪成为雄踞画坛的四大家（图2-94），他们专注于描绘江南清晰疏朗的自然环境，陶醉于田园风光、平远小景，爱用简洁明快的画面构写大自然一隅，以少胜多，以少概全，绘景精细入微，命题极富诗意。此外，梁楷、历鹗、李安忠、林椿、李迪等人擅长花鸟画，赵孟坚专注白描水仙，郑思肖以画兰著称，米芾的外甥王庭筠以画山水竹石而闻名。终宋之时，仅钱塘籍载诸史册的名画家就有40余人。南宋画院的艺术活动和艺术成就在中国绘画史上具有重要地位，对后世产生了深远影响。

南宋画家热衷于描绘西湖美景。清代杭州人历鹗编纂了一本《南宋院画录》，收录了刘松年的多幅西湖山水图，包括《西湖四景图》《西湖春晓图》《西湖图》等。马远画过一系列与西湖山水有关的画作，如西湖十景中的柳浪闻莺、双峰插云、平湖秋月。马远的儿子马麟也绘有《西湖十景册》。夏珪绘有《西湖春雨图鉴》《西湖柳艇图》。宝祐年间画院待诏陈清波也以画西湖全景而著名，画过断桥残雪、三潭印月、雷锋夕照、曲院风荷、苏堤春晓、南屏晚钟。僧人若芬曾为上天竺寺书记，据记载其曾画过《西湖十景图》以及孤山、六桥、吴山的风景，风格豪放，与精美的院体画有很大不同。李嵩熟悉西湖山水，他创作的《西湖图》卷真实地反映了当时西湖的风致，是现存宋代最完好的一幅描绘西湖全景的名作，也对研究宋代西湖的面貌提供了直观的线索。正是由于南宋画家们对西湖美景的不断挖掘和倾心描绘，以及诗文提炼，才使得"西湖十景"驰名千载。据潘臣清先生统计，宋人描绘西湖的作品就有120件，表现了西湖不同时节景点的神韵。

图 2-92 （五代）巨然《层岩丛树图》
图片来源：《中国文史百科》

图 2-93 （北宋）郭熙《早春图》

图 2-94 南宋四大家画像
图片来源：杭州国家版本馆

南宋山水画家的代表人物主要有：

李唐（1066—1150年），字晞古，河阳三城人（今河南孟县）。一生经历神宗、哲宗、徽宗、钦宗、高宗、孝宗六朝。他自幼勤奋好学，颖慧过人。初师法李思训、荆浩、关全等人的山水画，人物类师法李公麟，画牛得戴嵩之法，诗文书画俱佳。起初以卖画为生，徽宗时参加画院殿试，以切题画佳中魁，补入画院。靖康之乱后，与弟子萧照流入杭州，又卖了四年画，后经高宗舅父韦渊推荐，任画院待诏，赐金带。他所画的山水、花鸟、人物、耕牛皆精，尤擅长画山水画。其画严谨质朴、气象雄伟、造型章法、用笔简括，首创大斧劈皴法，改变了前人画法，开创了南宋水墨雄壮古朴的一派，颠覆了世人对水墨画清淡的印象，成为南宋画院盟主。他的传世作品有《万壑松风图》轴、《江山小景图》卷、《长夏江寺图》卷、《采薇图》、《濠梁秋水图》卷、《山水》等。

刘松年（约1155—1218年），钱塘（今杭州）人。宋孝宗淳熙年间（1174—1189年）入为御前画院学生。宋光宗绍熙年间（1190—1194年）为画院待诏。他师承张敦礼，擅画山水、人物，而名声盖师，被誉为画院人中"绝品"。宋宁宗时（1195—1224年）因进《耕织图》得奖赏，赐金带。他的山水画风格继承董源、巨然，皴法从李唐派演变而来，题材多园林小景，多绘茂林修竹、山明水秀的西湖。他的山水画笔墨精研，画风严谨，设色典雅，汲取淡墨青岚的技法。他水墨青绿兼工，精于界画。他的作品题材广泛，传世作品有《四景山水图》《西湖春晓图》《罗汉图》等。《四景山水图》描绘了西湖周边富贵人家庄园的四季景色，既有界画的严谨，又有文人画的意境，不仅是宋画中的传世佳作，也是研究南宋建筑和园林的珍贵资料（图2-95）。他的作品也预示了元代山水画的走向。张丑诗云："西湖风景松年写，秀色于今尚可餐。不似浣花图醉叟，数峰眉黛落齐纨。"

马远（1140—1225年），字遥父，号钦山，原籍河中（今山西永济），出生于钱塘，从曾祖父起，家族五代人均是画院画家。他擅长山水、花鸟、人物，继承并发展了李唐的画风。他用笔清秀外露，以雄健的大斧劈皴画奇峭的山石峰峦，在章法上大胆地取舍剪裁，尤善于描绘山的局部或水的一涯，有"马一角"之称。他的《踏歌图》是大幅山水画的代表作，也是大斧劈皴法的经典之作。图中远山矗立、雾霭迷蒙、宫阙隐现、小桥通垄、老翁醉酒、且歌且行、安居乐业、景象和谐。画上有题诗："宿雨清畿甸，朝阳丽帝城。丰年人乐业，陇上踏歌行。"

夏珪，字禹玉，钱塘人。宁宗时（1195—1224年）画院待诏，赐金带。擅长山水，取法于李唐而有所创新。他用笔苍老淋漓，用水墨大笔写景，使笔墨交融，形成水墨苍劲的大斧劈皴，以表现江南潮湿润泽的丘壑。山水构图取景多为半边，以小见大，以局部表现整体，有"夏半边"之雅称。他的代表作《西湖柳艇图》，仅画西湖一角，笔墨苍劲，水阁湖船在柳色波光之间，远处烟云迷蒙中隐现木桥，布局层次分明，富有诗情画意。

元代的赵孟頫、高克恭、黄公望、吴镇、倪瓒、王蒙，并称"元六家"。他们的画风各有特点，重笔墨，尚意趣，雅洁淡逸，是元代山水画的主流，对明清两代影响显著。黄公望晚年绘制《富春山居图》长卷（图2-96），为中国绘画史上的瑰宝。另，赵孟頫、高克恭、黄公望、王蒙都曾在杭州居住。

明代，吴门画派承袭文人画风格，以仇英、唐寅、沈周、文徵明为代表，华亭画派继承中有创新，以董其昌、陈道复、徐渭为大家，浙派崇尚宋代画风，有戴进和吴伟，钱塘画家蓝瑛、陈洪绶等画家被称为"武林画派"。戴进继承南宋画院风格，绘有《南屏雅集图》，描绘一群文人名士于西湖边宴饮酬唱的情景；沈周的《湖山佳趣图》是他绘制的西湖湖山风景中的代表；董其昌绘制过西湖题材作品《林和靖诗意图》；蓝瑛集浙派、吴门派风格于一身，开创武林画派，被称为"浙派殿军"，其一生画过不少西湖图，包括《西湖十景》十幅山水画屏。

清代画派林立，有"四王"（王时敏、王鉴、王翚、王原祁），加上吴历、恽寿平，亦称"清六家"，还有"四僧"（八大山人、石涛、石溪和弘仁）、"新安四大家"（弘仁、查士标、孙逸、汪之瑞）、"八陵八家"（龚贤、樊圻、高岑、邹喆、吴宏、叶欣、胡慥和谢荪）、"扬州八怪"之首金农等不同地域、不同流派的众多画家。清代是中国古代绘画的繁荣时期。

王原祁（1642—1715年），江苏太仓人，与其祖父王时敏并称清代"四王"，擅长画山水，继承家法，学元六家，以黄公望为宗。1699年，康熙帝第三次南巡，游览西湖时御题西湖十景并刻石建碑。为纪录此次南巡，王原祁画了《西湖十景图》卷，为着色绢本，在一幅画卷中全景展现了杭州西湖十景：山石、林木郁郁苍苍，山峦间古刹精舍交相辉映，近景水面宽阔平静，远处云气缥缈深远。《石渠宝笈》著录了王原祁还绘有一幅《西湖图》轴和墨画《西湖十景图》卷。

董邦达（1696—1769年），杭州府富阳县人，清雍正十一年（1733年）进士，官至礼部尚书，精于书、画、篆，山水画师法元人。清乾隆帝称其"北门学士家临安，少长六一烟霞里"。因其对杭州西湖风景的熟悉，董邦达绘制了许多西湖风景的山水画作。仅《石渠宝笈续编》《石渠宝笈三编》中就收录了数十幅他绘制的西湖图。著名的《西湖四十景》就著录于《石渠宝笈续编》。该图一共有4册，其中第一册10幅，为西湖十景。第二、三册各8幅，分别为：佛教丛林名胜，如大观台、水乐洞、云栖寺、放鹤亭、天竺寺、飞来峰、冷泉亭、云林寺、精蓝古刹；以及山房亭榭，如圣因寺、四照亭、湖心亭、蕉石山、清涟寺、韬光庵、净慈寺、理安寺。第四册14幅，包含的景物有昭庆寺、来凤亭、初阳台、西泠桥、紫云洞、金鼓洞、玉带桥、九里松、慈云岭、石屋洞、

春　　　　　　　　　　夏

秋　　　　　　　　　　冬

图 2-95　（南宋）刘松年《四景山水图》
图片来源：故宫博物院官网

图 2-96　（元）黄公望《富春山居图》（局部）

积庆寺、烟霞洞、万松岭、紫阳洞。每幅作品尺寸均为"纵九寸八分，横九寸五分"，设色画西湖各景。清乾隆帝第一次南巡前，董邦达为其绘制过一幅《西湖十景图》卷，以铺陈的方式逐次展开西湖景物，始于昭庆寺而终于玉皇山，用笔简练，韵味深长，与王原祁的画作各有千秋。董邦达还绘有《西湖十景》立轴和册页（图2-97）。董邦达之子董诰（1740—1818年），在京任职40年，官至户部尚书，继承家学，擅长绘画，也绘有《西湖十景图》。

近代中国画家中不乏描绘西湖的，黄宾虹、陆俨少、陈树人等都在西湖边留下不少佳作。黄宾虹晚年居住在杭州，称"愿作西湖老画人"，一直在西湖山水之间作画，其画最大成就是用墨，有"黑、密、厚、重"的显著特色，形成独特风格，作品遍布世界。林风眠在"杭州国立艺术院"任院长期间，居住在玉泉马岭山下，西湖山水为他提供了绘画的素材和灵感，并深深地影响了他的画风，《西湖风景》《西湖秋景》等融贯中西的优秀作品都在此期间产生。当代关于西湖的代表画作还有傅抱石的《钱塘江》、潘天寿的《春酣》、李可染的《雨亦奇》和刘海粟的《九溪十八涧》等。

西湖的旖旎风光，激发了历代艺术家的无穷灵感，促使他们创作出无数优秀的绘画作品，成为西湖文化的重要组成部分。

3.西湖的楹联文化

从内容来说，楹联来自于律诗的对偶句，即古人所说的"吟诗作对"中的"对子"。它本是在汉魏骈体和唐代格律诗的基础上，产生的一种文学形式，要求字数相等、词性相同、平仄相对、辞法相应、节律对拍等。至于将对偶句通过以汉字书法的形式书写在纸上，或者镌刻在木、竹、石上，对称地悬挂在名胜宫殿、亭台楼阁、厅堂书屋、牌楼门洞等处，则是受到春联的影响。据清代纪晓岚和梁章钜考证，这一形式始于宋代，是从古代桃符演变来的。桃符是用一寸来宽、七至八寸长的桃木板做成，在其上面写上除灾降雨之类的吉祥语，在春节时将其钉在门的两侧，称为"桃符板"，以祈求辟邪降福。五代后蜀国王孟昶在寝门设桃符题词："新年纳余庆，嘉节号长春。"后人又将春联贴在园林、寺院等公共场所，而常年不换，内容也从单纯的祝福之词，发展为品赏风景、抒发胸臆、评说历史等丰富多彩的内容。

楹联骈俪对仗，音调铿锵，节奏优美，融散文的意境和韵文的节奏于一体，寓意深远。宋代以后，楹联不断发展至清代，几乎每处园林都有许多楹联，成为园林中不可或缺的组成部分，正如《红楼梦》中贾政所云："若大景致，若干亭榭，无字标题，任是花柳山水，也断不能生色。"

大哥同誤音眾髻湖藹院九
　　題　情傳新　　風王
　　曲　　新　熙藹荷松
尚右院　誤鸞波　苔么
草　風　傳章　孔　業
　　荷　　　　黃

图 2-97　（清）董邦达《曲院风荷》

园林楹联犹如"人之眉目"，用有限的文字，表达出特定风景点的无限意趣，点出了山水主题，对提高风景园林的艺术评价，对加深游人了解风景园林的艺术特色，增加游兴等有着特殊的重要作用。楹联是点缀园林景观、开拓诗画意境的独特艺术形式，常根据园林空间布局的美学原理，运用写意的笔墨，点染园林景观的环境特色，使有限的空间扩展到无限的大自然中去，创造出辽阔深远的艺术境界，起到烘云托月之趣，画龙点睛之功。

西湖楹联，有它独特的文化作用和审美价值。它涉及文字、书法、美学、哲学、宗教和建筑等领域，作为艺术语言，更是一种审美的建构。它的内容大多描写西湖的美景，歌咏西湖的人、事、物，表达中华优秀传统美德。西湖楹联传达意趣，解释西湖景观的人文内涵，营造西湖景致的意境，是西湖人文景观"诗意化"和"心灵化"的表现。

西湖楹联文化历史悠久。早在唐、五代，西湖景致基本形成之时，就有不少知名诗人留下对偶的诗句，如宋之问、孟浩然、李白、白居易等。为西湖楹联的产生奠定基础。初唐时宋之问在灵隐寺写下"楼观沧海日，门对浙江潮。桂子月中落，天香云外飘"的对仗佳句，成为西湖楹联的发展雏形。中唐时，白居易到杭任刺史职，写下的歌咏西湖的诗句很多，其中"山寺月中寻桂子，郡亭枕上看潮头"（《忆江南》），"松排山面千重翠，月点波心一颗珠"（《春题湖上》），"乱花渐欲迷人眼，浅草才能没马蹄"等，虽然是从诗中截取的诗句，但本身也是对仗工整的对偶句，为西湖楹联文化的兴起起到了促进作用，提升了西湖景观的文化内涵。

西湖楹联长短不同，在形制上，一般以五字联、七字联居多，最短的有四字联。西湖楹联多描写西湖山水的旖旎风光，如湖心亭的"波涌湖光远，山催水色深""台榭漫芳塘，柳浪莲房，曲曲层层皆入画；烟霞笼别墅，莺歌蛙鼓，晴晴雨雨总宜人"，描绘了湖心亭清新秀雅、声画互映的环境特色；再如平湖秋月的"万顷湖平长似镜，四时月好最宜秋"；竹素园的"水清鱼读月，山静鸟谈天"；三潭印月碑亭的"明月自来去，空潭无古今"，三潭开网亭的"一檐虚待山光补，片席平分潭影清"；植物园内"玉泉鱼跃"的"鱼乐人为乐，泉清心共清"（图2-98）；北高峰的"江湖俯看杯中泻，钟磬声从地底闻"；西泠印社四照阁的"尽收城郭归檐下，全贮湖山在目中"；植物园灵峰的"漫空竹翠扶三住，数点红梅补屋疏""近看千重翠，遥浮一点青""近山翠绿，远山青黛"。青山绿水是现实的景，镜花水月是虚幻之景，人们在这种虚实融合的境界之中，产生许多优美的联想。吴山城隍阁有联："八百里湖山，知是何年图画；十万家灯火，尽归此处楼台"（图2-99），点明了登阁远眺，左湖（西湖）右江（钱塘江），杭城尽收眼底的意境。花港观鱼绿猗亭有联："林花经雨香犹在，芳草留人意自闲"，描绘出一种人与自然和谐共处的情景。

孤山"西湖天下景"是苏轼的诗句。而"西湖天下景亭"的楹联："水水山山处处明明秀秀；晴晴雨雨时时好好奇奇"（图2-100），这幅叠字联准确、鲜明、生动地概括了西湖风景的美学特征：山明水秀，晴好雨奇，凝聚了丰富内涵。

三潭印月有康有为作的长联："岛中有岛，湖外有湖，通以卅折画桥，览沿堤老柳，十顷荷花，食莼菜香，如此园林，四洲游遍未尝见。霸业销烟，禅心止水，阅尽千年陈迹，当朝晖暮霭，春煦秋阴，饮山水绿；坐忘人世，万方同慨更何之。"（图2-101、图2-102）此联淋漓尽致地描写了三潭印月水上庭园的景色特征。最短的四字联，如位于玉泉的清乾隆帝所作的"水翻鸭绿，山叠螺青"；另孤山俞楼有一联为："天开图画，人在蓬莱"。满陇桂雨有联："饰金秋雨来天阙，袭袯香尘入洞溪"，写出了桂花的甜香扑鼻，沁人心田。还有"断桥残雪"的楹联"断桥桥不断，残雪雪不残"，体现冬景特色，起到引人入胜的作用。

西湖楹联除描绘西湖山水之美外，不少是赞颂名人烈士的。如岳坟的墓道前有"青山有幸埋忠骨，白铁无辜铸佞臣"。该联爱憎分明，对忠臣和佞臣进行评判，突出岳飞的忠义气节。杭州南山的张苍水祠有"纵横海陆，入闽回浙，廿年赤手挽波澜，一掷身躯报故国；俯仰湖山，师岳友于，三片丹心昭日月，长留信使传忠魂"。此联描述张苍水20年坚持抗清，最后英勇赴死，壮烈牺牲。于谦墓有联"丹心托月，赤手擎天"等。放鹤亭内柱有林则徐撰写的"世无遗草真能隐，山有名花转不孤"楹联，赞叹林逋孤洁一生。

这些地方除本身宗教文化、建筑文化外，也有众多的楹联文化。如灵隐寺的"五蕴皆空，一尘不染，虽非类横侵，终与感化而归正觉；诸恶莫作，众善奉行，是有情通则，更期精进共证菩提"，教导信众遵循教义，保持身心纯洁，从善而行，达到觉悟的境界。又如"人生哪能多如意，万事只要半称心"，奉劝世人要宽心、从容、大度、豁达。天竺法喜寺的楹联是"开口便笑，笑古笑今，世事付之一笑；大肚能容，容天容地，于人何所不容"。其意要人们对待世事宜宽容大度，笑对人生。原道教场所黄龙洞有联："黄泽不竭，老子其犹。"净慈寺济公塔院有联："怕事忍事不生事，自然无事；平心守心不欺心，何等放心。"

楹联是我国特有的一种文学艺术形式。园林楹联融文字于园林艺术之中，成为营造园林景致文化不可或缺的内容，也是园林文化内涵重要的体现形式，是造园艺术独创的"标题风景"。据统计，西湖现存楹联一千余副，或悬挂于西湖景点，或记录在史籍、书册之中。

匾额也是整个人文环境中不可缺少的重要组成部分，成为"天人合一"的艺术象征。匾额与建筑物的用途、特色、环境以及撰写人的个性与才学有关。匾额大多是有颂扬、自

图 2-98 玉泉鱼乐园楹联

图 2-99 吴山长联
图片来源：包静，《关山》

图 2-100 西湖天下景楹联

图 2-101 三潭印月楹联

图 2-102 康有为楹联

勉、吉祥、命名等类文字的碑，有木刻、砖刻、石刻等多种。其形式，据清代李渔《闲情偶记》记载，有碑文额、手卷额、册叶额、虚白额、石光额、秋月额等。李渔说："蕉叶可大，红叶宜小；匾取其横，联妙在直，是不可知也"。匾额的功能作用特别显著，在众多的建构物中，起到如人名似的"标识"作用，正如陈从周先生所说："画不加题则显俗，景无匾则难明"，楹联匾额有着丰富的文化内涵。西湖景区的匾额众多，散布景点之中，如：三潭印月的"小瀛洲""开网亭""亭亭亭""竹径通幽""我心相印亭"等；又如龙井茶室用匾"清虚静泰"，御书楼用匾"湖山第一佳"，凤凰阁用匾"清籁犹闻"，龙井草堂用匾"景光迅尔"。灵隐天王殿的匾是"灵鹫飞来""云林禅寺"，大雄宝殿的匾为"妙庄严域"（图2-103），净慈用匾"海阔天空"等。

总之，楹联匾额起到画龙点睛、深化导向、导游宣传、文化传承等作用，并整合于书画、雕刻、小说、戏剧、曲艺、广告之中。

九、西湖的神话传说与民间故事

中华民族与世界上其他民族一样，为解释自然现象、人类起源以及追溯祖先活动创造过许多神话传说，通过超现实的幻想形式，曲折地反映周围世界和自身对世界的认识，形成最初的世界观。

西湖之美，始于人，成于人文。西湖民间文学是历代人民集体之口头创作。内容主要反映人民生活与思想感情，表现人们价值观念和艺术情趣，并以西湖山水、名胜古迹为背景，独具艺术特色。

西湖民间故事（包括神话、传说），受到历史学者的重视，被采录记载在典籍中。如大禹的"舍航登陆"神话故事；春秋时伍子胥"革袋裹尸"化为潮神之传说；北魏"金牛呈现"的故事（图2-104）；唐代《柳毅传书》中钱塘龙君的故事；吴越时"钱王射潮"的故事；明代《西游记》鸟窠禅师的传说。一般认为南宋话本《西湖三塔记》为《白蛇传》雏形。如今，杭州陆续搜集采录编成《西湖民间故事》和《杭州的传说》两本书。

西湖民间故事最大的特色是与山明水秀、风光绮丽之西湖的自然环境融会在一起。如玉龙和金凤与王母娘娘抢珠而形成西湖的神话故事，用美好的故事将西湖喻为"明珠"；鲁班和其妹妹的石香炉传说解释了"西湖十景"中"三潭印月"的出来。"鸟龙"传说发生在龙井，"运木古井"发生在净慈寺，"两虎刨泉"发生于虎跑，"三生石畔诚信"的故事在中天竺，这些传说故事与西湖景观结合，为西湖增添了更多的人文色彩，也使普通百姓更容易与之共情。

图 2-103　灵隐寺匾额

图 2-104　金牛出水

杭州历来是人文荟萃之地，民间世代相传有关英雄人杰、才子佳人之传说故事。如初阳台有保俶拯救太阳的佳话，宝石山麓有秦始皇的"系缆石"，岳飞庙里有"精忠柏"（图2-105），西湖里有"白公堤"，虎跑泉边有"专管人间不平事"的济公"斗火神"，《水浒传》中的传奇人物花和尚鲁智深和行者武松也在西湖边留下行踪。"白蛇传"中许仙与白娘子的故事深入人心，断桥和雷峰塔至今让每一个来到的游客心生感慨；万松书院里，"梁山伯与祝英台"曾经在这里度过了美好的时光。这些民间传说和故事包含着人们对先贤的敬仰，对美好爱情的歌颂，均为西湖文化的一部分。

西湖民间故事富有情趣的内容还与杭州的名菜名点、工艺特产、风俗民情相合。"西湖醋鱼""东坡肉""龙井虾仁""葱包烩""张小泉刀剪""杭州丝绸""西湖绸伞""龙井茶"等都与传说故事相关，为这些风物增添了不少传奇色彩，耐人寻味。

西湖民间神话传说和故事，有些是真人真事加以夸张甚至神化，有些纯属虚构，经过历代人民的口耳相传，不断加工，终于成为内容丰富、形式多样、朴实清新的口传文学作品。

十、西湖的茶文化

1.茶叶在中国的历史

茶原产于我国西南以大娄山为中心的云贵高原，后随江河交通流入四川。晋常璩撰写的《华阳国志·巴志》记载："周武王伐纣，实得巴蜀之师……土植五谷，牲具六畜，桑、蚕、麻……茶、蜜……皆纳贡之"。在古书记载中，"茶"字大约出现在公元806—820年前后，即唐朝中期。在此之前，茶有"槚""荈""蔎""茗"等古名称。

世界上茶树植物共23属，380多种，我国有260多种。按茶组分，世界上有40多种，我国有39种，云南占33种。据唐代茶学家陆羽的《茶经》载："茶者南方之嘉木也，一尺、二尺乃至数十尺，其巴山陕川有两人合抱者，伐之掇之"（图2-106）。宋人所著《东溪试茶录》曰："建茶皆乔木，树高丈余"。古茶树遍布我国大江南北，在云贵地区，高10米以上的茶树时有发现。

茶叶的利用和发展经历了药用、食用、饮用等发展过程。据《神农本草经》载："神农尝百草，日遇七十二毒，得茶而解之"。也就是说茶叶是从药用开始的。西汉司马相如所撰的《凡将篇》中有茶叶入药的记载。清代学者顾炎武在《日知录》里考证："自秦人取蜀之后，始有茗饮之事"，说明饮茶于秦汉时开始于西南地区古巴蜀一带。西汉时茶叶已成为主要商品之一。南北朝时期，佛教盛行，佛家利用饮茶来解除坐禅瞌睡，于是在寺院旁的山谷间普遍种茶，饮茶与佛教的相互推动，是历史上称谓"茶佛一

图 2-105　岳飞庙精忠柏

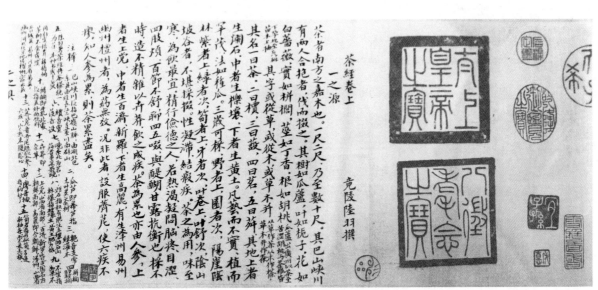

图 2-106　（唐）陆羽《茶经》局部
图片来源：中国茶叶博物馆

味"的来源。到了唐代，茶叶才正式作为普及民间的大众饮品。唐人的"品茗"，在南宋时演化为"斗茶""分茶""点茶"等茶百戏。

我国有十大名茶：西湖龙井、洞庭碧螺春、黄山毛峰、都匀毛尖、六安瓜片、君山银针、信阳毛尖、武夷岩茶、安溪铁观音和祁门红茶等。现代杭州十大名茶：龙井茶、九曲红梅、桂花茶、云石三清（萧山）、径山茶、雪水云绿（桐庐）、千岛玉叶（淳安）、千岛银针（建德）、鹳山龙井（富阳）和天目清顶。

2.西湖龙井

西湖龙井茶树分布在山峦叠翠、风景秀丽的西湖风景名胜区中。名茶集名山、名寺、名湖、名泉于一体，相互辉映，相得益彰，构成了独特的龙井茶文化。正因龙井茶早期的种植和制作于灵隐、天竺诸寺，而后逐渐遍及西湖景区，故有"湖山藏古寺，禅僧育佳茗"之说（图2-107、图2-108）。

唐代陆羽《茶经》最早记述西湖灵隐、天竺两寺产茶历史。据苏轼考证，龙井茶系南朝诗人谢灵运从天台山带来茶籽种植栽培。又据明万历《杭州府志》载：北宋名僧辩才曾于白云峰下的雪液泉（又名"白云泉"）"手植千叶山茶二本"，故有钱塘（茶）生天竺、灵隐二寺之说。林逋在《尝茶次寄越僧灵皎》中有称赞龙井茶前身白云茶的名句："白云峰下两枪新，腻绿长鲜谷雨春"。北宋元丰七年（1084年），杭州太守赵抃重访龙井，其诗序云："老僧辩才登龙泓亭烹小龙团以迎余"。元代以后，龙井一带所产的茶开始走出寺院。明代，自朱元璋颁诏"罢造龙团，听茶户惟采茶芽以进"后，龙井茶名气大增。明代开始，散茶代替了团茶。清代，由于龙井茶品质优良，加上清乾隆帝下江南，四至西湖茶区，观看茶叶采制，品茶写诗，封"十八棵御茶"，题"龙井八景"，龙井茶声誉益隆，成为名茶之冠。至清宣统三年（1911年），龙井茶"名遍全国，远销欧美"。龙井茶之名始于宋，闻于元，扬于明，盛于清，历经千余年，从佛寺僧家的清饮之物成为皇家的贡品。

"龙井茶、虎跑水"素称西湖双绝。龙井茶叶，形扁平、光滑、翠绿、整齐。用清冽醇厚之虎跑泉水煮沸后冲泡驰名中外的龙井茶，但见茶叶形似雀舌，色泽翠绿，香馥如兰，汤色清碧，味甘爽口，后味无穷。素以"色绿、香郁甘、形美"而著称于世。过去，西湖龙井茶一直产于西湖山峦之间的狮峰、龙井、虎跑、云栖一带，原有"狮、龙、云、虎"4个品类。新中国成立后，新增了梅家坞茶园，所以有"狮、龙、云、虎、梅"5个品类。其中，以狮峰所产的龙井茶为最佳。当地茶农在采摘上讲季节，炒制上讲功夫，分"炒青""辉锅"两步，炒制出来的茶叶扁平挺直，大小长短均称整齐，色嫩绿或翠绿。

图 2-107　西湖龙井狮峰茶园

图 2-108　西湖茶园
图片来源：视觉中国

龙井茶冲泡后的茶汤，清澈碧亮，以后逐渐变淡绿，色泽明丽，香味清高。

2008年国家核准地理标志商标，将西湖龙井分一级产区和二级产区。一级产区是原传统的五大核心产区，西湖区其余的茶产区为二级产区。

龙井茶与佛教文化相通，融为一体，茶也因禅而得以普及。西湖龙井茶的前身"香林茶""白云茶""宝云茶"都是出自寺院。僧以茶养身，茶因禅盛行。如高僧辩才，他原来是天竺寺方丈。据《茶经》记载，天竺是产茶的绝佳之处。辩才因天竺寺人事纠纷，就到了始建于吴越乾祐二年（949年）、北宋熙宁时改名的寿圣院，辩才到这里后，龙井名声大振，寿圣院香火兴旺，僧众多达千人。寺院又在狮峰山顶开辟茶园。所以辩才禅师对龙井茶扬名于世和茶文化的发展有"开山"之功。南宋时，寿圣院改名为"广福院"。明正统三年（1438年），广福院迁至凤凰岭上，称为"龙井寺"。而上龙井有北宋大臣胡则葬于此地，后人盖庙供像，民间习称"胡公庙"。传说，乾隆曾在此下马歇脚，品茶封号，故有"十八棵御茶"。

3.杭州茶馆

由西湖特殊的自然条件和人文环境孕育的龙井茶，被誉为"绿茶皇后"。以龙井茶为代表的中国茶与人们的日常生活紧密结合，产生了典型的东方文化——中华茶文化。龙井茶的沏泡与品赏要求做到境洁、茶美、水净、器雅和艺精等。

杭州人有饮茶之俗，客人拜访，先泡上一杯茶，然后就坐而叙。杭州茶馆作为公共活动场所，出现在唐朝初期，是社交活动和休闲娱乐的中心。到了宋代，尤其南宋，茶文化进入了鼎盛时期，杭州的茶馆文化也日益丰富多彩。据《梦粱录》载："杭州茶肆，插四时花，挂名人画，装点门面，四时卖奇茶异汤"。杭人饮茶的特点是讲究名茶配名水，品茗佳境，体茶艺真趣，无论是茶还是水都不失真味，而且离不开雅洁、清幽的环境。饮茶又与曲艺、诗会、戏剧、灯谜等民间文化活动相结合，形成特殊的"茶馆文化"。茶馆原先多分布在老城区繁华地段，后来逐渐渗透到西湖一带。茶馆也有不同的类型，茶馆和书场、餐饮的结合为多，当然也有与洗浴业等结合。主流茶馆一是行业聚会和谈生意的场所；二是茶行和茶馆合二为一；三是茶馆作为调解纠纷的"公堂"，由德高望重的中间人调解，边喝茶，边谈判，最后"凤凰三点头"喝下，表示调解成功，体现了茶文化中"和"的精神。

明嘉靖年间，杭州茶坊（馆）已发展到八百余家，多分布在西湖之滨，名胜之处，也分布在大运河、市区河畔和钱塘江边。当时涌金门一带的闹市区聚集了200多家茶馆，最有名是三雅园、藕香居。这些茶坊（馆）多有说书人，让人们享受多样的乐趣。

清代茶馆遍布城乡，买卖茶叶的茶庄、茶行、茶号数不胜数。专售"三前摘翠"西湖龙井的翁隆盛茶号于1730年创建，极负盛名。

　　20世纪50年代，杭州大小茶馆尚有300多家。至1959年市区有81家，直至1984年，市区有21家，西湖景区有24处。现在，杭州的茶馆遍布全城，有开在写字楼里的茶品牌店；有在景区内可供品茗、赏景、休闲的茶室（图2-109、图2-110）；各个茶叶产区的茶农也都利用自家房屋开了农家乐，喝茶、吃饭、聚会；还有一些餐馆推出茶餐、茶宴，用茶制作各式点心、菜肴，再现了杭州独特的茶文化。不同的经营模式，使得杭州的茶文化渗透到每个人的生活中，丰富了人们的闲暇时光。

4.西湖茶文化

　　中国茶文化据说始于神农时代，源远流长，博大精深，渗透着中国主流儒、释、道

图2-109　西湖湖畔居茶楼

图2-110　湖畔居茶座

的深刻哲理和思想精髓。魏晋南北朝时期是我国茶文化形成时期，南北经济、文化交流及融合促进了饮茶向北传播。此时，上层贵族、士人是饮茶主体，并写下许多关于茶的诗词歌赋，如西晋杜育的《荈赋》、唐代卢仝的《走笔谢孟谏议寄新茶》（又称"七碗茶诗"）。后世，随着茶饮逐渐在平民中普及，千姿百态的茶具、精致讲究的茶道、各不相同的饮茶习俗成为生活的一部分，文学、绘画、戏曲、民间故事等艺术形式中都有茶的身影，茶成为中国文化的一部分。

中国茶文化包括茶艺、茶道、茶礼、茶的精神以及派生出来与茶有关的众多文化，如茶诗、茶画、茶帖，还有由艺术家创造的与茶结合的茶歌、茶舞、茶谚、茶会和茶故事。为了饮茶，人们建造了各式茶建筑；为开展流通贸易，又产生了茶权、茶法和"茶马互市"等相关活动。

杭州作为"东方佛国"和举世闻名的龙井茶原产地，茶文化源远流长。西湖寺院产茶的情况早在唐代即见诸文献，茶圣陆羽的《茶经》载有"钱塘生天竺、灵隐两寺"，这是杭州出产茶叶最早的文字记录。

唐代诗人白居易也是一个爱茶人，自称"别茶人"。于他而言，茶能助文思、助诗兴。"起尝一瓯茗，行读一卷书""夜茶一两杓，秋吟三数声""或饮茶一盏，或吟诗一章"。白居易流传下来的与茶相关的诗有60余首，有几首是他任杭州刺史时所作。白居易在杭期间，曾与韬光禅师结为诗伴茶友，留下"煮茗井"遗址。《招韬光禅师》一诗记述了他招待韬光禅师斋饭与茶："白屋炊香饭，荤膻不入家。滤泉澄葛粉，洗手摘藤花。青芥除黄叶，红姜带紫芽。命师相伴食，斋罢一瓯茶"。此外，"徐倾下药酒，稍爇煎茶火"（《郡斋暇日，辱常州陈郎中使君早春晚坐水西馆书事诗十六韵见寄，亦以十六韵酬之》），"病来肺渴觉茶香"（《东院》）等诗中可以看到茶在白居易的杭州生活中所起的作用。《想东游五十韵》是白居易老年时回忆江南的诗，有"客迎携酒榼，僧待置茶瓯"的诗句，说明以酒待客、以茶待僧是当时的习俗。

北宋，高僧辩才从天竺寺迁居龙井寺，引种茶树，与文人雅士品茶参禅，感悟"天人合一"的境界，龙井一带遂成为茶禅活动的重要场所。著名词人秦观路过杭州时，曾去龙井寺拜会辩才法师，品茗后写下《游龙井记》。

龙井茶的发展史是中国茶禅文化传承发展的重要例证。宋代，茶和茶文化获得了更深入的发展。唐代以团饼茶煮饮为主要饮茶方式，到宋代已过渡到点茶法，成为一门艺术性和技巧性并举的技艺。文人士大夫将茶与娱乐、艺术融为一体，开创了文士茶的先河，写下了众多品茶诗文，倡导了茶宴、茶礼、茶会等多种形式。

北宋文学家苏轼是嗜茶之人，两次来杭州任职，留下了不少茶诗。据统计，苏轼诗作中与茶有关的约80首，其中在杭州期间作茶诗18首，包括《月兔茶》《参寥上人初得智果院会者十六人分韵赋诗轼得》《九日寻臻阇梨遂泛小舟至勤师院二首》等。苏轼与北宋高僧辩才交情深厚。他们煮茗品饮，赋诗论道，写出了《次辩才韵诗帖》，留下佳话（图2-111）。北宋熙宁年间，苏轼逃避京中政治斗争，任杭州通判，在《试院煎茶》中写道："我今贫病常苦饥，分无玉碗捧蛾眉。且学公家作茗饮，砖炉石铫行相随"，表达了自己充满隐逸情怀的人生意愿。苏轼第二次知杭州时，与南屏山净慈寺的谦师一起品茗，写下了《送南屏谦师》诗，赞叹谦师的茶艺："道人晓出南屏山，来试点茶三昧手。忽惊午盏兔毫斑，打作春瓮鹅儿酒。天台乳花世不见，玉川风腋今安有。东坡有意续茶经，会使老谦名不朽"。北宋元祐五年（1090年），苏轼老友、时任福建转运判官的曹辅给在杭州的苏轼寄了些精心挑选的新茶，并附七律一首，苏轼品尝佳茗后诗兴顿生，作《次韵曹辅寄壑源试焙新芽》一首予以答谢，"仙山灵草湿行云，洗遍香肌粉未匀。明月来投玉川子，清风吹破武林春。要知玉雪心肠好，不是膏油首面新。戏作小诗君莫笑，从来佳茗似佳人。"该诗最后一句成为后世赞美茶的名句。

宋代，以茶为主题的雅集活动——茶宴和茶会成为文人热衷的生活方式，宋代绘画中对此有不少描绘。宋徽宗赵佶的《文会图》中有数位侍者备茶的场景（图2-112），传赵佶所绘的《十八学士图》中也有类似的备茶场景。南宋马远的《西园雅集图》、刘松年的《十八学士图》中都描绘有侍者备茶的场景。刘松年的《罗汉图》（图2-113）、《撵茶图》（图2-114）除了描绘聚会的文士和僧人外，还描摹了专注于碾茶、煮水和注汤点茶的事茶者。据传为刘松年所作的《斗茶图》与《茗园赌市图》反映了南宋民间斗茶情形，场面生动，刻画细致。

元代，西湖龙井茶受到僧侣和文士的喜爱。虞伯生的《游龙井》诗中写道："徘徊龙井上，云气起晴画。澄公爱客至，取水挹幽窦。坐我檐莆中，余香不闻嗅。但见瓢中清，翠影落碧岫。烹煎黄金芽，不取谷雨后，同来二三子，三咽不忍漱。"反映了龙井一带的山水风光、佳泉佳茗和人们结伴前来饮茶赏景的情形。

明、清以后，龙井茶声誉鹊起。明嘉靖年间的《浙江匾志》记载："杭郡诸茶，总不及龙井之产，而雨前细芽，取其一旗一枪，尤为珍品，所产不多，宜其矜贵也"。清代，袁枚在《随园食单》中称赞："杭州山茶，处处皆清，不过以龙井为最耳"。清乾隆皇帝六下江南，4次到龙井茶区游历，先后作了《观采茶作歌》（前、后）、《坐龙井上·烹茶偶成》《再游龙井作》等4首咏龙井茶诗，使龙井茶声誉益隆。

如今，杭州依托中国茶叶博物馆，举办各类国际、国内茶文化节，评选名茶，挖掘复原茶礼、茶事流程，同时开展"相约龙井·雅集"等活动，提高了西湖龙井茶知名度（图2-115、图2-116）。

全国各地茶区都有茶谣、茶谚、茶歌、茶舞以及与茶有关的故事与传说，杭州西湖

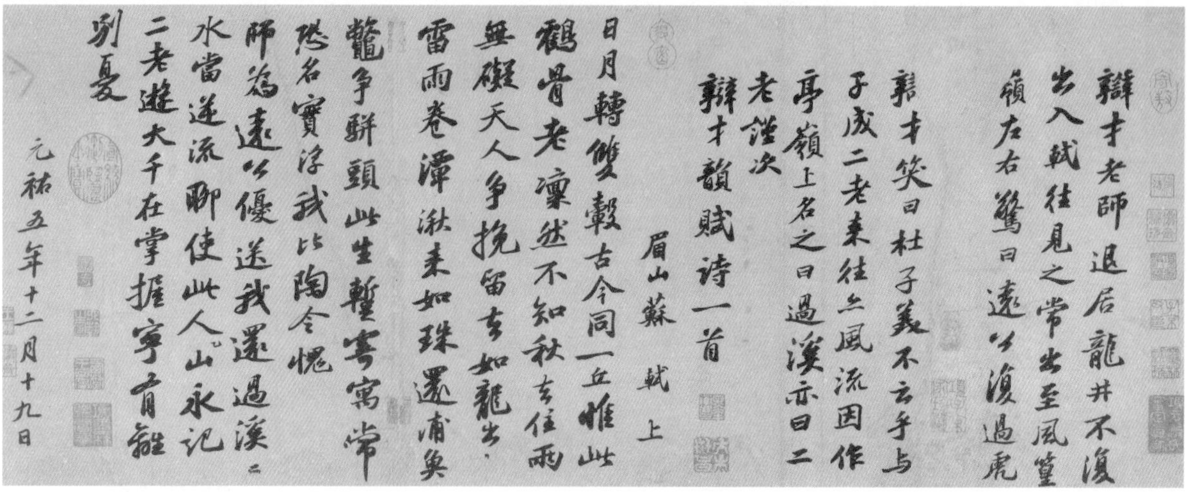

辯才老師退居龍井不復
出入軾往見之常出至風篁
嶺左右驚曰遠公復過虎
谿矣辯才笑曰杜子美不云乎
與子成二老來往亦風流因作
亭嶺上名之曰過谿亦曰二
老謹次
辯才韻賦詩一首

眉山蘇軾上

日月轉雙轂古今同一丘惟此
巋骨老嶙峋不知秋去住兩
無礙天人爭挽留去如龍出
雷雨卷潭湫來如珠還浦奧
籠爭駢頭此生蹔寄寓常
恐名實浮我比陶令愧
師為遠公優送我還過谿
水當逆流聊使此人山永記
二老遊大千在掌握宇宙雖
別夏

元祐五年十二月十九日

图2-111 （北宋）苏轼《次辩才韵诗帖》
图片来源：龙井景点陈列室

图2-112 （北宋）赵佶《文会图》
图片来源：张岱年《中国文史百科》

图 2-113 （南宋）刘松年《罗汉图》（局部）
图片来源：中国茶叶博物馆

图 2-114 （南宋）刘松年《撵茶图》（局部）
图片来源：中国茶叶博物馆

图 2-115　杭州茶艺（包静　提供）

图 2-116　南宋茶具十二先生
图片来源：南宋德寿宫遗址博物馆

也流传着龙井泉、龙井茶的传说，辩才、乾隆等人与龙井茶的故事。20世纪50年代，杭州作家陈雪昭著有《春茶》长篇小说。1959年，音乐家周大风创作了《采茶舞曲》，采用民歌的曲调表现了浙江茶区茶女采茶的喜悦情绪。20世纪90年代，王旭峰创作了长篇小说《茶人三部曲》，讲述了杭州一茶庄主人四代的命运。西湖一千多年的茶文化至今仍然在延续。

2022年11月29日，"中国传统制茶技艺及其相关习俗"成功列入联合国教科文组织人类非物质文化遗产代表作名录。其中绿茶制作技艺（西湖龙井）和径山茶宴是其重要组成部分。

十一、西湖的丝绸文化

中国的丝绸历史源远流长。中国人最早把野蚕驯化成家蚕，让它吐出雪白的蚕丝，美化人类的生活。1926年，我国考古学者在山西夏县西阴村遗址中发现了部分已切开的茧壳化石。关于蚕与丝的起源，传说很多。西汉杨雄在《蜀工本记》中说："蜀之先，名蚕丛，教民蚕桑"。据推算，"蚕丛"生活的时代为西周中期，距今有2600多年了。据唐代赵蕤所题《嫘祖圣地》碑文："嫘祖首创种桑养蚕之法，抽丝编绢之术"。南宋罗泌在《路史》中说："伏羲化蚕桑为丝帛"。流传最广、影响最大的说法是黄帝（号轩辕氏）正妃嫘祖为养蚕取丝的发明人。目前世界上发现的最早的丝绸物成品，是1958年在浙江湖州南郊钱山漾新石器遗址文化层出土的丝线、丝带和绢片，经测定，属于距今4700多年的良渚文化早期（图2-117）。1958年，在杭州西湖区古荡发现的汉墓中出土了丝织物，经专家鉴定为杭州有丝绸的最早实例。

据史料记载，吴越时，钱镠鼓励种植桑树，于是"桑麻蔽野"，呈现"春巷摘桑喧姹女"的盛况。南宋时，朝廷印发王文林著的《种桑法》，"榜谕民间"，并注重改良品种，提高桑叶质量和产量。当时，西湖周边山民多种桑，"春来遍地是桑麻"[①]"环湖沿山之田，民多种桑"[②]。西溪一带，更是"陌头翠压五桑肥"[③]的景色。杭州郊区，绿桑遍地，"遍地宜桑，春夏间一片绿云，几无隙地。剪声梯影，无村不然。出丝之多，甲于一邑"[④]。当时古荡有蚕市，据《西溪梵隐志》载"蚕市茧千金"。蚕桑兴盛，为杭州丝绸业的发展打下了坚实的基础。

杭州丝绸历史悠久，在唐、宋时就已驰名。唐时，杭州就产著名的柿蒂绫。白

---

① （元）杨维祯《西湖竹枝词》。
② （清）龚嘉俊、吴庆丘《光绪杭州府志》。
③ 《西溪古咏》。
④ （清）龚嘉俊、吴庆丘《光绪杭州府志》。

居易《杭州春望》诗中就有"红袖织绫夸柿蒂，青旗沽酒趁梨花"的句子。吴越时，钱镠在城内设置官府织绫。南宋时，朝廷设立织造府和织染局，专门管理丝绸生产。当时，"都民士女，罗绮如云"，杭州成为全国丝绸生产和交易的中心，享有"丝绸之府"的声誉。元代来杭的旅行家马可·波罗说："杭州生产大量的丝绸，加上商人从外省运来的绸缎，所以居民中大多数的人总是浑身绫绢，遍体锦绣"。明清时期，官府在南京、苏州、杭州三地设立规模巨大的工厂，即"江南三织造"。据沈廷瑞在《东畲杂记》中称："杭之机杼甲天下""机杼之声，比户相闻"，说明了当时丝绸业的盛况。据统计，杭州民营织机占江南民营织机总数的25%，杭州历年缎匹产量占三织造局总量的40.5%，其报销银两占江南三局总数的40%，位居江南三织造之首。

元明清时期，杭州丝织品声名远扬，备受青睐。据张瀚《松窗梦语》记载："虽秦、晋、燕、周大贾，不远数千里，而求罗绮缯布者，必走浙之东也"。北方千里之外可见杭州织品。此外，杭州丝绸还漂洋过海，销往日本、朝鲜、暹罗（泰国）、吕宋（菲律宾）等国。生货市场在艮山门外石弄口一带，熟货市场多在忠清里、东园巷一带。每日从宝善桥的埠头装载绸缎、经城河运出的船只川流不息。杭州丝绸经明州（宁波）港出口，随着"海上丝绸之路"，远销到东南亚、阿拉伯、欧洲等地。

杭州丝绸绮丽轻软、质量上乘、色泽丰富、品种繁多，其中，柔和的立绒、轻盈的烂花乔其绒、鲜艳夺目的交织花软缎、光滑如镜的素色双丝软缎都是丝绸中的珍品。

被赞誉为"天上云霞、地上鲜花"的杭州织锦，色彩瑰丽，制作精巧，是我国工艺品中的一朵奇葩。早在西周时代我国就已有了华丽多彩的织锦，到了唐代，织锦技术大为提高，织品闪彩生光。宋代，官府设局造锦，号称"宋锦"。南宋时，著名手艺人朱克柔、沈子蕃等专门仿织名家的书画，惟妙惟肖、工艺精湛。创建于1922年的杭州都锦生丝织厂，继承了织锦传统工艺，以娴熟的技巧将国画、西洋画的优点熔为一炉，创造出精美的织锦艺术。在1926年美国费城举行的国际博览会上，都锦生丝织厂的风景织锦获得金质奖章（图2-118），誉满全球。杭州织锦作为杭州著名的特产，行销海内外，广受欢迎。

1986年，杭州市在玉皇山莲花峰北建立了中国丝绸博物馆，展示了中国五千年的丝绸历史、珍贵丝织品，以及从采桑养蚕到织成丝绸成品的全部生产工艺流程，是中国丝绸文化从起源、形成到发展最全面、最丰富的博览场所（图2-119）。

总之，西湖的山水之美，花木季相之美、建筑之美、自然天时之美和社会人文之美，构成了西湖景观的自然美、人工美和伦理美的高度统一与和谐，反映了我国悠久的民族文化，是具有东方韵味的文化景观。

图 2-117 浙江湖州钱山漾遗址
图片来源：浙江湖州博物馆

图 2-118 美国费城博览会金奖获奖作品（1926 年）
图片来源：杭州都锦生陈列馆

图 2-119 中国丝绸织品小图
图片来源：中国丝绸博物馆

第一节　天然凭借，人工营造

西湖景观艺术是中国人在自然景观基础上经过一千多年的不断建设完善而形成的，体现了中华民族"天人合一"的哲学观念和审美意识。

古代，西湖为钱塘江北岸的一个海湾，春秋战国时期，钱塘江泥沙堆积形成沙堤堵塞了湾口，海湾成为潟湖，但湖水仍与海湾相通。秦代，钱唐县县治位于今天灵隐一带的山脚。汉代，为抵御海潮，保护湖东岸淤积出来的陆地，华信在海湾修筑海塘，潟湖彻底成为内陆湖，并随着地表径流的蓄积成为淡水湖，西湖正式形成，当时称作"金牛湖"。北山边缘的小山峰因水面升高成为湖中孤屿，即"孤山"。

正是由于有海塘的保护，东晋与南北朝时期，钱唐县治移到了凤凰山东麓钱塘江岸边。隋于余杭县置杭州，于钱塘江北岸渡口附近依山面江建州城。唐代，杭州城为子城罗城双城结构，白居易《余杭形胜》诗"余杭形胜四方无，州傍青山县枕湖"，州城（子城）在南，沿袭隋代城址，县城（罗城）在北，毗邻西湖。此时杭州西湖"三面云山一面城"的格局已经初步建立。为增加西湖蓄水量，白居易于湖北部"修筑湖堤，高加数尺"。此时，西湖风景还是比较自然朴野，"绕郭荷花三十里，拂城松树一千株"，以大片的山林、湖面和植物景观为主。主要景点是一些寺观，位于灵隐、天竺、孤山、吴山等处。此外还有白沙堤，此堤不是白居易修筑的湖堤，应为前人所修，白居易在杭州描写过白沙堤的景色："乱花渐欲迷人眼，浅草才能没马蹄。最爱湖东行不足，绿杨阴里白沙堤。"此时的西湖，有一岛（孤山）一堤（白沙堤），岛通过堤与湖岸联系，湖面也因堤分为南北两部分，今日西湖北里湖和外湖的格局彼时已定（图3-1）。

吴越国，钱镠多次扩建隋唐杭州城，修筑捍海塘，保证杭州城池的安全，杭州城在江、湖之间的地理位置确立下来。同时钱镠设置撩湖兵上千人，专门疏浚西湖，保证了饮用水、农业灌溉用水和漕运水源。因几代国王笃信佛教，吴越国兴建了大量的寺观、佛塔。杭州西湖周边和山区除了原有的灵隐、孤山等佛寺集中的区域，在西湖南、北、西面的群山幽谷之中兴建了数不清的寺庙，甚至在湖中也建有一座水心保宁寺，成为湖中一岛，极大地丰富了西湖的人文景观。西湖南岸夕照山上坐落着雷峰塔，北岸宝石山上矗立着保俶塔，湖西的南、北峰顶上，两塔遥相呼应。西湖东岸的杭州城池经过多次扩建，规模增大，凤凰山上修建有吴越宫室，钱塘江岸矗立着六和塔和白塔。此时的西湖，东面的城更大更繁荣，西边的山有更多的人文景观，湖中有一堤（白堤）、一大岛（孤山）和一小岛（水心保宁寺），景观格局初步成型，视觉控制点也基本确立。

北宋元祐年间，苏轼将疏浚西湖的淤泥就近在湖中堆成一条纵贯南北的长堤，堤上设六桥，种植芙蓉杨柳，并在湖中修建三座石塔，同时修建水闸，将西湖水与城市内河联系起来。西湖水面被苏堤分隔为西里湖和外湖，空间层次增加。湖中，水心保宁寺与三塔相呼应，成为平静缥缈的水面中的点缀。西湖形成了两岛（孤山和水心保宁寺）、两堤（白堤与苏堤）与三塔的格局，湖面被堤分为三个部分。

南宋时，杭州城池和西湖景观都获得了极大的发展。大内有宫殿和皇家园林，还有大量的皇家和私家园林以及寺观等散布在西湖周边和群山中，点缀着西湖风景，形成"山外青山楼外楼"的西湖风景。南宋画院画家常以西湖组景为主题作画，这些景名逐渐流传形成"西湖十景"。南宋淳祐二年（1242年），为方便通往灵隐、天竺的陆路交通，临安知府赵与𥡇在苏堤北第二桥东浦桥至曲院之间修筑小新堤，夹岸植柳，建亭榭以憩游人，后被称为"赵公堤"（赵堤）。从南宋李嵩的《西湖图》卷中可以看到，此时苏白二堤位置形态与今日相仿，苏堤以西的里湖又被北二桥西的赵公堤和南二桥西侧的园林带分为3个部分，与今日西湖之岳湖、西里湖和小南湖的格局基本对应，但湖中未见水心保宁寺与三塔，可能已经湮废。因此，南宋时期，西湖有三堤（苏堤、白堤、赵堤），水面分为5部分，湖岸和山林间点缀无数亭台楼阁、园林别业和伽蓝浮屠，已从一个蓄水水库发展成为具有复合功能的风景湖泊。

元代，杭州因京杭大运河的直通而经济繁荣，城池繁华，但西湖建设停滞。到明代，苏堤以西的湖面已经沦为田荡。明正德三年（1508年），郡守杨孟瑛组织疏浚西湖，将疏浚出来的淤泥在里湖西岸处修筑一条堤，仿苏堤建六桥，后人称之"杨公堤"。杨孟瑛同时修复了日渐坍塌的苏堤。明万历年间，司礼监孙隆修复了白堤。而赵公堤连同堤旁的一些园林在明嘉靖时期已湮灭。明嘉靖年间，湖心亭在原苏轼三塔之北塔基础上扩展兴建，成为湖上赏景的绝佳之处，"极水光山色之胜"。明万历年间，钱塘县令聂心汤、杨万里等在南塔、中塔及原水心保宁寺基础上，用葑泥绕滩筑埂，建放生池，并于池外造小石塔3座，谓之"三潭"。西湖形成了3堤（白堤、苏堤、杨公堤），3岛（孤山、湖心亭、小瀛洲）的格局（图3-2）。西湖周边的几个重要的景观标志物中，北高峰塔在南宋末年已毁，南高峰塔也毁于元末，雷峰塔和保俶塔历代屡毁屡建。明嘉靖年间，雷峰塔木结构檐廊毁于兵燹，仅存砖塔塔芯。明万历年间，保俶塔重修为7层楼阁式塔。钱塘江边的六和塔和白塔，经历代不断重修，始终矗立在江岸。江边有二塔（六和塔、白塔），湖周四塔仅余两塔（雷峰塔、保俶塔），这一格局一直持续至民国。

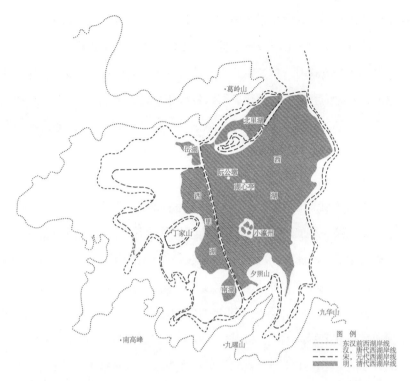

葛岭山

北里湖

岳湖

西

际公墩

湖心亭

湖

西

里

湖

丁家山

小瀛洲

夕照山

南湖

九华山

南高峰

九曜山

图 例

······· 东汉前西湖岸线
---- 汉，唐代西湖岸线
---- 宋，元代西湖岸线
■■■ 明，清代西湖岸线

图 3-1　西湖形成变迁图
图片来源：《多义景观》

图 3-2　湖中三岛

西湖景区的艺术特色　　　**177**

清代，杭州城内靠近西湖的部分设为旗营，成为城中之城。总督李卫在近原赵公堤东段位置修筑金沙堤，通杨公堤，堤上建玉带桥。清嘉庆年间巡抚阮元疏浚西湖后积葑泥为墩，筑成湖中一岛。康熙、乾隆二帝多次南巡杭州，促进了西湖园林和皇家行宫的建设，同时因为二帝多次留下御题景诗和景名，确立了"西湖十景"的地点，也使西湖风景文化得以广泛传播。此时西湖，湖中有4堤（白堤、苏堤、杨公堤、金沙堤），4岛（孤山、湖心亭、小瀛洲、阮公墩），湖中水光潋滟，湖岸和堤岛上楼台掩映，景观极盛，西湖的建设达到历史的高峰。

民国初期，城内的旗营被拆除，杭州市在原旗营处开辟新市场，发展商业促进湖滨地区的繁荣，1912年杭州城墙也陆续拆除，并在湖滨建设了新式公园（1914年），城市与西湖的隔阂消除，融为一体。1921年环湖马路的修建和西湖博览会的举办（1929年），为西湖景观带来了一系列变化：杨公堤变堤为路，白堤、苏堤改成了水泥或沥青路面，1931年孤山新增了西湖博物馆（今浙江博物馆）等建筑。孤山因与湖岸有便捷的马路联系不再被视作岛屿，湖中另外二岛（湖心亭、小瀛洲）上建筑有些调整，但未有大的变化。1924年，雷峰塔因年久失修，愚民盗砖，塔基削弱而倒塌。1933年，保俶塔倾斜，杭州市集资重建。湖边几大标志性古塔仅余下保俶塔。

新中国成立后，西湖保持了民国时期的堤岛格局。1950年杭州市政府制订了西湖群山封山育林计划，对景点采取植树措施，经七年的努力逐步恢复了西湖风景区的植被，并对西湖风景名胜逐一修复。1953年8月编制的《杭州市初步规划示意图》（第一轮）规定环湖路至湖边的5000多亩土地拟建成"环湖大公园"，明确这一区域内的原有建筑只拆不建，对可以保留的建筑物逐步改造为游览服务设施。由于杭州"休疗养城市"性质的确定，西湖西部地区修建了多家的疗养院和医院；西湖南、北、东岸一些建筑也被不少机关单位和居民所占据，破坏了西湖周边景观的整体性。为此，根据西湖的历史特点和自然环境，于1954年提出西湖景区修复、建设的指导思想与原则，总体艺术布局与定位，以及创造一个风格独特、景致优美、具有高度文化艺术水平的"虽由人作，宛如天开"的风景区构想。

20世纪50年代后，杭州市陆续修建了以西湖十景之名命名的公园绿地，如花港观鱼、柳浪闻莺、曲院风荷等。1982年，杭州市实施"环湖动迁"工程，拆除了一公园段、圣塘路、北山街等沿湖地块阻隔视线的建筑，相应地建成了景点与绿地。

进入21世纪，杭州市实行"西湖综合保护工程"，以生态为本，以最大继承为原则，注重文脉的延续，工程遍及景区景点。恢复了西山路以西已成为田畴的原有西湖水面，恢复了杨公堤，重建了雷峰塔，重现了"一湖二塔三岛四堤"的清代西湖空间格局（图3-3、图3-4）。同时，完成了西湖疏浚和引配水工程以及市政设施，搬迁了环湖

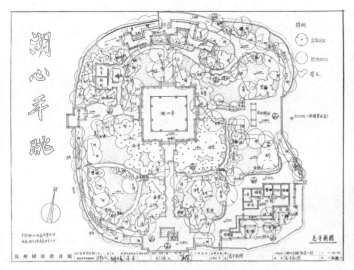

图 3-3 湖心亭总平面图
图片来源：杭州园林设计院

图 3-4 西湖景点分布
图片来源：《风景园林综合实习指导书》

路内侧的部分单位和居民，实现了沿湖公共绿地的大部分地段贯通，形成了既传统又现代、景致优美而繁华的新西湖。

第二节 天人合一，宛自天开

"天人合一"的哲学观念长期影响着中国人的意识形态和生活方式，造就了中华民族崇尚自然的风尚。自然可分为未经人类加工的纯粹自然和经过人类艺术加工的风景，即"人化自然"，西湖景观就属于后一范畴。西湖景观是遵循"顺其自然"的哲学观去促成和营造的。

西湖从自然的海湾和潟湖，到人工陂湖，再到风景湖泊的历程，就是从纯粹自然到人化自然的转变。西湖的总体空间格局是"三岛四堤"，堤如玉带，岛似蓬莱，漂浮在碧波荡漾的水中央，仿佛东海神山；湖周围群山如黛，花繁林茂，楼台掩映，如同瑶台仙境。西湖景致的生成，是经过二次"人化"的过程，以人的创造力改造自然，而后以人作为审美主体，接纳自然，建构自然美的形象，从中获得美的享受（图3-5）。

图 3-5　一堤三岛格局

图 3-6　北山秋色

西湖景区以西湖为核心，北山、南山为两翼，西山为腹地，形成祥龙含珠的布局结构。

西湖的建筑布局，顺应山水特征，自然有机。西湖柔和淡雅，山清水秀，古人称之为"明珠"。历代的人工补凿，都是根据西湖的自然特色，相地为宜，巧于因借。如西湖周围的郭庄、刘庄、康庄、蒋庄和汪庄，多选择在湖西山林隐没处，西泠印社、文澜阁置于孤山南坡，这些山庄、庭院与自然山水充分渗透融合。低地园林多注重与水结合，或面水而建，或引水入园，或因水体形态而布设，或凿池蓄水而成景；山地园林尊重自然地势，因山就势置设园林建筑，与山林密切结合，各具特色。环湖地区营建一些与环境协调的亭台水榭和临水回廊，没有庞然大物，没有重彩浓墨，使得锦绣湖山成为一幅独具气质内涵和诱人魅力的图画，让人在诗情画意中畅游。而建筑量较大的寺院建筑则建在山坳谷地里，因地制宜安排殿堂，形成"深山藏古寺"之意境。

西湖的植物景观，基于地域性植被特征而又富于变化。杭州地处亚热带北缘，气候温和，雨量充沛，主要植被以常绿、落叶阔叶林为主。西湖的植被形态、层次、色彩衬托着西湖景物。常绿树林四季常青，景致呈现深重色彩；落叶树木春天吐翠，秋季斑驳，色彩富于变化，景致显得轻快明朗（图3-6）；花草灌木，缤纷辉映，层次丰满，展现出生机勃勃的景观。西湖植被的营造一直遵循利用地域性植被、适地适树，或以画论为指导实施植物配植，形成复层群落结构；或以单一植物品种形成特殊植物景观，如吴山香樟林、云栖竹林、灵峰梅林等。

西湖天生丽质，七分自然、三分人工。西湖的自然景观和文化景观展现了自然美和建筑美的融合，蕴含诗情画意和深刻意境，充分体现了"源于自然，高于自然"的中国传统园林的特点。作为江南园林，西湖是中国传统文化在审美领域中创造的典型范例。它以山水、植物和建筑等物质要素为依托，以历史文化为内涵，以儒、道、释的审美导向为基础，经过历代先贤和有识之士的不懈努力与创造，形成一个完整的人文山水园林体系，反映出中国传统的哲学、文学、艺术、建筑等诸多的文化观念和文化现象，也渗透着自然和科学，达到了"虽由人作，宛如天开"的境界。

第三节　境生象外，情景交融

王国维曾说："境非独谓景物也，喜怒哀乐亦人心中之一境界，故能写真景物、真感情者，谓之有境界，否则谓之无境界"。"意境"是外形美之上的一种崇高情感，是情与景的结晶。自然界中自然美的特征是客观存在的实景。而作为"人化自然"的园林之意境，是象外之象、景外之景，是虚实结合、情景结合。清代画家方士庶在《天慵庵随笔》中记述："山川草木，造化自然，此实境也。因心造境，以手运心，此虚境也"。人们的心灵映射万象，当主观思想感情与客观自然美交融互渗、相互结合，就形成了情与景相结合的意境。意境的深邃程度决定了园林艺术格调的高低。西湖的风光美，是西湖秀美、淡雅、恬静和含蓄的自然形态；而西湖的意境，是指它能为人的心灵带来的丰富联想和情感触动。

西湖景观复杂多元的要素、丰富的时序变化和时空变迁、深厚的历史演进和人文积淀、多样的文艺载体以及欣赏个体的美感差异等，带来西湖意境形式上的多样和品类上的丰富（图3-7）。

自然景观的意境，是因时因地因人因情而异之。人们欣赏山水景色，往往是情感与景物融二为一，才能懂得风景。元曲作家刘时中写道："天，湖外影。湖，天上景"，写出了西湖虚涵倒影之美，让人产生湖天一碧、空明澄澈的境界之美（图3-8）。而九溪十八涧景区，山林幽静，溪流曲折，人们耳目所见所闻是水声潺潺、鸟鸣啾啾、嘉木阴森和芳草萋萋，绿意和野趣令人陶醉，乃幽深朴野的意境之美。

园林中的声、影、光、香等虚景，如月影、花影、树影、云影、风声、雨声、水声、鸟声等等，是构成园林意境的重要组成。唐白居易的"水面初平云脚低"，南宋陆游的"小楼一夜听春雨"，清陈璨的"六月荷花香满湖，红衣绿扇映清波""碧水光澄浸碧天，玲珑塔底月轮悬"以及九溪十八涧的"丁丁冬冬泉"、水乐洞的"天然琴声""听无弦琴"均表现了自然变化的意境。

图3-7 西湖全景

图 3-8　湖中的天上景

风景园林的意境也在于艺术美中，如诗歌（包括楹联）、绘画、音乐中，彼此相融相通。园林中无处不入画，无景不藏诗。园林艺术就是立体的画、凝固的诗，充满诗情画意。如清代画家董浩的《西湖十景》画的题跋；范松上撰的放鹤亭楹联"梅花已老亭空鹤，处士长留山不孤"；冷泉亭的"泉自几时冷起，峰从何处飞来"（董其昌题）；玉泉的"鱼乐人亦乐，泉清心共清"（邹鲁书）；岳王庙的"精忠贯日月，壮志垂山河"（钟寿恺题）等：寥寥数语，语少意足，有无穷诗意与诗味，描绘出形象化、典型化的画面，是"象外之景"。"西湖十景"的"断桥残雪""雷峰夕照"与浪漫的神话传说《白蛇传》《袁牧断桥试秀才》紧密地联系起来。清代周起谓《西湖》诗云："天边明月光难并，人世西湖景不同。若把西湖比明月，湖心亭是广寒宫"，将西湖景色比拟广寒宫。这些传说故事扩展了西湖之景的意境。

明代王夫之说："夫景以情合，情以景生，初不相离，唯意所适。截分两橛，则情不足兴，而景非其景"。苏轼的《饮湖上初晴后雨》诗："水光潋滟晴方好，山色空濛雨亦奇。欲把西湖比西子，浓妆淡抹总相宜"，用自然湖泊来比喻美人，是前无古人、后无来者的名篇。此诗不仅意境优美，又揭示了西湖的神韵，是情景结合的绝句，成为游人饱赏山水美景的精神美餐，增添了游兴。湖心亭上"山横三面碧，湖绕四周青"的楹联，景象广阔。唐刘禹锡的《浪淘涛》诗："八月涛声吼地来，头高数丈触山回。须臾却入海门去，卷起沙堆似雪堆"，描写震天吼地的钱江潮景观，意境广阔。玉泉观鱼的楹联"桃花红压玻璃水，萍藻深藏翡翠鱼"，格调清新，静中有动，历历如画，其意境极为优美。

西湖意境体现了天、地、人、神的交融对话、和谐共存。西湖山有龙飞凤舞灵动之象，水有金牛湖、明圣湖祥瑞之名，又有西子美神比拟。由于西湖景观要素的多元化、时空变化、历史演进以及人文积淀、文化载体多样、秀美个性的差异等原因，形成的西湖意境类型多样、内涵丰富、特点突出、蔚为大观。其主题意境的定型和不同意境的发掘与叠加，起到了引导观赏、深化美感和扩展延伸意趣的作用。

西湖有总体性主题意境、系列性名胜意境、变化性时序意境、叠加性景观意境、多元性文化意境、植物意境等。①总体性主题意境由城市、山水、园林三大景观要素和哲学、宗教、文学艺术三大文化要素组成的。如"人间天堂"反映了城景交融；"美比西子"揭示了山水意境；"天然图画"反映了"出于自然，天人主合"的艺术文化气质；"天人合一""绝胜觉场""东南佛国"，反映了儒、释、道宗教文化意境。②系列性名胜意境，以"西湖十景""钱塘十景""西湖十八景"，以及现代评选的"新西湖十景"和"西湖新十景"为代表。③变化性时序意境包括明晦晨昏、气候气象的变化带来的意境，充分呈现大自然给西湖的恩赐，如苏堤春晓、雷峰夕照、平湖秋月、断桥残雪等。④叠加性景观意境，如孤山一地就有"空谷传声""平湖秋月""梅妻鹤子""西

图 3-9 尽忠报国

泠印社"等。⑤多元性文化意境，如哲学意境"天人合一""太虚一点"，伦理意境
"碧血丹心""尽忠报国"（图3-9），宗教意境"绝胜觉场""咫尺天涯""灵竺香
市"，风水意境"层萼含露""双龙护珠""龙飞凤舞""福地灵境"。植物意境有
"四君子""岁寒三友"等。此外尚有西湖景观的诗歌、绘画、雕塑、音乐、神话、风
物和田园等意境。西湖景观意境是西湖美的魅力所在，是西湖景观艺术的核心价值。

　　总之，西湖风景园林的意境，是象外之境，意境的产生是虚实结合、情景结合，意
境的欣赏是物我的交融。

第四节　以题点景，主题突出

　　西湖胜概是"山围花柳春风地，水浸楼台夜月天"①。西湖在视觉上的总体外观和
主题形象是"晴好雨奇""浓淡相宜"的山水之态。西湖景域上的各种风景建筑能因地
制宜、巧借自然，做到"万绿丛中一点红"，与自然环境高度融合。西湖的一草一木皆
文化，一砖一瓦有故事，一桥一堤是传说，一山一水为奇观。西湖以真山真水为本，亭
台楼阁为饰，是自然山水的人文性风景园林形态。

　　"西湖十景"源出于南宋画院的山水题名，流传至今已有七百余年的历史。十景

---

① （南宋）于石《西湖》。

涉及季节、时段、气象、动植物的景观特色，以及风景园林、寺塔、堤桥、亭台等景观元素，并表现出生动、静谧、闲适、冷寂等多种审美和特征。"西湖十景"呈现了诗、画、景的完美统一，有"无声诗""有声画"的美誉。它以自然景物的差异和变化，象征人的各种情感与思想，从而赋予游赏活动以超凡、脱俗、富有禅意的旨趣，最终达到中国古代圣贤所提倡的"天人合一"的境界，是追求人与自然高度和谐的东方景观设计风格的典型代表。

"西湖十景"具有"诗情画意"的审美情趣，也是中国风景园林艺术传统最经典和最有影响力的系列景观意境。在题名景观的设计和观赏活动中，在人与自然的情景交融、和谐互动的环境中，激发了"诗情画意"这一典型的中国山水美学标准，与"禅境空明""天然图画"等组成了东方景观造园艺术的审美情趣。

"西湖十景"有6个特点：一是有景图。以马远、刘松年为代表的南宋宫廷画师把西湖的特色景观绘成系列画作，画源于景，也为景增添了诗情画意。二是有四字景名。所有景名都是四个字，前两个字写实（地点），后两个字写意，虚实结合、偏正结合。三是有时序景观，需在春夏秋冬、朝夕日夜等不同的时间来欣赏。春有苏堤春晓，夏有曲院风荷，秋有平湖秋月，冬有断桥残雪；朝有柳浪闻莺，夕有南屏晚钟、雷峰夕照；日看双峰插云，夜看三潭印月。四是西湖十景中的景目是成对出现的，如"平湖秋月"对"苏堤春晓"，"三潭印月"对"双峰插云"，"柳浪闻莺"对"花港观鱼"，"雷峰夕照"对"南屏晚钟"，"断桥残雪"对"曲院风荷"。五是每个景点都是由碑、亭、院、楼四大元素构成的。六是有清代皇帝的御笔题名，并刻石勒碑。御碑正面是清康熙帝的题碑，碑后是清乾隆帝的一首诗。

"西湖十景"景目出现于南宋理宗、度宗时期；元代末年效仿南宋，又创"钱塘十景"；清代扩大了西湖十景的影响，添出了"西湖十八景"，清乾隆年间有"西湖二十四景"，其后又有杭州"西湖百景"的名目。20世纪80年代，杭州评选出"新西湖十景"，21世纪初又评选出"西湖新十景"。此外，杭州还有很多小景目，如龙井八景、孤山行宫八景、吴山十景、云栖六景、玉皇山六十四景等，不胜枚举。所有这些景目都突出了西湖景观艺术的主题特色。

一、"西湖十景"的特色

1.苏堤春晓

该景位于苏堤，是南宋"西湖十景"之首，古以"西湖景致六条桥，一枝杨柳一枝桃"的"六桥烟柳"为特色。如今杨柳沿水岸成带，桃树在路旁片植。早春三月，漫步在跨湖绿堤上，春风轻拂，薄雾如纱，林间莺啼，报道春来早。风拂杨柳，婀娜多姿，舒卷飘忽；在柳树间的各色桃花，喷红吐白，灼灼闹春；一带长堤，花木连贯，绿草如茵，风光旖旎，奇幻诱人。

2.曲院风荷

宋时，在今灵隐路洪春桥的溪边，人们取金沙涧之水造曲，以酿官酒，其地多荷花。每当夏日风起，酒香伴随着荷香，飘散四溢，沁人心脾，景色优美。南宋画院题景目时称"曲院荷风"，后改称"曲院风荷"。清乾隆十六年（1751年）有御题诗："九里松旁曲院风，荷花开处照波红。莫惊笔误传新榜，恶旨崇情大禹同。"清康熙年间，景点移至岳湖，引种荷花，建亭立碑，题为"曲院风荷"。1980年扩建景区，园内新建风景建筑，并以五个不同大小的水塘，栽种品种各异的荷花，形成以"芙蕖万斛香"为特色的游览胜地。

3.平湖秋月

景点位于孤山南岸，湖平如镜，水月交辉，是眺望西湖水光山色、晴雨咸宜的胜景之地。"万顷湖平长似镜，四时月好最宜秋"（石冶党题）的诗句，生动地描绘了平湖秋月的景色。景点由碑、碑亭、御书楼、月波亭、曲桥、八角亭、四面厅和"湖天一碧"等建（构）筑物为核心组成沿湖景观带。每当玉兔腾空的秋月夜，湖水澄碧，水月云天，银波万顷，让人恍若置身水晶宫中，"一色湖光万顷秋"，景色恬静优雅，充满着诗情画意。南宋王洧《湖山十景·平湖秋月》诗赞："万顷寒光一夕铺，冰轮行处片云无。"

4.断桥残雪

断桥位于白堤东端，唐代张祜《题杭州孤山寺》诗"断桥荒藓涩，空院落花深"，是断桥之名的最早记载。它处于外湖和北里湖的分水点上，视野开阔，是平时饱览环湖诸山和湖中诸岛的西湖风光最佳点之一，亦是冬天观赏西湖雪景最佳处所。每当雪后初晴，桥面上冰雪初融时，人们伫立桥头，远望欣赏玉琢银镂的湖山，风光分外妖娆。因此"断桥残雪"是以欣赏银装素裹下的远山近水和遐想民间传说《白蛇传》中"断桥相会"的传奇故事为特色的一处充满诗情画意、独具风格的景点。

5.柳浪闻莺

其前身是南宋皇家最大的湖畔御花园——聚景园。园中广植柳树，每当烟花三月，柳丝跳地，轻风摇飏，翠浪摇空，又有黄莺啼啭柳间，莺声婉转，清脆悦耳，故得题名"柳浪闻莺"。今"柳浪闻莺"辅以大草坪、枫杨大丛林和垂丝海棠、樱花等花木为特色。正如明代马洪《南乡子·柳浪闻莺》中写道："翠浪涌层层，千树垂杨飚晓晴。两个黄鹂偏得意，和鸣。疑奏鸾箫与凤笙"。清代赵士麟《柳浪闻莺》诗云："柳绿千层浪，莺黄两翅金"。

6.花港观鱼

南宋时，内侍卢允升在湖西花家山脚建有别墅，栽花养鱼，清雅而有意趣，负有盛名。后随着卢园的荒废，此景不复。清康熙帝南巡时，在苏堤南一、南二桥间的定香寺故址上砌池养鱼、筑亭建园，恢复了此景。20世纪50年代，以鱼池为基础，扩展为20多公顷的现代公园。花港观鱼是以其秀丽的自然环境和悠久的人文历史而著名。清乾隆帝《题西湖十景·其三·花港观鱼》云："花家山下流花港，花著鱼身鱼嘬花。最是春光萃西子，底须秋水悟南华。"今花港观鱼在园林布局、结构、风格上有其特色。由大草坪、鱼乐池、牡丹园和松林湾等部分组成，园中模山范水，以中国传统的文人园林的手法，构建一个完整的自然山水园林。这里，春日有"花中之王"牡丹的姚黄魏紫珍品，姹紫嫣红；夏日有"清水出芙蓉"，紫薇展容；秋日有"花开万点黄"的桂子飘香；冬日翠柏披银，梅花暗香；鱼池有唼喋嬉戏，泼刺水中的锦鳞赤鲤，吸引着游人在此赏花观鱼。"花港观鱼"景观彰显出人工与天然的契合，清雅与华美的交融，动与静互成，虚与实并济，造就了"多方胜景，咫尺山林"的艺术境界。

7.三潭印月

原为湖中放生池，后成为湖中三岛之一，也是其中最大的一个，素称"小瀛洲"。其四周环以堤坪，南北以曲桥相接，东西以十堤相连，从高空俯瞰，形似一个绿色的"田"字，呈现"湖中有岛，岛中有湖"的园林格局。岛上建筑精致，园林幽雅，文脉蕴藉。岛南湖面上有三个石塔鼎足而立，每逢中秋佳节的月夜，塔里点上灯烛，待到皓月中天，"明月"上下呼应，交相辉映，塔影、月影、云影融成一片，令人神思遄飞。

"三潭印月"享有"蓬莱仙境"之美誉，是浓缩了江南园林艺术之精华的水庭园。明代万达甫《三潭印月》诗云："青山如黛月华浓，塔影浮沉映水空。"

8.双峰插云

宋代，湖西丘陵中的南高峰和北高峰峰顶上都有七级浮屠（塔）插入云霄，形同山门，成为"西湖十景"之一。古人多从湖上眺望，南、北高峰高出于群山，佛塔高耸山顶，"浮屠对立晓崔嵬"[1]。两峰常为漠漠如雨的云色，雾气、烟影、岚光缭绕而时隐时现，时云时山，一片朦胧。人们从湖上舟中远望，峰顶高出云表，时露双尖，浓淡有致，气韵生动。尤其是欲雨未雨之时，峰间云雾蒸腾，势如潮涌，云浓似山，山淡如云，一派气象万千，别有意蕴。清代陈廉《双峰插云》诗云："南北高峰高插天，两峰相对不相连。晚来新雨湖中过，一片痴云锁二尖。"清康熙帝改"两峰插云"为"双峰插云"，因湖上无着处，堤上已有"苏堤春晓"一景，于是在洪春桥畔，立碑建亭，定址、定名至今。随着地址的变迁，今景观内涵演变成登高远眺、望湖山大观，赏山林秋色之意境。朱德《登西湖南高峰》"登上南高峰，钱塘在眼中"，体现了这一意境。

9.南屏晚钟

位于西湖南屏山山麓，表现了南屏山佛寺群（亦称佛国山）的钟声在傍晚苍烟暮霭中回荡，山谷皆应，古刹梵音格外悠扬动听的情景。在西湖十景中，南屏晚钟也许是问世最早的景目。《天水冰山录》曾记载，北宋画家张择端画过一幅《南屏晚钟图》。明代万达甫《南屏晚钟》诗云："玉屏青嶂暮烟飞，绀殿钟声落翠微。小径殷殷惊鹤梦，山僧归去扣柴扉。"古时，每当晨曦初临，或是暮色四起，湖山一片宁静之际，蓦然，几杵钟声，悠扬回荡，萦回在游人耳畔，久久不去，让人怦然心动，浮想联翩，难以忘怀。现在净慈寺钟楼有大钟一口，只在除夕撞钟，寓意年年如意，岁岁平安，大吉大利，象征着祥和、欢乐、安定、团结，为古老的南屏晚钟注入了新的含义和魅力。

10.雷峰夕照

南屏山之余脉，旧名"中峰"，也叫"回峰"，郡人雷就居之，又名"雷峰"

---

[1] （南宋）王洧《两峰插云》。

苏堤春晓　　　　　　　　　曲院风荷

平湖秋月　　　　　　　　　断桥残雪

柳浪闻莺　　　　　　　　　花港观鱼

三潭印月　　　　　　　　　双峰插云

南屏晚钟　　　　　　　　　雷峰夕照

图 3-10　（清）董诰《西湖十景》画册
图片来源：浙江博物馆

（《西湖游览志》）。吴越王钱弘俶为懿王妃黄氏建塔其上，初始叫"西关砖塔"，俗称"黄妃塔"，又名"雷峰塔"。每当夕阳西照，塔影横空，彩霞披照，景象十分瑰丽。明代《白蛇传》故事定型之后，雷峰塔又与这一民间传说产生了密不可分的联系。

"雷峰夕照"以孤峰、塔幢、夕阳和"白蛇传"传说为主题特色。元代尹廷高《雷峰落照》诗云："烟光山色淡溟濛，千尺浮图兀倚空。湖上画船归欲尽，孤峰犹带夕阳红。"明诗人王瀛《雷峰夕照》描绘得更加逸趣横生："暝色霏微入远林，乱山围绕半湖阴。浮图会得游人意，挂住斜阳一抹金。"2002年重建的雷峰新塔，按旧塔的形制，台基以下两层（含地宫），塔身耸立，通高70米，平面呈八角形，外观五层，各层屋面覆盖铜瓦以及铜装饰构件。周边设有护栏和檐廊，为游客提供了欣赏西湖的绝佳平台。人们沿檐廊环绕四周，能够饱览犹如浓墨重彩画卷的西湖山水。雷峰塔依山临湖，蔚为大观，每当夕阳斜照，宝塔生辉，普映山水，景致富丽堂皇。

"西湖十景"展现出西湖朝夕晨昏、风雪雨霁、春花秋月、堤桥园庭、梵寺塔刹的自然和人文景观，是古代西湖胜景的精华（图3-10、表3-1）。2013年，"西湖十景"被列为第七批全国重点文物保护单位。

南宋"西湖十景"特征　　　　　　　　　　　　　　　　表3-1

十景名称	场所视点	景象/视域	构成要素	季节	时辰	气象	动植物
苏堤春晓	一堤六桥	湖光山色 烟柳桃红	堤桥	春	晨	晴	桃、柳、芙蓉
曲院风荷	曲院风荷	映天莲荷 十里荷香	酒坊	夏	早晨	熏风	荷
平湖秋月	滨湖平台	皓月中天 观湖赏月	楼台	秋	夜	晴 中秋	桂
断桥残雪	山顶、桥上	银装素裹 千古情结	桥梁	冬	晨	雪霁	梅、柳
柳浪闻莺	湖畔树下	柳浪起舞 婉莺哢鸣	园圃	春秋	晨昏	如风	柳、莺
花港观鱼	濒湖宅园	濠梁之乐 异鱼种集	鱼池	四季	昼	—	锦鳞赤鲤
雷峰夕照	夕照山东	彩霞塔影 伴侣情缘	佛塔	四季	黄昏	多云	松
双峰插云	湖中堤上	云锁二处 云峰穿雾 两峰出云	峰塔	四季	昼	雨后多 云岚	松、篁
南屏晚钟	湖山之间	钟声缭绕 山回谷鸣	佛寺	四季	暮	—	
三潭印月	湖中岛上	三影（塔、月、云） 三光（烛、月、湖）	石塔	秋	夜	晴 无风	柳桃、莲荷、 芙蓉

资料来源：杭州西湖博物馆（编者整理补记）。

图 3-11　云栖竹径

图 3-12　满陇桂雨

二、"新西湖十景"的特色

1.云栖竹径（图3-11）

云栖坞位于五云山西，谷深林密，云雾缭绕，清凉幽静，景色优美，故名"云栖"。古有云栖寺和"云栖六景"。从云栖口沿石板路前行，曲径两旁绿竹成荫，青翠满目；山溪淙淙流淌，水声叮咚，与路径若即若离，时近时远，为景致增添了几分生动和活趣，意象悠远虚静。清代陈灿《洗心亭》诗中"万竿绿竹影参天，几曲山溪咽细泉"，于竹之光影中，聆听修篁风吟，泉水潺潺，让人体会幽深宁静的意韵，带人进入玄寂奥妙的境界。

2.满陇桂雨（图3-12）

满觉陇位于烟霞、石屋诸岭之南，逶迤数里。相传在唐明皇时，杭州民间有"月中桂子落"的传说：中秋之夜，天上降下一阵"香雨"，灵隐寺僧发现落下的却是"月中桂子"，于是灵隐一带就有了桂花。仲秋西湖赏桂的风俗由来已久远，唐初集中在灵隐、天竺一带，盛唐至宋以后，移至南山满觉陇。满觉陇桂花，每当金秋"月圆花好"时，竞相怒放，金色星点缀满枝头，珠英琼树，香气弥漫飘逸，馥郁陇谷间，沁人心脾，恍入灵鹫金粟世界。唐诗人宋之问《灵隐寺》："桂子月中落，天香云外飘"；白居易《忆江南》："江南忆，最忆是杭州；山寺月中寻桂子，郡亭枕上看潮头。何日更重游。"北宋词家柳永《望海潮》中有"重湖叠巘清嘉，有三秋桂子，十里荷花"的名句。今西湖赏桂尤以满觉陇赏桂为绝。

如今，杭州植物园桂花紫薇园也可赏桂花。自桂花成为杭州市花，城区内外遍植桂树，每当金秋时节，香满杭城。

3.虎跑梦泉（图3-13）

虎跑在白鹤峰下，古时有虎跑寺和定慧寺。这里溪涧琤琮，峰石回耸，林木森森，泉声聒耳。清澈明净的泉水，从山岩石罅间涓涓涌出，流入两寺间的方池中。传说性空大师云游到此，夜里梦见神仙相告，"南岳有童子泉，当遣二虎移来"，翌日果见二虎刨地出泉。虎跑泉水质甘洌胜常，被茶圣陆羽评为"天下第三泉"。苏轼《虎跑泉》有"虎移泉眼趁行脚，龙作浪花供抚掌"之句；明代袁宏道有诗云："汲取清泉三四盏，芽茶烹得与尝新"；另外还有"当年野虎闲跑处，留得清泉与世尝"等诗句。杭州素有

图 3-13　虎跑梦泉
图片来源：浙江人民出版社明信片

图 3-14　龙井问茶

图 3-15　九溪烟树

图 3-16　吴山天风

"龙井茶虎跑水"的谚语，赞誉"西湖二绝"。南宋高僧济公圆寂于此，近代弘一法师李叔同剃度于此，寺中有济公的济祖塔院和纪念弘一法师的展室。虎跑古刹名泉相依互赖，历经千余年，并集多种文化内涵于一地，风韵神采传之久远。

4.龙井问茶（图3-14）

龙井泉位于西湖西南的凤凰岭上，南北高峰之间的谷地中。龙井本名"龙泓"，又名"龙湫"。因泉水遇大旱而不涸，传井与海通，有龙居焉，因名。龙井四周，山石峥嵘，古木参天，藤萝遍布，风景清幽，有文物古迹"龙井八景"。龙井是泉名，是寺名，也是茶名。因泉建寺，因寺种茶，茶入景观，是茶文化独特价值的一种表现。龙井茶具有色绿、香郁、味醇、形美四个特色。饮之，滋味甘美怡爽。人赞"甘香如兰，幽而不冽"。清乾隆帝曾多次到过龙井茶产区，留有诗作，题"湖山第一佳""龙井八景"景名，并亲手采撷茶叶，后人因而将乾隆帝采撷过的茶树称之为"十八棵御茶"。龙井泉奇异的"龙须现"给游人平添了佳趣。龙井还留存着不少名胜古迹。清代沈复在《浮生六记》中评价，"西湖之胜，结构之妙，余以为龙井为最"。

5.九溪烟树（图3-15）

此景在西湖西南群山怀抱的鸡冠垅下，是一处古代冰川遗迹，地形呈"Y"字形，十里长谷蜿蜒、两侧峰峦起伏、顺乎天然，有富于野趣的景线，称"九溪十八涧"，简称"九溪"。这里峦谷岩绕，重岚叠翠，群山逶迤其间，其源东出翁家山、杨梅岭，西出狮峰、龙井，沿途曲折迂回。山谷的溪涧之泉，汇为九溪之水，顺谷流淌，多级跌落，穿桥涵，南注钱塘江。此处"两山悬似削，相让一溪流；白石几回度，青山到处留"，常年满目清苍翠绿，流泉淙淙，飘荡着薄烟、轻岚、浅雾、淡云，景色野秀幽媚。元人张昱《九溪》诗云："春山缥缈白云低，万壑争流下九溪。拟溯落花寻曲径，桃源无路草萋萋。"溪流蜿蜒曲回，时宽时窄，地势忽陡忽平，谷底基岩裸露，多卵石砂砾，形态各异，水浅溪清。人们涉水玩乐，撩水作戏，乐趣无穷。正如清代俞曲园《九溪十八涧》诗："重重叠叠山，曲曲环环路，丁丁东东泉，高高下下树"，点出了九溪的特色，把人们带入如诗如画的意境之中。

6.吴山天风（图3-16）

吴山是西湖南山延伸入城区的尾部，十几个山头形成弧形丘岗的总称。在吴山不仅

图 3-17　阮墩环碧

图 3-18　黄龙吐翠

可感受凌空超越之趣，亦可尽览杭州江、山、湖、城之胜。吴山古时有古树清泉多，奇岩怪石多，祠庙寺观多，民俗风情多，名人遗迹多等五多之说，展示山水名胜迥然不同的内涵和魅力。在吴山上，每当天高云淡之际，纵目环顾，江涛滚滚，湖水泱泱，天风猎猎，物华天宝，正如柳永名作《望海潮》词中铺陈描绘的钱塘风貌。北宋苏轼《法惠寺横翠阁》云："朝见吴山横，暮见吴山纵。吴山故多态，转侧为君容。……游人寻我旧游处，但觅吴山横处来。"明代徐文长在"江湖汇观亭"题有"八百里湖山，知何年图画；十万家烟火，尽归此处楼台"的楹联。元代萨都剌有"天风吹我登驼峰，大山小山石玲珑"的佳句。更有巾帼英雄秋瑾，以其慷慨激昂的意气，高吟《登吴山》："老树扶疏夕照红，石台高耸近天风"。所有这些诗词和楹联，点明了"吴山天风"的意境。现在，吴山以它的山林景象和野趣，成为市民休闲、探幽、访古的好去处。

7.阮墩环碧（图3-17）

阮公墩是西湖中三岛之一，系清代巡抚阮元疏浚西湖时用淤泥堆筑而成，始称阮滩，后人称之为阮公墩。湖中三岛，亭亭玉立，漂浮于明水烟湖之间，如同神话传说中海上的"蓬莱三岛"。阮公墩这个小岛，浮在粼粼碧波之上，林木葱茏，蔓草萋萋，鸥鹭栖息，保持着自然野趣本色。1981年岛上以"绿树花丛藏竹舍"为理念建设了西湖传统风格的园林，称为"环碧山庄"。园中营建了云水居、忆芸亭、环碧小筑等竹屋茅舍，轻盈精巧、淡雅、质朴、别致。登岛入内，隐见环碧山庄环境优雅、幽静，犹如进入世外桃源，情趣、意境油然而生。环岛逶迤而行，环顾四周，一湖碧水，三面诸峰，半堤花雨，孤山楼台明灭，尽得山姿水态，"目断处，木摇山空晴翠"，烟霞岚影里，意境飞流灵动。阮公墩以四面环湖观山水、岛荫空明藏竹舍为特色，于1985年题名"阮墩环碧"入选"新西湖十景"。

8.黄龙吐翠（图3-18）

黄龙洞在西湖北山栖霞岭阴麓扫帚坞，是一处文化内涵丰富的寺观园林。古时，沿护国仁王禅寺上行，水泉清碧，有洞深幽，相传常有黄龙蜿蜒卧于松上，故称黄龙洞，又是古时祈雨之所。此处树荫森森，松篁交翠，别有洞天。山崖上塑有黄龙头，有悬泉从龙嘴流泻，泠泠跌落于池塘。水中汀步间兀立峰石，上刻有唐刘禹锡之名句"水不在深，有龙则灵"，勾起人们对黄龙传说的遐想。黄龙洞的艺术价值，在于充分利用地理形势和自然景物，沿山崖以叠石为过渡，将殿堂、庭园引入真实的山水林泉之间，融合了佛道两教的玄妙神话，将人工与自然有机结合，宛如天开，达到了"多方胜景，咫尺山林"的艺术效果。

9.玉皇飞云（图3-19）

玉皇山介于西湖与钱塘江之间，势若龙翔凤舞，山体凌空突兀，高峻秀丽，峰奇岩秀，襟江带湖，林壑幽美，时有云雾飞绕。每当伫立山巅，东览杭城雄姿，俯瞰南宋籍田"八卦田"；南瞰钱江浩瀚、六和雄姿；西望茶乡烟云；北眺西子湖秀色。在福星观倚栏远望，但见烟雾缭绕，飞云迷漫，江河、湖泊、山峦尽在云雾烟海中若隐若现，极尽奇妙，故名"玉皇飞云"。旧时玉皇山（玉皇宫）有联云"俯视星辰，如游碧落；高超云汉，恍接苍穹""一路竹声，时疑雨至；半空岚气，忽然云飞"。玉皇山上有众多历史遗迹。慈云岭南坡有五代后晋年间的石窟造像，为西湖景区现存年代较早、艺术性甚高的石窟造像。半山有玉皇宫、紫来洞、樱花地和七星缸景点。玉皇山顶福星观为道教活动场所。玉皇山古有67景，千年沧桑，今日显得更加秀奇，更加瑰丽多彩。

10.宝石流霞（图3-20）

宝石山，西湖北山之一，山势陡峻，山体玲珑，山脊平缓，多断岩巨石。山体地质结构为流纹岩和凝灰岩，岩体呈赭、紫二色，间杂红、白小石块，每当阳光照射，晶莹闪烁，如同宝石镶嵌，故山有"宝石"之称。宝石山向来以观赏千姿百态的石景、秀丽挺拔的保俶塔，眺望瑰丽多彩的日出之流霞而著称。保俶塔耸立于宝石山东巅，它以其艺术上的精美造型，亭亭玉立、倩丽玲珑的风姿，成为西湖最显著的标志物。保俶塔左边的岩石上有来凤亭，"宝石凤亭"曾列为清代"西湖十八景"之一。宝石山上林木繁茂，郁郁葱葱，有大量的奇峰怪石，包括：吴越王钱镠勒封的寿星石，相传秦皇出游会稽系船的秦皇缆船石，人称"山巅"的凤翔石，以及其"一峰三态"的狮子峰。宝石山上还有葛岭抱朴庐的葛洪炼丹古迹，南宋奸相贾似道的"半闲堂""养乐园"遗踪。葛岭最高处的初阳台，每当晴天破晓，看旭日东升，霞光万丈，湖水似锦，景色极为壮丽。葛岭之西栖霞岭有栖霞、紫云、金鼓等洞景。"葛岭朝暾"曾列为元代"钱塘十景"，今"宝石流霞"成为"新西湖十景"之一。

新西湖十景景目，沿袭南宋的西湖十景的命名风格，既有新鲜之感，也具含蓄诱人的魅力。四字景目，上两个字为地名，下二字着意点景，也有"问茶"和"吐翠"、"流霞"和"飞云"、"环碧"和"梦泉"、"竹径"和"烟树"、"天风"和"桂

图 3-19　玉皇飞云
图片来源：《西湖风景名胜区导游手册》

图 3-20　宝石流霞
图片来源：《西湖风景名胜区导游手册》

雨"的两两对应，相映成趣，为景物画龙点睛。点景景目文采隽永、简练、含蓄，令人回味无穷。新西湖十景以名托景，点出了特色，以名思景，以景见情，情景交融，让人犹如身入图画之中，不觉陶然欲醉。

　　自南宋形成"西湖十景"以后，杭州西湖四字景目历朝历代不断传承发展，伴随着景点的兴建和湮废，产生了许多不同的景目，主要的有元代的"钱塘十景"、清代的"西湖十八景"和"西湖二十四景"。近30年来，杭州市又进行了两次西湖新十景的评选。这些景目，对于凝练西湖景观特色、突出主题、扩大景点知名度、增添西湖景观文化内涵等方面，具有重要的意义（表3-2）。

西湖历代四字景目　　　　　　　　　　　　　　　　　　　　表3-2

景目	年代	景目
西湖十景	南宋	苏堤春晓、曲院风荷、平湖秋月、断桥残雪、柳浪闻莺、花港观鱼、三潭印月、双峰插云、南屏晚钟、雷峰夕照
钱塘十景	元	六桥烟柳、九里云松、灵石樵歌、冷泉猿啸、葛岭朝暾、孤山霁雪、北关夜市、浙江秋涛、两峰白云、西湖夜月
西湖十八景	清	湖山春社、功德崇坊、玉带晴虹、海霞西爽、梅林归鹤、鱼沼秋蓉、莲池松舍、宝石凤亭、亭湾骑射、蕉石鸣琴、玉泉鱼跃、凤岭松涛、湖心平眺、吴山大观、天竺香市、云栖梵径、韬光观海、西溪探梅
西湖二十四景	清	湖山春社、宝石凤亭、玉带晴虹、吴山大观、梅林归鹤、湖心凭眺、蕉石鸣琴、玉泉鱼跃、凤岭松涛、天竺香市、韬光观海、云栖梵径、西溪探梅、黄龙积翠、小有天园、漪园湖亭、留余山居、篁岭卷阿、吟香别业、瑞石古洞、香台普观、澄观台、六和塔、述古堂
新西湖十景	1985年	云栖竹径、满陇桂雨、虎跑梦泉、龙井问茶、九溪烟树、吴山天风、阮墩环碧、黄龙吐翠、玉皇飞云、宝石流霞
西湖新十景	2007年	灵隐禅踪、六和听涛、岳墓栖霞、湖滨晴雨、钱祠表忠、万松书缘、杨堤景行、三台云水、梅坞春早、北街梦寻

第五节　天然图画，巧于因借

借景是中国园林打破界域，扩大空间，创造审美境界的重要艺术手法。借景可利用周围的自然山水和人文景观，也可以利用四时变化、风云雪月等景致，还可以利用人们的联想、错觉，达到扩大空间、丰富景观的效果。借景内容很多，并有实借和意借之分。

借景要因地制宜。明代计成在《园冶》提出"构园无格，借景有因""园林巧于因借，精在体宜，愈非匠作可为，亦非主人所能自立者""虽园别内外，得景则无拘远近""应时而借"等。借景可根据距离、方位和所借景观内容、形式，概括为若干类型序列。如按空间的距离和方位，分为远借、近借、仰借、俯借和邻借；按时间，可借四季、昼夜、晨昏，以及由此产生的气象气候变化，为"应时而借"。可借物质性元素，如园林的山水、建筑、植物等；也可借形、色、光、声等抽象元素。

西湖风景多为开敞型，使得西湖的景致有良好的借景条件，可借湖山之美，或登高眺湖，或游湖望山，得自然之利。也可借明晦晨昏时时变幻的神奇景色，以及借景依山傍水、藏露于湖边岸际或茂林修竹之中的园林建筑。

西湖景观以水作为主体景象。辽阔而明亮的湖面上，波光粼粼，游船穿梭，三岛鼎立湖中央，孤山漂浮，苏白二堤如练。层层叠叠的远山，是淡淡的青绿色，仿佛一幅层次丰富、色调优美、如诗似画的画卷。这一西湖的核心景观，在环湖任何地点都能够观赏到，是西湖周边园林和景点欣赏的对象和景观背景。西湖景区59.04平方公里，其中水域面积6.5平方公里。沿湖景区分布有"西湖十景"中的9个，其中南线4个景点，北线3个景点，2个景点居湖中，并有星罗棋布的其他景点犹如珍珠一般点缀在自然山水和幽谷之中。不同的景点遥相呼应，互为借景。在环湖的公园绿地中，人们的视野开阔，可多方借景。人们站在白堤上可见如画的宝石山与波光粼粼的湖水；立足苏堤，近可观湖中"蓬莱三岛"，向东可望现代城市，向西能见逶迤层叠的群山；在花港观鱼的不同位置，可北眺刘庄的沿湖景色，东望六桥烟柳如带和雷峰塔斜阳夕照，南望九曜山和玉皇飞云，园外风景与园内景观互为映衬（图3-21、图3-22）。

杭州西湖风景园林与封闭幽深的苏州园林不同。西湖广阔秀美，位于西湖的园林庭院，在继承了中国传统的内聚式园林结构的基础上，往往在特定的空间中对湖山开敞，借景西湖山水，形成强烈的空间对比和令人心旷神怡的风景视线。如郭庄，内部庭院尺度宜人、构园精巧；绕墙到达东侧临湖平台，苏堤六桥烟柳和"玉带晴虹"景致顿时映入眼帘，风景绝佳（图3-23）。位于孤山上的西泠印社山地庭院，沿山径布置了一系列轩榭泉池，路曲林茂，视线内向。待到山顶，进入四照阁或者拾级而上至题襟馆前平台眺望西湖，但见堤岛漂浮于碧水之上，宛若蓬莱仙境。这种空间及视线内向和外向的完美结合，也是西湖庭园的一大特色。西湖景观在整体上遥相呼应，绵延交错，景点相互因借，开敞不封闭，相互衬托。

"西湖十景"中"断桥残雪""平湖秋月""雷峰夕照""三潭印月"和"双峰插云"等都是以气象因素为景观意象。如"三潭印月"，湖中石塔高两米，塔身中空，中部为球形，球面有五个圆孔，每逢皓月当空，人们在塔内点上蜡烛，烛光倒映到水面，宛如小月亮，与天空倒映湖中的明月相映成趣，月影、塔影、云影融成一片，具有"一湖金水欲溶秋"的诗情画意。又如"双峰插云"，指南、北高峰两塔遥相对峙，其间小山起伏，峰顶时隐于薄雾轻岚之中，望之如插云天。而当人们沿蹬道攀登、盘折三十六弯到达峰顶时，绝顶环眺，右俯钱塘江波，左顾西湖烟云。如遇天气变化，云海四起，脚下云雾缭绕，恍如足蹑天风，身临仙境。再说"雷峰夕照"，每当夕阳西照，宝塔与山光辉映，别具风韵。此外，"葛岭朝墩""湖滨晓月""九溪烟树""玉带晴虹""吴山天风""玉皇飞云"等，都是西湖借景物候变化及自然气象景观的佳例。

计成在《园冶》中写道："萧寺可以卜邻，梵音到耳"。园林向寺院借声，"南屏晚钟"就是佳例。据雍正年间《西湖志》记述："寺钟初动，山谷皆应，逾时乃息"。古寺梵音回响，令人沉浸于哲理性的沉思和深省之中，这正是西湖借声的典型之例。此外，古时西湖北山植被稀少，在孤山后山放鹤亭一带，人们对着葛岭大声呼喊，两三秒后，对岸会传来悠然曳长的回音。这个物理学回声现象，曾是名噪湖上的"空谷传声"。而今，因植被丰茂，由特定的时代环境所引发的声景已消亡。

西湖的历史，深刻而具体地体现了中国传统文化"顺天和地""天人合一"的文化观念：既崇敬自然，以自然为本，保护自然，又在与自然和谐的基础上美化自然。黑格尔曾说"美是理念的感性显现"，西湖是中国文化思想、中国人性格和心理浸润的人工化的山水，是"充满诗意的天然图画"。西湖景观艺术是中国传统文化思想理念和精神气质的反映，展示了中国特有的山水美学（图3-24）。

图 3-21　俯瞰白荷望刘庄

图 3-22　晨曦时北山塔景

图 3-23 郭庄借景苏堤

图 3-24 西湖全景图（孙小明 摄）

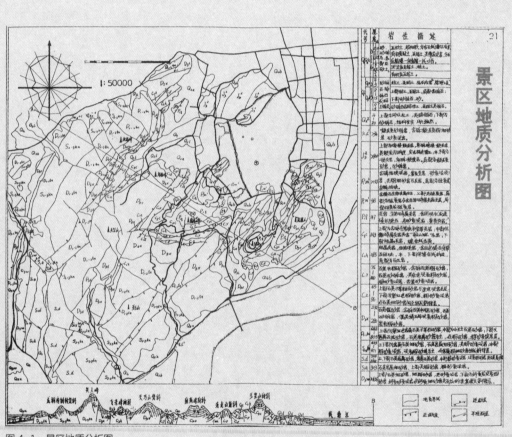

图 4-1　景区地质分析图
图片来源：杭州园林设计院

第一节　杭州自然地理

杭州位于北纬30°15′，东经120°16′。从地带上来说，杭州属亚热带北缘，气候温和，年平均气温16.27摄氏度，极端最高气温42.1摄氏度，极端最低气温-10摄氏度，春秋温暖，盛夏炎热，严冬寒冷，四季分明。杭州位于亚热带季风气候区，夏秋易受台风影响，全年雨量充沛，年平均降水量为1452.5毫米，年平均空气相对湿度为78%。年平均日照时数达1900小时，年平均日照百分率为43%，年平均无霜期约246天，年平均植物生长期约311天。

西湖景区属中国东南沿海丘陵，区内山峦起伏，逶迤绵亘，峰峦叠嶂。外围山峦属于泥叠纪千里岗砂岩，近湖周的诸山属石灰岩、火山喷出岩（流纹岩）和页岩等三种不同岩体（图4-1）。由于岩性不同，分化而来的各种岩体的成土母质发育成了不同特性的土壤。杭州的土壤已接近红壤分布的北界。景区的土壤类型主要有：山地是以棕红壤或黄红壤为主的红壤、山地型黄壤、石灰岩红色土，湖西平缓地带主要为淤灌土，冲积平原和谷口冲积扇上为水稻土。

在地质、土壤与气候的共同作用下，杭州的植被带属于东部中亚热带常绿阔叶林地带，植被外貌为次生常绿阔叶林。杭州生长着亚热带喜暖常绿阔叶乔灌木，如壳斗科的苦槠、米槠、青冈栎、钩栗、石栎等，樟科的红楠、紫楠、浙江楠、华东润楠、樟树、浙江樟及山茶科的木荷等树种。西湖周围的丘陵地带保存着较好的丛林，如钩栗、山杜英、枫香等。西湖景区的现状植被为次生群落和部分人工林。

据不完全统计，杭州自然分布的维管束植物有1230余种（包括种下等级），隶属于157个科、550属。其中木本植物179属；乔木类植物126种；乔木类常绿阔叶树36种；禾本科及菊科两科植物都在70种以上，豆科植物有50多种，蔷薇科和唇形科植物都在40种以上。竹类有6个属18个种。蕨类有12种，隶属27科、58属，作为反映一地的高温多湿性气候特点的蕨类系数达到2.5。

第二节　历史上西湖植物的种类与特色

　　杭州处在亚热带北缘，气候温暖，四季分明，雨量充沛，有利于各种植物生长，植物种类丰富多彩（图4-2～图4-4）。

一、西湖历史植物的种类

　　历代西湖文学作品中多有涉及植物的记述和描写，从中可以管窥历史上的西湖植物景观。

　　唐代诗人白居易在历代诗人中写西湖诗篇最多，留下了200余首关于杭州和西湖的诗文传诵后世，其中不少涉及了西湖植物。"最爱湖东行不足，绿杨阴里白沙堤""山寺月中寻桂子，郡亭枕上看潮头""绕郭荷花三十里，拂城松树一千株""南馆西轩两树樱，春条长足夏阴成。素华朱实今虽尽，碧叶风来别有情"[①]"宿因月桂落，醉为海榴开"[②]"松排山面千重翠，月点波心一颗珠""山榴花似结红巾，容艳新妍占断春。色相故关行道地，香尘拟触坐禅人。"[③]这些诗句分别描述了杨柳、桂花、荷花、松树、樱桃、石榴花等植物，说明唐代杭州西湖就有丰富的园林植物。

　　北宋文豪苏轼在杭州期间留下的诗词中也有不少与植物有关的，如"万松岭上黄千叶"[④]中的蜡梅；"幽香结浅紫，来自孤云岑。骨香不自知，色浅意殊深"[⑤]中的瑞香；"中和堂后石楠树，与君对床听夜雨"[⑥]里的石楠等。

　　南宋吴自牧撰写的《梦粱录·卷十八·物产》列举了大量杭州的植物，包括作物、水果、药材和观赏植物，涉及的植物种类和品种近300种，有梨、橘、李、枇杷、木瓜、樱桃、石榴、葡萄、桑、梓、柘、柏、松、桐、桧、楠、楮、栎、槐、杉、桂、檀、枫、榆、柳、棕榈、牡丹、芍药、梅花、蜡梅、棠棣、郁李、迎春、长春花、桃花、杏花、玉簪、水仙、蔷薇、月季、百合、石竹、聚八仙、木香、樱桃花、紫薇、紫荆、栀子、杜鹃、七里香、萱草、鸡冠花、蜀葵、凤仙、兰、荷花、芡实等，还记述了菊花70余种，以及竹子、牡丹、芍药、梅花等的主要品种。可见，今天西湖的主要植物在南宋时就已经广泛栽植，其也是适应杭州自然条件的地带性植物，并且许多园林植物在当时已经培育出了相当多的品种，供人观赏。

---

① （唐）白居易《樟亭双樱树》。
② （唐）白居易《留题天竺灵隐两寺》。
③ （唐）白居易《题孤山寺山石榴花示诸僧众》。
④ （北宋）苏轼《用前韵作雪诗留景文》。
⑤ （北宋）苏轼《次韵曹子方龙山真觉院瑞香花》。
⑥ （北宋）苏轼《送刘寺丞赴余姚》。

图 4-2　柳浪闻莺的柳

图 4-3　西泠桥旁的荷花

图 4-4　九里云松与杜鹃

古代文献中还记载了西湖不同地点的植物特色，甚至有些以植物作为地名。如《咸淳临安志》记载："枫木坞，中下天竺之间，昔多枫木，故有是名""桃花关，包家山多桃花，有关门，故以是名""南屏山，在兴教寺后，怪石秀耸，松竹森茂，间以亭榭""罗隐为钱塘令，手植海棠"于县署；"木芙蓉，今苏堤及岸湖多种，秋月如霞锦云"。《梦粱录》载："西太乙宫，宫中旧有陈朝桧，至今七百五十余年矣"；宗阳宫"圃内四时奇花异木，修竹松桧甚盛"；"运司衙，堂后栽修竹而围之""木芙蓉，苏堤两岸如锦，湖水影而可爱""木樨，有红、黄、白色者，甚香且韵。顷天竺山甚多，又长桥庆乐园有数十株，士大夫常往赏此奇香"。《武林旧事》载：断桥"万柳如云，望如裙带"。《万历杭州府志》载："西湖之梅，迩来颇不甚多，惟九里松抵天竺几万株，俗称梅园，地处虽繁，皆莫于此"。《西湖游览志馀》中描述："清明……苏堤一带，桃柳阴浓，红翠间错"。《说杭州》记述：（韬光寺）"池产金莲，云是韬光禅师所植"。另有梅花碑、桃花弄、石榴巷、竹园弄、水仙弄、桂花弄、荷花池头等街巷之名。西湖庭园之中以植物命名的建筑物更是数不胜数，有梅堂、木香堂、荷花厅、郁李花亭、木樨堂、牡丹馆、椤木亭、蟠桃亭、古梅亭、竹阁、柏堂等。

根据以上记载，古代杭州园林植物种类品种丰富多样，大乔木有柳、樟、松、柏、桧、楠、槠、栎、枫、桂、银杏等，以及竹；果树有橘、梅、桃、柿、枇杷、樱桃、石榴、梨、李、杨梅、葡萄等；开花小乔木和花灌木有牡丹、芍药、梅花、海棠、蜡梅、郁李、桃花、紫薇、瑞香、紫荆、樱花、木香、月季、红辛夷、杏花、棠棣、迎春、笑靥、蔷薇、锦带、栀子、杜鹃；花卉有兰花、鸡冠花、凤仙花、石竹、百合、玉簪等；水生植物有荷花、睡莲等。

二、古代西湖植物特色

"山色湖光步步随，古今难画亦难诗"，西湖景观艺术是千百年来人们辛勤创造的"人化的自然"。历代地方官员、诗人、画家和造园匠师，依据西湖的自然风景特点和杭州丰富的植物资源，"因其自然、辅以雅趣"，精心设计了繁茂而有生机的植物景色，历久不衰。

据记载，唐开元年间，袁仁敬任杭州刺史，于开元十三年（725年）发动市民在洪春桥至下天竺一带道路两旁各种植三行松树，苍翠夹道，密可蔽天，称之为"九里云松"，这是西湖园林史上大规模植树造林的开始。北宋时期，杭州西湖就有柳浪闻莺、花港观鱼、曲院风荷、苏堤春晓、六桥烟柳、满陇桂雨、九里云松、梅林归鹤、鱼沼秋蓉、莲池松社、凤岭松涛、云栖竹径等以植物为主题的名胜景目。由于西湖开阔的空间尺度和其处于城外的风景名胜性质，唐、宋时期，西湖的植物配植上以成块成片的宏观效果为主，如"绕郭荷花三十里，拂城松树一千株""接天莲叶无穷碧，映日荷花别样红""松排山面千重翠""万株松树青山上"等诗句都描写了片植的西湖植物景观效果。湖堤两旁"植以杞柳，夹以芙蓉，荣以桃李，参以竹柏"。"城南冷水峪上名曰包山，春日桃花数里，艳色如锦，游人如织"，形成"远近红千树，繁开夺艳霞"的壮观局面。"出石屋西，上、下山坡，夹道皆丛桂，秋时着花，香闻数十里，堪称金粟世界"①。园林庭院中的种植风格也颇为大气，如宋末元初周密的《武林旧事》记载："建竹阁，四面栽竹万竿""钟美堂花为极盛……台后分植玉绣球数百株，俨如镂玉屏""太上、太后幸聚景园，遂至锦壁赏大花，三面漫坡，牡丹约千余丛"。历史上的西湖植物景观自然质朴、潇洒大气，不矫揉造作，追求和谐美和整体美。

第三节　西湖园林植物配植艺术

　　西湖的自然风光旖旎秀美，不仅是因为具有优良的山水基底，而且很大程度上依靠繁茂丰富的植物景观。西湖景点和周边山林的现有植被，基本上是20世纪50年代以后逐步营造和恢复的。西湖植物景观的主要特色为：师法自然，模拟地域性植物群落；疏密有致，营造多变空间环境；因地制宜，满足不同功能要求；适地适树，兼顾科学性和艺术性；巧妙搭配，季相色彩变化丰富；烘云托月，特色景点主题鲜明。

一、统一而富有变化的整体布局

　　西湖植物景观采用自然群落的配植方法，既充分考虑与西湖环境、地域特色相协调的整体性植物景观风格，又突出景区、景点、景线的植物景观特色；采用常绿阔叶树种为主、常绿与落叶阔叶树混交的群落结构，通过各层次成片配植，形成植物景致饱满、轮廓线变化有致、季相色彩丰富、意境深远的植物景观。

　　西湖景区的植物配植，总体布局上是统一的、完整的。湖上及环湖的主要乔木以垂柳、香樟、水杉、桂花、碧桃、海棠、樱花为骨干树种；山区次生风景林以米槠、苦槠、青冈、浙江楠、马尾松、冬青、枫香、黄连木和毛竹等地域性树种为骨干；环湖主干道的林荫树以二球悬铃木为主（图4-5），其他道路以枫香、枫杨、松树、无患子、

---

① （明）张京元《石屋小纪》。

黄山栾树为基调，创造四时有景、意境深远的整体宏观植物造景效果。

同时，西湖各个景点的植物景观又各有侧重，在主题、树种选择和植物配植等方面，突出历史性和独特性，因而景观各具特色。沿湖堤岸广植垂柳、碧桃，保持"袅娜纤柳随风舞"的西湖地域特色；白堤、苏堤突出春景，绿柳笼烟、桃花灼灼，反映"苏堤春晓""六桥烟柳"的意境（图4-6）；"柳浪闻莺"强调柳林婆娑，并以树冠浓密、树姿优美的香樟和"三秋桂香飘云外"的桂花作为基调树种；曲院风荷突出夏景，可赏亭亭玉立的不同品种的荷花；"三潭印月"有田田漂浮的各种睡莲（图4-7）；里湖则展现了"接天莲叶无穷碧，映日荷花别样红"的壮观景致；孤山、灵峰有梅林；孤山后山、植物园有槭树杜鹃；花港观鱼可观牡丹、芍药；湖滨沿岸和吴山种植大量香樟；满觉陇有桂花林；夕照山有乌桕和丹枫，"霜叶红于二月花"；花港和六和塔牡丹争艳；仁寿山有木兰、山茶；理安寺有楠木林；灵隐有被称为"娑罗树"的七叶树；大慈山有金钱松林；七佛寺、云居山有枫香林；黄龙洞、云栖以竹林为特色；万松岭、九里松的松林成片成带；虎跑有柳杉林，五云山有银杏林，玉皇山有樱花林。这些名胜植物景观，体现了西湖深厚的植物文化历史和丰富的植物景观特色（图4-8）。

从总体上来说，西湖及湖滨地带、环湖丘陵地带和西湖群山3个区域有不同的植物景观特征。

西湖及滨湖地带：为达到"园望湖、湖眺园"的互为因借的效果，植物配植以舒朗为主，并突出植物的整体景观效果，着重于群体美和林冠线的韵律感。湖边堤岸以垂柳、碧桃作为主景树，以适应性强、生长较快、树姿雄伟、树冠浓密的香樟作为基调树种，局部穿插水杉作为配景树，以丰富林冠线的变化。同时大量配植四季可赏、色彩鲜艳、芳香馥郁的桂花、碧桃、樱花、芙蓉、海棠、杜鹃等花木。湖面种植荷花、睡莲，增加"映水印景生色"之趣，构成清秀柔和的特色。

环湖丘陵地带：是西湖的绿色屏障，观赏效果要求高，主要培育地域性茂密大树以形成常绿、落叶阔叶树为主的风景林，为西湖增添绚丽多彩的背景。

西湖群山：峰峦叠翠，山区风景林以常绿阔叶林和常绿、落叶阔叶混交林为主体，结合针叶单纯林，形成气势宏伟、郁郁葱葱的风景山林景观。在历史上形成以植物景观著称的景区和景点，营造特色的风景名胜林。

风景区内游览车道，既是交通线，又是风景线，连接了不同的景点和景区。由于线形变化、坡度起伏，有着步移景异和不同视角的景观效果。植物配植采用行道树和绿化林带相结合的形式，增强林荫气势，产生了不同的"路景"。如灵隐路种植不同的松树林带，体现"九里云松"的植物名胜，为增加季相变化，林下种植了杜鹃，松前点缀鸡爪槭，形成春观杜鹃、秋赏红槭的景致；虎跑路以水杉、池杉和柳杉等"三杉"为特色；环湖西路（今杨公堤）以悬

图 4-5　湖滨林荫树（香樟、悬铃木）

图 4-6　桃红柳绿

图 4-7　三潭印月睡莲亭亭玉立

图 4-8　林木苍翠

铃木为行道树，路侧林带则以桂花、水杉、香樟、紫楠等为主；北山路、南山路种植二球悬铃木，夏日浓荫覆地，秋日"黄金锦带"；龙井路以枫香为行道树，体现秋景特色。

总之，西湖不同景区园林植物的配植，在总体和谐的基础上又各有特色，有的以色彩鲜艳见长，有的以芳香馥郁著称，有的以苍翠挺秀取胜，创造出春花烂漫、夏荫浓郁、秋色绚丽、冬景苍翠的景观，达到四时有景、多方景胜、处处是景、景景优美、意境深邃的效果。

二、形式多样的植物空间

西湖风景园林以自然山水为特色，其植物配植是自然风景的艺术再现。西湖景区植物配植，根据因地、因材制宜的原则，以乔木为骨干，草坪（地被）、花木为重点的植物材料为题材，以大小对比、幽畅变换、开合交替的空间设计方法和虚实结合、高低错落等构图手法，创造空间中的景变（主景题材）、形变（空间形体）、色变（色彩季相）和意境的变化，产生多样的园林胜景空间，达到功能上的综合性、生态上的科学性、配植上的艺术性、经济上的合理性和风格上的地方性，以及"园以景胜，景因园异"的园林艺术效果。

如孤山东端，由无患子、香樟等树种分隔为两个草坪空间；孤山后山北坡，山林形成两个大小不同的草地空间，分别为《鸡毛信》雕塑草地和清雪庐草地。

花港观鱼公园的植物配植，以孤植、丛植、片植等配植类型为主，组成功能不同、景观各异的植物空间，如碑亭方鱼池、荐山阁、大草坪（图4-9）、红鱼池、牡丹园、密林区、花港、合欢坡、芍药园等植物空间，既主调鲜明，又丰富多彩，取得简洁明丽、疏密错落的艺术效果。大草坪与红鱼池两个空间，采用以广玉兰为基调、配以山茶的配植形式，以屏障视线，形成广、幽不同的园林空间。

柳浪闻莺沿湖地带通过垂柳、碧桃的列植和丛植形成了"柳浪"的廊道空间，将视线引向北山与西山景色（图4-10）。柳浪碑亭周围是由数丛柳林、鸡爪槭组成的草坪空间；闻莺馆大草坪由两端的枫杨林、香樟林围合而成，林下铺细碎石，置山石座凳，供人憩坐；"日中不再战"碑前，是由樱花林围合而成的草地空间。

太子湾公园植物配植注重整体效果，追求气势，着意创造树成群、花成坪、草成片、林成荫的简洁而壮观的特色。望山坪，其空间形态属于围合型，荷兰风车作为标志物，成为视线的焦点；草坪周围栽植樱花，3个入口引导视线斜对角穿过空间，给人以空间扩展的感觉；逍遥坡以植物围合绿茵空间，南面以九曜山为背景遍植樱花，东西树群为屏，北侧临湖点缀无患子。

图 4-9 花港观鱼藏山阁草坪

图 4-10 柳浪闻莺——绿茵镜水觅桃源

三、变化多彩的时序植物景观

在园林中，建筑、山水、花木都是构成三维空间的主要元素，园林的季相变化就是在三维空间中加入了时间的维度，使园林体现出更丰富的变化。吴自牧在《梦粱录》中谈到西湖植物景观："春则花柳争妍，夏则荷榴竞放，秋则桂子飘香，冬则梅花破玉……四时之景不同，而赏心乐事者亦与之无穷矣"。它继承了欧阳修《醉翁亭记》中"四时之景不同，而乐亦无穷"的美学思想，同时又点出了西湖景区的主题植物景观。

西湖植物品种繁多，季相丰富多彩，春花秋叶，夏荫冬枝，随着时序的变化，给人以生命的韵律感。苏轼《月季》诗有"花落花开无间断，春来春去不相关"的佳句，道出了西湖花景四时常有的事实。

春天是充满生机的季节（图4-11）。西湖之春，万紫千红，百花竞吐幽芳。冬春交替之时，梅花盛开，山茶花猩红点点，正如诗画僧担当的诗"树头万朵齐吞火，残雪烧红半个天"。梅花刚落，玉兰就竞相绽放。立春之后，柳树吐翠，冒出嫩绿的新芽，长出如珠帘般的袅袅细丝。继"郁郁湖畔柳"之后，环西湖一带碧桃吐艳，真是"东风二月苏堤路，树树桃花间柳花"。漫步湖边，花树迷眼、春光明媚；泛舟湖上，便有"东风吹我过湖船，杨柳丝丝轻拂面"[①]的乐趣。随后，环湖公园绿地的樱花、海棠相继开放，更添春日烂漫。谷雨，六和塔和"花港观鱼"的牡丹花灿若云锦，仿佛"国色天香"。

待到暮春初夏时，孤山、北山路、灵隐路的杜鹃花开得烂漫，"鲜红滴滴映霞明"。西湖周边处处是翠绿的树木，葱茏茂盛。红色的石榴花，蕊珠如火；素洁的栀子花，暗送娇香；多彩的月季花，红艳欲滴；妩媚的紫薇花，满树灿烂，百日鲜红。仲夏的外湖、北里湖、西里湖及"曲院风荷"中绿净如洗的田田荷叶、亭亭玉立的朵朵荷花，如"清水出芙蓉"那般动人。清晨，荷瓣舒展，与日光相映，分外娇艳；夜间花瓣闭合，徐徐清风送来扑鼻的荷香，淡雅芳芬；雨天，雨点儿打在荷叶上，似珍珠落盘，耐人寻味。宋代杨万里诗云："毕竟西湖六月中，风光不与四时同；接天莲叶无穷碧，映日荷花别样红"，把西湖的荷花描绘得淋漓尽致。

西湖的秋天，天高云淡，微有凉意，是一个惹人喜爱的季节。秋日桂花盛开，满城飘香，"叶密千层绿，花开万点黄"[②]，"独占三秋压众芳"[③]。"满陇桂雨"正是赏桂的好去处。"夕阳衍西峰，枫林蟠如醉""霜叶红于二月花"，红红黄黄的秋色叶植物又把西湖装点得十分绚丽。而"十月芙蓉赛牡丹"（图4-12），曲院风荷、苏堤和沿鹊

---

① 〔南宋〕张孝祥《西江月·问讯湖边春色》。
② 〔南宋〕朱熹《咏岩桂》。
③ 〔南宋〕吕声之《桂花》。

图 4-11　春色满坡

图 4-12　十月芙蓉赛牡丹

湾的木芙蓉清雅秀丽。茅家埠的芦苇，芦花飘飘，白白的、软软的，像一簇轻盈的羽毛在风中摇曳。北山街上的悬铃木给北山披上了"金色的锦带"。到了深秋，百花凋谢之时，千姿百态、五彩缤纷的菊花傲霜盛开。

冬天的西湖，孤山的"踏雪寻梅""灵峰探梅"，自古以来相沿成习。每当瑞雪纷飞，天地间百花早谢，只见晶亮田黄的蜡梅花满枝盛开，美人茶、金心大红等品种茶花也红花一树。古时人们就称颂茶花不畏冰雪的性格，"灿红如火雪中开""唯有小茶偏耐久，雪里开花到春晚"。

桃红柳绿的春天，绣出了西湖的柔和之美；十里荷花、三秋桂子，铺就了西湖烂漫锦绣；凌霜傲雪的红梅，映明着西湖的俊艳绝色。

四、特色突出的主题植物景观

1.西湖湖区植物特色

西湖湖面辽阔，视野宽广。沿西湖四周各景点都有不同特色的植物，并突出季节景致。环湖的湖滨路、南山路、北山路和环湖西路（今杨公堤），栽植悬铃木，冠大荫浓，春绿夏荫秋红冬枝，一年四季呈现不同的景象，特别是秋叶为北山镶了一条金色的腰带（图4-13），倒映在北里湖水面上，别有一番情趣。环湖公园沿岸的湖滨岸边以香樟为主，冠形舒展优美，每当春时，萌芽泛红，景色奇异。其余临湖沿岸，大多栽植垂柳、大叶柳、枫杨、水杉、池杉等，间植香樟、沙朴。湖面的不同区域栽植面积大小不一、品种各异的荷花（图4-14），如外湖的集贤亭北、湖畔居西、西泠桥西；北里湖的断桥北、新新饭店南、平湖秋月北和孤山后山北；西里湖的花港翠雨厅北、渔庄、定香桥北、苏堤西和湛碧楼南；小南湖蒋庄南；岳湖的曲院风荷等地段。湖岸上婀娜多姿的柳枝与湖面浑圆碧绿的荷叶相映成趣，轻风吹来，湖岸上的柳枝随风飘动，湖水泛起阵阵的涟漪，荷柄迎风摇曳。新雨过后，轻触荷叶，水珠在荷叶上荡来荡去，正如诗中所咏："攀荷弄其珠，荡漾不成圆"[①]。

曲院风荷景区，以烟柳长堤为背景，在3.4万平方米的水面中种植了不同的荷花品种，如"西湖红莲""粉十八""青莲子""绍兴红莲"等。采取一堰一种的方式，互不穿通。由于品种不同，花色不同，花梗出水高度不同、错落有致，与岸边的垂柳、水杉相映成趣，景色和谐。游人赏荷，踏上九曲长桥和小桥，漫步于荷花丛中，看似密不透风的荷花却是疏密有致，不时露出一片空白的水面，倒影天光云影，别有一番情趣。在湖畔古

---

① （唐）李白《折荷有赠》。

图 4-13 北山街"金腰带"

图 4-14 西里湖荷花

朴淡雅的仿古建筑中，凭栏近观荷花的娇颜，蓝天相映，景色清幽，正如杨万里《莲花》所述："红白莲花共塘开，两般颜色一船香。恰似汉殿三千女，半是浓妆半淡妆。"北里湖孤山北成片的荷田中，经常有鸳鸯戏水于荷丛间，正是"日落沙禽犹未散，也知受用藕花香"①。同时，蜻蜓、蝴蝶、蜜蜂、秋蝉等昆虫也使静止的水生植物产生了动感，"小荷才露尖尖角，早有蜻蜓立上头"②，"影前光照耀，香里蝶徘徊"③"半掬微凉，听娇蝉，声度菱唱"④，这些动植物和谐共生的画面增添了西湖植物景观的生动。

小瀛洲，远观可欣赏"光临照波日，香随出岸风"的意境，如同海上仙岛。进入岛内，九曲桥和窄堤将水面划分成田字形，四周柳堤内外互为因借，前后彼此衬托。曲桥两侧点缀一簇簇的睡莲，绿油油的圆形叶片安静地浮于水面，夏日时，睡莲静静地绽放出或洁白、或浓紫、或金黄的花朵，朝开暮合，初绽时柔美，盛开时浓艳，闭合时沉静，形象莫测变幻。

花港观鱼公园的小南湖一带栽植萍蓬，圆叶秀丽，从水中伸出的花朵嫩黄娇艳，好似"晓开一朵烟波上，似画真妃出浴时"⑤，别有趣味。

2.白、苏二堤植物特色

白堤，东起断桥，经锦带桥而止于平湖秋月（图4-15）。白堤横亘湖上，平舒坦荡。堤上两边各有一行垂柳和碧桃。每逢春季，柳丝泛绿，桃花嫣红，草坪如茵，远望如同湖中的一条锦带。"飘絮飞英撩眼乱"正是白堤春景的写照。

苏堤横贯西湖南北，四时不同，晨昏各异，风光最为秀丽，为"西湖十景"之首。历史上苏堤曾采用规则栽植，"一株杨柳一株桃，夹镜双湖绿映袍"⑥（图4-16）。新中国成立前，堤上除垂柳、枫杨和桃花外，少有其他植物，乱草丛生，一派萧条（图4-17）。20世纪50年代，园林部门在苏堤中间道路两侧栽植庇荫树重阳木、三角枫等乔木，但因不适应立地环境，逐渐消亡。后来，沿堤两边水岸自然栽植垂柳、大叶柳，中间道路两侧增植无患子，绿地上成片、成丛地栽植碧桃、桂花、红叶李和木芙蓉等植物（图4-18），在6个桥堍上添植樱花。20世纪60年代初，因堤上植物冬枯萧条，有关部门又补种了香樟等常绿乔木，终成浓荫华盖。现在路侧绿地上种植了各种地被植物与常年如茵的草坪。

---

① （金）赵沨《留题西溪三绝·其一》。
② （南宋）杨万里《小池》。
③ （南朝梁）萧纲《咏芙蓉诗》。
④ （南宋）吴文英《法曲献仙音·秋晚红白莲》。
⑤ （北宋）杜衍《咏莲》。
⑥ （清）弘历《苏堤》。

图 4-15　白堤旧景
图片来源：《西湖旧踪》

图 4-16　一株杨柳一株桃

图 4-17　苏堤旧貌
图片来源：《西湖旧踪》

图 4-18　苏堤春色

3.湖西地区的植物特色

"湖西"（指杨公堤以西）位于西湖景区的腹地，西接叠叠云山，东濒泱泱湖水，是西湖水域景观与山林景观交汇融合的地带，更是西湖森林湖泊生态系统的关键地带。这片区域在明清时仍为西湖水域的一部分，后来逐渐淤积为农田与鱼塘。2002年初开始西湖综合保护工程，在此地区以综合整治为基础，以水域充分西进为标志，以人文内涵为神、自然为形，实现了"西湖西进"，呈现出幽趣、野趣、闲趣、逸趣的景致特色。

在金沙港、茅家埠、乌龟潭、浴鹄湾和赤山埠等处，恢复开挖水面达59.30公顷，加上保留的9.44公顷的水面，合计约为0.7平方公里。"西湖西进"使原来被阻隔的西湖山水完全融合，湖西地区成为山水之间的过渡地带，并以港汊、水湾及多变的岸线，显现出不同于外湖的"秀""幽"的景致。

湖西地区不同组团的植物景观依据自身特点和周边环境的差异而呈现出丰富性。如金沙港以阔叶树，尤其是大叶柳和夏季植物景象为特色；浴鹄湾以杜鹃花灌丛、缀花草坪为特色；"三台泽韵"以水生植物和水杉林为特色；茅家埠临水处栽植大叶柳、桃、刚竹和野菊等植物，水边栽植黄花鸢尾、再力花、梭鱼草、菖蒲、水烛、芦苇等。西部龙泓涧所汇集的冷水塘栽植莼菜、各色睡莲和萍蓬等。在湖西水体开挖时，结合原有的大叶柳、枫杨等树木，在湖中辟设小岛，既体现了湖西湿地的生态特色，又由于这些大小不拘、形态各异的绿色小岛将湖西划分为多个空间层次，增添了幽深旷野之趣。茅家埠富有"野趣"，杨柳低垂，芦苇摇曳，滩涂卵石杂陈，栈道渐入芦苇深处，野鸭戏水，水鸟低飞，呈现一派乡野情趣。三台山的乌龟潭和赤山埠的浴鹄湾（图4-19～图4-21），两者山水互动，相依成形，既有开阔的水面，又有蜿蜒小港将这两个水面联成一体。陆岸栽植着大叶柳、乌桕、池杉等树木，并点缀木芙蓉、樱花和笑靥花等花木，水际沿岸有梭鱼草、萍蓬、黄花鸢尾、菖蒲、再力花和芦苇等水生植物，或成丛、或线状地栽植，形成不同的植物景观风貌。每当秋浓时节，池杉泛红，芦花摇曳，乌桕叶红籽白，木芙蓉粉花、白花清雅，植物色彩缤纷绚丽。

总之，西湖植物景观依据不同地点的文化历史和立地条件，选择恰当的主题植物，与其他植物形成群落组合，营造不同的植物景观特色。在风格上，采用自然式种植，结合地形和道路，有远有近，有断有续，弯弯曲曲，富有自然野趣。在形式上，注重各种植物形态和线条的组合，近可赏千姿百态的树姿，远可观高低错落的林冠线。在色彩上，注重不同季相变化植物的组合，以丰富植物景观。此外，用适合的植物种植水岸和建筑周边，弥补硬质的驳岸和建筑的生硬之感。

图 4-19　乌龟潭春色

图 4-20　浴鹄湾水生植物

图 4-21　浴鹄湾秋色

五、丰富多彩的植物种类

西湖风景区内拥有野生种子植物1029种、野生蕨类植物128种，公园景点栽培的植物种类有500多种（不含品种和花坛、花境植物）。其中，裸子植物主要有6科23种，包括银杏、雪松、白皮松、湿地松、黑松、金钱松、水杉、罗汉松、铺地柏等。阔叶乔木近100种，隶属29个科，包括落叶和常绿的乔木，主要有柳树、玉兰、广玉兰、香樟、浙江樟、珊瑚朴、黄山栾树、杂交鹅掌楸、枫香、悬铃木、合欢、乐昌含笑、杜英、青冈、苦槠、梅花、桃花、樱花、海棠、紫薇、桂花、山茶、鸡爪槭、红枫、羽毛枫等，是西湖景区的骨干树种和基调树种。常用的灌木种类有70多种，隶属25个科，包括木芙蓉、紫荆、蜡梅、锦带花、木本绣球、石榴、木槿、红花檵木、火棘、茶梅、杜鹃、八角金盘、南天竹、紫金牛、金丝桃、结香、八仙花、贴梗海棠、云南黄馨、金钟、迎春、连翘、棣棠、绣线菊等。多年生草本植物有近200种，主要有蒲苇、狼尾草、肾蕨、野芋、水鬼蕉、麦冬、兰花三七、吉祥草、一叶兰、山姜、白三叶、红花酢浆草、美女樱、宿根福禄考、常夏石竹、葱兰、鸢尾、石蒜、郁金香、水仙、白芨等。

水生植物100多种，隶属30科，包括挺水植物、浮叶植物、浮水植物和沉水植物，前三者主要有荷花、睡莲、萍蓬、雨久花、水鳖、黄花水龙、再力花、海寿花、姜花、梭鱼草、菖蒲、石菖蒲、黄花鸢尾、旱伞草、水烛、花叶芦竹、芦苇、千屈菜、慈姑、茭白、红蓼、野芋。沉水植物有苦草、菹草、穗花狐尾藻、五刺金鱼藻、轮叶黑藻、微齿眼子草等。

西湖植物中的水生植物为西湖水景增色不少。水生植物栽植于岸边或水中，能丰富水体景象或独立构成景致。如三潭印月的睡莲，圆圆的绿叶缀以点点红花、黄花、蓝花，平静而疏密相间地躺在水面上，与水中的亭、桥、树丛的倒影相映成趣。太子湾公园浅水区散植的黄菖蒲，自然疏落得体，与岸上的郁金香、风信子、洋水仙等球根花卉相互衬托，观赏效果极佳。还有漂浮在水面的点点萍蓬，与岸边高大的水杉、落羽杉、池杉等形成对比；点缀在石旁岸间的鸢尾，花如飞燕，风韵优雅，清新自然；再力花、梭鱼草随风摇曳，洒脱多姿；芦苇体现了"枫叶荻花秋瑟瑟"的意境。

西湖植物有丰富的色彩变化。最丰富的色彩来自植物的花朵，有的单纯明丽，有的浓烈艳丽，五彩缤纷、千娇百媚（图4-22、图4-23）。杭州花木的花色中，白色有广玉兰、白玉兰、日本早樱、深山含笑、木绣球、溲疏、白鹃梅、栀子花、杜鹃中的毛白杜鹃、笑靥花、珍珠花、葱兰、白紫薇以及茶花中德国白与鹿角白、鸢尾中的白蝴蝶、碧桃中的白碧桃、紫藤中的白色品种等；黄色系有黄山栾树、无患子、檫树、桂花中的金桂、蜡梅、棣棠、金钟花、黄馨、迎春等；红色系有宝华玉兰、紫玉兰、山玉兰以及紫

图 4-22　孤山后山灿烂的杜鹃

图 4-23　洁白素雅的玉兰花

薇、海棠、碧桃、茶花、杜鹃等类中的红花品种；橙色系有丹桂、金娃娃萱草等；乳白色有乐昌含笑、含笑、川含笑、金银花、桂花中的银桂；蓝色有苦楝；花色多样的有梅花、碧桃、牡丹、月季、菊花、杜鹃、茶花等，色彩缤纷、美丽迷人。

西湖植物叶色的变化也是景观之一。如垂柳，春天初发叶时为黄绿色，而逐渐变为淡绿，夏秋季又为浓绿，冬季却为淡黄色。悬铃木初叶为黄绿色，夏季为浅绿色，深秋转变为黄色、褐红色，如北山路的悬铃木。春天是香樟换叶季节，新芽萌发为褐红色，到深秋整树树叶为深绿色。暮春时的杜英，在翠绿的树冠中挂满片片红叶，在阳光的照射下，闪烁着透亮的艳红。西湖风景山林中有许多落叶的壳斗科树木，春天叶子为黄绿色，后渐变绿至深绿，到了秋天，满山遍野呈斑块状的黄褐色或红褐色，在阳光照射下，显得瑰丽非常，如孤山后山和五老峰等地。春季，银杏和乌桕的叶子为绿色，到秋天，银杏叶为黄色，乌桕叶变成红色或黄红色。红枫，有常年红和两头红两个品种，后一种春秋叶子为红色，夏天为绿色。鸡爪槭叶子在春天先红后绿，到了秋季泛红如火。无患子的叶到秋天也变成金黄色。秋天，柿叶为黄红色，麻栎叶为棕黄色，榉树叶为棕红，枫香叶为黄红色。有些植物的树叶常年保持一种特殊色彩，如胡颓子叶为金黄色，金边黄杨或金心黄杨的叶均有黄绿两色。竹类多是四季常青的杆，也有青绿色嵌黄条状，或黄绿色嵌绿条的，或紫褐色等，如'碧玉嵌黄金''黄金嵌碧玉'和'紫竹'等众多品种（图4-24、图4-25）。

西湖植物中有许多芳香植物，为景观增添雅趣。如金银花又白又香，飞蛾能从数十米外察觉到。唐代王元《登祝融峰》诗云："云湿幽崖滑，风梳古木香"。木香多用来装点花架，人坐其下，闻得清香舒心。芸香科的橘子、柚子、橙子的花，在春来夏初展开小白花，幽香远溢。蜡梅常在腊月开放，花色以蜡黄为主，散发沁人的幽香。在唐宋时，杜牧、黄庭坚、杨万里、晁补之等风雅诗人都曾赋诗咏蜡梅。宋时，万松岭上有一片蜡梅林，苏轼诗云："君不见万松岭上黄千叶，玉蕊檀心两奇绝。醉中不觉度千山，夜闻梅香失醉眠。"[①]金秋时节，杭城大街小巷和满觉陇等地桂花飘香。此外，含笑、栀子、玫瑰、蜡梅、晚香玉以及古人称为"香祖"或"天下第一香"的兰花都是西湖植物中极受欢迎的芳香植物，香气袭人，令人陶醉。还有些树木如香樟、楠、檀香等，其木质亦能散发沁人心脾的幽香。

西湖植物不同的形态表现出风格不同（图4-26）。如松柏以苍劲、古拙的枝干耐人寻味；柳树枝叶修长而纤细，婀娜多姿；竹则清秀挺拔，凤尾摇曳婆娑；广玉兰却提根露爪，曲回遒劲。

总之，西湖丰富的植物种类，以它们各具特色的美学特质，成为西湖自然生态系统的基础，也为西湖景观的丰富性奠定了基础。

---

① （北宋）苏轼《蜡梅一首赠赵景贶》。

图 4-24　红鱼池秋色

图 4-25　岸旁多种秋色树木

图 4-26　牡丹园曲干虬枝

六、见证历史沧桑的古树名木

古树名木是城市园林绿化的组成部分，是城市悠久历史的见证和时代文明的象征，是植物资源中的瑰宝，称为"活文物""绿色化石"。杭州市园林管理部门分别于1962年、1973年、1979年、1983年、2001年和2002年作了6次古树名木调查。2002年，杭州城区有古树名木1900余株（其中西湖景区内有709株），分属36属、65种。其中千年以上的古树17株，树龄最高达1420年（图4-27），500年以上的古树（一级）169株，300年以上古树（二级）303株，100年以上古树（三级）1445株；有名木6株，包括美国前总统尼克松访华时赠送的美国红杉（图4-28）。

古树名木有极高的观赏价值和文化价值。古树高大如金刚顶天立地，树干粗壮或数抱，盘根蚀干，古拙苍劲。古树的空间体量、形态是它的外观的形式美，而悠久的历史则是其深厚的内涵美。名木与历史名人发生了特定的文化联系，是一种文化遗产。

西湖景区古树名木主要是银杏、香樟、枫香、珊瑚朴、楸树、龙柏、苦槠、七叶树、罗汉松、黄连木、南川柳、玉兰、沙朴、鸡爪槭、广玉兰、无患子等。在古树中以香樟、银杏、苦槠、枫香居多。据2002年的资料，西湖景区有千年以上银杏5株，其中五云山上的银杏胸径达2.6米，高16米，冠幅南北20米，东西17米，树龄达1420年。另外4株银杏亦达1020年树龄。原六通寺的唐樟也有1052年高龄，吴山有700年以上的香樟树11株。

这些古树名木，千百年来顶风傲霜、经磨历劫，纵观古今兴衰，阅尽人间春色，而自身品性不改，老而弥坚，器宇轩昂，元气淋漓，不凋不残，风骨凛然。人们在古木身上，看到了历史精神，看到了社会价值，还看到了生命的力量。古树名木是活的历史见证，它增加了园林中精神和物质两个层面的审美价值。

七、西湖植物的文化内涵

1.柳文化

柳树为杨柳科、柳属植物，落叶乔木，耐水湿，我国分布在长江流域、华南、华北、西南和东北，在亚洲、欧洲及美洲均有栽植。

柳树古时通称"杨柳"，在《诗经·采薇》中"昔我往矣，杨柳依依。今我来思，雨雪霏霏"之句中出现。宋代《开河记》中载有隋炀帝不仅下令在大运河两岸大植杨柳，而且亲自种柳树。在他的倡导与命令下，当时的大运河两岸"岸柳成行"。柳在中

图 4-27　五云山千年古银杏

图 4-28　美国总统尼克松访华时赠送的美国红杉

国诗史上曾经成千上万次被作为报春的使者和别离的象征。柳树的枝叶，修长又纤弱，它倒垂拂面，随风起舞，柔情万千，远观则绿烟朦胧，是入诗画园林的好题材。因而，自古以来人们喜爱杨柳，形成许多与柳有关的民间风俗和情趣盎然的柳文化。如清明节，家家门口插柳枝，人们头上配戴柳条帽圈，出门踏青的车、轿子上插满柳条；扫墓时，柳枝插于墓上，以示纪念，即为"插柳"。折柳相赠有挽留之意，戴柳有"永葆青春、前程发达"之意，射柳是始于战国、流行于汉朝的竞赛活动。

柳树耐水湿、生长快、根系发达，古人们常常将它种植在水边，不仅绿化美化河湖景观，也起到护堤固岸的作用。所以，杭州西湖柳树的种植伴随着西湖人工营建的历史。唐代西湖堤岸就广泛栽植柳树，白居易的《钱塘湖春行》"乱花渐欲迷人眼，浅草才能没马蹄。最爱湖东行不足，绿柳阴里白沙堤"便是佐证。北宋时，苏轼在杭筑苏堤，"植芙蓉、杨柳其上，望之如画图"，成就后世"苏堤春晓"之景。彼时，杭州从柳浪闻莺到涌金门五里堤岸遍插垂柳，又称"柳洲"。宋代郭祥正《柳洲》诗咏："春光湖水满，春色柳洲深。莫作风中线，条条系客心。"元代贡性之诗云："涌金门外柳如金，三日不来成绿荫。折取一枝入城去，教人知道已春深。"元代尹廷高《西湖十咏·柳浪闻莺》诗对柳树的描绘更为形象："晴波淡淡树冥冥，乱掷金梭万缕青"。白堤两边各种一行柳与桃，每当春季，柳丝泛绿，桃树嫣红，"飘絮飞英撩眼乱"的诗句正是白堤春色的写照（图4-29）。白堤、苏堤、柳浪闻莺一带历史上就是西湖赏柳的佳处。每当烟花三月，看万树柳丝迎风摇曳，宛若翠浪翻空。据《武林旧事》载：南宋时"清明前后十日，城中仕女艳妆饰，金翠琛玉，接踵联肩，翩翩游赏，画船箫鼓，终日不绝"，踏青看柳。

2.桃文化

桃属于蔷薇科、李属植物，原产于我国，距今有三千多年的栽培历史（图4-30）。桃的观赏品种达百余种，常见观赏品种有碧桃、绯桃、绛桃、千瓣白桃、撒金碧桃、菊花桃、寻心桃和寿星桃等。据查，杭州有花桃品种30余个，其中属于碧桃类20个、垂枝类4个、紫叶桃2个以及寿星桃类4个。各品种相继开花可持续一个月。桃花枝干遒劲、花蕾娇嫩，开花时绚烂夺目，艳如彩霞，惹人喜爱；花落时则是落英缤纷，如诗如画。桃花的花色有粉色、红色、纯白色到各种杂色。

桃的果实可口多汁，是重要的水果品种之一。桃从最初供人食用，逐步发展出供人欣赏、托物言志的文化特征。桃花是历代文人墨客歌颂的对象，从《诗经》中"桃之夭夭，灼灼其华"，到东晋陶渊明的《桃花源记》将人们引入和平宁静的理想社会，再到

图 4-29　绿柳荫里白沙堤

图 4-30　碧桃

唐代崔护《题都城南庄》的"去年今日此门中，人面桃花相映红"所代表的青春美貌。

宋代徐俯《春游湖》诗中写到春日西湖桃花："双飞燕子几时回？夹岸桃花蘸水开。春雨断桥人不度，小舟撑出柳阴来。"

南宋时，皇宫后苑和德寿宫等处已有桃花栽植。下竺御园，"园内置古迹、胜景，而又以桃花盛景为最著名"。周必大游下竺御园时，曾有"万点红随雪浪翻，恍疑身到武陵源。归来上界多官府，人与残花两不言"，写的是桃花随流水漂流的情景。许多私家园林亦种植碧桃。据南宋《张约斋赏心乐事》载："南湖园一年四季，繁花似锦……三月有苍寒堂，西绯碧桃"。保俶山下，韩侂胄的阅古堂中，"桃坡十二级种植桃花，春天桃花盛开，分外绚丽"。苏堤原先采用行列式栽植桃柳，故有"西湖景致六条桥，一株杨柳一株桃"的园林景观，后来白堤也采用这种配植形式，苏堤则改为自然式种植桃柳。

南宋时，赏花为乐事，并将农历二月十五日定为杭州的花朝节。皇室赏花要在后苑桃源亭举办赏花仪式，官宦人家和饱学之子，常把酒树下，对花赋诗为趣。民间赏花多以仲春踏青看花、重阳赏菊为习俗，到包家山桃花关、栖霞岭、学士港和半道红等地，观赏桃花者众多。据《梦粱录》载："最是包家山桃开浑如锦障，极为可爱"。

明代时，柳如是的《西陵十首》中有句："九嶷弱水共沉埋，何必西泠忆旧怀。玉碗如烟能宛转，金灯不夜若天涯。山樱一树迷仙井，桃叶千条渺凤钗。万古情长松柏下，只愁风雨似秦淮。"

西湖桃文化从萌芽、发展、繁荣到世俗化的过程中，衍生出丰富的文化内涵，如诗词和文艺作品等。

3.桂花文化

桂花属于木犀科、木犀属常绿乔木，原产于我国，有两千五百多年的栽培历史，秋月开花，为我国传统名花。桂花的别名有木樨、圭木、金粟、九里香等，"仙友""广寒仙"等称谓则与月宫桂树的民间传说息息相关。

桂花根据花期和花色分为金桂（图4-31）、银桂（图4-32）、丹桂（图4-33）和四季桂4个品种群。目前登录有157个品种。花朵金黄，叶片较厚，香味淡淡的是金桂；花色较白，叶片较薄，香味较浓的是银桂；花色橙黄，叶厚色深，香味最浓郁的是丹桂；花黄色，香味较淡，可常年开花的称为四季桂，又名"月月桂"。

农历八月，古称"桂月"，是赏桂最佳的时候。在"嫦娥奔月""吴刚伐桂"等神话传说中，桂树是种在月亮上的神树，即"月中有丹桂，自古发天香"，使世人心向

图 4-31　金桂

图 4-32　银桂

图 4-33　丹桂

神往。桂花有许多美好的寓意。"蟾宫折桂"——折桂是中举的象征，科举成功为"桂科"，"桂林一枝"成为出类拔萃、独领风骚的同义词，登第人员的名籍则称为"桂籍"。桂花的香气有别于兰花的幽香、梅花的淡香、水仙的清香和荷花的微香，既是浓郁的，又是清雅的。古人赞之曰："雨过西风作晚凉，连云老翠入新黄。清风一日来天阙，世上龙涎不敢香"[①]，描绘花开时，连名贵的香料龙涎也不香了。

桂花栽培历史悠久。早在春秋战国时期我国就有桂花的记载，如《山海经·南山经》中"招摇之山多桂"，《山海经·西山经》中"皋涂之山，其上多桂木"。屈原《九歌》中载有"援北斗兮酌桂浆，辛夷车兮结桂旗"。从汉朝至魏、晋、南北朝时期，桂花以其清新淡雅得到僧人和道士的赏识，成为点缀寺观庙宇及环境绿化的树种。唐以后，桂花开始进入私家园林，宦官富豪和文人雅士引种桂花成风，也留下众多吟诵桂花的诗词歌赋。

杭州很早就流传关于桂花的传说：月中有一株高大的桂树，中秋之夜，往往有珠圆玉润的桂籽从月中洒落在灵隐、天竺一带，幸运的人可以拾到。桂花在杭州的栽培历史至少可以追溯到唐代，这在宋之问和白居易的诗中得到佐证，如宋之问在《灵隐寺》中的"楼观沧海日，门对浙江潮。桂子月中落，天香云外飘"，以及白居易《忆江南》诗中的"山寺月中寻桂子，郡亭枕上看潮头"。据《梦粱录》载："木犀，有红黄白色者，甚至且韵。顷天竺山甚多，又长桥庆乐园有数十株，士夫尝往赏此奇香"。南宋宫苑中也植有桂花，宋高宗曾在德寿宫赏桂并赋诗《桂花》："秋入幽岩桂影团，香深粟粟照林丹。应随王母瑶池宴，染得朝霞下广寒"。西湖周边也多桂树。明代高得旸夜游西湖，写下诗句"共说西湖天下景，秋来有月更奇哉。寒波拍岸金千顷，灏气涵空玉一杯。桂子远从云外落，藕花多在露中开。酒船清夜乘清兴，绝胜笙歌日往"[②]。杭州赏桂最出名的是满觉陇，现有桂花7000余株。据南宋《咸淳临安志》载有："桂，满觉陇独盛"。明代高濂在《四时幽赏录》中载："满家弄（满觉陇）是桂花最盛处，……其林若墉若栉，中有百余年物，中秋前后最为佳景"。清代张云璈在《品桂》诗中写道："西湖八月足清游，何处香通鼻观幽？满觉陇旁金粟遍，天风吹堕万山秋。"

1983年，杭州市评选桂花作为市花。现在，杭州的西湖景区、公园绿地、大街小巷和居住区都普遍栽植桂花。每当秋风阵凉，满树金灿灿的桂花盛开，浓香甜蜜，飘香全城，沁人心脾。杭州植物园的桂花紫薇园建于20世纪60年代，有45个品种2000余株桂花，也是西湖周边重要的赏桂景点。据有关部门2002年首查，杭州有桂花品种67个，其中有38个品种还是杭州独有的。杭州现存古桂树24株，最古老的有300年树龄。

---

① （宋）邓肃《木樨》。
② （明）高德旸《西湖夜月》。

4.梅文化

梅（图4-34）为蔷薇科、李属植物，落叶乔木，原产我国长江流域。我国有三千年以上的梅花应用历史，资源丰富，种植范围广。梅树寿命长，姿态优美，其花冬春开放，花色种类多，花香怡人，故中国人在两千多年前就将梅树作为观赏树木栽植。梅花分为三系五类十六型：真梅系、杏梅系和樱李梅系。真梅系又有直枝梅、垂枝梅和龙游梅等类型。有枝直刺多、萼红瓣白的果梅；枝垂若柳、姿态娉婷的垂枝梅；红妆淡抹、报春独早的宫粉梅；铁骨虬枝、状如游龙的龙游梅；萼如翡翠、蕾若凝玉的绿萼梅；胭脂点珠、春闹枝头的朱砂梅；还有花大色艳、花期最晚的送春梅。

寒冬早春，百花绝迹，唯独梅花"万花敢向雪中出，一树独先天下春"[1]。梅花姿态瘦劲、冰肌玉骨，"玉雪为魂冰为魄"，是意志刚强和品德高尚之风范。古往今来，咏花的诗词歌赋以梅为题者最多。梅花在中国文化中象征着坚贞不屈、高雅不凡、刚毅圣洁。欣赏梅花有探梅、赏形、闻香等形式。梅韵则有四贵"贵稀不贵繁，贵老不贵嫩，贵瘦不贵肥，贵含不贵开"。

杭州的梅花栽培可以追溯到唐朝。孤山赏梅已有一千多年的历史，白居易在《忆杭州梅花》的诗中写道："三年闲闷在余杭，曾为梅花醉几场。伍相庙边繁似雪，孤山园里丽如妆"，说明当时吴山和孤山已有梅花种植，这可能是我国最早的梅园（陈俊愉，1988年），故孤山又称梅花屿。吴越时，吴山行宫也种有梅花。到北宋林逋隐居孤山，植梅放鹤，号称"梅妻鹤子"，并留下千古传颂"疏影横斜水清浅，暗香浮动月黄昏"[2]的诗句。明代高德旸有诗《孤山雪霁》描写孤山梅景："梅花正好冲寒探，竹叶何妨踏冻沽。千载林逋留胜迹，总因佳境在西湖。"西湖孤山梅花也成为一种品格高洁的隐逸文化象征，流芳百世，并传播到朝鲜半岛和日本，影响深远。15世纪，日本横滨的金泽六浦从杭州西湖移植"西湖梅"。南宋，张功甫在西湖边种梅赏梅，著有《梅品》一书。

唐宋时，杭州成为我国东南赏梅的中心之一，也形成了早春赏梅的风俗，梅花成为西湖山水景观的重要部分。南宋诸帝后都雅爱梅花，故而西湖多梅，分为环湖西北梅花带和东南梅花带两个片区，共同构成南宋时期15处赏梅景点。至明清时期，杭州附近临平的超山成为江南三大探梅胜地（其余二处为苏州邓蔚、无锡梅园），而孤山、灵峰、西溪成为西湖三大赏梅处（图4-35）。清代西湖十八景就有"西溪探梅""梅林归鹤"两处以梅为主题的景目。

西湖之西，灵峰山脚青芝坞，后晋时曾建有灵峰寺。至明代，寺败僧散。清嘉庆

---

① （元）杨维桢《道梅之气节》。
② （北宋）林逋《山园小梅》。

图 4-34　梅

图 4-35　灵峰探梅

图 4-36　花港观鱼大草坪樱花

图 4-37　中日不再战碑旁的樱花

年间，浙江都卫莲溪重修灵峰寺，于寺四周植梅花一百多株。宣统元年，周梦坡又植梅三百株。自此，灵峰成为赏梅佳地。清代丁立诚在《游灵峰寺》中写道："九茎云起蔚青芝，梅补花亭竹绕池。幡影动风无我相，泉声咽石畏人知。"民国间，灵峰寺毁梅亡。1986年，杭州恢复了"灵峰探梅"景点，占地10公顷，至今栽梅1万余株，有80个品种以及桩景梅。经过几十年的建设，西湖孤山目前有梅花10余个品种，达400余株。2003年开始建设的杭州西溪湿地公园种植了200多亩梅花，重现了历史植物景观。现在，西湖三大赏梅景点均得以恢复，供市民游赏。

5.樱花文化

樱花属蔷薇科、李属，落叶乔木，多数学者认为其原产喜马拉雅山地区，我国长江流域、西南、华北、东北以及朝鲜、日本均有分布。西南高山地区是我国樱属植物（细分李属）的分布中心，有近30种野生樱花类群。全世界共有50多种野生樱花基本种，我国约占38个之多。樱花栽培品种，日本最多，达300余种。樱花按开花时间，可以分为早樱、中樱、晚樱和冬樱花。杭州目前栽植有福建山樱花、迎春樱、染井吉野樱、松月樱、关山樱等。

据载，樱花在秦汉时已应用在宫苑中，唐时已出现在私家庭院，距今已有两千多年的栽培历史。如白居易的诗句"小园新种红樱树，闲绕花行便当游"[1]；南唐后主李煜的"樱花落尽阶前月，象床愁倚薰笼"[2]：都说明唐宋时期樱花已是庭园观赏植物。白居易在《早冬》一诗中写道："老柘叶黄如嫩树，寒樱枝白是狂花"，说明唐代就有冬樱品种。当然，野生的山樱更为常见。王安石有诗："山樱抱石荫松枝，比并余花发最迟。赖有春风嫌寂寞，吹香渡水报人知。"[3]

樱花，开花时美丽轻盈、堆云叠雪、灿若云霞，蔚为壮观。花色艳丽多样，有纯白、深红、粉红或玫瑰红各色。花姿形态各异，有花开如钟状、平面状。既有轻盈飘逸的单瓣花系列，又有风姿卓绝的重瓣花品种。丰富的花色和花型提高了樱花的观赏价值。樱花树形优美，姿态舒展；初春繁花似锦，满园春色；夏日枝叶繁茂，绿荫如盖；秋季叶色由黄变红，秋意渐浓。

今天，西湖景区赏樱之地有花港观鱼（图4-36）、太子湾公园、柳浪闻莺（图4-37）和孤山后山等4处。花港观鱼在藏山阁草坪、雪松大草坪、红鱼池和合欢坡等处

---

① （唐）白居易《酬韩侍郎、张博士雨后游曲江见寄》。

② （南唐）李煜《谢新恩》。

③ （北宋）王安石《山樱》。

能观赏到大片樱花。太子湾公园有各类樱花品种600余株。另外，在乌龟潭、长桥溪、九溪等地也能赏到樱花。

6.荷花文化

荷花属睡莲科、莲属，又名莲花、芙蕖、水芙蓉、菡萏等，原产于亚洲南部广大地带，也是我国栽培历史悠久的多年生挺水植物。它花大色艳，清香远溢，凌波翠盖，盛开于高温炎热的夏季（图4-38～图4-41）。

荷花全身都是宝。据《本草纲目》记载，荷花的种子、莲蓬、莲须、莲心、荷叶、荷梗、藕节均可入药，具有十分显著的功效。早在三千年前，我们的祖先就知道将藕当作美食。《逸周书》记载有"薮泽已竭，即莲掘藕"。唐代孟郊在《去妇》一诗中称"妾心藕中丝，虽断犹牵连"，这是后来的"藕断丝连"的来源。

据张行言、王其超在《中国荷花新品种图志》中记载，中国荷花有811个品种，分为温带型和热带型两个类型，又从种系、株型和花型上将其分为14个品种群。据范丽琨、唐宇立等的文章叙述，杭州经过整理、收集的荷花品种达463种，其中少瓣型148种，半重瓣型60种，重瓣型217种，重台型33种，千瓣型2种。

荷花在我国有悠久的栽培历史。早在公元前473年，吴王夫差为博得美人西施的欢心，特在太湖灵岩山离宫修筑"玩花池"，移植野生荷花于池内。荷花在汉朝以前仅有单瓣的红莲，到了魏晋出现了重瓣荷花，时至南北朝时期又有了千瓣荷花。自晋、隋时代起，人们又将荷花移栽于盆缸之中，到了清代，迷你的碗莲更是风靡一时。

荷文化博大精深，最早见于《诗经》："山有扶苏，隰有荷华""彼泽之陂，有蒲与荷"。诗人屈原（前340—前278年）在《离骚》中有"制芰荷以为衣兮，集芙蓉以为裳"的名句，表达了作者追求高洁的情思。

荷花素有"君子之花"的美誉，它出尘不染、清洁无瑕，象征着高洁正直、清廉无私的高贵品质。几千年来，人们对荷花的赞美不胜枚举。魏晋著名文学家曹植的《芙蓉赋》把荷花推为群芳之首；唐代诗人王勃《采莲曲》中的诗句"牵花怜共蒂，折藕爱连丝"，寓意清高，韵味隽永；宋代理学家周敦颐的《爱莲说》中的"出淤泥而不染，濯清涟而不妖"成为咏荷的名句，千古流传。

此外，莲花在佛教与印度教中，象征神圣与不灭，尊为"圣花"。同时，以荷花为题材或食材，衍生出了多种文化艺术的荷文化。

唐代，西湖逐渐成为风景湖后，荷花就成为湖上的风景，"绕郭荷花三十里"，场景壮观。及宋代，苏轼第二次来杭知事时，开撩挖湖，堆筑长堤，绕湖种荷，呈现

图 4-38 荷花（'中山红台'）

图 4-39 睡莲（'夏林'）

图 4-40 睡莲（'九品紫香水莲'）

图 4-41 西里湖荷花（'黄妃舞'）

"十里荷花"。南宋时，在洪春桥畔有曲院，以酿酒、种植荷花著称，后为西湖十景之一。"毕竟西湖六月中，风光不与四时同。接天莲叶无穷碧，映日荷花别样红"，诗人杨万里的《晓出净慈寺送林子方》最能概括西湖水域夏日美景。宋代于石有一首《西湖荷花有感》，生动地刻画了西湖荷花的面积之广阔和姿态之娇俏："我昔扁舟泛湖去，四望荷花浩无数……水天倒浸碧琉璃，净质芳姿澹相顾。亭亭翠盖拥群仙，轻风微颤凌波步。酒晕潮红浅渥唇，肤如凝脂腰束素。一捻香骨薄裁冰，半破芳心娇泣露"。元、明、清时，西湖荷花栽培仍盛。明代高启在《西湖夏夜观荷》中写道："半湖月色偏宜夜，十里荷香已欲秋。为爱前沙好凉景，满身风露未回舟。"清代诗人陈璨有"六月荷花香满湖，红衣绿扇映清波"[①]的诗句，赞誉西湖曲院风荷和苏堤一带的夏日荷花之景。

据1989年的统计，西湖荷花栽植面积130亩，有216个品种，还包括中小型品种139个，主要分布在"曲院风荷"的岳湖，西里湖的花港观鱼北、湛碧楼南，北里湖的断桥旁、新新饭店南、西泠桥东、平湖秋月北等水域。

7.竹文化

竹类植物属禾本科、竹亚属。全世界有记载达70多属，1200多种。我国竹类估计有26属200多种，东起台湾，西迄西藏的错那和雅鲁藏布江下游，北到黄河流域，南到南海诸岛，到处都可见到竹子靓丽的身影。《梦粱录》里记载的南宋时杭州竹之品种就有碧玉、间黄、金、淡紫、斑金、苦方竹、鹤膝、猫头等。现在，杭州西湖地区的竹子有7属20余种，以散生竹为主，如刚竹属的刚竹、毛竹、淡竹、红竹、乌哺鸡竹、紫竹、早竹、早园竹、罗汉竹、石竹，苦竹属的苦竹，茶秆竹属的茶秆竹等；也分布有少量丛生竹，主要有茶秆竹属的菲黄竹，箬竹属的箬竹，方竹属的方竹，箣竹属的孝顺竹，倭竹属的鹅毛竹、狭叶倭竹等。

竹子在中国传统文化发展中具有重要的意义，竹子与中国文学艺术、诗歌书画和园林的关系源远流长，也与中国人的生活息息相关。早在一万多年前，我们的祖先就用它制作弓箭，帮助人类提高捕猎效率。在七千多年前的浙江余姚河姆渡遗址内也发现了竹子的实物。五千年前的仰韶文化，陶器上出现了"竹"的象形文字。随着人类文明的发展，竹子的用途也不断拓展。苏轼曾概括为"食者竹笋，庇者竹瓦，载者竹筏，爨者竹薪，衣者竹皮，戴者竹笠，书者竹纸，履者竹鞋，真可谓不可一日无此君"。又如"乐者竹笛，登者竹梯，燃者竹炭……"，道出了竹与人们生活的密切关系。

竹子枝干挺拔、叶潇洒多姿、四季青翠、独具韵味，凌霜傲雪、情趣盎然，在中国

---

① （清）陈璨《曲院风荷》。

图4-42 （清）华嵒《竹林七贤图》　　图4-43 云栖竹径

文化中象征不惧艰辛、中通外直、宁折不屈的品格，因此备受国人喜爱（图4-42）。竹子在园林中也具有极高的观赏价值。"山有竹则山青，水傍竹则水秀"。在中国文化中，"松、竹、梅"被誉为"岁寒三友"，而"梅、兰、竹、菊"则被称为"四君子"。竹文化的内涵十分丰富和独特，影响着人们的审美意识以及伦理道德，也表现在众多的山水诗、山水画等艺术作品中。早在先秦时期，《诗经》中就有"如竹苞矣，如松茂矣"[1]的诗句。苏轼的"宁可食无肉，不可居无竹"[2]更是古代文人精神世界的写照。文人墨客赞竹、写竹、绘竹、唱竹以及在园林中用竹造景达数千年之久。

　　竹子是杭州的乡土植物，西湖群山中的许多谷地中都分布着茂密的竹林。五云山脚云栖坞就是如此。据《梦粱录》记载，南宋时，苏堤北山第一桥涵碧桥东有广化寺，寺中有竹阁，"四面栽竹万竿，青翠森茂，阴晴朝暮，其景可爱"[3]。西湖园林中以植物题名的景点很多，直接以竹题名的景点也不少。如"云栖竹径"（图4-43）、"黄龙吐翠"景点外、小瀛洲中的竹径通幽、岳王庙附近的竹素园等，以及被称为竹阁、竹山阁、竹轩、竹榭等的园林建筑。现在，杭州植物园有竹类区，占地15公顷，收集了100多个竹类品种，也是观赏竹景观的主要地点。

---

① （春秋）《诗经·小雅·斯干》。
② （北宋）苏轼《竹》。
③ （南宋）吴自牧《梦粱录·卷十二》。

第四节 插花艺术

插花艺术是将大自然中植物之美和人工装饰之美巧妙地结合起来的一门综合艺术。中国传统插花艺术萌芽于春秋战国时期，盛于唐宋，成熟于元明，衰于清末，有三千多年的历史。周初至春秋中期，我国已有用花祭祀、借花传情和插花装饰仪容的习俗。秦汉时，插花的雏形已经初步体现。河北望都东汉古墓的墓道壁画中描绘有一个陶质圆盆，盆内插上小红花置于方形几架上，形成了三位一体的形象。《南史》有记："有献莲花供佛者，众僧以铜罂盛水，渍其茎，欲华不萎"。故在南北朝时佛前供花"借花献佛"之礼广为流传。唐代花艺不仅在宫廷内大受欢迎，而且深植于大众日常生活。唐人罗虬在《花九锡》中较详尽地记述插花的容器、工具、浸水和花台等内容。宋代，插花在宫廷和民间都很普及并受到文人的喜爱，艺术性进一步提高。德寿宫遗址出土了造型奇巧的青釉六方七管占景盆（图4-44）。元代插花风格常用花材的寓意和谐音来表达作品的主题。明清时期，插花理论有了较大的发展，许多插花论著相继问世。如高濂《遵生八笺》中的"瓶花三说"（瓶花之宜、瓶花之忌、瓶花之法）以及张谦德的《瓶花谱》、袁宏道的《瓶史》、唐本畯《瓶花月表》等。

中国传统插花艺术在历史长河中，受儒、释、道等哲学思想及中国文学艺术、绘画、造园和民俗等影响，采用不对称的构图形式，擅长线条造型、飘逸自然，形成了崇尚自然、富于诗情画意、体现大自然的和谐之美等独特的风格与特征，展现了具有中国传统文化特色和审美情趣的艺术形式，并为西方现代插花所借鉴。

中国传统插花艺术以唐、宋以来文人插花最为典型。其特色是以情趣为重，以清雅为念，素雅朴实，不求华丽，运用诗的意境、画的构图，以有限的形象去表达无穷的景外之景、弦外之音的创作方法，形成了特有的宇宙观和审美情趣，这与中国绘画、园林营造是一脉相通的。

宋代，插花、焚香、点茶和挂画是人们日常生活中需掌握的4门技艺。西湖老人《繁盛录》中记载了南宋时期端午节家家供奉鲜花的盛况："（五月）初一日，城内外家家供养，都插菖蒲、石榴、蜀葵花、栀子花之类""虽小家无花瓶者，用小坛也插一瓶花供养，盖乡土风俗如此。寻常无花供养，却不相笑；惟重午不可无花供养。端午日仍前供养"。《梦粱录》载，南宋时的杭州茶肆"插四时花，挂名人画""列花架，安顿奇松异桧等物于其上"，用以装点店面。南宋时杭州寿安坊有许多卖花的花店和摊贩，因而被称为"花市"。"东西马塍，在余杭门外，土细宜花卉，园人多工于种接，都城之花皆取给焉"[①]，杭州城

[①] 《咸淳临安志》。

外有大型的花卉种植基地，供应都城大量的花卉需求。当时杭州鲜花的消费量非常可观，如端午节日"一早卖一万贯花钱不啻"，因为"钱塘有百万人家，一家买一百钱花，便可见也"。

宋代插花主要有宗教插花、宫廷插花、文人插花和民间插花等类型。南宋画院画家李嵩的《花篮图》系列现存春、夏、冬三幅（图4-45），生动地展现了当时宫廷插花的美学趣味和艺术水准。画面中，大型花朵位于中央，小型花朵位于左右及下方，花与枝的搭配丰富多样，富有线条感。花材上，春图册花卉为连翘、碧桃、黄刺玫、海棠、林檎，夏图册花卉为栀子、萱草、蜀葵、石榴花、夜合花，冬图册花卉为绿萼梅、瑞香花、蜡梅、山茶花，都是不同季节的代表花卉。宋末元初吴兴画家钱选也画过一些艺术水准很高的花篮图。在其他一些宋代绘画，如人物、山水、界画中，也时常可以看到插花的身影。插花所采用的素材，除了娇艳欲滴的各色花卉，还有果蔬和线条优美的植物枝干。这些绘画中的插花，不仅说明了当时插花的普及程度，也展现了当时的插花艺术风格。

由于皇家的推崇和民间的普及，杭州的插花艺术在南宋时达到一个高峰。今天，这一文化传统有着很好的延续，杭州既有大量的中国传统插花的传承者和爱好者，也有许多融会东西方插花艺术的花艺师。有关部门和组织经常在西湖周边园林中举办插花艺术展览，评选优秀插花作品，促进插花艺术进一步发展，丰富人们的生活内涵（图4-46）。

图4-44 南宋占景盆
图片来源：南宋德寿宫遗址博物馆

图4-45 （南宋）李嵩《花篮图·冬》
图片来源：杭州国家版本馆

图4-46 插花（作者：江志清）

第五节　盆景艺术

一、盆景的渊源

盆景始创于中国，是我国独特的传统艺术之一。它是一种将大自然景物经过艺术加工并"缩影"的造型艺术，又是园林栽培和文学、绘画等艺术互相结合、融为一体的综合性造型艺术。盆景是将生长中的植物和雕琢加工后的山石，依创造者的构思，通过独特洗练的造型，巧妙地布置在合适的盆钵中，表现出其自然美和造型美的艺术。

盆景是从盆栽发展而来。河姆渡遗址出土的六七千年前盆栽三叶纹陶块和盆栽五叶纹陶块（图4-47），说明中国有悠久的盆栽历史。秦汉之际，有李斯以奇木配石创作盆景的传说。西汉的张骞出使西域时，将盆栽石榴引种到中原。东汉时期（25-220年）盆栽兴起。史书记载的东汉费长房的"缶景"，是关于我国艺术盆栽的最早记载。河北望都东汉墓室的壁画中描绘的扦插式盆景，是介于插花与山水盆景之间的过渡类型。两晋时（265—420年），盆栽渐渐普遍。南北朝，山水画兴起，盆景制作已开始借鉴山水画论的理论与技法。南朝梁萧子显曾撰《南齐书》，有"刻石山，相传为名"的记述，是早期的山水盆景雏形。唐章怀太子李贤墓甬道壁上绘有两幅侍女手捧盆景的壁画，证实盆景在初唐或更早已作为宫廷装饰之用。唐代诗、画中留下的一些描述证实了当时赏玩盆景渐成风气，并把盆景作为宫廷里的观赏珍品，亦有多部石桩盆景专著。北宋徽宗赵佶的《听琴图》《祥龙石图卷》留下了山石上置有盆景的画面。北宋张择端的《明皇窥浴图》中展现了姿态优美、古老苍劲的树桩盆景。南宋王十朋在《岩松记》中说："友人以岩松至梅溪者，异质丛生，根衔拳石。茂焉非枯，森焉非乔，柏叶松身，气象耸焉。藏参天覆地之意于盈握间，亦草木之英奇者，余颇爱之，植以瓦盘，置之小室……"这个描述与今天的附石盆景极为相似。元代高僧韫上人善于制作微型盆景，称之为"些子景"，诗人丁鹤年的《为平江韫上人赋些子景》称赞其盆景艺术。明代，制作盆景的风气更盛，还出现了有关论述制作盆景技艺的专著。这些专著指出创作盆景要有画意，要学习古代画家对古树的用笔，并论述了树木栽植的布局方法，告诉人们在盆景的蟠扎整形上要顺乎自然，看不到人工的痕迹（图4-48）。据明代高濂《遵生八笺》中"高子盆景说"记载："盆景之尚天下有五地最盛，南都、苏松二郡、浙之杭州、福之浦城，人多爱之，论值以钱万计，则其好可知"。这些地方至今仍是我国盆景艺术的中心。清代，玩赏盆景的风气极盛。康熙帝曾有《盆景榴花高有数寸开花一朵》诗云：

"小树枝头一点红，嫣然六月杂荷风。攒青叶里珊瑚朵，疑是移银金碧丛"。西湖隐翁陈淏子作的《花镜》一书中有"种盆取景法"专节，对盆景的布势、取材、配置都作了详尽的论述。

中国的盆景很早就流传海外。隋代，茶花盆栽就流传到日本，唐时盆景多次传入日本，明代盆景石又陆续传到日本。第二次世界大战后，盆景由日本传到欧美各国。现在，在每年的英国切尔西花展中，也会展出树桩盆景。

二、盆景的类型和特点

盆景的分类有多种方法。有的将盆景分为树桩盆景和水石盆景，或分为树桩盆景和山水盆景两大类，但各地分类方式不同。以制作盆景的主要素材为依据，杭州将盆景分为树艺盆景和艺石盆景两大类。

1.树艺盆景

树艺盆景以树木花草为主要材料，通过各种抑制植物生长的措施和造型技巧，达到以小见大、姿态优美的艺术效果。也有配以山石，或桥亭，或人物，或禽兽等零部件为辅景，置于盆钵中，构成一幅浑似天然的立体图画。这类盆景又分为树桩盆景、附石盆景、花草盆景、贴木盆景四类。

（1）树桩盆景：不是对自然的单纯模仿，而是树木形态美与内涵美的艺术再现。植物体态有的俏丽秀雅、线条优美，有的苍劲古朴、虬干盘根，有的雄伟挺拔、苍翠茂盛，有的花果繁茂、灿若云锦，表现出自然美和意境美。

（2）附石盆景：以树木为主，山石为辅，树有姿，石有势，树石交融，气势连贯。有的再点缀一些盆景的配件辅景，用比较简练的手法，将树、石、土三要素进行艺术的布局，形成清新雅致、诗趣盎然的小幅画面，是山巅奇树、危崖孤松的一种特写画面的艺术再现。

（3）花草盆景：以种植各种花草为主，再配以山石构成的画面。

（4）贴木盆景：以枯朽树桩为主体，在枯干的洞穴、根际或隐蔽部位，种入幼苗或藤本植物，或刻挖裂隙，将植物嵌入其中，再进行绑扎固定，形成"枯木逢春"的艺术效果。

图 4-47　河姆渡五叶纹盆栽图

图 4-48　盆中景 [（明）蔡汝佐画，1607 年]

图 4-49　水石盆景（清江帆影）
图片来源：浙江土畜产公司广告

图 4-50　杭州花圃

2.艺石盆景

艺石盆景是以一种山石为主，经过艺术加工处理后配上合适的座架，或用山水画理来布置山石，并适当放置小件盆景配件和点以细小植物材料，构成一幅象征天然风景的立体画面。此类盆景又可分为水石盆景（图4-49）、石附盆景和供石盆景三类。

（1）水石盆景：是由山石和水体二者组成的，以砂积石、斧劈石、松皮石等为主要材料，经过处理后，按照山水画理布局在储水的浅盆中，按题材配以盆景零件和细小的植物，构成一幅气势磅礴的立体山水画。

（2）石附盆景：以山石为主要素材，配植植物作配景，再点缀一些盆景零件，按山水画理进行构图布局，构成一幅自然景色的缩影。

（3）供石盆景：又称"贡石"或"摆石"。此种供石选择形态奇妙、色泽晶莹多彩、不同石质的自然石，经过人工修整或雕琢，再配上合适的座架，展示其观赏效果，所谓"虽一拳之多，而能蕴千岩之秀"，起到小中寓大、以少胜多的艺术效果。

造园艺术是模仿大自然山水创造的人工山水，是自然的缩影，而盆景艺术则是在造园艺术的基础上经过再提炼、再缩小而成的观赏性的景观装置。盆景的"自然缩影"可视为对自然景象的摄取，是把精华部分加以概括、提炼、集中到作品中来，达到小中见大，新中见古，即所谓"源于自然，高于自然"。

盆景是一种特殊的造型艺术，处处体现出诗情画意。明代文震亨在《长物志》中谈到盆玩（盆景）时，曾称天目松为第一，并说："其本如臂，其针若簇，结为马远之倚斜诘曲，郭熙之露顶张拳，刘松年之偃亚层叠，盛子昭之拖拽轩翥等状"，将盆景造型的优劣与画家作品的意境相提并论。盆景创作的诗情画意，有时还要通过与园林景观一样的题名来表达，意境深远，富有艺术感染力。树桩盆景是一种有生命的艺术品，山石盆景则提倡气韵、骨法与形态美。另外，盆景对于盆、架的要求也非常讲究，要求盆、架的形状、大小、色泽、质地和谐统一，相映成趣，所谓"一盆二景三架"。

三、浙派盆景的艺术特色

盆景艺术在历史的发展中形成了不同地区的不同流派，具有不同的特点。江浙的盆景明秀典雅，北方盆景敦厚稳健，蜀地盆景工细精深，岭南盆景轻盈潇洒，苏州的盆景苍古奇崛，上海的盆景新颖别致，扬州的盆景精工细作。

浙江盆景在漫长的历史发展中，早已形成了独特的风格。河姆渡文化遗址发现的"长方盆栽万年青"五叶纹陶片，证实了浙江是我国盆景的发源地。吴越、南宋以来有关记载浙江盆景、盆玩的史料，屡见不鲜。

浙派盆景以杭瓯两地为代表，崇尚自然、师法自然、追求意境、具有鲜明的地方特色（图4-50）。浙派盆景树种选择以松、柏为主，还有榆树、雀梅、水蜡、梅树、石榴、枫树等；造型以高干、合栽的丛林式为基调，重在求气骨、尚气韵、传山水树木之神；注重节奏布势，讲究力度；线条处理上强调直线与曲线、顺势与逆势、硬角度与软弧度等并用，旨在刚柔相济，顿挫收放，流畅明快，在枝条线法间表达张弛有度、诗情画意的"书卷气"，展示明秀典雅的特点。但浙江各地的盆景又同中求异，各有特色。浙派盆景艺术可用"条达自然，中和宁静"来概括。

唐代杭州已流行天目石松盆景。据《梦粱录》记载："钱塘门外溜水桥，东西马塍诸圃，皆植怪松异桧，四时奇花，精巧窠儿，多为龙蟠凤舞飞禽走兽之状。每日市于都城，好事者多买之，以备观赏"。可见，当时杭州盆景已相当兴盛，开始采用动物造型。此时已形成树艺盆景和艺石盆景两大类。这之后，杭州一直是中国盆景艺术的中心之一。新中国成立后，杭州建立了结合科研、观赏和生产功能的杭州花圃，设置专类园展示盆景和兰花，进一步继承和发展了盆景艺术；同时出现了对盆景艺术有研究与实践的专家和艺匠，以及许多有关盆景艺术的书籍与文章，如崔友文编著的《中国盆景及栽培》，杭州市园林管理局编的《杭州盆景资料选编》（内部资料）。潘仲连先生于1984年主笔编写了《盆景制作和欣赏》《树桩盆景》等著作，此外其还参与撰写多本有关园林和盆景方面的书籍以及数十篇有关盆景的文章。

潘仲连先生从1962年开始踏上探索盆景的道路，创作了《刘松年笔意》《泰岱风骨》《听》《自然之子》《横空出世》《黑旋风》等众多精品之作。其中《刘松年笔意》（图4-51）可视为奠定浙派盆景风格、代表浙江松树盆景水准的经典之作，曾获1985年第一届中国盆景艺术评比展览一等奖，获世界盆景友好联盟（WBFF）最高奖——"中华瑰宝奖"，同时被收录在英文版《中国盆景》一书中。它以高耸、挺拔和富有朝气的自然姿态，以松颂人，人松合一，赋予作品永恒的生命力。此后，潘仲连先生连连获得世界和国内盆景展的众多奖项，如圆柏盆景《泰岱风骨》在第四届亚太地区盆景赏石展获金奖，五针松盆景《窥谷》获得银奖。1994年5月，中国盆景艺术家协会授予潘仲连先生"中国盆景艺术大师"的称号。潘仲连先生的作品，气势恢宏，轩昂峻峭，寡轻柔、重刚骨，富有阳刚之气，蕴含时代气息，散发清冽、蓬勃的朝气和东方书卷味。中国盆景高级艺术师、浙江省盆景艺术大师盛光荣先生也创作了许多优秀的盆景作品，包括《唐梅宋骨》《松林牧归》《思春》《清晓雨晴时》《同根同心同气》《相依一生》《壮志凌云》等，其中《唐梅宋骨》（雀梅，高118厘米，宽90厘米，图4-52）斩获第七届中国盆景展览金奖、第七届世界盆景友好联盟大会暨第十二届亚太盆景赏石大会最高奖——"中华瑰宝奖"等大奖。世界盆景友好联盟荣誉主席胡运骅先生评价盛光荣先生的盆景艺术："远观气韵生动、树势恢宏，近赏则精巧细微，耐人寻味"。

盆景是中国古老、传统的技艺，杭州盆景艺术历史悠久，技术精湛，盆景千姿百态，充满着诗情画意，融自然美与人工美于一体，给人们以美的享受。

图4-51 《刘松年笔意》（作者：潘仲连）

图4-52 《唐梅宋骨》（作者：盛光荣）

图5-1 （南宋）李嵩《月夜观潮图》
图片来源：杭州方志馆

在数千年的历史发展过程中，勤劳智慧的中华民族不仅创造了巨大的物质财富，也创造了灿烂的文化。建筑是人类基本实践活动之一，也是人类文化的一个重要组成部分。中国古代的木构架建筑在不断的演变中逐步形成了特有的建筑体系和独特的形式。园林建筑是中国古代造园的要素之一，是在传统木结构建筑基础上发展出来的，布局更加灵活自由、形式更加多样的建筑类型，对园林的整体面貌有着重要的影响。我国地域广阔，自然条件多样，因而各地的建筑风格、形式和色彩有着较大的差异，如北方建筑厚重庄严，南方建筑疏透轻盈，园林建筑风格亦是如此。

"师法自然"是中国园林艺术的基本原则，与自然环境协调也是中国园林建筑遵循的法则，故而中国的园林建筑往往依据地形和景观特点进行布局和组织空间（图5-1）。西湖风景园林不仅有江南园林淡雅秀丽的共性，而且有自生的外向性特点，园林景点都与西湖山水风景融为一体。园林建筑多为木结构，粉墙黛瓦，形象轻盈，空间通透畅达，室内、室外联系紧密又相互渗透，除了满足使用功能外，还与山水、花木密切结合，组成绚丽多彩的风景画面，令人赏心悦目。宋代郭熙在《林泉高致》中说："水以山为面，以亭榭为眉目""故水得山而媚，得亭榭而明快"。这说明园林建筑还起着园林景致的构图中心的作用。西湖风景园林中的保俶塔、雷峰塔、城隍阁以及钱塘江畔的六和塔等，都是杭州西湖的标志性景观。

西湖景区的园林建筑，也带有深刻的地域和历史印记，并随着时代而不断发展。西湖传统园林建筑具有深厚的宋文化印记，保留了不少宋式建筑传统工艺和符号，如厅堂的正脊纹饰图案和瓦当图案、仿制宋式斗栱的传统工艺技术，此外还吸收了地方山地居民的穿斗式梁架、直坡屋面、毛石石墙等建筑特点。近代，西湖景区出现了不少西式洋楼和中西合璧建筑；新中国成立后，西湖风景名胜区的风景建筑表现出多样的风格，包括仿古建、仿民居和现代建筑等，但在相关法规的要求下，建筑的体量、形式、材料等都受到较好的控制，因而总体呈现出与环境和谐的面貌。

总之，西湖景区的园林建筑，既具有中国园林建筑的共性特征，也因历史、地域的原因，以及受西湖风景环境的影响，形成一种素雅、开放、兼具内向与外向、与风景紧密结合的风格，具有"自由、疏朗、轻巧、简朴、明快"的特点。

第一节 园林建筑选址之"相地立意"

杭州西湖景区以连绵的群山和一湖碧水作为园林景观构图的主体，以植物景观为特色，以建筑为观景和点景的双重功能载体，形成"天然之趣"的园林艺术意境。在这样的环境中，建筑强调"依山就势""随山依水""化大为小"的布局原则，通过巧于因借、灵活安排，"自然天成就地势，不待人力假虚设"，紧密结合山水树石，层叠错落，穿插、点缀在自然风景之中，起到画龙点睛的作用。西湖园林建筑在自然美中注入人工美的气息，渲染着人们现实生活的情趣。

西湖景区中最早的园林建筑是寺观。唐、宋时，杭州佛教盛行，宗教建筑散布在市区和西湖景区中。有的居山巅，如灵顺寺、真际寺、荣国寺、福星观和五显祠；有的隐入山坳溪谷，如灵隐寺、天竺三寺、云栖寺和理安寺等；有的依山腰、山麓，如大佛寺、永福寺、韬光寺、灵峰寺、清涟寺、玛瑙寺等；有的濒临西湖，如净慈寺、昭庆寺、凤林寺等；有的傍钱塘江，如开化寺、天龙寺、栖云寺以及吴山的寺、庙、宫、观等。"南朝四百八十寺，多少楼台烟雨中"，这些寺观掩映在山林树木之间，成为西湖自然风光中的人文点缀。

古时西湖周边山上多佛塔，有的是寺院浮屠，有的是单独建造的佛塔，如南、北高峰上的佛塔，夕照山上的雷峰塔，宝石山上的保俶塔，钱塘江边六和塔。这些塔体量较大，又占据西湖山水显要位置，由于选址合理，起到控制西湖景域的作用，也为西湖风景画龙点睛。古塔中留存至今或者经修复的，当属保俶塔和雷峰塔，前者秀丽，后者敦厚，都挺拔高耸，体量与山势相当，成为点缀西湖南北景观的标志物。而位于钱塘江畔的月轮山上，建有60米高的六和塔。从江边远望，霞光塔影，风姿绰约；登塔临槛，对着极为开阔的钱塘江，一派旖旎风光尽收眼底。

除了寺观，西湖景区中还有许多庭院园林，建筑组团或依山，或傍水，"相地合宜，构园得体"，错落于山水之间，点缀着湖山。山林地势有缓有急，有高有低，自然空间层次较多，傍山的园林建筑往往借助地势起伏，错落组景，若隐若现。西泠印社的亭台楼阁依山势而建，结合地形地物，比例和谐，轮廓优美。玉皇山紫来洞的喜德山房，因地制宜，高低错落，轻巧玲珑，在此远眺，视野平远辽阔，画面层次丰富。西湖

图 5-2　过溪亭（旧照）
图片来源：《西湖旧踪》

图 5-3　过溪亭（二老亭）

边不乏傍水的园林。古时甘园中小蓬莱亭，周密诗云"小小蓬莱水中央"。宋代赵堤有裴园，杨万里诗云："岸岸园亭傍水滨，裴园飞入水心横"，整个园林都在水面中央。湖心亭"绕亭之外皆水，环水之外皆山"[①]。小瀛洲在西湖葑泥堆筑的堤岛上营建，内外皆水面，无论亭、榭、堂等园林建筑都如同漂浮在湖面上。

西湖景区中散布的风景建筑多是以山水为依托，尺度较小，轻盈飘逸，淡雅朴素，与环境协调。有的置于山岗，如吴山的江湖汇观亭，葛岭上的初阳台；有的依危岩，如烟霞洞的呼嵩阁、舒啸亭，飞来峰的翠微亭，中山公园的万菊亭，北山的来凤亭；有的跨溪流，如龙井的过溪亭（图5-2、图5-3）、灵隐的春淙亭；有的深入水面成为水中建筑，如湖滨的集贤亭、长桥的夕影亭以及小瀛洲的开网亭、亭亭亭等。还有更多的亭、榭、楼、阁选址在水畔，如灵隐寺前冷泉亭、壑雷亭，平湖秋月的系列临湖建筑，北山原杭州饭店前的风雨亭；柳浪闻莺御码头的翠光亭，湖滨的湖畔居和问景亭；花港观鱼的竹构长廊、艳湖花架长廊、花港茶室、翠雨厅和蒋庄的寂照亭等；曲院风荷的湛碧楼、红鞘翠盖亭和迎熏阁等；湖西三台遗迹的雪舫亭、跨湖的飞虹廊及霁虹榭；乌龟潭的华来镜里和跨溪的花浓鸟聚廊；茅家埠的芳桂亭、统秀亭、一镜芳香亭、静趣同山榭、黛色参天重檐八角亭、凝紫重檐圆亭、清壑亭等。总之，西湖园林建筑选址和组景意匠是紧密结合的，既注意突出各种自然景物的特色，又"宜亭斯亭，宜榭斯榭"，尊重自然景物和地理因素，做到恰如其分、宛若天成。

第二节　园林建筑的空间布局

中国传统建筑的平面布局，是木结构体系直接影响下产生的，即以"间"为单位构成单幢建筑，再以多个单幢建筑组成庭院，进而以庭院为单元构成各种形式的建筑组群。其布局采用均衡对称的方式，沿着纵轴与横轴布置，一种方式是在中轴线上先配置主要建筑，再在主要建筑两侧和对面布置若干次要建筑，组成封闭性的合院空间；另一种方式是在纵轴上建造主要建筑和次要建筑，再于院子左右两侧用回廊将若干单幢建筑联系起来，组成一个完整的格局，称之"廊院"。园林里的建筑多以这两种方式为基础，结合自然要素，加以变形、组合，形成更富有变化的平面布局。西湖风景园林建筑的空间组合形式，有以独立的建筑物与环境相结合的开放性空间，由建筑组群自由组合形成的开放性空间，由建筑物围合而成的庭院空间，以及混合的空间组合方式。

---

① （清）陆次云《湖壖杂记》。

独立的建筑物与环境相结合形成的开放性空间，主体多为小体量的游憩建筑，或在山头，或在水际岸边，以塔、亭、榭的形式作为点景。如湖滨的集贤亭，以出挑深远的屋檐、纤细的亭柱和升腾欲飞的形象，"漂浮"于宁静的湖面上。亭为主体，北山保俶塔、西湖西部群山为背景，构成一幅绝美的山水图画。每当夏日荷花盛开，或逢深秋残荷，或遇夕阳西下，集贤亭呈现出尤为灿烂耀眼的景致（图5-4）。

自由组合、形成开放性空间的建筑组群，一般功能比较复杂，规模较大，空间层次较多。西湖北山的望湖楼景点，原为民国15年（1926年）根据苏东坡的"六月二十七日望湖楼醉书"而建的两幢二层建筑。20世纪80年代改建时充分利用宝石山余脉的山体，因高就低，于不同高程上布置望湖楼、餐秀阁等主体建筑，以古香樟为核心，通过连廊、垂花门、假山、平台，组成高低错落的面向西湖的开放空间。"平湖秋月"由楼、榭、亭、曲桥、平台、假山、曲径和绿化空间所组成，平面上紧临水岸，竖向标高上紧贴水面，其中休息和观赏湖景的楼阁平台，深入湖面，可远眺妩媚的湖光山色，体现了"近水楼台先得月"的意境。"三潭印月"岛田字形的开放性空间布局中，先贤祠、九曲桥、开网亭、亭亭亭（百寿亭）、卍字廊、曲径通幽漏窗墙、四方亭、翠雨轩、碑亭和"我心相印"亭等建筑集中位于南北轴线上，通过曲桥串联，而东西轴线由土堤、汀步组成。在岛上可远望北山、南山和西山景色，也可眺望浮于水面的3座风姿古朴的石塔，尤其在月夜里倒影摇曳，景色迷人。建于20世纪80年代末的中国茶叶博物馆位于吉庆山南麓的缓坡上，面对五老峰。建筑呈山庄式布局，建筑造型依据茶乡传统风格，屋顶形式采用江南民居坡顶。4个不同功能的组群，结合环境，因地制宜，分置于缓坡的不同高程上，整体隐于绿树森森、跌水淙淙的优美环境之中。而茶叶博物馆的龙井分馆，采用山地民居的建筑形式，因地制宜、随高就低地将一系列小型建筑布置在喀斯特地貌上，组成与山地环境协调的建筑空间。

建筑物围合而成的庭院空间在古典园林中较为多见，一般是由厅、堂、轩、馆、亭、榭、楼、阁等单体建筑通过水池、假山、廊、院墙、绿植等连接围合而成。建筑形体、体量、方向富有变化，布置得体，主次分明，重点突出，彼此呼应顾盼。这种布局有单一庭院形式，也有几个庭院组成，其空间具有内聚性，但又通过廊、桥、汀步、漏窗、洞门等将自然要素引入庭院，使空间富于变化。西湖郭庄的庭院，有北、南两池，北称镜池，南谓浣池。北池主要由北侧的"迎风映月"扇面亭、曲折长廊、两宜轩、曲桥组成大水面镜池空间。南池以景苏阁为主景，临湖则有香雪分春、乘风邀月、两宜轩、赏心悦目、如沐春风等亭轩楼阁，围合成绿树掩映、波光摇曳的浣池空间和规整的"静必居"天井式生活院落。此外，"枕湖"洞门通往墙外滨湖平台，可远眺苏堤烟

图5-4 集贤亭

柳，一湖烟水。西湖北山的黄龙洞，内有5个庭院空间，包括：由山门、自然水池、竹林和雕龙花窗隔墙形成竹林曲径自然空间；由建筑、戏台、围墙组成的观演空间；由前殿、池廊、三清殿、方竹园组成的道院空间；由鹤止亭、跌水（龙头吐水）、置石（有龙则灵）、璧山、池廊组成的水池空间；以及由黄石掇筑的龙形假山空间（图5-5）。

　　西湖现当代园林建筑吸取了古典园林的布局精髓，在空间组合上有不少佳作。如玉泉观鱼景点，以仿民居的建筑形式组合成系列庭院。入口空间由门厅和立峰小院组成，通过连廊过渡到三面建筑、一面花窗墙围合而成的主景鱼池空间，然后建筑组团分别向东、向北拓展出"晴空细雨"和"珍珠泉"两个封闭空间，而这些大小不一的庭院空间又通过花窗、门洞互相渗透，并与周边自然环境紧密联系。

　　由于景点的功能和组景的需要，西湖园林建筑也常采取混合式的空间布局。如位于孤山的西泠印社，山下部分是由柏堂、竹阁、碑廊、漏窗和园墙组成的以莲池为中心的庭院布局；山坡上是从牌坊开始沿山而上的山川雨露图书室、仰贤亭、印泉、遁庵、还朴精庐组成的开敞式过渡空间；山顶围绕山池建汉三老石室、观乐楼、华严经塔、题襟馆、四照阁、剔藓亭等建筑，布局紧凑、典雅精巧、高低错落，构成自由式布局的山庭（图5-6）。在面向西湖一侧的建筑和平台，可远眺西湖的湖光山色。因此，西泠印社的园林空间是由山下的围合水庭园、山顶的开敞山庭以及山坡的自然过渡空间组成。

此外，西湖景区中的寺观宗祠建筑在整体规整的基础上又富有变化。景区中的宗祠建筑多是以单一轴线建筑组加上围廊或围墙形成的建筑空间，如岳王庙、于谦祠、钱王祠、阮公祠等。寺庙多藏于山中，布局因地制宜，各有特色。古时，西湖景区散点分布了众多寺观，形成以净慈寺为核心的南山寺庙群和以灵隐、天竺为主的北山寺庙群。这些寺院的总体布局充分遵循 "依山傍势" "各随地势以构筑" 的原则，合理地进行布设。其宗教活动场所，多按寺院的传统规制，在中轴线上安排寺庙的主体建筑群，并多以山峰为背景，然后由轴线主建筑、廊庑等组成主院落空间。规模大的寺院，如灵隐寺、净慈寺，有数个佛事活动空间，组成宏伟的寺院组群（图5-7、图5-8）。但在与周边山林、溪泉相汇处，往往有散点式或者开敞式的建筑单体或者组合构成富有自然气息的园林空间，如灵隐寺前临溪正对飞来峰的冷泉亭。南山的虎跑名胜，原先也是寺院，由头山门进入后是幽深的步道引人入胜；山麓是虎跑寺与定慧寺两组轴线建筑组成的庙宇空间；两寺中间是由虎跑泉方池、罗汉堂、滴水崖、碑廊、叠翠轩等围合构成的两寺公共园林空间。

2003年重建的灵隐永福寺，坐落于美女峰南的石笋峰的缓坡上，其建筑顺山形与自然地势有机结合，建筑单体虽然规整但群体组合灵活多变（图5-9）。普圆净院、迦陵讲院、资岩慧院、古香禅院等4组佛教建筑院落顺山势分别置于不同高程的平台上，每个院落都是半封闭布局，曲折迂回的石蹬道将层层的佛殿连接为整体。远远望去，大部分建筑都半藏半露在茂密的风景山林之中，只露出半片黄墙和轻盈起翘的屋角，体现出"深山藏古寺"的意境。在西湖综合保护工程中复建的高丽寺，在保持自身建筑轴线的同时，顺应地形，采取了谦卑消隐的姿态，中轴线建筑群两侧的建筑体量小巧，围合成小型院落。整个寺院掩藏在绿色环境中。

总之，西湖风景园林的建筑，遵循"山林为主，建筑是从"的原则，依据所处的自然景色的特点和地形地貌条件，因地制宜、顺应自然、随势赋形，合理地进行空间布局，形成各具特色的景点。

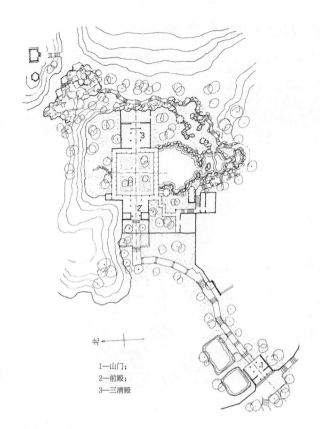

图 5-5 黄龙洞平面图
图片来源：《中国古典园林史》

1—山门；
2—前殿；
3—三清殿

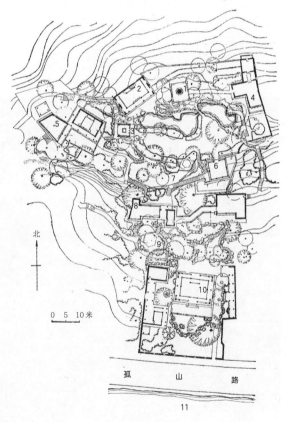

北

0 5 10米

孤 山 路

11

图 5-6 西泠印社平面图
图片来源：《中国古典园林史》

1—石塔；2—观乐楼；3—石室；4—题襟阁；5—还朴精庐；6—四照阁；
7—鸿雪径；8—山川雨露阁；9—石牌坊；10—柏堂；11—外西湖

西湖景区园林建筑艺术　　263

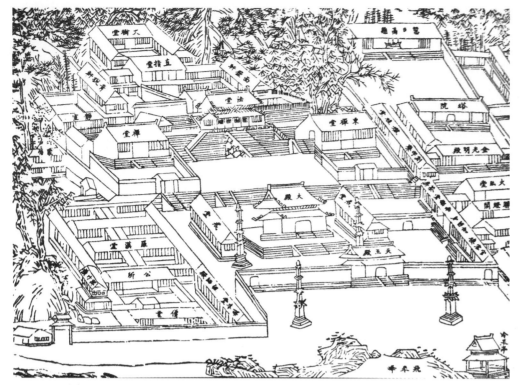

图 5-7 灵隐寺图
图片来源：（清）孙治初辑、徐增重修《灵隐寺志》

图 5-8 隐在林中的灵隐寺

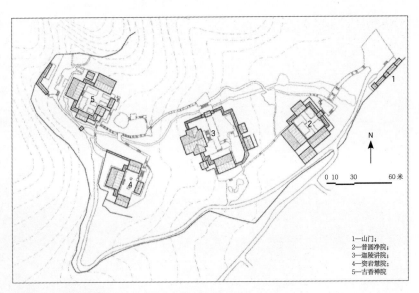

图 5-9　永福寺平面图
图片来源：《明清杭州园林》

第三节　园林建筑的体量与尺度

园林建筑的体量取决于所处园林空间的山、水、林、石诸元素的形态与大小，以及建筑物本身在这个环境中的地位和园林风格等。建筑尺度具有相对性，在比较中显现尺度的合理性。

西湖风景园林建筑与西湖风景特色紧密结合，为风景增色。元代汤垕在《画鉴》中谈及山水画的构图原则："山水是主，云烟、树石、人物、禽兽、楼馆皆是宾。"西湖风景如画，景观构图亦如画论所言。西湖之水，不大而平静，西湖之山，不高而和缓，山水之间的比例关系非常协调。新中国成立后，对西湖风景建筑设计提出了"五宜"和"五不宜"的原则，即宜小不宜大、宜矮不宜高、宜散不宜聚、宜隐不宜露、宜淡不宜艳，这些也是西湖传统建筑的特点。从西湖风景园林大环境来看，环湖空域，除北山的保俶塔、夕照山的雷峰塔和吴山的城隍阁（图5-10）显露外，周边的园林建筑体量的比较小，高度不高，多掩隐在风景山林之中，与环境协调。一些园林建筑，由于功能的需要，规模比较大，则将建筑体量化整为零，分散布置，尽可能隐蔽到茂林修竹中，使得建筑的整个体量跟环境之间的关系比较融合。如中国茶叶博物馆，位于双峰村西侧山坡上，将布展、研究、服务和学术报告等建筑分散布置，散落于绿树丛中，与环境协调。又如南山路西子湖畔的西湖博物馆，占地面积两万多平方米，陈列布展面积较大，而按照相关法规景区风景建筑不得超过三层，故整个建筑的大部分沉入地下，不着痕迹地融入周围优美环境之中。

虽然西湖风景建筑总体上保持了与环境的协调，但也不可避免地存在一些遗憾。位

图 5-10 吴山城隍阁

图 5-11 小瀛洲

于北山的新新饭店建筑体量较大，加之升高的电梯井塔楼，在西湖景区中特别显眼和突兀。在近40年的城市快速发展中，西湖东侧杭州城区建筑体量与高度迅速增加，鳞次栉比的现代高层建筑大有与湖山争高低之势，极大地破坏了西湖山水的和谐尺度。曾为杭州海湾的两个岬角的宝石山和吴山，也被包围在"水泥森林"之中，湖山之联系受到阻隔。

第四节　园林建筑的装饰与色彩

西湖传统风景园林建筑多采用中国木结构体系中的抬梁式结构，并使用榫卯组合木构架或在木结构中使用斗栱，充分体现出中国古建筑的特点。古建筑的屋角反翘和屋面举折，使形体庞大、沉重下压的屋顶显出向上挺举的轻快之感和舒展飘逸的艺术形象；配以宽厚的正身和阔大的台基，加上梁枋、斗栱、雀替、博风、天花、藻井等巧妙的艺术处理，以及屋顶的脊吻、走兽、瓦当等装饰，使建筑呈现协调舒展、丰富多彩的风格。

由于木构古建筑无需墙壁承重，屋身部分可根据不同用途作出多种处理。如在外檐，可安装槛窗、支摘窗和阑槛钩窗，或设屏门和格门，或全开敞、只在檐柱之间安置坐凳栏杆；屋内的隔断，除板壁外，可设碧纱橱、落地罩、花罩、栏杆罩以及博古架、书架、屏风及帷幔等；内外檐的重点部位，如梁枋、楣罩、柱头、擎檐撑、琴枋、马腿和雀替等，饰以各种形式的雕镂纹样，以动植物纹样或神话传说、民间故事等为题材，突出其艺术效果。

新中国成立后，西湖传统园林建筑大多经过修缮或重建，继承了传统古建筑特色（图5-11）；同时，一些新的风景建筑陆续修建，在材料、形式上也有不少创新。古建筑、历史建筑采取"修旧如旧"的原则；新建的仿古建筑、民居形式的风景建筑，多采用钢筋混凝土构架，以木料作斗栱、雀替、牛腿、挂落以及落地门等，如玉泉观鱼庭院、花港茶室等。在这种情况下，这些原先传统建筑体系中的结构部件就只具有装饰的作用。新的风景建筑也有采用钢材、铜材等新材料的，如雷峰塔、城隍阁等。

一、门窗

中国传统建筑的门窗装饰图案纹样众多。窗格玲珑剔透，以几何纹样或几何加草叶纹样为主；而长窗裙板上的木雕饰纹有几何、花卉、动物、人物故事等类型。富有装饰性的门窗不仅表现出建筑的典雅富丽，而且能增加室内外空间的相互渗透，增加空间层次。西湖的灵隐寺采用连续类肘接式窗格，永福寺采用分格类满�式平行直格，孤山的白、苏二公祠却采用连纹类万字纹。吴山伍公庙长窗裙板上雕有梅、兰、竹、菊图案，精雕细刻，工艺精湛。孤山的平湖秋月建筑的落地长窗以绦环纹饰。

总之，西湖风景建筑的门窗纹饰种类繁多，题材内容非常广泛，雕镂手法也极为精细，长窗的裙板木雕最为精彩。

二、漏窗、洞门

漏窗多用在园林建筑中分隔空间的各式墙体上，能让单调的墙面产生变化，造成空间似隔非隔、景物若隐若现的效果，还能增加层次，创造步移景异的景观体验。窗框的形式众多，但以方形与横长两种最常见。漏窗的花纹图案丰富多彩，有几何形也有自然形。传统漏窗图案多为花卉、山水或几何形，也有传奇小说、戏曲以及佛教、道教故事的某些情节（图5-12）。漏窗的装饰花格，因使用材料不同而有砖花格、瓦花格、竹花格或仿竹花格、木花格、混凝土花格以及其他花格等形式。漏窗妆点园林使景致更加丰富多彩，如西泠印社的瓦花格、阮公墩的竹花格、杭州名人纪念馆的水泥梅花格等。北山黄龙洞，沿竹篁松径的石阶路右侧黄色的园墙上嵌有形态各异的九龙石刻漏窗（图5-13），彰显景点主题。杭州众多祠庙的殿堂两侧亦有不少内容各异的砖、石雕花窗。如岳王庙大殿两侧有松鹤圆窗，灵竺地区寺院多采用狮子抢绣球、双龙戏珠、松鹤、松鹿和佛教故事的砖雕花窗，净慈寺有飞仙图案的花窗等。

洞门和空窗多采用带有线脚的灰青色方砖镶砌边框，其上部有精心设计的砖雕题字。洞门和空窗除具有装饰功能外，还让空间相互渗透，达到扩大空间和景深的作用。玉泉观鱼景点的"珍珠泉"和"晴空细雨"两个庭院空间，通过矩形窗洞、多个长方形金鱼花窗和以回纹边框装饰的圆洞门，将3个空间有机地联系起来。在郭庄，人们闲坐在景苏阁内，抬头眺望，正是明代杨周《苏堤观望》中"柳暗花明春正好，重湖雾散分林沙"的景色。三潭印月的"卍廊"和"竹径通幽"两个空间，通过一道粉墙分隔了墙外万竿翠竹和墙内的回廊环绕与古木成荫；粉墙中间有圆洞门，上题有清代康有为手书"曲径通幽"四字，洞门两侧各有两个花鸟嵌花窗。人们通过洞门、漏窗，观看墙外景色，可见竹影婆娑，一条中央石板铺筑、两侧卵石镶嵌的幽深小径消失在竹林深处，景色清幽。人们站在三潭印月的"我心相印亭"前的曲桥上，通过圆洞门和两旁的空窗可看到湖中3个造型优美的石塔，空间层次丰富，景色多姿多彩。

图 5-12 三潭印月泥塑花鸟窗

图 5-13 黄龙洞石刻九龙窗

三、建筑雕刻

我国古建筑、民居中的木雕、砖雕和石刻技艺高超，在手法上多采用混作、镂空、剔地起突和圆雕等方法，创造了各具特色的精美作品，成为建筑艺术重要的组成部分。

1.木雕

木雕在我国古建筑中应用广泛，形式千变万化，花纹图案丰富多彩。西湖风景园林建筑中的古建筑、仿古建筑以及寺庙建筑，多在梁枋、挑檐、擎檐撑、雀替、门、窗、檐廊顶部、插梁挑头等部位采用木雕，装饰园林建筑，呈现建筑之美。如平湖秋月的湖天一碧楼以及四面厅的门窗上雕刻有殷商、西周、两汉时之钟鼎彝器、甲骨文及花鸟图案等，古朴幽雅。

2.砖雕

砖雕是古建筑艺术的一个重要组成部分，江南地区多用于门楼、民居的大门、门罩、檐廊墙头等处，题材丰富多彩。许多大门上有题词，还刻有各种花卉名草、吉祥如意、福禄寿三星以及各种传说故事等图饰。西湖的郭庄入口大门上和静必居的檐廊山墙墀头等处都使用砖雕装饰。杭州动物园主入口大门两侧有狮、虎砖雕，鸣禽馆有花鸟雕等砖雕饰物。

杭州六和塔每层内墙外壁、外墙甬道两侧须弥座束腰处，保存有完整的宋代精品砖雕174组，题材丰富，式样繁多，有莲花、牡丹、香印、卍字、飞禽孔雀、飞仙、嫔伽、狮子、仙鹿、化生等纹饰图案，造型简练，形象生动，构图和风格别具装饰意趣。其中，飞禽孔雀口衔花枝，展翅飞翔，饰云纹，羽毛左右鱼贯排列。飞禽孔雀在佛经中被视为吉祥鸟、神鸟，是佛的化身。"驱魔辟邪"的瑞兽狮子，劲毛卷曲，奔腾跳跃，体态矫健，戏绣球，衔花枝，饰云纹。另有飞仙嫔伽（图5-14），上体像人而有翼，尾如凤凰，飘带飞舞，飘逸动人。嫔伽以佛教中一种神鸟为原型，为传扬佛法幻化而出。此外，六和塔还有碾玉、琐文的玛瑙图案砖雕。

3.石雕

石雕在古建筑中大量使用于建筑的石构件，如台基（须弥座）、柱础、台阶、栏杆、石质漏花窗；或者石建筑，如石桥、石塔、石牌坊等。西湖风景园林中，石雕形式和类型也是比较多。历史最悠久的建筑石雕当属闸口白塔（图5-15）和灵隐寺双塔上

图 5-14　六和塔宋代嫔伽砖雕

图 5-15　白塔石雕细部
图片来源：《杭州闸口白塔》

的佛像，雕刻有药师佛、弥勒佛、释迦佛、普贤菩萨、文殊菩萨等形象，体现了五代时期的佛教文化和雕刻艺术。吴山东岳庙有一对明代剔地起突蟠龙云纹石柱，玉皇山福星观灵霄宝殿檐柱也均为蟠龙石柱，尤以中间两柱为高浮雕，纹样最为生动立体。韬光寺的栏板石雕年代久远。烟霞洞有花鸟漏窗石雕。西湖景区各景点的建筑柱础、平台，桥梁的望柱、栏板、栏杆柱头、抱鼓等都有石雕。在西湖综合保护工程建设中，景区人行道、园路中运用了地雕，部分地方采用线刻形式，以保证游客行走安全。

四、室内陈设

在传统园林建筑中，家具的形态和配置组合对室内空间的品质具有重要的影响，体现了建筑的情趣和意境（图5-16）。

西湖传统园林建筑中的家具种类众多，可分为几案类、凳椅类、屏座类、橱柜类等几大类，每一类中又有多种形式和功能。如在园林建筑的厅堂陈设中，桌是最基本和最重要的，有方形、圆形、梅花形、六角形等桌面形式，也有半圆形、长方形等可拼拆的结合形式，具有不同的造型美。几案类家具也有多种类型和形式，体量有大有小，造型或高或低，位置正偏不一，组合时可聚可散，与其他家具互为呼应，起到丰富美化园林建筑内部空间的作用。厅堂中的天然几几面特别狭长，一般紧挨正面纱槅，用以陈设布置珍贵的瓷器、铜器、玉器等，可增强堂上的气氛和古雅的情趣。桌面短而足较矮的供桌则置于天然几前，形成造型上长与窄、高与低的对比。天然几两侧常布置花几，用以搁置盆栽、盆玩。这几样家具，组成长短、高矮、广狭各异的造型组群，显示出传统厅堂家具陈设的空间组合美。厅堂两侧摆放座椅和茶几，供会客休憩之需。茶几与椅子高低错落，在两侧烘托位居中央的供桌，形成整齐对称的图案美。杭州西湖郭庄的静必居、花港观鱼的蒋庄以及其他名人故居等的厅堂陈设，多沿袭传统厅堂的家具陈列方式，显得质感厚重，整齐华贵。至于书斋别院，家具多精巧，常为自由式陈列，配以书架、卷架，让人有轻松闲适的感觉。庭馆之内，家具小巧，有的设榻，遇到斗室，仅置独座，廊下安瓷凳。园亭中常置石案。古建筑内部多采用宫灯，少量采用现代玻璃吊灯、壁灯。

园林建筑室内陈设的诗画与盆供是空间的重要点缀。厅堂庭馆之中一幅幅意境深远的画卷，配上匾额、楹联，为建筑增添了独有的艺术氛围。盆供既是室内绿化的手法，也是陈设的组成部分。一盆之内的树桩、灵石具有丘壑林泉之美，充满诗情画意。其盆钵几座的形式、质量，与盆供的大小、形态相协调，并与壁间书画、室内家具和室外景物相得益彰。

图 5-16　清代民间陈设

五、建筑色彩

建筑是艺术和技术的综合体，它与绘画、雕塑一样，都遵循着美学的原则，色彩也是增加建筑表现力的手段之一。

建筑色彩具有民族性和象征性。人们通过长期的生活习惯于当地的自然环境，或受宗教、习俗和政治制度的影响，逐渐产生了本民族所喜爱的色彩。我国的汉族喜爱红色、黄色、绿色，将它应用到官殿、庙宇及其他公共建筑上。从文献记载和古画中可知，历史上杭州西湖的建筑，如吴越、南宋皇城宫殿建筑、灵隐、天竺、净慈等寺院，采用红柱、红栏、红格子窗、琉璃瓦顶、青灰台基；御花园的建筑以蓝、绿二色瓦为顶。南宋皇城建筑群用黄色琉璃屋顶，象征皇权的至高无上，而无数的庙宇、寺观以及城门、牌楼、鼓楼等，木结构大部分也使用红色，象征着等级崇高和位置重要。寺庙建筑多用红柱、黄墙、灰瓦，而民间建筑采用黑柱、黑栏、黑格子窗、黑瓦、灰台基，有的不施油漆，保持木材的原色。现在西湖风景园林建筑多沿袭历史上的栗红柱、栗红格子窗、红栏、灰瓦屋顶、青灰台基或白墙，其中柱、窗、栏杆所采用红色的色调有差异，更能体现建筑轮廓美。这样色彩的建筑掩映在郁郁葱葱的环境中，呈现"万绿丛中一点红"的效果。另外，新建的景点建筑，采用呈灰白色的混凝土结构的斩假石柱、梁、枋，采用灰瓦屋顶和灰色台基，如玉泉观鱼、花港观鱼的茶室和湖滨六公园的玉壶春茶室等（图5-17）。

图 5-17　玉泉鱼跃

图 5-18　望海楼（傅伯星　绘）

第五节　园林建筑风格

在西湖碧水与黛山之间，历朝历代都有不少著名的建筑物和名胜古迹，如寺院、宫苑、御园、贵第、宦居、别墅等。宋代有诗云："一色楼台三十里，不知何处觅孤山"，反映了西湖园林建筑的盛况。

中国古代建筑自从建立了木结构为主的体系，建筑风格虽然不断演变，但总体上保持了木构架、大屋顶、方台基的特色。不同朝代的建筑在总体形态相近的情况下，在尺度、比例、节点、装饰等方面有着不少差别。不同历史时期遗留下来的建筑，其风格有着较明显的差异。传统木结构建筑常因火灾、蚁害或木材腐朽等原因损毁、倒塌，无数历史上的建筑因此湮灭无迹，也有一些因不断修葺和重建得以持续地展现在人们面前，但往往会随着重建而呈现出风格的更迭。例如，同样是建于唐代的建筑，望海楼"高十丈，在县南一十三里"[1]，曾是杭州著名的高层建筑（图5-18），据《乾道临安志》记载该楼于南宋时已废；而同样建于唐代的灵隐冷泉亭则直到今日依然可见，但亭子已从白居易所描述的水中亭变成了如今的水畔亭，风格亦是清代建筑风格，早已非初建原物了。可见，伴随着历史发展，西湖风景建筑风格也体现了不同时代的建筑特点。此外，由于杭州地处江南，建筑风格也总体保持了江南建筑秀丽典雅、轻灵飘逸的风格。今天，西湖风景建筑少有清代以前的遗存，只有少量早期砖石建筑和建筑部件得以保留，如闸口白塔为五代吴越国遗物，六和塔砖石塔身主体为明代建造。

近代，杭州开埠、工商业发展和邻近上海、宁波等城市的区位促进了西方建筑风格在西湖景区的兴起，开启了西湖建筑风格承上启下、中西交汇、新旧接替的时期。建筑形式上既有对传统建筑的延续，又有发展的新形式，包括从西方引进的以及西方与本土相融合的形式，并互相影响，互为补充。民国时期，一些名流、商人纷纷在西湖周边置地修建别墅。这些建筑既有中式风格的庄园，如刘庄、汪庄、坚匏别墅、湖天一碧（哈同花园）、兰陵别墅等；也有欧洲古典主义、文艺复兴和巴洛克等形式的别墅，如孤云草舍、圆昭园、抱青别墅（图5-19）；更有中西合璧的建筑，如秋水山庄、俞楼、寂庵、青山白居、朱庄、清雪庐、逸云精舍等。跨虹桥旁的常宅是红瓦、灰墙、拱窗的西班牙式3层别墅。湖滨一公园附近的蒋介石寓所澄庐，采用了当时颇为现代的"工艺美术"风格，在整体风格简洁的基础上不乏精致典雅的装饰细节，室内各种设施齐全舒适，装饰端庄别致。这些建筑构成了西湖周边风格多样、颇有特色的近代建筑群。

新中国成立后，杭州市政府对历史上保留下来的传统园林建筑进行了整修和维护，

---

[1]（宋）乐史《太平寰宇记》。

图 5-19　九芝小筑
图片来源：《西湖新翠》

图 5-20　花港观鱼茶室

完整地保持了原有建筑的特点和建筑风格。如灵隐寺，保持其庄重雄伟的建筑风格；六和塔保持其古朴巍峨的景象；"西泠印社"仍遵循其因地制宜、因势利导的造园手法，合理地安排亭、阁等，保持了高低错落、虚实多变和小中见大的特点；三潭印月保持了"湖中有岛，岛中有湖"的整体风貌，给人以紧而不挤、疏而不旷、步移景异、变化繁多的感觉，体现了江南自然山水园林生动优美的特点。一部分历史建筑被改造成新型的服务建筑，如吴山利用原庙宇的主体建筑太岁庙和药王庙改建为园林游览服务建筑（极目阁、茗香楼和评书场），用江南园林建筑和民居优秀传统相结合的方式，达到古朴雅致、高低错落，虚实相间的艺术效果，满足登高远眺、品茗听书等的功能要求。

从20世纪50年代到80年代初，西湖新建和恢复一批园林建筑，在这一过程中做了很多创新，如借鉴民居形式、采用混凝土结构和构件、采用现代平屋顶等。如20世纪60年代修建的花港观鱼茶室、接待室，采用灰瓦双坡屋面、斩假表面的钢筋混凝土梁柱结构，四壁为玻璃门窗，与周围山水树木的自然景色相互渗透（图5-20）。整个建筑构造简明，呈现平缓、通透、简洁的特点。杭州植物园建立后，玉泉观鱼景点成为其中"中国山水园"的组成部分。1965年改建时，吸取了江南民居的优秀传统，大胆地采用新材料、新结构、新形式，采用钢筋混凝土构架、曲面双坡不起翘屋顶、白粉墙、小青瓦、斩假石柱、仿金地坪、磨光大理石墙贴面和栏杆扶手、棕色木花格窗和木挂落，既继承了原有"鱼乐国"疏朗开敞的风格，又以简洁朴实、大方清新的新建筑形式体现了现代园林建筑的公共性。1973年兴建的杭州动物园，基址上岗阜谷地相间，地形复杂，高差达40米。建筑设计体现了因地制宜、因势利导的造园手法。如鸣禽馆利用起伏的地形和淙淙不断的山涧，采用跨涧的水庭院布局，庭院中央蓄水成池，中置二岛，花木掩映。建筑采用微翘的薄板屋顶，灰绿墙面，豆绿色檐柱挂落，墙上装饰花鸟主题的砖雕，蕴含传统神韵而又富有创新。大小熊猫馆既分又联，大熊猫笼舍建筑采用了绿色琉璃瓦双坡顶，浅绿色外墙，兼具传统和地方特色；小熊猫馆则采用圆形加进出门斗平面，圆尖形屋顶，淡绿色墙面，扇形内笼，外观小巧玲珑。曲院风荷的湛碧楼，建筑平面布局以一楼一阁一石舫组合成水庭。建筑采用现代结构和材料，但继承了传统风格中的歇山屋顶、白墙黛瓦和飞檐翘角，造型轻巧，色彩淡雅，建筑形体、比例、尺度处理得体，细部简洁大方，格调清新又富有时代感。

20世纪80年代至今，西湖风景建筑的建设风格是丰富多样的。在历次西湖景观整治过程中，园林部门陆续收回了一些被侵占的沿湖空地和历史建筑，建设公共绿地并对历史建筑采取了修复的措施。如湖滨和北山街一带的民国建筑群，秉持着"修旧如旧"的原则，按照历史资料尽量恢复原貌，并赋予新的使用功能。湖滨原圣塘路地区，利用20世纪的别墅洋房、省厅局办公室及宿舍，改造成为市民休闲饮茶的服务场所。位于北山的玛瑙寺，原址上遗存了清代同治年间的山门、厢房等，在复建过程中保留了原大殿遗址，恢复了亭、台、楼、阁、廊等建筑和庭院，并将其转变为纪念馆和茶室。

在一些恢复公共属性的环湖空间和新增的景点绿地中，为满足点景需要和公众游憩需求，恢复了一些历史上的著名建筑并新建了一些风景建筑。新建的园林建筑一部分采用了仿古建的形式，如20世纪80年代"环湖动迁工程"新建的望湖楼、镜湖厅、曲院风荷一期游览建筑等大多采用了清式仿古建筑，而岳王庙前广场两侧的服务建筑、曲院风荷二期的风景建筑，则采用仿宋古建筑形式（图5-21）。另外一部分借鉴了民居的形式，如阮公墩建筑采用竹屋茅舍，以轻型钢骨架为结构，清漆竹材为装饰，显得轻巧、淡雅、朴素。植物园灵峰探梅的笼月楼，采用原木结构，不着色彩，悬山顶，大出檐，白墙灰瓦，块石墙垣，门窗开敞，外廊环绕，风格素雅，略带朴野的乡土气息。

新世纪西湖景区综合保护工程中，在湖西地区新建的一些建筑采用了粗犷的乡村风格。如三台梦迹景区大量运用的毛石墙体现了西湖山地民居特色；茅家埠景区深挑檐、木排门或廊栅的建筑展现了水乡民居特色；乌龟潭的石板桥与茅草亭廊反映湖西地区的乡野环境（图5-22）；湖西山区大量色彩风格糅杂的农民自建房经过政府引导性的改造，转变成了白墙黛瓦、简洁素雅的山村民居风格。

还有一些景区内新建的大型建筑，吸收了传统建筑的部分特征，采用化整为零的庭院式布局和坡屋顶形式，让建筑体量减小并最大限度地融合到风景环境中。如南宋官窑博物馆，建筑形式采用宋代风格的短屋脊、斜坡顶和古朴的木构架形制，造型庄重，既体现为皇家专设，又体现了博物馆的时代特征。也有一些建筑采取了较为新颖的现代建筑形式，大型的如西湖博物馆、杭州博物馆，小型的如柳浪闻莺的"林中漫步"茶室和江洋畈生态公园的休息亭廊。"林中漫步"茶室采用钢结构木饰面现代廊、榭、楼组合，穿插在原有水杉林中，于简洁中表现出风景与建筑的紧密融合。江洋畈生态公园采用了钢木结构和灰色金属屋面，表现出简洁现代的风格，与生态公园天然肆意的植物群落形成鲜明对比。还有传承古典又有较大创新的建筑，如复建的雷峰塔。新雷峰塔位于雷峰塔原址之上，底部是覆盖原塔基和地宫的博物馆，上部是钢结构仿唐宋风格八角平面5层楼阁式塔，铜瓦铜饰，外型古朴庄重，内部电梯、消防等现代化设施一应俱全，还有丰富的展陈内容，既恢复了历史悠久的西湖南岸重要景物，又满足了当代文物保护和旅游服务的要求。

因此，受到历史背景、自然条件、经济水平、材料来源和结构技术等的影响，西湖风景建筑的形式与风格一直在不断地变化。西湖建筑风格一方面沿袭了历史建筑的轨迹，呈现淡雅朴素、富有诗情画意的特点；另一方面，也在继承优良传统中不断创新，创造出美好的园林建筑，为西湖山水增色。

图 5-21 岳湖口仿宋建筑

图 5-22 浴鹄湾草榭

第六节　典型的亭阁建筑

《园冶》载："亭者，停也，所以停憩游行也"。亭为园林建筑中最基本的单体，平面灵活，造型多样，轻巧玲珑，建造方便。亭的功能主要是满足人们游览活动时休憩、纳凉、庇荫和避雨之需，也是人们纵目眺望赏景之处，有的还成为园林构图的主体，"翠微寺本翠微宫，楼阁亭台数十重"。因此，在描述园林建筑时常用"亭台楼阁"之词，简言之为"亭阁"，如《新唐书·长宁公主传》中有"亭阁华诡埒西京"之句，"亭阁"亦称"亭榭"。因此，亭阁泛指在风景园林中供游憩、观赏的建筑。

一、西湖亭阁的历史

西湖山水间的亭台楼阁，以其与自然山水的紧密融合而著称。据记载，古时在灵隐香林洞的日月岩下，有东晋僧人杜明禅师为谢灵运建的亭子，名为"梦谢亭"。据传晋僧慧理或寺僧智一，在飞来峰白猿洞旁修建一亭，称"听奇亭"，取昔人"时呼白猿听奇句"的诗意。唐时，孤山"楼阁参差，弥布椒麓"，孤山寺中除辟支塔外，还有竹阁、柏堂、水鉴堂、涵辉亭、凌云阁诸胜，寺北有贾亭、慕才亭。中唐时期，灵隐石门洞旁有见山亭、虚白亭、候仙亭、观风亭和冷泉亭（图5-23、图5-24），当时冷泉亭尚在水中央，白居易赞叹"五亭相望，如指之列，可谓佳境殚矣"[①]。天竺有回轩亭，凤凰山下有虚白堂、因岩亭、望鉴亭，钱塘江畔有樟宁驿（浙江亭）。吴越时期，吴山上有百花亭，月轮山下有秀江亭，净慈寺有清旷楼、齐云亭。南宋时，禁内有七楼、二十六阁和九十亭，聚景御园有12座亭，集芳园有亭7座，翠芳园有水心亭。竹素园有流觞亭，南园后改名"庆乐园"，亦有12座亭子。凤凰山有介亭，玉皇山有七星亭、望仙亭、林海亭和月宝亭。明代，孙隆重修白堤，建锦带桥，桥旁建望湖亭，并重修湖心亭。孤山之北有放鹤亭，净慈寺后有居然亭，龙井寺前有过溪亭，泉旁有龙井亭，宝石山麓有放生亭。近代，西湖景区亭阁建设传统得到延续。康有为在丁家山修建了"一天园"，有岫筠亭可眺望西湖。为纪念20世纪20年代南洋华侨赈灾义举，杭州市政府于中山公园"孤山"二字旁建纪念石亭。孤山后山也有植树造林纪念亭一座。

---

① （唐）白居易《冷泉亭记》。

图 5-23 冷泉亭（旧）
图片来源：《西湖旧踪》

图 5-24 冷泉亭

二、亭阁览胜

由于亭子形制秀美俊逸、玲珑典雅、仪态万千，常成为风景观赏的主景，令人赏心悦目。如杭州的湖心亭、集贤亭、玉带晴虹亭。而亭又是停歇、观景之所，在合适的位置建亭阁，能使人游目骋怀，尽览美景，正如苏轼在《放鹤亭记》中云："升高而望，得异景焉，作亭于其上。"

楼阁是中国古代出现较早的建筑形式。楼与阁的差别并不大，往往两者并称。楼必须是"重屋"，即二层或二层以上的建筑。城门、城墙上的建筑以及观景、瞭望与报时性的建筑都称为楼，如原御街的鼓楼、望海楼、望湖楼和"南屏晚钟"的钟楼。《园冶》中有"阁者，四阿四开牖"之说，就是四面开窗的楼称为"阁"，如吴山的城隍阁。也有倡导文化的、供佛的建筑物，称之为阁，如存放四库全书的文澜阁，寺宇里的藏经阁、观音阁以及北山葛岭的红梅阁等。楼阁多以高大巍峨的形体引人瞩目，也是眺望观景的佳处。唐代的观海楼高十丈，在其上可欣赏钱塘江江潮胜景，曾是杭州最著名的风景建筑。观海楼湮废后，西湖山水林壑间少见伟岸高大的亭阁巨制，更多的是一些精巧秀丽的亭阁小品，但因选址得当，借势登高，也能一览湖光山色。

西湖吴山上有"江湖汇观亭"（图5-25），立于紫阳上一处小山巅的自然岩石上，为十六柱八角重檐双层攒尖亭，建于1980年。登亭远眺，北望西子湖，烟波溟蒙，如诗如画；南观钱塘江，波涛滚滚，片片帆影消失在云水之间；西览群山，层峦叠嶂笼罩在烟云雾霭之中，如诗如画，令人流连忘返。亭上一幅出自明代才子徐渭的对联"八百里湖山知是何年图画，十万家烟火尽归此处楼台"，气势磅礴，更增添了此处的风景意境。吴山之巅的城隍阁于20世纪末新建，为宋元风格的7层仿古建筑，飞檐翘角，仿佛仙山玉阁，是眺望西湖、钱塘江和杭州城的最佳场所。

宝石山的初阳台（图5-26、图5-27），是观日出的佳地。"葛岭朝暾"为元代"钱塘十景"之一。古时站在台上，向南向东眺望，不仅可以全览西湖，还可眺见远处一片浩瀚的钱塘江。每当晴天旭日升起，但见霞光万道，俯瞰湖水如锦，景色极为壮观。据《西湖志》载："日初起时，四山皆晦，唯台上独明，山鸟群起，遥望霞气中，时有海风荡漾水面，更有一影互相照耀，传是日月并升，询之故老皆云然。"

西山的"三台阁"曾在明代周龙所绘的《西湖全景图》上出现，随着岁月流转，原阁早已不存。近年该阁得以重建，为二层三重檐八角攒尖顶楼阁，位于石砌券台上。在楼阁二层，极目远眺，山峦叠翠，碧湖如镜，湖光山色尽收眼底。三台阁是湖西地区能俯瞰西湖全景的观景点。历史上，钱塘江与西湖的关系比今天更紧

图 5-25　吴山江湖汇观亭

图 5-26　宝石山旧照
图片来源：《西湖旧踪》

图 5-27　宝石山初阳台

密，从灵隐一带山岭上都可以看到江水。唐代宋之问《灵隐寺》诗中写道："楼观沧海日，门对浙江潮"，实际上观景最佳处不是山脚的灵隐寺，而是位于山腰的韬光寺。清雍正《西湖志·卷四》载："上至寺顶，有石楼方丈，正对钱塘江，尽处即海，洪涛浩渺，与天相接，十洲三山如在目睫。""韬光观海"是清代西湖十八景和钱塘二十四景之一。清乾隆帝六下江南，曾8次登韬光寺览胜，并题写"云澄日观"四字匾额。今天，韬光寺仍然是灵竺地区观赏西湖日出、远眺钱塘江的观景点，尤以重建的观海楼位置最佳。

南山慈云岭上，明代曾有"江湖伟观亭"，乃观景佳处，后湮废。今日玉皇山顶有福星观，相传初建于唐代，观前可眺望钱塘江如玉龙蜿蜒，东流入海，观后有"江湖一览阁"，可眺望西湖湖山胜景。九曜山上有二层小阁九曜阁，其二层平台是俯瞰雷峰塔、西湖三岛两堤的绝佳场所。

西湖孤山虽然山不高，但孤立于湖上，前无遮挡，登高也可一览美景。西泠印社山顶有平台，可望湖中堤岛如蓬莱仙境；更有四照阁朝向西湖，四周皆为明窗，为眺望湖山佳处，门两旁有楹联："尽收城郭归檐下，全贮湖山在目中"。

三、名人亭阁

杭州西湖历史悠久，发生过无数的历史事件，有无数的典故传说，还有众多历史人物来去归兮。西湖的许多亭台楼阁都与这些典故、事件、人物有着或多或少的联系，体现了西湖景物深厚的文化色彩。孤山的六一泉亭（图5-28）代表着欧阳修、苏轼与惠勒、惠恩二僧的交往；西泠桥畔的慕才亭是为纪念南齐时钱塘歌妓苏小小而建；孤山后山的放鹤亭（图5-29、图5-30）是为纪念"梅妻鹤子"的北宋隐逸诗人林逋而建，而黄龙洞的鹤止亭据传是因林逋所养的鹤飞至此地而建；龙井的过溪亭让人想起苏轼与辩才法师的依依惜别；钱塘门外风波亭是岳飞遇害的地方；飞来峰的翠微亭是韩世忠忆岳飞的"精忠报国"精神而建；在柳浪闻莺公园内，有元代诗人丁鹤年的墓石亭和纪念宋代著名女诗人李清照的清照亭；阮公墩有纪念清代浙江巡抚阮元之德政的忆芸亭；原杭州饭店前有纪念秋瑾的风雨亭；虎跑景点内有纪念弘一法师的仰止亭；还有为保护并展示清康熙帝题"西湖十景"石碑的碑亭；所有这些亭子蕴含丰富的历史文化内涵。

历代文人雅士有许多关于西湖亭阁的优美诗文，亭阁美景触发了诗人的灵感，名诗佳句又使这些风景建筑流芳百世。唐代白居易在《冷泉亭记》中称赞灵隐的冷泉亭"山树为盖，岩石为屏，云从栋生，水与阶平……最余杭而甲灵隐也"，并

图 5-28　孤山六一泉亭

图 5-29　放鹤亭旧貌
图片来源：《西湖旧踪》

图 5-30　孤山放鹤亭

认为其与相邻的虚白亭、候仙亭、观风亭、见山亭一起"可谓佳境殚矣"。唐代张祜《题杭州灵隐寺》诗中写道："后塔耸亭后，前山横阁前。"唐代宋昱《樟亭观涛》："涛来势转雄，猎猎驾长风"，描述了当时的观潮胜地钱塘江边的樟亭。北宋苏轼也曾在介亭与友人相聚（《介亭饯杨杰次公》）。南宋陆游在《西湖春游》诗中写到了冷泉亭，"冷泉亭中一樽酒，一日可抵千年寿"；又在《春日绝句》诗中描写了凤凰山上的介亭，"介亭南畔排衙石，剥藓剜苔觅旧题"。明代祝时泰有《湖心亭》诗："湖心塔寺昔曾经，孤屿今来见此亭。"而明末清初张岱的《湖心亭看雪》一文更是以寥寥数笔描绘出了雪天湖心亭的孤寂旷阔。现代，郭沫若有《游孤山》诗："放鹤亭边桥屈曲，题襟馆畔路参差。"这些诗词散文为西湖亭阁增添了深厚的文化内涵。

第七节　园林建筑小品

一、景点入口与公园大门

西湖景区，历史上均是敞开大门迎客的，即使有门，如寺院的山门，也只是个标志物而已。景点公园不设围墙，进了景区，可以随意游览任意一个景点。20世纪70年代后，强调"以园养园"的财政政策，西湖景区各景点开始收门票，直到21世纪初，杭州实施"还湖于民"的政策，西湖及周边的景点、公园实施免票政策。

虽然西湖景区的公园景点是开放式的，但也经常设置大门或者标志物，以标示边界、提示地点。孤山的中山公园，原是清代皇家行宫，临湖建有华美的牌坊，上题"光华复旦"，正门为三开间歇山顶的主建筑，两侧为八字墙，有半亭式侧门，而正门与侧门之间置石狮子一对，为明代遗物。主建筑中轴安置门扉，门内轴线尽端石壁上镌刻着"孤山"两个朱红大字，显得庄严而气势不凡。花港公园的东大门（图5-31），门前有定香桥连接苏堤，两边湖水荡漾。建筑采用歇山屋顶，配以花架廊，饰以铁艺花、鱼图案，高低错落，构图均衡，古雅轻灵。柳浪闻莺公园东大门采用仿宋柱，钢筋混凝土结构，坡屋顶波形瓦，门前有圆形凤凰花鸟地雕，进门后，直线铺砌的石板、卵石和行植的旱柳将人们引向水池。杭州植物园主入口标志采用粗壮的原木构架，具有自然朴野的气质。杭州动物园入口大门建筑采用一字形平面布局，平屋顶形式。中间主体建筑三开间升高，檐口采取收薄处理，下嵌镂空花格，给人以轻巧上升之感。两侧各三间建筑

图 5-31　花港观鱼东大门

为售票、小卖部、安保等功能，平屋顶搁置花架条，攀爬藤本植物。主次之间嵌有狮虎浮雕，凸现主题。黄龙洞、虎跑景点入口，用重檐亭阁作为标志，在古木参天的背景中见古朴清雅。西泠印社南门采用"涉门成趣"的理法，用粉墙洞门作为入口；北入口采用石牌坊作为标志，坊后是长长的登山石阶，两旁是劲松与杜鹃，挺拔简洁又朴素自然。

　　总之，杭州西湖景区景点和公园的入口是根据不同景点的景观特点和场地特征因地制宜地设计的构筑物，有自己鲜明的特征。

二、雕塑艺术

.

　　雕塑以其独特的艺术形象，反映一定社会和时代的精神，既可点缀园景，增添园林的艺术色彩，提高风景的感染力，又可以激发情感，起到鼓舞、教育民众的作用。西湖景区雕塑具有"重意境、含蓄、抽象、古朴"的特色，与环境能够很好地融合。

　　很早以前，杭州人民就利用风景中的天然崖壁和洞穴雕凿佛像。西湖景区有慈云岭、烟霞洞、天龙寺、宝成寺的石刻造像以及飞来峰石刻造像群。这些自五代至元代的石窟和摩崖造像有很高的艺术价值，并且因岩就势，融于山林环境之中，成为风景中的雕塑。此外，杭州寺院、道观和祠宇也有众多泥塑、彩塑的佛像或名人塑像。这些古代雕塑多为宗教性质，造型多样，题材丰富，是西湖景区内极为重要的人文景观。

20世纪初，现代雕塑开始出现在西湖景区。1921年，西泠印社在汉三老石室前为清代书法篆刻家丁敬塑坐像，1924年又在小龙泓洞前为清代金石书画家邓石如塑立像。这两座雕像线条简洁、拙朴内敛，有几分西湖古代石窟罗汉造像的神韵，但均在"文化大革命"中被毁，又于1970年代末重塑。1934年，在抗日运动的鼓舞下，杭州画家周天初等发起筹款，著名雕塑家刘开渠为1932年"一·二八"淞沪抗战牺牲的将士创作了"淞沪战役国军第八十八师阵亡将士纪念碑"，当时的杭州市政府将其立于湖滨学士路口，今天位于湖滨公园内。新中国成立后，西湖景区陆续增加了湖滨六公园的《志愿军像》（图5-32）、柳浪闻莺的《刘英俊像》、六和塔旁的《蔡永祥像》、孤山北麓的《孤山群鹿》等雕塑。改革开放之后，西湖景区又增加了西泠桥畔《秋瑾像》、孤山东麓的《鲁迅像》、孤山后山的《鸡毛信》群雕、虎跑景点的《梦虎》和《济公》群雕、植物园分类区的《苏醒》、山水园岛上的《鹿群》、涌金公园的《白鹤亮翅》、钱江大桥北的《茅以升像》、中国丝绸博物馆广场的《嫘祖像》、苏堤南端苏东坡像以及梅家坞村周恩来纪念室的《周恩来像》等。进入21世纪，杭州市政府实施西湖综合保护工程，又有许多新创作的雕塑点缀于西湖的青山绿水之间。如西湖圣塘闸旁的白居易《别州民》群雕，圣塘路的《马可·波罗像》，吴山景区的《剃满月头》《遛鸟》，钱王祠旁的《钱镠像》，涌金广场畔的《金牛出水》《香篮儿》群塑等。这些户外雕塑，把西湖风景的历史文脉用形象化、生动化的方式呈现出来，让隐含在西湖景观背后的生动的文化故事用艺术化的方式讲述出来，从而很好地延续了西湖景观中独特的人文印迹。

　　户外雕塑的造型、大小、尺度、体量、材料、色泽、质地等，受到所在环境空间形态和人们视觉规律的制约。黑格尔在《美学》中写道："艺术家不应该先将雕刻的东西完全雕好，然后再考虑把它摆在什么地方，而是在构思时就要联系到一定的外在世界和它的空间形式和地方、部位。"园林雕塑的艺术性在于雕塑本身的艺术形象和雕塑所在的艺术环境，两者相辅相成。陈树仁先生主创的虎跑景点《梦虎》雕塑，依据景观环境，充分利用大慈山东麓红砂岩坡地，因地制宜，凿池塑像，将山崖、泉池、雕塑和园林等融为一体，构思巧妙，造型生动，将虎跑的历史与自然环境有机结合，再现了性空和尚梦见二虎刨地为泉的传说故事（图5-33）。西湖圣塘闸旁的《别州民》群雕是为了纪念唐代诗人白居易。群雕造型古朴，构图精巧，表达了白居易离任告别杭州父老时双方恋恋难舍之情，为湖山增添一层古意。姚启远先生主创的孤山后山《鸡毛信》群雕（图5-34）处于山麓幽静环境中，作者利用原山坡裸岩地形，把海娃形象置于小山头的石崖基座上，而姿态各异的白色羊雕群则散布在山坡上、林缘旁，构成了一幅自然成趣、美丽生动的牧羊图，为山麓草坪空间增

图 5-32　湖滨六公园的《志愿军像》
（作者：程曼叔、许叔阳、叶庆文等）

图 5-33　虎跑《梦虎》雕塑（作者：陈树仁、姚启远）

图 5-34　《鸡毛信》群雕（作者：姚启远等）

色。吴山上的《剃满月头》《遛鸟》等雕塑则体现了吴山大观的市井生活场景，深得人们的喜爱。

西湖景区内的近现代雕塑，多从西湖风景的特点出发，在尊重地理、历史、社会、文化和时代等背景的前提下，汲取我国古代雕塑传统和现代雕塑创作手法，塑造了主题贴切、形象可亲、尺度近人的园林雕塑，具有重意境、含蓄、抽象和古朴的特色，使人获得美的感受、生活的情趣、文化的熏陶和历史的启迪。

第八节　园路与铺地艺术

一、西湖景区道路的类型

西湖景区道路可分为景区车行道，公园、风景点园路和山区蹬道三大类（图5-35）。

1.景区车行道

西湖风景名胜区属于城市风景区，兼具城市公园绿地的日常休闲娱乐功能，因此道路也兼有城市道路和风景区道路两种性质。它是连接不同区域游览活动的纽带，起到导览、组织风景的作用，并与山体、水系、建筑、绿化构成有机的整体。西湖风景区大部分面积是山区，景区道路与地形巧妙结合，顺势辟路，不仅在平面上弯曲自如，纵坡上亦随地势起伏而变化，加上两旁山林丰富茂密的植物，使得沿路风景无限。如北山路沿着北山山麓以大曲率的线形接灵隐路（图5-36）。灵隐路一路缓坡进山，两旁以松、槭、杜鹃为主构成的50米宽绿带陪伴着人们到达古刹禅境。而龙井路沿山边蜿蜒起伏，穿过茅家埠、双峰村、南天竺辛亥革命烈士陵园到达龙井，路旁植以枫香，有"霜叶红于二月花"的美丽秋景。杨公堤（原环湖西路）、虎跑路、梅岭北路、梅家坞路、满觉陇路、杨梅岭路都是沿山谷、山坡顺势而筑，与地形、山林融为一体。玉皇山隧道、万松岭隧道、灵梅隧道、吉庆山隧道、五老峰隧道、九曜山隧道和灵溪隧道的开通打通了风景区西部、南部地区游览交通的瓶颈。如今，西湖景区内道路顺应山形地势，路路相通，区区相连，构成景区内的交通游览网络，也形成了特色各异的风景道。

由于同时要承担城市交通的功能，西湖风景区的道路也容易出现交通拥挤、环境污染、路面断面尺度过大等问题。多年来，为保护景区的环境，西湖风景区内的道路一

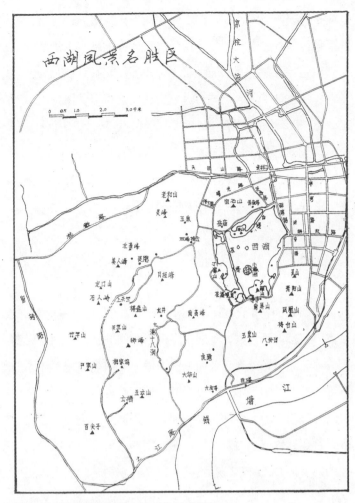

图 5-35 西湖景区路网图（20 世纪 80 年代）
图片来源：杭州园林设计院

图 5-36 北山路

直被控制在恰当的尺度，加之山林植被和道路绿化极佳，总体而言这些道路都和谐地融入了景区风景之中。但是，随着汽车社会的到来，景区内常常出现拥堵的状况。此外，西部山区系列隧道的开通，形成了连通的道路网络系统，虽然大大地改善了游览交通条件，但也带来了大量城市过境交通（据调查灵溪隧道达80%之多），影响了景区的安宁，带来了环境的污染。

西湖景区主干道兼有城市交通功能，采用沥青或混凝土路面，具有平整防震、耐磨耐压、养护简单、易于清扫等特点。如白堤、苏堤、杨公堤、北山路、南山路、虎跑路、龙井路以及植物园、动物园主干道等。

2.公园、风景点园路

园路是园林的脉络，是园内各景点的交通联系，也是构成园景的重要因素。西湖景点以自然风景为主，其园路多采用迂回曲折的路网，但在一些纪念性祠庙景点也采用直线形园路。花港观鱼公园是国内最早采用等级路网体系的现代公园之一。公园主路由苏堤的定香桥东门始，横贯全园，越过花港，出西门与西山路（今杨公堤）相接，以次级路分隔蒋庄、大草坪、红鱼池和牡丹园等，小径则可引导游人到达各个景点，探奇赏景。杭州动物园、曲院风荷、柳浪闻莺、太子湾公园等，也都采用主次干道和小径等组成的路网形式，园路既有大循环，又有小循环，形成网络。西湖景区的于谦墓、张苍水墓、章太炎墓的墓道则采用直线形甬道，两侧置以石人、石兽并种植常绿林木，烘托庄严肃穆氛围，形成纪念性空间。

园路的饰面形式、材料的质感和图案的寓意、趣味，能更好地成为园景的组成部分。

3.山区蹬道

西湖山区的步道是千百年来人们为了生产生活和交通便利而逐渐开发的历史古道，或是沿山谷蜿蜒的香道，或是沿山坡的"之"字形回转的登山道，或是沿着山脊弯弯曲曲的羊肠小道，部分重要的路径由石块铺筑，大部分道路就是土路。20世纪50年代，园林部门采用就地取石和利用废弃材料等方式，修筑了20余公里以弹石路面为主的游步道。1979—1986年，又整修了孤山、吴山、北山、灵竺地区、玉皇山、五云山、"一峰四洞"和九溪龙井等地区的游步道，共计27425米。这些路面采用石板或混凝土板，或用弹石嵌砌，或采用块石浆砌冰纹勾缝。休憩平台多用石材，两侧设置石凳或叠石，供

图 5-37　云栖竹径

游人坐憩。而台阶多用条石构筑，上下叠砌，相互勾连搭接；或用浆砌块石，更具自然野趣。西湖山区多裸露的岩石，有些地段的步道是直接在天然岩石上人工凿刻而成，随意自然，与环境融为一体。进入21世纪，杭州相关部门又陆续整修了西湖山区的历史步道，形成了200多公里的游步道系统，连接了山区的景点、古迹、村庄、茶园，成为西湖山林的游览网络和市民健身休闲的步道系统，其中包括著名的"十里琅珰""十里龙脊"古道。西湖山区游步道的材料多用毛石或者凿毛的石板、块石、弹石、碎石等，拼铺成朴素的饰面，质感与山林环境和谐，野趣较浓（图5-37）。

二、铺地艺术

我国的园林铺地历史悠久，考古发现和现代保存的古代文物证实了古代宫苑铺地的材料、图案丰富多彩。如战国的出字纹、几何纹地砖。秦代的太阳纹铺地砖和唐代的宝相纹铺地砖等。明清时期更是将卵石、碎砖、碎瓦、碎石等镶嵌成精美的图案，做成花街铺地，其中最讲究的，是将丰富多彩的寓言故事和吉祥动植物和物件等做成技艺精湛的地面石子画。

计成在《园冶》中写道："惟厅堂广厦中铺，一概磨砖，如路径盘蹊，长砌多般乱石，中庭或宜叠胜，近砌亦可回文。八角嵌方，选鹅子铺成蜀锦"，说的是不同环境的地坪采用砖、石块、卵石等不同的铺装材料和形式。不同材料的铺装有不同的色彩和质感，也可以组成多样的形态和图案，不仅起到装饰路面的作用，而且能够衬托风景，加深意境，增加园林的艺术效果。因此，铺地是中国园林中的细部艺术，是园林艺术的组成部分。

西湖风景园林铺地形式丰富多彩，其纹样题材多以传统题材或民间喜闻乐见的形象为主题，图形多样。一些铺装的形式、纹饰富有寓意和趣味，引发联想，烘托景观的意境。

西湖园林铺地因使用材料和图饰不同，主要有以下几种类型：

（1）花街铺地：它是利用规整的砖、不规则的石块和卵石，与碎砖、碎瓦、碎缸片、碎瓷片等材料相结合，组成图案精美、色彩丰富的铺地纹样。常见的有人字纹、席纹、冰纹梅花、长八角等图案，有时还镶嵌成各种具象图形，具有较高的艺术性。杭州西湖历史景点或传统庭院空间经常采用此种铺地，如蒋庄、郭庄、玛瑙寺的庭院及小瀛洲碑亭周边的地坪。

（2）卵石铺地：利用卵石可铺成单色的铺装，也可铺成各种图案。如花港观鱼牡丹园，在北坡的一株老梅树下，以黄卵石为底，黑卵石为绘，组成一幅苍劲古朴的"梅影"图案，称为"梅影坡"（图5-38），意境深远。此外，植物园竹类区有竹影铺地，让人回味；动物园金鱼廊前采用黑、白、米黄色鹅卵石金鱼图案铺地，烘托主题，非常应景。植物园竹类区的一个休憩场地，在一片竹林中，用卵石拼成翠叶石影的图案，在阳光下，相映成趣，增添了竹林的幽静感，达到深化意境的作用。

（3）嵌草铺装：用石板或各种形状的预制混凝土板铺成冰裂纹或其他纹样，板间留宽缝，填土植草，能软化硬质铺装，带来自然气息。杭州少年宫广场采用方形混凝土块嵌草铺地，减弱了大面积铺装带来的生硬感；杭州植物园分类区、灵峰探梅景区采用冰裂纹石块嵌草园路。花港观鱼采用了预制六边形卵石面混凝土块嵌草铺地，集合了卵石铺装的丰富生动和嵌草铺装的自然柔和的优点，又避免了卵石铺地费工费时、不适宜大面积铺砌的弱点，获得较好的景观效果。

图 5-38　花港观鱼牡丹园梅影坡

（4）块料铺装：以砖、石板、块石、预制混凝土砖或板等筑成的路面，在西湖景区最为普遍。块料铺装材质以石材为多，有用青石板、高湖石、花岗石等；肌理有凿毛面、荔枝面、烧毛面等；块料形状有规整的方形、矩形，有多边形，也有自然形，既有大块的石板，也有小块的料石。规则石板铺就的地面平整坚固、简洁大方，方便人流集散和行走。大部分铺装和园路都是采用这种方式，但在材料形状、尺寸、质感、色彩和拼接方式上有丰富的变化。大面积石板铺装经常采用不同表面质感的石块相结合，或者石板结合卵石或砖的方式，使地坪呈现更多的变化，如湖滨绿地的广场、曲院风荷入口广场等。多边形块料能够组合成不规则的冰裂纹铺装纹样，与景区环境相宜，如曲院风荷水杉林下场地。应用于园路时，常采用中间大块板材，两侧用卵石或弹石镶嵌的路面形式，如云栖竹径、虎跑的园路。西湖综合保护工程改造、拓宽了西湖东岸的游步道作为电瓶车道，路面采用了中间青砖条带饰以地雕、两侧设毛面石板的形式，减弱了路幅较宽的视觉影响。自然石块铺地生动自然，如花港观鱼悬铃木下采用大块自然石铺地。此外，西湖山区景点步道铺地多用弹石、碎石铺筑，粗犷朴野，与山林气氛协调，如玉皇山、龙井、烟霞洞等。

（5）步石、汀步：在林下、草坪、水岸、庭院等地，用数块天然石块或各种形状的预制混凝土板自由地嵌置在绿地上，供人行走，称之步石。汀步则是水中的步石，适用于窄而浅的水面，游人可以踏石而过。步石、汀步与景观环境相协调，显得随意轻松，亲近自然，富有韵律。但石块间距必须符合人体尺度，且线路不宜过长。步石、汀步在西湖景区内应用广泛，如九溪十八涧、玉泉观鱼茶室庭院、三潭印月、长桥绿地、茅家埠景群、浴鹄湾等。

随着时代的进步和建材工业的发展，西湖景区的铺装材料和形式越来越多样。透水砖、木（竹、塑木）铺装、透水混凝土等新材料越来越多地出现在景点公园里。实施西湖综合保护工程时，湖滨绿地为保证香樟的生长环境，在香樟树周围架设了多个木平台活动场地，在茅家埠景群、长桥绿地、玉泉观鱼后山等地修筑了木栈道、木平台，同时，在曲院风荷密林区和浴鹄湾修建能"千年犹存"的石栈道（图5-39）。透水混凝土生态环保，色彩丰富，还有不同的质感。杭州植物园槭树杜鹃园采用灰色露骨料透水混凝土路面，局部镶嵌石板，拼贴出杜鹃花瓣抽象图案，是传统铺装艺术的当代发展。江洋畈生态公园环路采用砂石路面，对动物友好，路面透水的同时又能够较好地适应场地沉降的问题，风格上与自然山林环境协调，具有创新性。

西湖景区的铺装在继承了西湖古代园林铺地传统特色的同时，又随时代发展出了新的形式，总体展示出简洁、明朗、大方的风格，为西湖景色增添了动人的细节。

图 5-39　石栈道

西湖风景以湖为核心，水是西湖景区最重要的景观要素，历史上西湖重要的建设
活动都是以水为核心而展开的。西湖"三面环山一面城"，湖水大部分来自于北、西、
南三面的山区汇水。西湖山区山岭不高，但林木茂盛，地下水丰富，泉眼遍布，溪涧纵
横，为西湖提供了源源不断的水源。除了面积广阔的湖体外，据《西湖志》记载，西湖
景区有7条溪、13涧、49泉、22景、28池、5潭和8港湾，有不同形态的水体和丰富的水
景观。

第一节　西湖水利工程

西湖是我国古代人民在海湾潟湖基础上修建的陂塘，是类似于现代水库的水利工程，有汇水面和上游水源，有作为储水单元的湖体，有控制泄蓄的闸坝，还有用于泄水的下游渠道，并且具有调蓄、供水、灌溉、济运等功能。

在12000年以前（地质史上的第四纪），西湖是个浅海湾，被东南、西南和西北三个方向呈马蹄形的群山所围绕。北山和南山遥遥相对，成为伸入大海的2个海岬。汉代以前，滚滚的海浪可以通达灵隐，海潮挟带着泥沙进入浅海湾，在宝石山和吴山的岬角淤积起来，在湾口形成了两个沙咀。日积月累，沙洲不断扩展，最终毗连在一起，把海湾与大海分隔开来。沙洲内侧形成了一个湖，地质学上称之"潟湖"。在西汉时期，它还随潮汐出没而处在时有时无之间。据传东汉会稽郡议曹华信始筑海塘以围湖隔海，西湖才真正从海湾独立出来。

唐朝时，西湖称为钱塘湖。唐建中二年（781年），刺史李泌因杭州城地近江海，地下水苦咸，不宜饮用，在城内开掘了6个井，采用开"阴窦"（埋瓦管、竹筒）办法，引钱塘湖的湖水进城，供居民饮用。他还在石函桥建水闸以控制湖水泄入下河[①]。此时，西湖有涵闸控制水位，并供应城市饮用水，具有一定的水利功能。

唐长庆二年至四年（822—824年）白居易来杭任刺史，疏通六井，市民受惠不浅。因湖水涨落无时，常旱涝成灾，他"始筑堤捍钱塘湖"，主持在钱塘门外筑起一道长堤，拦湖水，修水闸，增加蓄水量用于农田灌溉。而湖水水位过高时，由预留的"水缺"泄水，再高时开启水闸和水涵以防溃坝。白居易所筑湖堤大致位于宝石山麓向东北延伸至武林门一带，今少年宫南临湖一带的绿地雪松丛中，尚有石函闸遗迹。钱塘湖"周回三十里，北有石函，南有笕"[②]，成为一个有湖堤、涵闸和溢洪堰的人工水库。西湖水通过石涵闸北流入江南运河，并以其为灌溉干渠，与下游一些湖泊联合使用，灌溉钱塘、盐官一带土地千余顷。

北宋熙宁四年（1071年）和元祐四年（1089年），苏轼先后出任杭州通判和知州。

---

① （明）田汝成《西湖游览志·卷八》。
② （唐）白居易《钱唐湖石记》。

在杭州任职期间，苏轼不仅疏通六井、疏浚西湖并用葑泥修筑苏堤，上架六桥，以通水流，还通过涌金门以西湖水灌注城中诸河。市河与运河获得西湖水源补充，可避免引江潮水带来的泥沙淤积之患。西湖漕运功能日趋重要。

随着泥沙淤积，陆地向大海推进，杭州城地下水水质逐渐淡化，西湖向城内供水作用减小，但调蓄、灌溉、济运功能一直延续到近代。水自西、北、南三面山区汇流入湖，经西湖储水蓄积，又通过涵闸流入城中和城北河道。因地势关系，西湖水位较高，城内河道次之，城北诸河更低。据清代《浙西水利备考》中《仁和县水道图》，西湖北部宝石山脚为石函闸，靠近州城的是圣塘闸（图6-1），两闸控制西湖水泄入城北纵横交错的运河网络；湖东有两闸，北为涌金闸、南为清波闸，控制西湖水流入城内诸河，再由市河入运河。在西湖、城市与运河连接的塘河上，建有著名的"五坝"，以保持上游水位，控制河道水位差。

对于一个湖泊来说，由湖泊而沼泽，由沼泽而平陆，是湖泊的沼泽化自然过程。而西湖从其成湖之日起直到今天，仍然"波涌湖光远，山催水色深"，是由于它的沼泽化过程受到了人为遏制。苏轼曾说："稍废不治，水涸草生，渐成葑田"，西湖若没有历代的人工浚治，也会沿着沼泽化的途径和人为的侵占而湮废。正是因为它作为水利工程在杭州人民的生产生活中扮演了重要的角色，才得以通过历代的不断疏浚而留存至今。由于不断地淤积、围垦、疏浚，历史上西湖的面积也不断变化。2002年前西湖湖面区分为外湖、西里湖、北里湖、岳湖和小南湖5个部分，面积为5.68平方公里。2002年西湖综合保护工程启动后，湖西恢复水面面积0.78平方公里，包括金沙港、茅家埠、乌龟潭、浴鹄湾4处水体。西湖汇水面积为21.22平方公里，湖面面积为6.38平方公里，蓄水量近1400万立方米。西湖水位控制在黄海标高7.15±0.05米之间，水位高低相差在50厘米之内，湖底部较为平坦。

西湖天然地表水源由金沙涧、龙泓涧、赤山溪（慧因涧）、长桥溪4条溪流注入。由于人类活动的加剧，天然水源明显不足，水体更新不良，营养物质外泄缓慢，造成水质变化。为此，20世纪70年代，西湖风景名胜区采取了搬迁工厂，改沿湖居民生活燃煤为液化气（罐装气），改燃油游船为电瓶船，减少农（茶）事农药、化肥施放量，加强上游清源和湖面保洁等措施。禁止打井抽水和山涧设箱储水截流、湖体减少养鱼数量和调整鱼类品种等措施。20世纪80年代初，除继续进行局部疏浚工作外，还实施环湖截污纳管，通过赤山埠水厂引钱塘江水入湖，使西湖水质有所改善，水体平均透明度从小于25厘米增加到66厘米。但因西湖水体交换率低，流动性差，水环境状况仍然严峻。经过数年科学调研、引水试验、工程论证后，1985年2月，西湖引水工程开始在闸口白塔岭江侧建泵站和在江洋畈东侧建净水池，引水穿玉皇山、九曜山隧

图 6-1　圣塘闸

图 6-2　西湖引排水布局
图片来源：杭州西湖水域管理处

道，经太子湾注入小南湖，1986年7月竣工，日取水量30万立方米。引水后，西湖水体透明度提高了16.8厘米，浮游生物在各湖区都有不同程度的减少。21世纪初，杭州市实施西湖综合保护工程，赤山埠水厂日供10万立方米的水注入杨公堤以西的新辟水域。这样，西湖年引水达1.2亿立方米，确保西湖水一月一换，极大地改善了西湖水质。同时，增设了涌金、湖滨和北里湖3个泄水口，曲院风荷泄水口排水经提升至植物园竹类区排至浙江大学玉泉校区护校河，加大了湖区死角的水体交换率，提升水质（图6-2）。西湖泄水还通过管道进入城市河道，改善中河、东河、京杭大运河等河道的水质。目前，西湖东北的圣塘闸是西湖唯一的水位控制工程。

第二节　西湖水域空间

古代，作为潟湖的西湖是大海留给杭州的一件礼物。华信筑海塘，促使了西湖从潟湖向普通湖泊的演变。在汉以前古籍书中未见有关西湖的记载，直至六朝时的《水经注》，在卷四十浙江一条的注文里有提到："县（指钱唐县）南江侧，有明圣湖。父老传言，湖有金牛，古见之，神化不测，湖取名焉。"明圣湖（金牛湖）便是西湖的前身，后又称钱唐湖、上湖。唐宋以后，因它在杭州城的西侧，人们便称之为西湖。

直至隋朝，西湖的形态才固定下来，此时湖水直抵西部群山山脚，深入山谷之中，西侧岸线曲折，水域空间变化多端；东部为原海堤所在，岸线平直。此时，东起断桥、经锦带桥向西北到孤山一带有白沙堤，其形成时间和原因在历史上并无记载，白居易的诗句"谁开湖寺西南路，草绿裙腰一道斜"便是佐证。现代有学者推断此堤乃潟湖时期海水流动导致泥沙堆积而形成的自然堤[①]。白居易主持修筑的湖堤对杭州西湖的发展有着重大意义，但随着后世杭州城市的建设发展，此堤早已不存，后人为纪念白居易，就将湖中的白沙堤改名为白公堤即白堤。白沙堤是西湖中最早出现的堤，将湖面分隔为北里湖和外湖。

北宋时期，苏轼两次出任杭州，期间募集民工，大规模综合治理西湖，用挖出来的湖中葑泥，在湖上堆筑了从南屏山麓到栖霞岭长堤，并在堤上修建映波、锁澜、望山、压堤、东浦和跨虹等6座石拱桥，沟通了西湖南北交通，"六桥横绝天汉上，北山始与南屏通"。他还在湖上立了3个石塔，禁止在三塔以内种菱植藕。后人为纪念苏轼治湖的功绩，将堤称为"苏堤"。苏堤将湖分为东西两部分，堤东为外湖，堤西为西里湖，增加了西湖水面层次，六桥也平添了湖上景致，人们常以"长虹跨湖"来赞誉苏堤的美。

南宋淳祐七年（1247年），时遇大旱，湖水尽涸，杭州知府赵与𥈠遂作较大规模的疏浚，并将所浚淤泥，自苏堤东浦桥向西到曲院（洪春桥），堆筑成东西向的湖堤，后世称"赵公堤"，又称"金沙堤"。此堤将西里湖水域进一步划分为南北两部分。

明正德三年（1508年），郡守杨孟瑛，毁除湖中田荡，把浚挖出来的淤泥、葑草在西里湖上筑成一条南北走向，连接丁家山、眠牛山等并直达南岸的长堤，堤西重现大片湖面。沿堤修建濬源、景行、隐秀、卧龙、流金、环碧六桥，合称"里六桥"，长堤被命名为"杨公堤"。杨孟瑛还修复加固了苏堤。这样，湖西地区呈现两条六桥长堤，水域空间非常丰富。

湖心亭（图6-3）原为苏轼当年所筑三塔旧址之一，明嘉靖三十一年（1552年）在

---

① 乐祖谋.西湖白堤考[J].浙江学刊，1982（4）：118-121.

此建振鹭亭，明万历二十八年（1600年）改称"清喜阁"，雕梁画栋，四面临水，花柳掩映，景色极佳。明万历三十五年（1607年）钱塘知县聂心汤疏浚西湖，去除葑泥，围绕原湖心寺德生堂（即吴越水心保宁寺，今小瀛洲"迎翠轩"），绕滩筑埂，开辟"放生池"，埂内成为"湖中之湖"。万历三十九年（1611年）县令杨万里继筑外埂，十年后，规制尽善，复以德生堂为湖心寺额，并在埂外围置造小石塔3座，谓之"三潭"。清嘉庆十四年（1809年），浙江巡抚阮元疏浚西湖，并用葑泥在湖上堆叠成岛，俗称"阮滩"，即"阮公墩"。明清两朝，西湖湖上陆续建成三岛，形成典型的"一池三山"范式（图6-4）。

近代，西湖淤积严重，面积缩小，湖西地区原有的水面都已演变为农田和村庄，杨公堤早已不存。2002年，杭州市实施了"西湖西进"计划，将环湖西路以西的农田和水塘拓展为大小不同、形态各异的水面，恢复了部分西湖历史水面。环湖西路由湖畔路转变为湖中堤，其上架六桥，恢复旧称"杨公堤"。"西湖西进"拓展的0.78平方公里水面是西湖水域景观与山林幽境交相融合的西湖腹地，呈现出别样的风景。茅家埠地区水面较大，其他三个水面相对较小，形态各异，但港汊湾渚较多，水面上漂浮着自然生态小岛，栖息着众多禽鸟，呈现野、幽、奥的景观特点。

经过一千多年的不断建设，西湖由"潟湖"演变为具有多种水利功能的人工水库，再逐渐地演进为具有极高游赏价值的风景湖泊，已由朴素的群山抱湖的自然形态演化为人化自然的"三面环山、长堤纵横、湖中有岛、岛中有湖"的复层山水格局，形成了"一湖两塔三岛四堤"的水域空间结构。由于堤的分隔，西湖形成了外湖与北里湖大小之分，北里湖与西里湖的横竖之比，杨公堤两侧水面的旷奥之别。湖中3个不同大小、特色差异的岛屿，恰如海上仙山漂浮在碧绿的湖面上，呈现"三岛镶湖中，三堤凌碧波"的秀美景观。

同时，湖中筑堤设岛，把湖面分割成几个部分，有利于减弱西湖风浪对东岸城墙根的冲击。湖堤也能阻止西部溪水将泥沙带进外湖。白、苏二堤上的石拱桥，使外湖与北里湖、外湖与西里湖的水流相通，西里湖通过玉带桥、定香桥分别与岳湖、小南湖相通。这些造型优美的石桥既是湖上的风景，也有利于水体交换和游览行船。

今天，人们站在宝石山上放眼四望，只见沿湖绿树如茵、繁花似锦，树丛中隐现着数不清的楼台亭阁；山岭层层叠叠，衬托着水天一色的湖面；孤山像玉冠、苏白二堤似缎带、三岛如翡翠，漂浮的碧波万顷之上，构成了西湖丰富的水域空间层次。

图 6-3　湖心亭鸟瞰
图片来源：《映秀西湖》

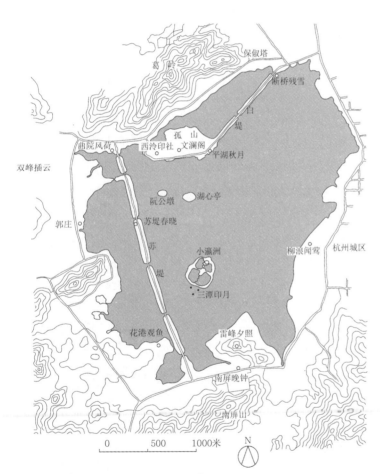

图 6-4　西湖两堤四岛平面图
图片来源：《江南理景艺术》

第三节 园林理水

西湖的风景园林建设一直遵循着中国传统园林的理法原则。

杭州园林最盛之时期，莫过于南宋。当时的皇家园林常以西湖山水为楷模精心设计、布局。皇宫内苑中有一个十多亩大的水池，称"大龙池"或"小西湖"；德寿宫是宋高宗禅居之所，后苑规模与皇宫后苑相当，园内开凿了占地十余亩的小西湖，并以湖为核心布置了东西南北4个各具特色的景致（图6-5）。

"竹素园"位于岳坟对面，原是清代东阁大学士徐潮家祠西边的一个庭院。园中横贯一条来自栖霞岭桃溪之水的溪流，屈曲环注，临水构临花舫、水月亭、聚景楼，并仿古人曲水流觞之意建流觞亭。清康熙帝有题匾额"竹素园"，并题对联："花枝入户犹含涧，泉水侵阶乍有声"。现今尚存三折石桥。

清末园林郭庄又名汾阳别墅，位于西湖西岸，临湖而建，位置极佳。园林引西湖水入园，形成南院的自然水池浣池和北院的镜池。引水口藏于南园假山之下，山上筑方亭，名"赏心悦目"。亭居高临下，向内可看见水榭亭阁、花木湖石错落于水池岸边，向外可眺望六桥烟柳和湖光山色，让人心旷神怡。

一千多年来，人们在持续治理营建西湖的过程中，一直采用将浚湖与造景相结合的方式，因势利导，用疏浚的淤泥堆筑成堤岛，建造园林，苏堤、杨公堤、小瀛洲、湖心亭、阮公墩皆是如此。新中国成立后，杭州园林部门也多次利用西湖疏浚的淤泥堆填洼地，整理地形，为园林绿地建设打下基础。

1952—1958年，杭州进行西湖疏浚，共挖出土方725.8万立方米，分别填筑了昭庆寺、省府大楼前、松木场（今黄龙宾馆）、清波公园（今柳浪闻莺）、阔石板、赤山埠、金沙港等环绕西湖的田荡洼地18处。再经过堆土整理，配合园林建设，扩大了杭州花圃、柳浪闻莺、花港观鱼、曲院风荷和西湖周围的大小绿地。与此同时，还将湖中挖出的石块和砖瓦碎片等堆填于苏、白二堤两旁及湖中岛屿周围，以巩固驳岸。在利用这些淤泥堆积场建设公园绿地时，因地制宜，充分利用洼地环境的自然特点，整理水系，建成丰富的园林景观。

花港观鱼公园利用大片水塘洼地改建为鱼池，并在池中填土成岛，连以堤、桥，丰富水面层次；利用与环湖西路（今杨公堤）毗连地区荒废的水田和南部原西湖淤泥堆积场的零星洼地进行挖深，构成一条宽窄不等的曲折港道，又将挖出来的土方堆于环湖西路东侧为丘阜，配植密林，隐内蔽外，使公园成为一个三面湖水荡漾、一面港汊环绕、内有大小曲折池塘的自然山水园（图6-6）。

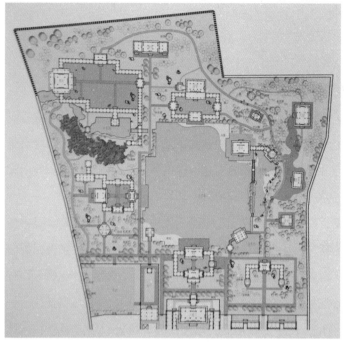

图 6-5　德寿宫后苑方池
图片来源：德寿宫遗址博物馆

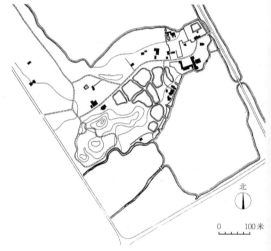

图 6-6　花港观鱼原地形图
图片来源：《新中国园林》

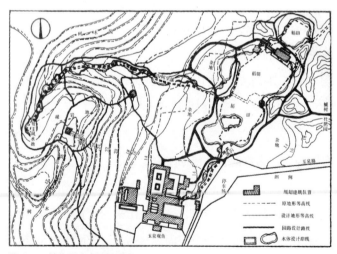

图 6-7　植物园山水园地形图
图片来源：《杭州园林资料选编》

曲院风荷公园的"风荷景区"，利用原西湖养鱼场鱼种场的水面进行改造，通过改岸线、架石桥、修园路、筑楼安亭，建成一个"接天莲叶无穷碧，映日荷花别样红""芙蕖万斛香"的游览胜地。

杭州植物园位于桃源岭山脚，基址地形起伏多变，水源充足，池塘遍布。在植物园规划建设过程中，这些水面大多保留作为各植物展览区的植物栽培、灌溉和景观之用。如山水园利用原先的3处稻田，挖深、留堤、堆岛，又架曲桥、建水榭、植睡莲，建成景色明媚的山水园。"玉泉观鱼"的南园，也是利用原自来水厂的储泉池，改造为景色优美的休闲水庭院。

太子湾古时为西湖的一角，由于山地流失的泥沙世代沉积于此，逐渐淤塞为沼泽洼地。新中国成立后，太子湾又辟为西湖淤泥堆积处。1985年实施西湖引水工程时在太子湾开挖了明渠，两旁堆积了开凿隧洞和挖渠清出的渣石和泥土，形成一块台地和两列低丘。建设太子湾公园时，结合引水口建造了气势壮观的瀑布，并将直线水渠改成蜿蜒的自然形式，并取挖渠之土加宽增高台地，使之形成南高北低、绵延起伏的地形，逍遥坡、琵琶洲、瑶津岛共同构成了如画的山谷河湾景观。

杭州动物园鸣禽馆基址位于起伏的山地地形上，有淙淙流淌的洞水，自然条件优越。设计将洞水汇聚成池，采取跨涧三合院的水庭形式，把展览笼舍建筑分置在南北两边。庭院的中心是水池，鸳鸯游曳其中，池中置小岛，岸旁有渚，花木掩映。池东端建曲桥沟通南北，池西端有敞廊洞门可供出入。馆四周种植香花嘉木，塑造鸟语花香的意境。同时，利用另一山沟筑堤形成两个高程不同、大小不一的水面即为游禽湖，供水鸟栖息（图6-7）。

2008年，利用江洋畈淤泥库，建设一个自然生态、浓缩西湖自然史，让人们了解、尊重人与自然和谐关系的生态公园。

第四节　溪涧治理

西湖景区的山区中，有许多长短不一、水量存在差异的溪涧。除汇入西湖水域的金沙涧、龙泓涧、慧因涧和长桥溪外，西北部青芝坞之水直接汇入西溪，西南部满觉陇的甘溪、九溪十八涧、梅家坞溪流之水汇入钱塘江。

在杭州西湖胜景中，九溪十八涧是独特的自然溪涧景观（图6-8～图6-10）。元代诗人张昱吟《九溪》诗曰："春山缥缈白云低，万壑争流下九溪，拟溯落花寻曲径，

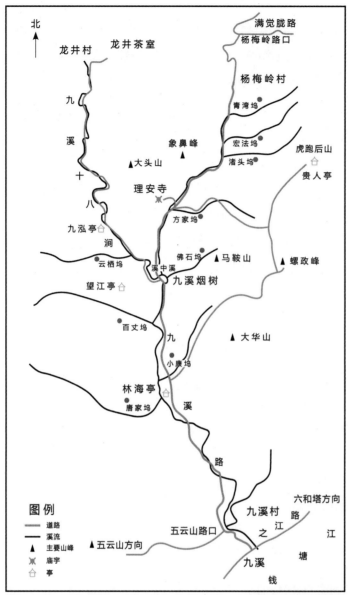

北

龙井村　龙井茶室

满觉陇路
杨梅岭路口

杨梅岭村

九
溪
十
八
洞

象鼻峰
▲大头山

青湾坞

宏法坞
渚头坞

虎跑后山

贵人亭

理安寺

方家坞

九泓亭
云栖坞

佛石坞　▲马鞍山
溪中溪
九溪烟树

▲螺政峰

望江亭

百丈坞

九
溪

▲大华山

小康坞

林海亭
唐家坞

路

六和塔方向
路
九溪村
之
江

五云山路口
▲五云山方向

九
溪

江
塘

钱

图例
—— 道路
—— 溪流
▲ 主要山峰
✕ 庙宇
亭 亭

青湾、宏法、方家、百丈、唐家、佛石、云栖、渚头、小康等9个山坞的溪流图

图6-8　九溪十八涧示意图
图片来源：《西湖山水》

图6-9 万壑争流下九溪

图6-10 湖西配水，溪涧营造叠水涌泉

桃源无路草萋萋。"九溪十八涧位于西湖西南群山中的鸡冠垅下，上有漏斗状龙井盆地，万壑争流；中有线状沟谷，接纳"九"溪水流；下有洪积扇堆积体，是一条多次分支的山区溪流，最后贯注钱塘江。"两山悬如削，相让一溪流。"九溪两侧峰峦起伏，全线水流在砂岩山岭间流过，由于落差较大，水流湍急，逢山迂回，遇石漫溢，曲折回环。一条山路缘溪而行，溪水不时从路的一侧漫溢到另一侧，每当此时，人们或涉水而过，或从溪中汀步踏过。溪流在十里长谷中蜿蜒，林翳蓊茏，山岚如烟，林溪相映；水清石见，溪涧玲珑；绿藻莹莹，雀鸟啁啾，呈现自然朴实的山谷风光和恬静幽寂的山乡情趣。正如清代学者俞樾的诗句："重重叠叠山，曲曲环环路，丁丁东东泉，高高下下树。"新中国成立后，杭州市对九溪上游的自然水源进行了综合整治，疏理了中段泉池和滚水坝，还利用马鞍山西侧两条峡谷山涧，依崖筑堰，辟设瀑布，增加水景。如恰逢多雨季节或暴雨过后，山水滂沱，水柱由崖壁倾泻而下，水声隆隆，景色壮观。由于处于谷地，九溪十八涧常年飘荡着薄烟浅雾，暮春、仲秋之晨尤甚。此时，碧露新添、秀树带雾、满谷迷蒙、流云笼竹，景色朦胧而富有诗意。

为保护西湖水源水质，杭州相关部门对西湖上游的溪涧采取了一系列的整治措施。如禁止在4大溪流上游凿井取水；拆除违建、疏通溪流；控制固体废弃物和污水排放，实施污物定点收集和污水截流；分段修筑滚水坝，拦蓄溪水；在部分溪涧的下游，如金沙涧的赵堤与花圃之间、龙泓涧双峰村、长桥溪等处，拓展多个大小各异、高差渐降的池塘水面，种植湿生、水生植物，减缓上游径流，减少泥沙直接入湖，增添湿地景致。

21世纪初，杭州市实施西湖综保工程，除整治金沙涧、龙弘涧、惠因涧、长桥溪等西湖汇水溪流外，在拓展湖西配水工程时，引赤山埠水厂的水入三台景区。于三台梦迹和于谦祠东，利用地势高差，辟建多层高差的溪涧水系。高处水潭下埋设供水管道，形成鼓泡式的涌泉；碧水清流沿滚水堰坝逐级跌落，化成一道道闪亮的跌水；低处的小湖多港汊溪湾，空间聚散开合。三台景区山色苍翠、水映长空、静谧幽深、野趣横生，"云自无心水自闲"，兼具江南山地和水乡之胜，也有"奥""幽"之氛围。

西湖南部山区的长桥溪，流域面积为1.83平方公里，20世纪末，水体因污染而富营养化，造成劣Ⅴ类水质，全部流入西湖。2004年，杭州园林部门实施了长桥水生态修复工程，将水处理工艺和园林造景紧密结合，利用流域的微地貌和水动力作用，设置了多处滚水坝和三级人工湿地。湿地中种植了挺水、浮水和沉水植物，水岸草坡入水，局部点缀湖石，水边种植乔灌木。受到污染的水经过地埋式污水处理系统排入漫滩湿地，经水生植物的吸附、降解作用得到进一步净化，可以达到三类水标准，再排入西湖。长桥溪湿地已成为集生态观赏、休闲、科普教育和水生态示范于一体的新型公园。

第五节　泉池利用与营造

　　西湖群山中分布有众多泉水。古时吴山有大小泉井240眼，如吴山第一井、郭婆井、八眼井、白鹿泉、青衣泉和三茅观方池等。据《西湖文献集成》记载，灵隐飞来峰一带有"月桂、伏犀、丹井、永清、偃松、冷泉、韶光、白沙、石笋、腾云、弥陀"等泉眼共16处。南宋时期，孤山御花园内有三亭泉、六一泉、仆夫泉、参寥泉、金沙井等，现今六一泉仍在孤山山麓。此外，玉皇山有天一池，凤凰山圣果寺旁原有郭公泉，理安寺有法雨泉，灵峰有掬月泉，宝石山有沁雪泉等。这些泉水，从其成因来看，主要有3种不同的类型：一部分在砂岩地区和火山岩地区，如大慈山下的虎跑泉和黄龙洞附近的白沙泉；一部分为在石灰岩地区的喀斯特泉，如龙井泉、灵隐的冷泉和吴山的诸泉；还有部分为在第四纪松散沉积层中的孔隙泉，如植物园内的玉泉。

　　历史上，许多西湖泉井都成为景点名胜。后周显德年间，在袭庆寺有一泉自地涌出，僧人修筑为方池，"如闻叩击声，则泉溢涌，累累如贯珠"，后人称为"珍珠泉"。南宋时，宝莲山有青衣泉源，泉水经十二折而潴于半月形的水池，称之"阅古泉"。泉水"霖雨不溢，久旱不涸，其甘饴蜜，其寒冰雪，其泓止明静，可鉴须发"。泉上建一亭，亭中放有水瓢，时人以饮此泉一瓢为幸。西湖寺院多有泉水，如净慈寺的圆照井、虎跑寺的虎跑泉、法华寺的法华池、韬光寺的金莲池、清涟寺的玉泉等。这些泉水不仅为僧侣提供生活用水，而且蓄积为池，为放生等宗教活动提供场所，还是重要的防火设施。泉源多为方形的小池，然后汇入庭院中长方形或半圆形大池，池中种植荷花或作为放生池，多余的泉水随山谷下泄形成自然溪涧，流淌在曲折的山道旁，更增添寺院深邃幽静的氛围。

一、虎跑泉

　　虎跑泉在白鹤峰下，这里溪涧玲琮，峰石回耸，古木参天。从虎跑山门到虎跑泉，要经过一条二里多长的石板路，其右侧原为山谷水田，经整理、拓展后形成层叠的自然水系，溪旁置挡石、筑矮堰、设平台，形成随地势变化、富有层次感的不同形态的水面，呈现自然跌水景观。人们循路而上，两侧林木森森，溪涧叮咚；抵达含晖亭，面前为一方池，有石桥跨池而过；前方是虎跑寺，寺前有半圆形钵盂池；右转登石阶可望见写有"虎跑泉"和"天下第三泉"醒目大字的粉墙；循墙进入"虎迹泉踪"洞门至罗汉亭，亭旁有方池，池壁上方镌刻"虎跑泉"；泉水从山岩石罅间涓涓涌出，入泉池，再流入原两寺院之间的中心方池（图6-11）。在翠樾堂前、虎跑茶室后另有长方水池，种

图 6-11　虎跑中心泉池

图 6-12　龙井泉池

植水生植物，丰富了院落的水景。

　　泉水不仅是虎跑的风景，而且是优质的水源。虎跑泉清澈明净，富含一种放射性气体氡。杭州有句俗语"龙井茶叶虎跑水"，说的是用甘冽的虎跑泉水泡上著名的龙井茶，茶汤更加清香扑鼻，回味醇厚，称为"双绝"。此外，泉水还有"冒而不溢"的奇特之处。清代丁立诚《虎跑泉水试钱》诗中赞道："虎跑泉勺一盏平，投以百钱凸水晶。绝无点点复滴滴，在山泉清凝玉液。"

　　虎跑景区以泉为主题，经过景观营造，形成了迎泉、戏泉、听泉、赞泉、赏泉、试泉、梦泉、品泉等一系列游赏序列，使虎跑泉不仅可看可赏，亦可听可玩。郭沫若曾有《虎跑水》诗："虎去泉犹在，客来茶甚甘。名传天下二，影对水成三。"

二、龙井泉

　　龙井在西湖西面山峦起伏、松篁交翠的凤凰岭上。龙井，原名龙泓，又名龙湫。龙井的水遇大旱而不涸，古人以为井与海通，其中有龙，故名之。苏轼有诗云："人言山佳水亦佳，下有万古蛟龙潭。"古老的传说使龙井名闻遐迩。龙井寺创建于五代后汉乾祐二年（949年），原址在龙井村西北的落晖坞（即老龙井），明正统三年（1438年）才迁至龙井泉旁。

　　龙井泉是汇集石灰岩节理和溶洞中的地下水而形成的浅水面的一部分，泉水清澈见底。泉井是一口直径约2米的圆形泉池，泉池后壁是峻峭的山岩和古朴的叠石（图6-12）。泉水从石缝中流入圆形水池，然后溢流到东侧两个方形水池，再注入玉泓池，然后泄流入凤凰岭山脚的溪涧，再后经龙泓涧，形成一条顺势跌落、水花飞溅的潺潺流水，直抵双峰村前拓展成几个高差渐降、大小不同、形态各异、栽植不同水生植物的池塘，最后注入湖西的茅家埠水域，有"十里泉声烟断崖"的景致。龙井泉水让人称奇还有搅动它时水面上出现的分水线，仿佛游丝一样不断摆动，人们以为"龙须"，是大自然赋予的奇迹。

三、玉泉

　　玉泉坐落在仙姑山北青芝坞口，与大慈山下的虎跑泉、凤凰岭下的龙井泉一起合称"西湖三大名泉"。玉泉历来以泉水和观鱼著称（图6-13、图6-14）。玉泉是上游山区沟壑承接的雨水下渗到洪积扇的疏松层遇阻被迫向地面涌出而形成，因水色透明清澈而称为"玉泉"。关于此泉，还有"拍掌涌泉"的美丽传说，为古迹增添了魅力，玉泉亦称为

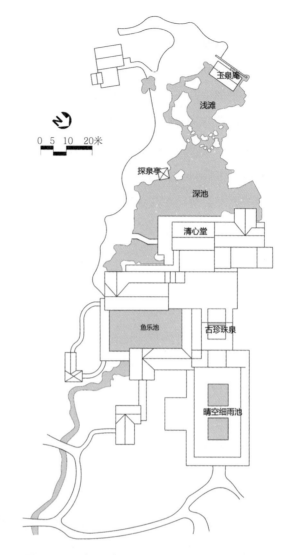

图 6-13 玉泉系列水景
图片来源：佚名

图 6-14 玉泉观鱼

"抚掌泉"。

相传南齐建元年间（479—482年），昙超和尚在玉泉开山筑庵，五代后晋天福三年（938年）改名"净空寺"，后来又多次易名。宋淳祐八年（1248年）增辟两个庭院供观赏。元末寺毁，泉池仍存。清代称"清涟寺"，又称"玉泉寺"。寺内辟设大方池，供信佛之众购鱼放生之用。自宋代以来，"玉泉鱼跃"一直为杭州观鱼胜景，至清代，更成为西湖十八景之一。

现在的玉泉庭院是1965年在原址上以江南民居形式重新设计建造的。新玉泉遵循原有建筑肌理，按原有格局整体放大，形成的"景中有园，园中有景"的景点。现"鱼乐国"主水池长20米，宽10米，深达1米有余，池中蓄养各色鲤鱼和青鱼。在"鱼乐国"东北隅和北侧有两个大小不同的庭院空间，以及 "古珍珠泉"和"晴空细雨泉"三个方池。由于该地的洪积扇地质构造具有既透气又透水的特点，泉水上涌时会带动气泡上浮或者浮激水面，形成独特泉景。"鱼乐国"的溢水通过弯弯曲曲、层层跌水的人造溪涧汇集到植物园的山水园池塘之中，又从山水园水榭东侧水体下泄到青芝坞水塘，而后汇入浙江大学玉泉校区护校河，形成多层级的自然水系。

1997年，利用原玉泉自来水厂的储水池建设南园。重新设计了自然蜿蜒的水体形态，修桥筑路，建造清心堂、如鱼得水榭、碧莹亭等建筑，水中置汀步，形成林木环抱、亭榭合宜、环境清幽的江南水庭院，与规整的北园相辅相成。

此外，西湖周边还有享有盛名且水量较大的水景，如六和塔六和泉、灵隐冷泉、南高峰刘公泉、云栖寺泉、北高峰顶泉、黄龙洞白沙泉等。

杭州西湖景区，有宽阔的湖面、宁静的池塘、潺潺的溪涧、汩汩的泉水，容纳了各种水的形态。这些水体，有的体现出三远的意境，有的表现水的动态之美，有的展现出水声之魅力。总之，西湖风景园林遵循自然，因地制宜，充分利用各种水资源，营造出不同形态和类型的水景，极大地丰富了西湖景致。

第一节 中国的赏石掇山文化

一、赏石文化

以石为观赏品，是中国人文化生活中的一种独特风尚。中国人爱石、赏石、论石、藏石的传统源远流长。史前文明的良渚文化中，灵石被作为神的象征而受到崇拜。古人"癖石者"，最早见于春秋时代《阚子》的记述："宋之愚人，得燕石于梧台之东，归而藏之，以为大宝，周客闻而观焉。"到了唐宋时，众多文人墨客更将搜求奇石以供观赏视为时尚。白居易先后任杭州、苏州刺史，对两地出产的天竺石和太湖石非常欣赏。天竺石，其色非青非紫，带绿带白，玲珑多窍，产于杭州西湖景区飞来峰、莲花峰一带。白居易离任杭州时将两块天竺石千里迢迢带回了洛阳，赋有"三年为刺史，饮冰复食檗。唯向天竺山，取得两片石。此抵有千金，无乃伤清白"[1]，又说"万里归何得，三年伴是谁。华亭鹤不去，天竺石相随"[2]。他还在诗中描述了一块太湖石如何在洗净泥垢后呈现出独特的观赏价值，从"苍然两片石，厥状怪且丑"，到"峭绝高数尺，坳泓容一斗"[3]。他在《太湖石记》中留下了"石有族聚，太湖为甲，罗浮、天竺之族次焉"的论述。白居易写下了许多关于石头的诗和文章，在文人间广泛传播。王铎在《中国古代苑园与文化》中评价白居易"最早为园石建立美学理论"。童寯在《论园》中认为"白居易任苏州刺史时首次发现太湖石的抽象美，用于装点园地，导后世假山洞壑之渐。"宋徽宗赵佶爱石成癖，为建"寿山艮岳"，搜罗天下奇石而致"花石纲"事件。北宋画家米芾，每见奇石必纳头拜倒[4]（图7-1），有玩石专著《园石谱》，并首创太湖石"皱、瘦、透、漏"的鉴赏标准。苏东坡也爱石如痴，自称有奇石二百九十八块，并有"石文而丑的论述"。南宋德寿宫有"芙蓉"名石（图7-2），高1.45米、长2.28米、厚最大值1.45米、周长最大值5.72米，"岩窦玲珑，苍润欲滴"，石山沟壑遍布，质地

---

① （唐）白居易《三年为刺史二首》。
② （唐）白居易《求分司东都，寄牛相公十韵》。
③ （唐）白居易《双石》。
④ 北宋《四时幽赏录（外十种）》载米芾"无为州治有石奇丑，具衣冠拜之"。

图 7-1　米芾拜石图
图片来源：孟兆祯《园衍》

图 7-3　江南三大名石之一：绉云峰

图 7-2　南宋德寿宫芙蓉石（青莲朵）
图片来源：中国园林博物馆

细密。清乾隆十六年（1751年），乾隆帝下江南游览宗阳宫（原德寿宫范围），见到此石，十分喜爱，并吟诗"临安半壁苟支撑，遗迹披寻感慨生。梅石尚能传德寿，苔华又见说蓝瑛。一拳雨后犹余润，老干春来不再荣。五国风沙埋二帝，议和嬉乐独何情。"此石随后运至京都，乾隆帝降旨置于长春园的茜园朗润斋中，并亲题"青莲朵"三字，今存中国园林博物馆。

中国传统文化中为奇石的欣赏带来了不同的观赏方式：小块形奇、色美、质佳、纹丽的观赏石作为供石，陈设于室内厅堂或几案上；形态优美、纹理奇骏的大块山石作为孤赏石，置于庭院中央或者门窗对景；还有一些大块岩石，通过堆叠假山来模仿自然界中的岩壁洞壑，或者作为园林中的抱角、镶隅、踏跺、蹲配、驳岸、挡墙及花台等用，自然天成。

二、置石艺术

置石在园林中有多种用法。其中的特置，又称"孤赏石"，江南称之为"立峰"，多为整块体量较大、造型奇特、色彩特殊的天然岩石。如江南三大名石——杭州茗石园的"绉云峰"（图7-3）、苏州留园的"瑞云峰"和上海豫园的"玉玲珑"，被认为是山石中的极品。此外，还有对置、散置（散点）、山石器设、山石花台、与园林建筑结合的置石等形式。对置多为在建筑物前布置两块山石，以陪衬环境，丰富景色。散置，即"攒三聚五"的做法，常用于园路转角或在山坡上作护坡或布置内庭。此类散点置石多深埋浅露，若断若续，散中有聚，脉络显隐。山石器设，如石桌、石几、石凳和石床等，是园林中富有自然气息的休息设施。山石花台是用山石垒台，中间覆土栽植花木，不仅可以抬高地势保护一些怕涝的植物，而且可形成山石花木相得益彰、充满画意的场景，是布置庭院空间的常见手法。花台的布局常采取占边、把角、让心、交错等手法，平面上曲折有致，立面上起伏变化。为减少建筑墙角线条平板、呆滞的感觉，园林中常采用置石抱角、镶隅的处理，增加自然生动的气氛。建筑入口的台阶也常用自然山石作为"如意踏跺"，称为"涩浪"，两侧再衬以山石蹲配。

三、掇山艺术

中国园林中的掇山活动最早记载于《尚书》："为山九仞，功亏一篑"。一般认为掇山活动始于秦汉，最初在宫苑中"起土山以准嵩霍"，模仿真山。《汉宫典职》载："宫内苑聚土为山，十里九坂。"据《后汉书》，东汉时，梁冀园中聚土为山，"以象二崤"（当地两座名山）。魏晋南北朝，由于山水诗和山水画的影响，园林创作中堆山技艺不断改进，逐渐采用写意手法模拟真山，形成"以小见大"的假山，堆叠技术也从"筑土为山"发展为"构石为山"。至唐宋，园林中建造假山之风大盛，追求形象逼真和可游可入的假山，还出现了专门堆筑假山的能工巧匠。宋徽宗为在汴京（今开封）修建艮岳，用"花石纲"的名义搜罗江南奇花异石运往汴京，掀起了园林中叠石掇山的热潮。南宋文学家周密在《癸辛杂识》中写道："前世叠石为山，未见显著者。至宣和，艮岳始兴大役，连舻辇致，不遗余力。其大峰特秀者，不特侯封，或赐金带，且各图为谱。"受皇家影响，民间宅园赏石造山也蔚成风气。从此，假山石成了园林中的必具之物。宋时，杭州假山多为陆氏所筑，堆垛峰峦，拗折洞壑，绝有天巧，号"陆叠山"。明清两代，掇山技艺又发展到了"一卷代山，一勺代水"的新阶段，还涌现了关于掇山的理论著作和掇山名师。明代计成的《园冶》、文震亨的《长物志》，清代李渔的《闲情偶寄》，以及明代张南阳、明清之交的张涟（张南垣）、清代的戈裕良等掇山宗师从理论和实践两方面使掇山艺术臻于完善（图7-4）。近代，杭州涌现了毛新明、蒋渭琪、沈光法、金德华、沈水富等叠山能手，传承掇山技艺。总之，大自然的山水是中国园林中假山创作的艺术源泉和依据，掇山艺术的原理与中国传统的山水画一脉相承，假山寄托了人的思想感情，具有"片山有致，寸石生情"的魅力。

掇山按材料可分为土山、石山和土石相间的山。筑山叠石，要脉络贯通，山有山皴、石有石皴，而皴纹是体现贯通的主要因素。除形态、皴纹、质感外，色彩也是强化掇山风格意境的重要因素。明末造园家计成提出了"是石堪堆，遍山可取"和"近无图远"的主张，提倡就地取材，创造地方特色的思想，突破了选石的局限性。园林中常用石品有：①湖石类，体态玲珑通透，表面多弹子窝洞，形状婀娜多姿，多为石灰岩、砂积岩类，如太湖石、巢湖石、广东英石、山东冲官石、北京房山石等；②黄石类，体态方正刚劲，解理棱角明显，无孔洞，呈黄、褐、紫等色，如浙江的黄石、华南的黄蜡石、西南的紫砂石、北方的大青石；③卵石类或圆石类，体态圆浑，质地坚硬，表面风化呈环状剥落状，又称海岸石或河谷石，多为花岗岩和沙砾岩；④剑石类，指利用山石单向解理而形成的直立型峰石类，如江苏武进的斧劈石、广西的槟榔石、浙江的白果石、北京的青云白石，及岩洞的钟乳石等；⑤吸水石类或上水石类，体态不规则，表里粗糙多孔，质地疏松，有吸水性能，多土黄色，深浅不一，各地均产，如四川的砂片石；⑥其他石类，有象皮青、木化石、松皮石、宣石等。

掇山的理法，有相地布局，混假于真；宾主分明，兼顾三远；远观有"势"，近看有"质"；强调对比衬托，包括大小、曲直、收放、明晦、起伏、虚实、寂喧、幽旷、浓淡、向背、险夷等。在工程结构上，要求有稳固耐久的基础，递层而起，石间互咬，等分平衡，达到"其状可骇，万无一失"的效果。

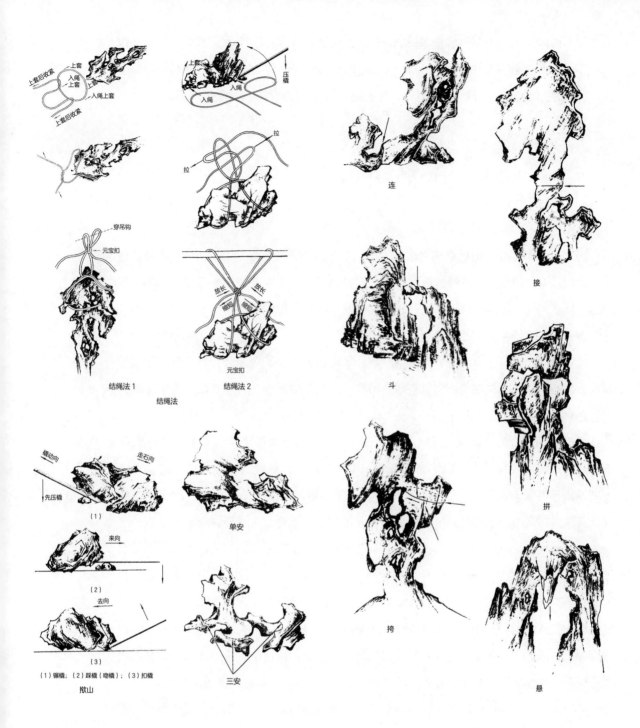

上套后收紧　上套　入绳上套
入绳　上套　入绳上套
上套后收紧

压橛
入绳　上套
入绳
拉　拉

穿吊钩
元宝扣

放长　放长
元宝扣

结绳法1　结绳法2
元宝扣

结绳法

连

接

斗

撬动向　走石向
先压橛
（1）
来向
（2）
去向
（3）
（1）辗橛；（2）踩橛（吻橛）；（3）扣橛

撅山

单安

三安

挎

拼

悬

图 7-4　掇山要素
图片来源：孟兆祯《园衍》

假山具有多方面的造景功能，如构成园林主景或地形骨架，划分和组织园林空间，作为庭院驳岸或护坡起挡土的作用，设置自然式花台，还可与园林建筑、园路和园林植物组合成富于变化的景致，以减弱人工气息，增加自然生趣，使园林建筑融入山水环境之中。

第二节　西湖山水中的天然石景

　　西湖景区山体由于地质结构之故，主要由砂岩、石灰岩、页岩和火山岩4种岩石组成。特别是石灰岩地区，奇峰秀石比较多。周密曾说吴兴（今湖州）的玲珑山"略如钱塘之南屏及灵隐、芝林，皆奇石也"，间接说明了南宋时西湖周边的南屏山和灵隐地区的天然石景非常著名。

　　南屏之名就来自于山上的岩石崖壁景观。《淳祐临安志》中记载："南屏山在兴教寺后，怪石秀耸，松竹森茂，间以亭榭。中穿一洞，崎岖直上，石壁高崖，若屏障然，故谓之南屏。"山中石景奇特，以至于"真山返如假，叠径入云屏。"[①]

　　灵隐的山石，最秀者莫过于飞来峰（图7-5）。明末清初文人邵长蘅在《飞来峰记》中写道："武林诸山，以峰名者百数，飞来峰最奇。峰之奇，以石、以岩洞。"飞来峰属于石灰岩山体，由于长期受地下水溶蚀作用，形成了峰石林立、洞壑万千的自然石景。其奇特的景观受到帝王权贵和文人墨客的高度赞赏，因而，南宋及以后，飞来峰屡屡成为杭州皇家和私家园林假山摹写的对象。位于飞来峰以西的莲花峰，在《水经注》中就有记载，"又有孤石壁立，大三十围，其上开散，状如莲花"[②]，为著名的奇峰异石。宋人有诗云："巨石如芙蕖，天然匪雕饰。盘礴峰顶边，婵娟秋江侧。"[③]灵隐下天竺寺后的"三生石"是西湖十六遗迹之一，由3块巨石组成，高约丈许，嶙峋峥嵘，上刻篆体"三生石"。"三生"原来是佛教之语，指前生、今生和来生。这里的"三生石"源自唐代李源与洛阳惠林寺僧圆观（一作"圆泽"）之间友谊的传说。

　　吴山由十余个小山头连接而成，山奇石秀。在瑞石山北，有一组怪石平地而起，人们依岩石的形状，起名为笔架、香炉、棋盘、象鼻、玉笋、龟息、盘龙、舞鹤、鸣凤、伏虎、剑泉、牛眠等，称之"巫山十二峰"，又因这些岩石酷似十二生肖中的造型，民间称之为"十二生肖石"（图7-6）。宝石山原称巨石山，山多奇峰怪石。来凤亭前有

---

① （北宋）郭祥正《和杨公济钱塘西湖百题·西湖百咏·南屏山》。
② （北朝北魏）郦道元《水经注·卷四十》。
③ （北宋）梅询《武林山十咏·其二·莲花峰》。

图 7-5 飞来峰

图 7-6 吴山十二生肖石

图 7-7 寿星石

图 7-8 秦皇缆船石

块浑圆大石落在巨石基上，石体屹屼崚嶒，看似危如累卵，实则坚如磐石，称之"落星石"，吴越钱镠封为"寿星石"（图7-7）。在宝石山南麓的环形峭壁上，突兀着一块赭红巨石，相传为公元前210年秦始皇南巡途中去会稽（绍兴）祭大禹时，由于浙江（钱塘江）风恶浪高，停船宝石山下，缆船石上，人称"秦皇缆船石"（图7-8）。北宋僧人思净，将此块大石刻成半身佛像。烟霞洞上有高阔数十丈的"联峰"巨岩，崖上石笋倒垂，形如佛手，故名"佛手石"。洞侧还有象鼻岩、落石岩等奇峰怪石。丁家山东麓（刘庄内）旧有一天然石壁，高丈许，壁前片石卓立，状如屏风，称之"蕉屏"石，屏里侧置石床、石桌。相传清朝浙江总督李卫常在这里弹琴，故称"蕉石鸣琴"，为清代"西湖十八景"之一。龙井四周，山石峥嵘，古木参天，风景清幽，古有"龙井八景"，其中"神运石""一片云"为两石景。"神运石"耸立于龙泉畔，高五六尺，状似游龙。明代田艺蘅有"怪石何年出井中，千眼百眼相玲珑，鬼神爱惜欲飞去，婆娑老树缠春风"的赞誉。"一片云"在凤凰岭上，高丈余，青润玲珑，因状似一片云彩而得名。据说辩才居龙井凤凰山的"月岩"时常盘桓左右，题有"兴来临水敲残月，谈罢吟风倚片云"之诗句。此外，还有将台山的"排衙石"（又称"石笋林""队石"）、吉庆山的"灵石"等奇石，为西湖风景园林增添了奇趣的景致和美好的联想。

第三节　西湖置石艺术

在西湖园林中，有不少造型独特、肌理丰富的天然石峰，峙立于庭院或者水池中，作为孤赏的对象。杭州茗石苑耸立着一块形同云立、纹比波摇、体态秀润、天趣宛然的罕见英石立峰，刻有行书"绉云峰"三字。峰高2.6米，狭腰处仅0.4米，具有"瘦""皱"的特色。在小瀛洲先贤祠前，九曲桥对面的池中高耸着一块湖石立峰，仔细辨认，好像有九只小狮在上嬉戏，人称"九狮石"（图7-9），今峰上灵霄花藤缠绕，平添生趣。孤山文澜阁前的水池中耸立着一块太湖巨石，称"万米峰"，又称"仙人峰""太师少帅石"（图7-10）。杭州花圃西入口水池中竖立着剔透玲珑的湖石立峰，高约4米，石体线条曲折，遍布皱穷，侧视如女人妆容，故名为"美人照镜石"。玉泉庭院大门内是一个方形大窗，窗框内的小天井，立着一尊嵯峨的立峰，旁植翠竹数杆，酷似竹石图画。庭院中的山石小品，有的如屏如峰，点缀回廊空处，或依墙而筑，与刚竹、花木配置，自成一景。此外，花港观鱼红鱼池曲桥旁的"象鱼

图 7-9　九狮石

图 7-10　仙人峰

石"、曲院风荷湛碧楼水庭院中的湖石立峰以及湖滨一公园和湖畔居北等地刻有景名的湖石立峰，既可欣赏，也是点景之石，供人拍照留念。

第四节　西湖掇山艺术

南宋文学家周密在《癸辛杂识》中提及吴兴（今湖州）出产太湖石，尤以卞山所出为佳，"故四方之为山者，皆于此中取之"，而且宋代掇山工匠大多出自吴兴，"然工人特出于吴兴，谓之山匠"。他还记述了不少吴兴园林，许多有假山与置石，秀润奇峭。可以想见，南宋时期，杭州作为都城，又距离湖州不远，园林中必然少不了假山和置石，材料也极有可能是太湖石。

杭州山林间特有的奇石景观给予了造园者许多灵感。据《武林旧事》记载，"禁中及德寿宫皆有大龙池、万岁山，拟西湖冷泉、飞来峰。"南宋赵伯驹的《宫苑图》中描绘有一座大假山，足有二层楼阁的高度，下有山洞，宫女们从洞中鱼贯而出，表现了南宋宫苑中的大型假山。至于宋高宗所居的德寿宫，宋孝宗曾为此赋长诗："山中秀色何佳哉，一峰独立名飞来。参差翠麓俨如画，石骨苍润神所开。忽闻彷像来官闱，指顾已惊成列岫。规模绝似灵隐前，面势恍疑天竺后。孰云人力非自然，千岩万壑藏云烟。上有峥嵘倚空之翠岭，下有潺湲漱玉之飞泉。一堂虚敞临清沼，密荫交加森羽葆。山头草木四时春，阅尽岁寒人不老。圣心仁智情幽闲，壶中天地非人间。蓬莱方丈渺空阔，岂若坐对三神山，日长雅趣超尘俗，散步逍遥快心目。山光水色无尽时，长将挹向杯中绿。"可见模仿飞来峰的假山已得原景之精髓，手法高超。

2001年，在杭州吴山清波坊挖掘出了南宋恭圣仁烈杨皇后宅院，发现其庭院遗址中有大型假山与水池遗迹（图7-11）。庭院面积约为393平方米，四周由建筑围合，中心是长方形水池，池北侧是大型假山，占地面积约100平方米。遗址挖掘出了大量的灰白色水成岩石块，石块上多自然孔窍，肖似太湖石。在庭院东北角清理出了砖砌登山道遗迹，在庭院北侧的中部和西北侧清理出了山洞遗迹。

杭州现存的传统假山遗迹主要位于西泠印社、西湖天下景、黄龙洞、玛璃寺、龙井泉池、文澜阁、蒋庄、葛岭抱朴庐和乐墅；修复的假山有郭庄、胡雪岩故居中的假山；现代假山作品主要位于花港观鱼的牡丹园、动物园的笼舍、植物园的山水园和分类区，以及花圃的"水芳岩秀"等。

从艺术手法上看，杭州假山叠石可以概括为依山叠石、叠石假山和散置石景几种类型。

| 1 | 2 | ① 南宋恭圣仁烈杨皇后宅遗迹平面结构示意图
| 3 | 4 | ② 南宋恭圣仁烈杨皇后宅遗址庭院遗迹
③ 南宋恭圣仁烈杨皇后宅水池遗迹
④ 南宋恭圣仁烈杨皇后宅水井遗迹

图 7-11　南宋恭圣仁烈杨皇后宅院遗址
图片来源：浙江博物馆之江分馆

图 7-12　黄龙洞假山

一、依山叠石

在真山之间堆叠假山，以假山点缀真山，以假成真，以增添山势的气魄和自然野趣。如孤山、黄龙洞、望湖楼和葛岭的假山以及杭州动物园的虎山，但每处假山又各有不同的风格。

清代，为帝王南巡驻跸，孤山山南建有西湖行宫。宫内花园景色优美，有钦定的行宫八景。西湖行宫毁于太平天国兵乱，仅余部分建筑台基、假山和水池。"西湖天下景"亭，位于孤山山麓，是一座劫后犹存歇山顶方亭，亭名取苏轼"西湖天下景"诗句，亭额系民国23年（1934年）春陇右黄文中书，该亭四周山岩环绕，背倚峭岩的假山，前临曲桥水池，山石高低参差，疏密有致，蹬道盘绕，与水池、曲桥、方亭构成了一座小巧玲珑，富有山林气息的精美庭院。

黄龙洞位于西湖北山栖霞岭北麓，原为宋代护国仁王禅院所在，直至清代都是佛教圣地，民国时改为道观。假山为民国时修建，采用与真山岩石相同的浑厚古拙的黄砂岩（图7-12），从黄龙吐翠池开始，依山就势，紧沿后山峭壁盘旋升腾而上，势如虬曲林间的龙身。采用的叠石手法有聚石造型和孤峰独立，或为平台，或为幽径，或为曲桥深壑，或为云门、屏风，或为洞、坡、阶、蹬、步间。远望之，石峰如林，重峦叠翠，开合有序，高低参差；进入山中，迷离曲折，剔透空灵，深邃婉转，洞穴兼具。假山沿着山势逶迤而上消失于山顶茂林竹篁之间，似黄龙神行，潜入山林。假山融于周边环境，大气雄浑中更见秀逸空灵，是西湖风景园林中最大的一组叠石。此外尚有龙井泉池后"真假难分、天人合一"的假山。

二、叠石假山

由山石堆叠成一组完整独立的假山，成为庭院主景之一。如孤山文澜阁的障山，葛岭的两组假山，玉皇山的慈云宫、天一池的假山，长桥公园的假山，花港观鱼公园的蒋庄假山、藏山阁假山，郭庄庭院的假山，花圃的"水芳岩秀"假山以及胡雪岩故居的假山等。

文澜阁位于孤山南坡，从孤山路入内大院，步入垂花门，迎面是一座堆叠成狮象群的假山，山下有平面呈S形的山洞，穿过山洞，就抵一座平厅，厅北就是文澜阁的水庭院，水中耸立着湖石立峰"仙人峰"。假山玲珑奇巧，有蹬道可攀登至顶，上建有月台、趣亭，遥遥相对。假山的东北偶有溪涧与北部水院相通，与碑亭、曲廊、小桥等组成一个完整的庭院。

葛岭假山（图7-13），位于从葛岭山门沿蹬道登山去抱朴道院的途中，采用本山黄石自然垒砌，由多个群体组成，层层叠嶂，巍峨森严，远观如画，是人工叠石假山的佳作。该假山被民间传为"诸葛亮的乱石阵"，又据说是南宋皇家园林的旧物。过此假山，继续登山，于四方亭外，即见晋代道院门前下方一组高约10米、宽约12米、由湖石堆叠的附崖假山。外形似峭壁峰峦，内构有洞。东侧凿池蓄水，大块竖石耸峙于水池之上，山脚与水池相接，呈上窄下虚，宛如天然水窟。西侧石壁洞谷之间点缀有平台，蹬道盘旋上下，空间变化无穷，于咫尺之间给人以悬崖峭壁之感。其间穴植花木，幽深自然，素有"西湖第一假山"之誉。

花港观鱼公园蒋庄的假山，位于花港东门南侧、马一浮纪念馆东部绿地的北面，紧挨自然居，高约10米、宽约15米。假山主峰突兀于西北，次峰拱揖东南，东南部平地凿池，上架石条小桥，峰石嵯峨，层次分明，东、西两端有蹬道盘旋穿洞门至平台。俯瞰石桥栈道，镜水云天，极富变化；环视庭院、方亭栈桥和木香廊架，幽香扑鼻，繁花似锦，满园春色，生机盎然。

西泠印社的假山，以叠石为主，比较精致、细巧，与亭台、曲径、山坡、水池、石塔、花木组成一个整体，展现我国传统的造园艺术风格。

1972年，杭州园林部门建设动物园时，利用马儿山黄石堆叠假山，营建动物的兽舍或活动场所，如虎山（图7-14）、猴山、熊山等的悬崖峭壁和假山。小兽园、熊猫馆、金鱼园和鸣禽馆的庭院也大量使用山石，营造溪流、创筑水景、装点笼舍、挡土护坡、美化环境，手法上兼具杭州叠石假山的多种类型。1975年建成的金鱼园室外展区趣园，以黄石垒池，高低错落，有小径盘绕至高处亭台，人们可凭栏俯瞰鱼池如镜、游鱼斑斓，别有意趣。

在实施西湖综合保护工程时，中国工程院院士孟兆祯教授设计了花圃汇芳漪的"水芳岩秀"景点（图7-15）。该景点由假山、跌瀑、溪流、石矶、林泉构成一连串引人入胜的景观序列。假山自然浑厚，岗连阜属，脉络相贯，兼得三远；水系潆洄聚散，动静交呈。虽是人工水石，却宛若天开，令人有涉身岩壑之感，具有深邃的山水意趣，为西湖掇山艺术增添了新的华彩。此外，西湖四季酒店有秀美玲珑的英石假山，山上有飞流直泻而下，显得险峻飘逸。

三、散置石景

在公园绿地中，按局部的艺术构图与功能要求，利用山石材料进行小规模的堆叠，谓之叠石。它可为孤石或组石，位于路旁、角隅、作为树池包镶，或为山根、山坡和山

图 7-13　葛岭"乱石阵"

图 7-14　虎山虎舍

图 7-15　花圃的"水芳岩秀"假山

图 7-16　绿云径

图 7-17　花港观鱼牡丹园叠石

图 7-18　太子湾公园塑石假山
图片来源：《西湖新翠》

顶的点缀，采用"攒三聚五""散漫理之"的手法，用山石结合地形堆叠成有断有续、有远有近、主次分明、高低曲折、顾盼呼应、层次丰富的石景，并植以花木，构成景致点缀庭院绿地。

如孤山近顶处，有清代"行宫八景"之一的"绿云径"假山叠石，远望仿佛云朵飘浮在山顶，别有情趣（图7-16）。平湖秋月的带状绿地，在花树间置石，有一两块湖石单置，也有三五块湖石叠成，与植物结合，布置巧妙，宛若天然岩峰。此类叠石在杭州许多公园景点随处可见。花港观鱼中牡丹园的叠石采用石花台的形式，堆土种植品种牡丹，将小径下凹，远看只见层层假山花台，不见小径，呈现出牡丹园的整体性（图7-17）。

随着我国园林事业的迅猛发展、现代建筑材料的丰富和园林工程技术手段的增加，以及天然优质石料的短缺，在园林工程中出现了以雕塑艺术的手法运用混凝土仿造自然山石的塑山，解决了传统叠石假山受技艺和材料约束的问题。这种工艺是在发扬山石掇山和灰塑传统工艺的基础上发展起来的，能达到与真石、置石同样的效果。传统塑山是采用石灰浆塑成，现代塑山是根据自然山石的岩脉规律和构图艺术手法，用水泥、砖和钢丝网等材料塑成。塑石假山工艺可用于大规模掇山工程以及需要挑、拱、夹等的假山特殊部位，能艺术地再现自然山石的精华，实现掇山艺术创作设想的景观效果。塑山工艺可塑性强，外观色泽可把控，施工方便、周期短，假山整体连贯，不受体量和高度的约束。可根据设计构想在塑石中留出各种种植穴以栽植植物，增加假山的自然气息。塑石假山施工主要包括建造骨架结构、泥底塑形、塑面和设色等工艺程序。但塑山难以表现岩石本身的质感，适于远观，不宜近看。为让塑山达到真山崖面的效果，可局部采用真崖"托模"办法，达到逼真的艺术效果。

杭州太子湾公园的塑石假山大瀑布（图7-18）、宋城大假山等都是塑石假山。塑石假山的设计，与山石假山一样，均需立意在先、成果在后。要慎重处理塑石假山的立地环境条件，"师法自然"，把控主次峰关系、山体质感纹理、种植穴位置等，综合各种因素，通过艺术构思处置，达到"虽由人作，宛如天开"的艺术效果。

杭州风景园林中的筑山和叠石，不仅作为所在园林中的主景和地形骨架，而且起到划分和组织空间的作用，并与建筑和植物等其他要素共同构成园林景致，成为杭州传统自然山水园重要的造园手法之一，对杭州园林体现中国园林特征具有重要的作用。

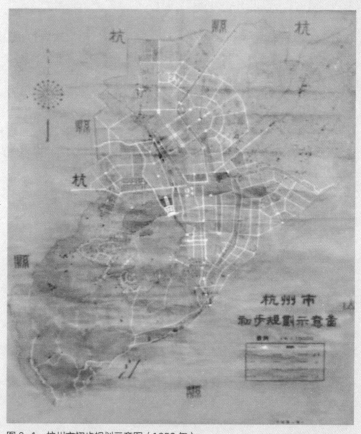

图 8-1　杭州市初步规划示意图（1953 年）

　　杭州西湖风景园林，既得益于大自然的造化，又仰赖杭州历代名人和人民大众，秉承"天人合一"哲理，于继承传统山水园林造园手法的同时发展创新，在园林布局、园林建筑、园林植物配植等方面，逐步形成人文与自然水乳交融的具有鲜明江南特色的风格。但是，在20世纪上半叶，由于社会动荡不安，西湖景观日渐衰败。新中国成立以后，经过杭州有关部门持续不断地规划、设计和建设，西湖景区才逐步恢复了风姿，并与现代城市融为一体，为人们旅游、休闲和生活提供优质的服务。

第一节 西湖景区的规划

一、20世纪50年代的规划

20世纪50年代，面对当时西湖湖床淤浅、环湖山地童山秃岭、风景名胜破烂不堪、园林绿地衰败破落的局面，杭州市实施了强有力的整治措施，包括封山育林、植树造林、整修名胜古迹等，改善、提升了西湖景观；同时通过一系列规划确立了西湖景区的建设目标：创造一个有独特风格、有美丽自然景色、有高度文化艺术水平的"虽由人作、宛如天开"的大公园。当时的规划和建设工作为后来西湖景观的恢复以及遗产的保护奠定了极为重要的基础。

1.深受城市性质的影响

西湖景区属于城市型风景名胜区，其规划受制于城市性质。1953年8月，杭州市编制《杭州市初步规划示意图》（图8-1），在苏联专家穆欣的帮助和指导下，将城市性质定为以风景休疗养为主的城市。规划的基本点是以西湖为中心，在环湖路内侧地区，拟建一个"环湖大公园"，并明确规定这一地带上原有建筑只拆不建，对可保留的建筑物也要逐步改造为游览服务设施。但是在"以风景休疗养为主"城市性质的定位下，1954年在西湖景区风景优美的西山、钱江和九溪地区兴建了20多座休养所和疗养院。1956年11月初，又有多位苏联规划专家来杭指导，肯定"风景休疗养"城市并建议"仍要一定数量的工业"，并绘制《杭州市城市总体规划方案示意图》。随之风景区内则出现了大批工业企业，影响环境质量，造成景区局部封闭割据的状况。

2.西湖风景区建设大纲

1952年6月，杭州市人民政府拟定《西湖风景区建设计划大纲》，提出西湖景区的范围与建设目标：要充分利用西湖及其周围的自然山水条件，建成大规模的自然式国家公园；其建设风格、建筑物形式和植物配植方法，应当既具中华民族特有风格，又有杭州传统韵味；在布局上力求自由开朗，色彩上力求明丽愉悦，情调上要求健康活泼。大纲的主要内容如下。

（1）自然山水：充分利用风景区自然山水，沿西湖滨水平陆地带建立公园绿地，环西湖和低山地区作为主景，而纵深山岭作为风景林发展地区。

（2）建筑风格：景区的建筑必须有统一风格，在继承传统上发挥创造性，不同区域的建筑形式和体量有不同的原则，如西湖周边以小巧建筑物点缀，配植地方特色的观赏植物；钱塘江沿江以森林和高大建筑为主；九溪水系地带，建筑风格应以天然质朴、清新为主。

（3）植物配植：景区植物配植要求采用四季美观的观赏植物并开辟特种植物观赏区，如满觉陇的桂花、孤山与灵峰的梅花、西湖的北里湖荷花等；建立中国传统观赏花卉收集培植区；经济植物以龙井、梅家坞一带茶地3000亩为限。果树在徐村、钱江一带丘陵缓坡和古荡区栽植；在广袤的西湖山区营造风景林，并设环湖等7条主要风景林带，恢复万松岭松林、理安寺楠木林和天竺三寺的竹林等特色林区，同时提出景区内行道树的适宜树种。与此同时，大纲还提出植物园和苗圃基地等建设内容。

3. 1954年西湖景区规划构想

1954年，为了有计划地进行建设，同时遵循历史文脉规律，杭州市根据西湖的历史和自然环境特点提出了西湖景区的总体布局构想，并按照西湖湖区、环湖丘陵地带和环湖山区3个区块分别进行定位。

1）总体规划原则

（1）继承和发扬中国园林艺术的精华，学习现代的先进园林技术，使西湖风景具有自己的独特风格。

（2）充分利用优美的山水自然条件，以树木花卉为主，构成一幅山明水秀、树木茂盛的自然风景画。

（3）整理和提升历史文化遗产，充实新的文化内容，成为既有优美的自然风景，又有高度文化艺术水平的风景区。

2）西湖湖区

西湖湖泊风景明静轻柔，旖旎秀丽，色彩丰富。为突出西湖的自然风景特色，控制沿湖风景建筑，不宜过多，力求轻巧明朗；环湖景区以植物造景为主，选择观赏植物，注重植物的季相变化、色彩变化和体形组合：湖边堤岸广植垂柳，插种香樟，间以桃花、樱花、桂花和木芙蓉；水面种植荷花、睡莲，构成清秀柔和的景色。靠近市区的湖岸采取整齐的垂直驳坎，与市区建筑相协调，在接近自然风景地区的湖岸采用自然岩石驳砌，与公园布置相衔接。

西湖湖区风景名胜众多，而且各具特色。为了恢复和提升它们的园林艺术特色，在整理、改建这些名胜和充实新的内容时，按照它们各自的传统和不同的特点，采取不同的造园艺术手法。

（1）孤山是湖中的主景，有平湖秋月、放鹤亭、西泠印社、西湖博物馆（今浙江博物馆）等名胜古迹。在孤山前山，利用原有基础，整理平湖秋月和西泠印社，改建西湖博物馆和书画艺术展览馆成为文化活动的中心。在孤山后山，拓展放鹤亭梅林景致，添建园林小品，组合大片树林，形成宁静的自然环境。

（2）三潭印月是"湖中有湖，岛中有岛"的水景庭园，运用庭园建筑和植物的相互掩映，借景湖光水色，发挥中国造园艺术中"小中见大""步移景异"的传统手法。

（3）苏堤、白堤是湖中两条锦带，保持白堤的"间株杨柳间株桃"的传统景色，整修苏堤的六桥，遍植垂柳和花灌木，突出"苏堤春晓"的特色。

（4）柳浪闻莺以柳丝摇曳、莺啼鸟语为主景，布置成丛垂柳和大片草地，种植花草，设立鸣禽馆，创造"鸟语花香"的境界。

（5）花港观鱼以牡丹园、鱼池为中心，衬植各种名贵庭园观赏花木，开辟游览港道，成为欣赏繁花锦鲤和幽深花港的名园。

（6）曲院风荷以展现水面荷花景色为主，利用大小水面，栽植各色荷花品种，临水添设曲廊桥榭并配植花景，绿地上布置大树丛，体现曲院深幽、四面荷花的夏景。

通过以上园林艺术布局设想，将西湖湖区建设成为一个步步有景、景景相连的自然大公园。

3）环湖丘陵地带

西湖湖山之间的大片丘陵地带，是连接山水景色和游览活动的有机组成部分。在这一地带，根据自然地形的特点形成自然园林景色。西湖之南，山地局促，山峰变化较少，主要是培育茂密的大树，形成常绿阔叶林为主的山林。湖西地带地域广阔、丘陵起伏，在沿湖平地发展果林和花圃，在沿山低地保留部分农地。西北地带地势较高、地形变化较大，开辟为植物园。在山麓僻静隐蔽的地方，布置自然式的居民点，以点缀湖山景色。通过种种措施使环湖丘陵地带成为有山有水、有农有林、有花有果、茂盛繁荣的自然景区。

4）环湖山区

西湖群山拥有众多的林泉洞壑，大量名胜古迹分布其间，是西湖风景的重要组成部分。整个山区的风景林风貌以常绿、落叶阔叶混交林为主体，通过有计划地营造特种经济林，在山区建成规模宏大的森林公园。

面湖山区根据不同的地形、山势和岩层，采用不同的布局。

位于江湖之间并延伸入市区的吴山，以香樟林为主要植物景观，林间间植枫香、桂花。在山上选择便于透视江湖的山脊平地建设有传统历史特色、又为群众喜闻乐见的文娱设施。培植万松岭的松林和玉皇山的樱花林，整理凤凰山、玉皇山的古代石刻艺术，组成南山游览休息胜地。

峰峦层叠的湖西诸山，则以常绿阔叶、针叶单纯林为主，间以常绿、落叶阔叶混交林，使林木参差多变、四季色彩不同，以烘托湖景。至于散布其间的名胜古迹和泉石丘壑，则利用其原有景物进行艺术处理，使之各显异彩。灵隐以佛教艺术与石窟、碑林为主题，玉泉以中国山水园为主景，龙井以清泉漱石的岩石园为主体。此外，结合古树名木，兴建庭园建筑，增益山林景色。

紧靠西湖的北山有大片裸露的山石，岩石嵯峨，通过栽植松林、培育藤萝来绿化裸岩，以柔和山色、美化别墅和宾馆；整修"宝石凤亭"、栖霞洞及黄龙洞景，丰富游览内容。

沿江山区视野开阔且小气候良好，培育茂密山林，美化钱塘江，并在疗养区内布置庭园。改造虎跑泉池庭园，整理烟霞洞、水乐洞的洞泉林壑和石屋洞的石窟造像艺术，构成游览景区。扩大六和塔远眺风帆的景点范围，使江边的自然山水景色与烟波浩渺的江景互为衬托，创造壮观景色。

偏僻山区山高谷幽、林深树密，以单一的竹林、油茶林、楠木林、干果林、松栎林为山林植被的主体。整理坡地茶园、果园，使之成为以发展山林经济生产为主的林区。其中有"清溪十里，篱垣茅舍"的九溪十八涧和"一片含秋绿，风生十万竿"的云栖竹径等景点缀其间，通过改造和装饰，体现江南质朴素雅的山野风光。

以西湖湖区、丘陵地带和山区的园林布局为核心，通过环湖路、灵隐路、虎跑路等主要林荫干道和沿山的小麦岭、盘山的龙井路、杨梅岭路、九溪路、满觉陇路等道路，把整个西湖风景区组成为一个完整的游览体系。

4. 1956年《杭州市绿化系统规划（初稿）》中关于西湖景区规划内容

规划提出了将杭州建设成为国际性的游览城市，将西湖及环湖地区和钱塘江沿岸的天然山水建设成大规模的自然式公园，将原"西湖山区"更改为"休息游览区"，并指出植物配植要满足四季观赏的要求。

规划将西湖景区分为环湖公园、西山休息区、森林公园和休疗养建筑区4大部分。每一部分，详述概况，叙述景区、景点的自然特色和人文历史，提出规划范围和规划意图，为西湖景区规划建设奠定总体基调。

（1）环湖公园区中提出辟丁家山为国家别墅区，其他景点建设花园型绿地。

（2）湖西休息区中，将1953年城市规划中定位为休疗养区的区域范围更改定位为文娱休息地区。

（3）森林公园区规划为假日休憩和野营区，并规划确定玉泉一带辟为植物园，虎跑一带为动物园。

（4）钱塘江沿岸山地的丘陵地带，划为休疗养建筑地段。拟开辟水上运动基地。同时提出西湖景区的大环线、内环线和2条支线的构想，方便游览。

二、20世纪60年代西湖景区规划

1.《西湖山区规划》

1961年6月由南京工学院编制的《西湖山区规划》目标定位是为大众创造一个游憩的美好环境，提出因地制宜，充分发挥西湖自然景色的特点，保存、利用和改造原有的名胜古迹，继承和发扬祖国优秀文化遗产；既要突出游览区的特色，又要在风景建设时促进山区经济发展；景区路网建设，既要使其与自然特色相和谐，又要创造引人入胜的意境。

该规划将西湖山区规划为游览活动区、青少年活动区、休养别墅和特殊用地等几个功能区，提出满觉陇、万林背和琅珰岭3条风景带和城隍山文化公园、九溪带状公园、珊瑚沙江滨浴场、钱江大桥至白塔的滨江公园。规划还大胆提出开放夕照山、整理白云庵的设想。

2.《1958—1962年杭州市绿地建设规划》

该规划的主旨是要求彻底消灭荒山荒地，提升全市绿化水平。规划新辟环湖绿化用地1200亩，初步完成环湖绿地系统；改造西湖山区的马尾松林为常绿阔叶、针叶混交林；继续采取封山育林措施；继续完成植物园建园工作。

3.《杭州市1961—1969年园林绿化规划》

规划提出杭州市园林建设应以西湖和附近山区为中心，坚持观赏作用和经济价值相结合；重点绿化和外围绿化相结合等原则，涉及西湖景区绿化的内容有：

1）景区的主干道绿化

（1）灵隐路恢复"九里云松"的植物名胜。从洪春桥至灵隐路两侧各辟30米宽的林带，种植4行行道树，栽植黑松、马尾松等松树。

（2）杭富路（今虎跑路）两侧各辟30米宽的林带，高坡种植刺杉、柳杉，平陆种水杉，湿地种池杉、水松。

（3）环湖西路（今杨公堤）路东增植常绿阔叶大乔木，如紫楠、香樟等，路西辟绿化林带。

2）整理环湖绿地和南北两山

（1）环湖绿地

①拆除圣塘路、北山路沿湖建筑和围墙，辟为环湖绿地；保留部分建筑，经整修后用作服务设施。

②曲院风荷一带（苏堤口至金沙港三角地），迁移鱼种场，扩大水面，种植荷花。

③花港观鱼南部的堆土区辟为花港公园的一部分。

④清波门沿湖堆土区辟为公园绿地，种植各种果树，成为百果园，与柳浪闻莺相连接。

⑤对苏堤、白堤和环湖西路（今杨公堤）的衰老柳树进行更换，苏堤增加常绿阔叶树，湖滨种柳树。

⑥三潭印月和湖心亭，整修破旧的亭台楼阁和曲桥园路，充实花木。

（2）南北两山

南山一带继续造林绿化，北山一带补植松、竹。整修园路和游览建筑，分别辟为城南森林公园和城北森林公园。

3）整理西湖山区风景名胜

（1）南高峰一带：修建相互联系的道路，整修景点房屋、岩洞；充实龙井岩石森林、九溪山涧、虎跑泉水的景致和狮峰茶景，发挥烟霞洞、水乐洞和石屋洞的洞景和石刻艺术特色，组成一个林石溪泉的景区。

（2）五云山一带：开辟相互联系的道路，培育森林与果木，充分发挥云栖竹径、梅家坞茶园、钱江果园、六和塔古建筑艺术的特色，与钱塘江组成江山多娇美的景区。

（3）玉皇山一带：福星观、紫来洞、慈云岭、玉皇宫、八卦田等，加强林木抚育，增植樱花，修缮景点，组成登高山、望江湖、观红叶、听松涛的胜景。

（4）北高峰一带的韬光、灵隐、天竺、飞来峰和花坞果园等，整修景点，完善园路，充实灵隐宗教艺术，组成山南森林古刹、山北花果村光的景色。

4）续建植物园、充实花圃

略。

三、20世纪70年代西湖景区规划

1.《1974—1980年西湖风景区现状及规划设想》

杭州市园林管理局根据修订后的《杭州市城市总体规划》，遵照《绿化祖国》《实现大地园林化》等有关指示制订规划。

1）西湖景区的特色布局

（1）环湖景区：利用山水特色，依据景区名胜的特点和要求，规划不同的景致。孤山强调春秋景色，突出孤山梅花、杜鹃和平湖秋月的红枫、桂花、紫薇；三潭印月，是以睡莲、荷花、鸢尾等水生植物与亭、榭、廊、曲桥组成水景庭院；苏堤设置林荫道，并植四时花木；白堤植以垂柳、碧桃；滨湖一带，湖滨绿带以树丛花坛穿插，柳浪闻莺以垂柳为主搭配四时花景；花港观鱼，组合草地、水池、丘阜、建筑，配置四季花景不同的观赏花木。

（2）溪泉洞壑：利用西湖的自然山水，营造各有特色的景致。溪涧有九溪十八涧、天竺溪；泉水有虎跑、龙井和玉泉；岩洞有飞来峰石窟、烟霞洞、水乐洞、石屋洞、紫来洞和黄龙洞。

（3）山岭景观：北山奇石、葛岭晨曦、韬光观日、南北高峰、吴山览胜、五云山风、玉皇山色和凤岭松涛等。

（4）古建筑：六和塔、灵隐寺和文澜阁

（5）摩崖石刻艺术：烟霞洞晋代观音、大势至等石刻，飞来峰五代至元代的摩崖佛像。

（6）专类绿地：杭州植物园、杭州动物园、花圃和苗圃。

2）西湖风景区规划设想

（1）规划以西湖为中心，整理江湖、山林、洞壑、溪泉，展示古建筑、石刻艺术和植物群落的地方特色，有重点地整理环湖公园绿地和风景名胜，根据风景林的要求，逐年有计划地改造林相。设想在20年间，分期拆除和改建环湖地带的旧建筑，因地制宜增设园林设施，配植树木，从而贯通环湖绿地系统。

（2）整理、完善风景名胜

①疏浚西湖，整理外湖三岛，调整布局，发挥植物配植特色，凸显水上园林独特处

理手法和不同的景观效果。整治湖滨公园，铺置卵石地坪。

②整理南山的"一峰四洞"及龙井，调整与充实烟霞、水乐、石屋洞景，辟建龙井岩石园，添建游览建筑。开发千人洞。

③续建花港观鱼，修建观鱼廊榭和小品。扩建柳浪闻莺，群植柳树，配以四时花景，充实园林设施。扩建儿童公园，增设文体活动设施。曲院风荷拆建、改建和新建构筑物、建筑物，挖池筑台种植品种荷花和群植芙蓉。

④整治吴山、玉皇山，建成分别以"江山如此多娇""纵览湖山"为主题的登高佳地。在吴山建造能远眺江、湖、城、山景的陈列展览建筑。在玉皇山整修庭院，整理紫来洞，整饰石刻，广植山樱花，开辟登山车道等。

⑤整治虎跑名胜，修缮建筑群，疏治泉源溪流，增加赏水品水活动。以"玉泉鱼跃"为主题特色扩建玉泉。清理九溪十八涧，疏导溪涧，充分利用马鞍山西南侧山峦夹持、沿涧流水潺潺的现状，筑坝蓄水成瀑布。扩建云栖，改建原有建筑，培育"云栖竹径"特色。

⑥整修岳王庙建筑，整理庙院环境。充实六和塔文物内容，增建塔院园林建筑，修饰塔内彩绘，建立古塔陈列室，充实四季植物景色。

⑦灵竺地区：疏理灵隐溪流，整理岩壁，修饰古石刻。三天竺辟建培育和展览花卉盆景及竹制小工艺品的场所。

⑧整理北山和北山三洞，增植花木，使后山竹林青翠，前山观日出晨曦，整修林间游步道。

⑨全面整修西湖山区游步道以适应游览之需。

2.《杭州市西湖风景名胜区山林现状调查及林相改造规划设想（初稿）》

20世纪70年代，西湖景区马尾松林受到病虫害（松干蚧）的危害，造成6万亩山林中大片马尾松死亡，风景山林斑秃严重，影响观瞻，为此制订规划，主要内容如下：

1）继续进行封山育林，逐步改造林相，开展造林绿化，消灭荒山，发挥游览作用。

2）凡是西湖及景点周围的林地，应选择和突出某一特色树种（含色叶树），营造以观赏为主的风景林。

3）林相改造的形式应以常绿、落叶混交林或针、阔叶混交林为主。

4）提出林相改造的主要地域性树种（即乡土树种）的名录。

5）进一步扩大、营造西湖植物名胜和保护古树名木。

6）不同地点林相改造的初步设想。根据立地条件，选择不同树种进行配植，包括面湖的景点和风景点，以及外围的林相改造。

3.《1978—1985年杭州市园林建设发展规划》

规划以西湖为中心，充分发挥山峦、江湖、林园、洞壑、溪泉等自然山水的特点，积极保护古建筑、古石窟艺术等历史文物，大力整理环湖名胜，扩大公园绿地面积，切实加强园林管护水平，将西湖风景区建设得更加清洁美丽，达到水质清、大气净、噪声少、环境优，以适应旅游事业发展的需求。其目标是：

1）进一步建设环湖公园绿地和名胜古迹。

（1）继续疏浚西湖、美化湖面；辟建阮公墩；扩建曲院风荷；拆除或迁移长桥、湖滨、断桥边、镜湖厅、岳坟等沿湖地区与公园无关的一般建筑，辟为公共绿地。

（2）重建南高峰、北高峰；分别将北山的风景名胜点、吴山的名胜古迹和凤凰山、将台山、慈云岭的古迹等连成一体，发挥游览效益。

（3）恢复岳王庙；重建双峰插云、灵峰景点；建设白塔公园；改建、充实南山诸景点；基本建成植物园、动物园和花圃，并以独特风格和内容融入西湖风景园林体系之中。

公园和风景点应坚持自身的鲜明特色，其建筑物的形式、布局安排、植物配植等均应遵循其主题思想，达到与自然环境融洽无间。

2）完善、开辟风景区的游览车道和索道。

3）西湖景区的公、私建设都要经杭州市建委审批，无关单位不准在风景区内搞建设，所有工厂都要在1980年前外迁。

该规划可以归纳为：一湖一江两峰三园五山、15处名胜古迹和9条游览车道。

4.《杭州市城市总体规划》中《杭州市园林绿化规划》（1978年）

由浙江省建设厅、杭州市建委组织编制的《杭州城市总体规划》中的园林绿化规划部分，其主要内容仍是西湖风景名胜规划（图8-2~图8-5）。

该规划强调以西湖为中心，风景名胜为重点，普遍绿化为基础，历史文化为内涵，山水、江湖兼顾，自然与人文结合，充分发挥江湖、山林、洞壑、溪泉等自然特色，妥善保护古建筑、古代石窟艺术等历史文物和古迹，丰富植物景观，充实游览内容，增添文化娱乐服务设施，组成点、线、面相结合的游览网络，实现西湖景区湖水清、大气净、绿树成荫、色彩缤纷、景观艺术化的目标。

根据西湖景区的地理环境、资源条件、主题内容和风景特色，规划将其划分为环湖、孤山、湖中堤岛、北山、玉泉、灵竺、西山、龙井九溪、南山、五云山、钱江、南屏虎跑、玉皇凤凰山和吴山等14个景区，88个景点，新建、重建58个景点。主要内容如下：

1）治理西湖，扩大环湖公园绿地

环湖地区、湖中三岛及二堤集中了园林艺术的精华，西湖十景大多荟萃于此，是西湖景区的游览中心。规划将环湖路内侧沿湖地区扩建为环湖公园绿地。在此范围内不应再建与风景名胜无关的新建筑。现有单位和住户应限期逐步外迁。贯彻落实"只拆不建，只出不进"的原则，对现有的严重影响风景观瞻的原一公园、圣塘路一带的单位和宿舍建筑物、构筑物限期拆除；对被侵占的郭庄、净慈寺等名胜古迹，侵占单位限期尽早搬迁；古园林、古迹经过修缮后开放。重建雷峰塔、白云庵等风景点。

综合治理西湖，实施环湖污水截流纳入城市污水系统，继续疏浚西湖，使平均水深达到2米。采取迁出工厂、烟囱除尘、限制农药使用、科学养鱼和引水泄水等多种措施，使西湖成为大气净、水质清、环境舒适的游览湖。

2）美化湖周山峦景观

（1）恢复宝成寺，保护麻曷葛剌造像；保护牡丹诗刻石、感化岩；开放通玄观的南宋造像，与紫阳山、云居山的古迹连成一片，添建亭台楼阁，配植花木，辟为吴山公园。

（2）以玉皇山为中心，修复、保护五代的慈云岭造像、钱镠的排衙石及题诗、天龙寺五代造像、南观音洞的南宋造像。同时重建南宋郊坛，发掘、恢复南宋官窑和八卦田等，组成从五代到南宋的文物古迹群。

（3）严格控制闸口地区的铁路机务段、仓库、码头等单位，逐步搬迁，尽快搬迁破坏景观、污染严重的富春江水泥厂，造林绿化，恢复植被，辟为风景游览用地。

（4）开辟凤凰山南宋宫苑遗址公园。

（5）整理改建以洞、石、溪、泉著称的山区名胜古迹。重建南高峰楼阁，整修无门洞罗汉石刻与烟霞、水乐、石屋等洞组成南山五代石刻艺术群；改建虎跑和龙井的破旧寺宇建筑；疏导九溪十八涧溪流，增添沿溪植物景观；整理南屏山司马光《家人卦》等摩崖石刻。

（6）整理古刹名胜：恢复南宋西湖十景之一雷峰夕照，重建雷峰塔。规划恢复净慈寺、上天竺的佛寺；恢复北高峰景点，建伟人诗碑；利用吴山东岳王庙介绍吴越春秋时代历史典故；辟梵天寺为南宋王朝史料陈列馆。

（7）修复历史名人祠墓：恢复林和靖、岳飞、于谦、张苍水、秋瑾、徐锡麟、章太炎等人的祠墓，恢复白（居易）、苏（东坡）二公祠。

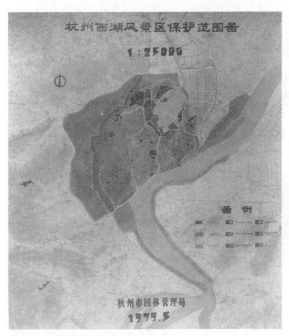

图 8-2　杭州西湖风景区保护范围

图 8-3　杭州市园林绿化规划图
图片来源：杭州市规划局，1981 年绘制

图 8-4　西湖风景名胜区规划模型（1981 年绘制）

图 8-5 领导视察规划展览（1981 年）

（8）改造山区林相，扩大植物名胜景观；续建景区专类园。

（9）辟建游览车道，整修景区游步道。

（10）统一规划景区内居民点。

（11）划定西湖风景区的保护区，制订管理条例，予以严格执行。

《杭州市城市总体规划》于1983年5月4日国务院批复下达。

四、《杭州西湖风景名胜区总体规划》（1987年版）

1986年3月，杭州市园林文物局根据国务院有关文件和领导讲话、建设部颁布的《风景名胜管理暂行条例》的要求、浙江省人民代表大会常务委员会制定的《杭州西湖风景名胜区保护管理条例》，以及文物、环保、森林等相关法律法规，组织规划人员着手西湖风景名胜区总体规划的编制。通过制订计划、调查研究、召开座谈会和研讨会、听取领导专家和学者以及社会各界意见和建议，并多次向政府有关部门汇报。终于1987年7月完成初步成果，包括总体规划说明书、专项规划说明书和规划基础资料，约17万字、40多张规划图（图8-6~图8-10）。

又经过多年的整理和修改，《杭州西湖风景名胜区总体规划》终于在1990年12月编制完成。

总体规划内容如下。

1.基本概况

包括城市概况和风景区概况两部分，其中风景区的主要问题有：城市化趋势加快，吴山、宝石山四周已被建筑包围，单位、居民用地占了近40%的用地；风景区又挤进一些新工厂企业，建筑体量大、密度高；管理体制不顺，条块分割，多头管理；环湖路以内，分块割据的"禁区"占绿地面积的33.5%，占湖岸线的20%，大片水面不能开放。

2.总纲

1）风景资源的构成及特点

（1）秀丽清雅的江南自然景观

①典型的湖泊风景和江南水景特色

湖：西湖是景区的主体。山抱水回，山水相依，婉约秀逸，以秀、雅、舒、丽为特点。

江：钱塘江烟波浩渺，与湖若即若离，江湖潮影，相映并美，以雄、阔、峻、奇为特色。

溪：西湖的溪涧以九溪、天竺溪为代表，清幽朴拙、自然天成、水声潺潺、婉约曲折，以清、幽、野、趣为特色。

泉：虎跑、龙井、玉泉等西湖泉水，水质清冽甜美，细流涓涓，恬雅静谧，以静、绝、冷为特色。

②逶迤绵连的低山丘陵和曲曲层层的多层次景观

西湖逶迤绵连的群山与湖泊非常和谐，湖山的尺度比例恰当，观赏仰角在4度左右，给人以亲切感。视角由湖面向外延伸，呈现多层次的景观。

③繁盛而富有生机的植物景观

杭州地处亚热带北缘，植物种类繁多，西湖风景山林覆盖率达70%以上，以常绿和落叶阔叶混交林为特色，四季的林相变化丰富多彩。景区内还有三秋桂子、十里荷花、六桥烟柳、九里云松、云栖竹径、灵峰探梅等植物名胜景观和古树名木等，植物景观丰富而繁茂。

④随时入景的气象景观

西湖因朝夕晨昏之异，风雪雨雾之变，春夏秋冬之殊，呈现异常绚丽的气象景观，瞬息多变，仪态万千，苏堤春晓、断桥残雪、雷峰夕照、葛岭朝墩、双峰插云等胜景都可归于此类。

图 8-6　现状图

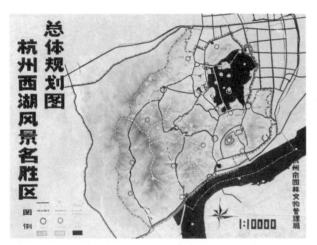

图 8-7　总体规划图（1987 年）

图 8-8　总体规划图——景点、文物点

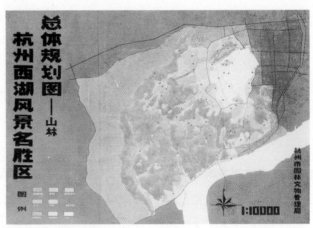

图 8-9　总体规划图——山林

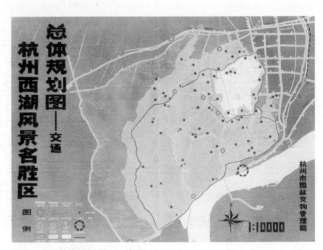

图 8-10　总体规划图——交通

（2）与自然景观交融一体，丰富的人文景观

西湖不仅钟灵独秀，而且有丰富的人文景观。有吴越和南宋两朝都城遗址，有散布在景区各处的文物古迹，有历史上良渚文化、五代吴越文化、南宋文化等内涵丰富的文化精华，有浓郁的宗教文化，还有神话故事、民间传说、诗词曲赋等文化，以及传统的龙井茶文化，集各种文化形态于一体，人文景观与自然景观和谐统一。

（3）较好的环境质量和游览活动

杭州处于长江三角洲，风景资源丰富，经济发达，交通便捷；气候温和，四季分明，游览设施较完备，游览内容丰富。西湖环湖地区绿化率达70%以上，空气质量和环境面貌优良。

2）规划的宗旨和基本原则

（1）宗旨

继承过去、立足现在、放眼将来，处理好"历史、现在、将来"三者的关系，城市和西湖的关系，保护与建设的关系，努力保护好、管理好、建设好西湖风景名胜区。

规划以西湖为中心，风景名胜为重点，历史文化为内涵，兼顾山水和江湖，结合自然与人文，充分发挥山林、洞壑、溪泉等自然特色，妥善保护好文物古迹，充实现代的文化娱乐游览设施，逐步组成点、线、面相结合的游览网络，使西湖景区达到湖水明净、大气清新、花树繁茂、绿草如茵、人文荟萃、内涵丰富、交通便捷、设施齐备的国际一流的风景游览区。

（2）规划建设基本要求

凡占用重要风景点和名胜古迹的单位、部队应限期迁出；在风景区范围内不得新建、扩建与风景名胜无关的建筑物（构筑物），有碍风景名胜的建筑物应坚决拆除；风景区内现有工厂、休疗养院、部队等要严格控制、逐步迁出，搬迁后的房屋和土地转变为游览服务功能，不得移作他用；合理布局游览服务性建筑，严格掌握小、疏、低的尺度，不影响观瞻；在城市建设中充分考虑西湖的自然条件特色，掌握好建筑物的体量、高度、色彩等，使湖、城相得益彰；严格控制风景区常住人口，调整风景区农村产业结构，严控用地和住房面积。

（3）规划基本原则

①保持和发展西湖特色：既要充分体现西湖独特的艺术风格，又要考虑各个景区、景点的整体格局和风格的协调，也要突出各个景点的各个元素的自身特色。

②加强整体保护：要保护好构成景致的自然资源和文物古迹。

③提高大环境质量：利用植物资源优势，发挥植物的景观特色和生态效益。

④积极充实文化和科学技术内容：严格保护文物古迹，充实新的文化内容和科学技

术内涵，提高西湖的文化层次，创建各类博物馆、艺术陈列室，让人们了解历史、认识自然、增长知识。

⑤体现历史的连续性和发展性。西湖既要保持传统，充分反映传统的东方文化的艺术特点，又要体现时代特色。

⑥远近结合，为远期发展留有余地：远景着想，近处着手，远近结合，留有余地。

（4）西湖风景名胜区的性质

以秀丽、清雅的湖光山色与璀璨的文物古迹、文化艺术交融为特色，融自然美、艺术美和伦理美于一体的、以观光游览为主的风景名胜区。

（5）风景区的范围及外围保护地带

依据《杭州西湖风景名胜区保护管理条例》中已确定的范围，规划总面积为60.04平方公里。主要增加了闸口白塔至六和塔沿江绿地，浙大用地退至青芝坞路北30米，东以玉古路为界。规划保护区范围总面积95.68平方公里（含风景区），外围保护地带为35.64平方公里。规划城市影响区总面积为3.74平方公里。

3）总体布局规划

（1）景区划分及规划要求

根据风景区历史、地理和自然条件、资源特色，将西湖风景区划分为湖中、环湖、北山、吴山、南山、西山、灵竺、龙井虎跑、凤凰山、钱江、五云山等11个景区，包括106个景点和5条游览线。重点充实文化内容并以风景文化内涵开拓分布表的形式表述，包括城市民俗文化、乡村民俗文化、佛教、道教文化、现代文化、茶文化、吴越南宋文化、名人文化、远古文化和酒文化等。

①充实湖中景点，贯通环湖绿地

环湖路内侧集中了西湖园林艺术的精华，是风景区的游览中心。规划将环湖路内侧与西湖之间的沿湖地区扩建为环湖公共绿地，提出在上述范围内不得新建与风景名胜无关的建筑物，现有单位和住户"只出不进""只拆不建"，尽快搬迁；对严重影响风景观瞻的西湖东南地段的单位，住户要限期拆除；同时开放柳莺宾馆、汪庄、刘庄等禁区，还景于民；重建雷峰塔，整修名胜古迹，使环湖地区处处相通，景景相连。

②开拓湖周山峦平陆地区

西湖三面云山一面城，湖周山峦和缓坡地是烘托西湖的绿色屏障，更是登高览胜之佳处。该地段积聚了较多的宾馆、休（疗）养院和医院等单位。未来宾馆只能进行内部装修和设备更新，不得扩建、新建；所有医院、疗养院要逐步改变使用性质，转为风景游览服务。兴建博物馆、纪念馆和公园；修复名人祠墓，保护石刻造像，修复大佛寺；整理西湖洞穴，造园补景。将湖周山峦平陆地区建成既具林间恬静气氛又有丰富文化娱乐设施的游览活动区。

③开发和整理西湖山区名胜古迹

该区具有峰峦洞壑、摩崖石刻、林石溪泉等特点，五云山、南高峰又是登高览胜佳处。规划重建南峰楼阁，利用悬崖峭壁，荟刻现代名人咏西湖的诗词，与烟霞洞、水乐洞、石屋洞和无门洞等石刻造像，组成一个五代和近代文化艺术博览区；拓展"满陇桂雨"的植物名胜；疏导泉源溪流，充实沿溪植物。

④开辟沿江文物古迹区

该区的凤凰山皇城遗址、郊坛、八卦田、白塔和六和塔等景区和景点，是五代和南宋时期的重要文物地区，规划迁移所有单位和居民，设立南宋故宫博物馆，创建南宋科技展览馆和南宋官窑博物馆，开辟沿江公园绿地，利用矿坑，修建以"钱王射潮"为内容的雕塑。

⑤创建名人纪念（艺术）馆

规划结合名人故居、祠庙或生前活动过的地方创建钱镠、白居易、苏东坡等纪念馆和黄宾虹等艺术馆。

⑥续建和完善专类园圃

充实完善植物园、动物园、花圃和苗圃的内容、设施和景观。

（2）西湖风景区的景点规划

规划采用"一览表"的形式表述106个景点的概况和规划设想，注明了景区、景点、名称、类型、建设性质、现状和规划设想的主题与特色、建设意见等内容，让人一目了然。

（3）绿化规划

西湖景区的绿化以"大植物园"为指导思想，在宏观上，植物配植体现区域植被特色即亚热带北缘的阔叶林特色；微观上，植物配植强调立地生态的合理性，充分体现生态美，在此前提下，注重绿化的观赏性，西湖山坡和景点多种色叶树和花木，开发历史植物名胜，形成新的植物景致。

在保证山常青基调的前提下，重点建设15种特色植物景区，有的展现植物色彩，有的突出香味馥郁，为西湖增色。在植物配植中，强调各景区风格的差异，避免雷同，如西湖周围景区应景致多彩，溪山景区应野趣、朴实。整理景区内的茶园，提高单亩产量和名茶质量。

（4）文物古迹保护规划

杭州历史悠久，历来人文荟萃，既有史前的"良渚文化"和老和山等文化遗址，也有各个朝代的历史文物和名胜古迹，文物古迹极为丰富，类型包括古遗址、古寺庙、石窟造像、古塔与经幢、古建筑碑石和摩崖石刻、古墓葬、名人故居等。

做好重点文物古迹如古文化遗址（秦王系缆石、老和山）、五代吴越文化保护区、南宋文物史迹保护区（南山皇城遗址）、佛教艺术景区（灵竺地区）和古建筑等的保护管理，并创建博物馆或建立陈列室。规划附有风景区文化内涵开拓分布表。

（5）环境保护规划

西湖风景区环境质量基本良好，土壤、植被等保护良好，绿化覆盖率达到70%；无地质灾害现象、无地方性疾病，具有丰富、优美的自然、人文景观资源，形成了良好的视觉环境。

但风景区也存在着环境问题：游客的增加带来了旅游污染；环湖截流虽已完成，但西湖山区的给排水设施不完善，生产、生活的污水又沿溪入湖，加剧西湖营养化；无计划而膨胀的建设使风景区日趋城市化；大量的文物古迹仍处于自然或保护不力的状态。

通过加强研究、正确决策实施保护规划：保护植被，维护生态平衡；以综合性措施保护文物古迹，遵守《文物保护法》有关条款和遵循《威尼斯宪章》，结合风景区特点分别保护；以堵导结合，消除环境"三废污染"；采取风景名胜区（含景点）、景区环境保护区和城市影响区三级保护。

一级保护区（风景名胜区范围）：不得开山采石、筑坟，绿化原矿山的开采面；保护水体，不得向水域内排泄污水，停止使用地下水源，农田、茶地应使用高效低毒农药和化肥，逐渐向生态"无害化"发展；保护动植物资源，禁止砍伐、狩猎，不得扩大茶地，蚕食风景山林，对深藏林中的零星茶地，应退茶还林；重点景点限制游人量，控制人工建设，保护自然风貌，禁建与风景名胜无关的建筑物，已有的要限期拆除，景区内的建筑物和构筑物的体量、布局和用材应与环境协调。

二级保护区：为景区的环境保护区，以保护景区自然生态为目的。保护西部山区的纯自然生态，涵养水源，保持大气洁净，保护动植物资源，平陆地带尽量减少开发用地。

三级保护区：即城市影响区，是自然与人工环境的过渡区，以保护风景区视觉环境为目的。目前影响区高楼兀立，破坏了西湖的总体环境，应根据湖中平视湖滨的特点，将建筑物的天际线处理为平缓起伏的曲线。

（6）农村居民点规划

风景区范围内有农村居民点48个，居住人口（不含城市居民户）共3533户、14709人。西湖风景区急剧发展的农居量，已成为侵害风景的重要因素。采取政策加经济的强制性措施，限制人口机械增长，促进人口外迁，降低农居量，以此作为风景保护的工作重心。

农居点规划原则：有利于生产、方便生活，以改造旧村为主，尽量少占风景山林；农居点建设必须服从风景名胜区总体规划要求，其形式、色彩要保持朴素、典雅、和谐的乡村氛围；实行"只出不进"的人口控制政策；严格执行每户宅基地在20平方米和二层、局部三层的规定。

规划设立1个特大村，4个甲级村，9个乙级村和11个丙级村。

（7）游览交通规划

风景区道路应顺应自然，与周围环境协调，比例尺度适宜，线形弯曲自如，有起伏变化。

对外交通由市有关部门规划建设。风景区规划建议辟建景区外古荡、祥符桥、转塘、南星桥、艮山门等大型停车场，截留外地来杭游览的自驾车。严格控制外省、市游览车辆进入风景区。完善公共交通，方便来杭的游客到达各景区景点。

建成或完善风景区内、中、外3个环形交通游览线。

（8）管理服务设施规划

西湖毗邻城市，服务设施的建设应充分利用城市的综合功能。风景区只选择部分具有观赏性或在观光同时必须满足的内容才予以设置，其余部分由区域或城市解决。

风景区管理机构设立管理中心和6个管理处，分别管理相应景区。

风景区商业服务设施分四级，甲级为城市商业区，另有2个乙级商业服务设施，15个丙级商业服务设施和散布在各风景点中的丁级商业服务设施。

（9）游览组织规划

逐步形成以西湖为中心的游览网络；开展各项特殊旅游项目，丰富传统的观光旅游内容；增辟旅游营运线路；设置多日多种游程和多种交通工具游览，让不同年龄、不同爱好的旅游者得到不同的旅游乐趣，获得不同的游览体验。

（10）用地规划

西湖风景名胜区隶属西湖、上城、江干3个行政区，下辖3个行政乡、15个村民委员会、11个街道、53个居委会，其中西湖区占总面积的91.2%。

用地设想：水体占风景区土地9.71%，风景山林用地占60.57%，其中5%的山林已作为景点开放游览，另外95%的山林是具有发展潜力的土地。设想整理开发西湖山区的山塘溪泉，扩大水面15公顷，广设港汊，注重岸线和岸周设施建设。当前风景游览用地仅占风景区总用地的5.84%，规划扩大用地约1500公顷，达到总用地的30.93%。茶园用地占总用地4.36%，计划不再扩大茶地面积，通过提高单位面积产量提高效益，对于部分山林中的茶园，实施退茶返林。设想缩减农业用地81公顷，余下的原则上不开发纯农业，部分改种水果和园艺。文教卫企事业单位占用5.27%，规划减少用地241.36公顷。

此外，该版规划还对环境容量和工程设施提出了规划。

4）规划期限和开发层次

根据风景区的实际情况，参照国民经济的发展进程，规划分为三期进行建设：近期为1987—1995年，中期为1996—2010年，远期为2011—2030年。开发的主要原则为：远近结合，近处着眼，留有余地，按"刻意完善、慎重发展"的要求，并达到主次分明、缓急得当。近期为承上启下阶段，完成体制调整，成立特区，统一管理，统一建设；中期为全面探索，初步发展阶段；远期为全面完善，重新总结发展阶段。

5）《杭州西湖风景名胜区总体规划》（1987年版）的价值

2002年西湖景区总体规划修编文件中指出：1987年（版）规划吸取了以往西湖风景区相关规划的经验，保持了城市总体规划中确定的基本原则和要求，并进行了全面的补充和深化，是新中国成立以来最完整、全面和深入的一次西湖风景区规划。此规划通过了全国风景园林界专家会审并获得较高评价，虽然此后该规划因故未能报批，但在其后多年的景区建设、规划、管理中，此规划仍然起到了积极有效的指导作用。

五、21世纪西湖景区的规划

进入21世纪，随着社会经济形势的不断发展，杭州市"建经济强市，创文化名城"目标的建立、城区的扩大、旅游西进等一系列结构性调整的实现都对西湖风景名胜区的规划提出了新的要求。国家对风景名胜区规划制定的法规体系也不断完善，并颁布了新的《风景名胜区规划规范》以及上报要求。在此背景下，杭州市园林文物局于2000年组织人员，在1987年总体规划基础上，按新颁布实施的《风景名胜区规划规范》重新编制了规划（图8-11）。规划于2002年上报，2005年国务院批复。

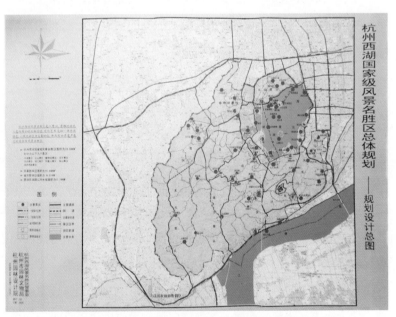

图 8-11　《杭州西湖国家名胜风景区总体规划》中的规划设计总图（2002年）

第二节　西湖景点园林艺术

一、三潭印月水庭院

杭州西湖的三潭印月，是西湖三岛之一（三潭印月、湖心亭、阮公墩），素有"小瀛洲"之称。全岛面积7公顷，其中陆地为2.8公顷，水面为4.2公顷。它浮现在600余公顷晶莹明净的湖面上，宛如湖中盆景（图8-12、图8-13）。

小瀛洲的形成，并不归于大自然的神力，而是在千年的历史长河中，依靠人工疏浚西湖挖出来的葑泥堆积成，又采用"施以人工，宛若天成"的古典造园手法建设起来的一个园林艺术精品。五代以前，南屏山以北湖面有座小岛。岛上有寺，旧曰"水心寺"。宋大中祥符初赐今额称"水心保宁寺"，这是小瀛洲的前身。北宋元祐五年，杭州知州苏轼组织力量疏浚西湖，在湖水最深处建立三塔作为标志，禁止在三塔之内种菱植藕，防止西湖淤塞。宋末元初尹廷高有诗："坡仙立塔据平湖，天影清涵水墨图。"三塔在元时毁。明嘉靖三十一年（1552年）杭州知府孙孟利用原三塔北塔遗址建湖心亭。明万历三十五年（1607年）钱塘县令聂心汤疏浚西湖，取淤泥绕滩筑埂，形成湖中之湖，以为放生之所。万历三十九年（1611年），县令杨万里继筑外埂，完善旧寺德生堂规制，形成"田"字形湖中绿洲，并在洲南湖中立小石塔三座，以仿旧迹，谓之"三潭"，这才出现了"天上月一轮，湖中影成三"的奇丽景色。

小瀛洲，北与湖心亭、阮公墩相鼎立；西靠苏堤，与南山夕照半岛相望；东面为一览无余的湖面，和柳浪闻莺遥相呼应。西湖的湖山是小瀛洲的背景，为它增添了秀雅飘逸的景色。

1. 三潭印月的布局

小瀛洲的规划布局独具一格，主要景观围绕主轴线展开，从轴线的两端开始的不同游赏路线提供了不同的空间艺术体验。轴线的北端是船埠，南端是"我心相印亭"，南北向以曲桥沟通，东西向以柳堤相连，形成了纵桥横堤的格局。堤岸纵横回绕，组成了小小内湖，湖上曲桥转折，湖中又布置小岛，成为湖里有湖、岛中有岛的层叠嵌套的布局。园里有水，水中有园，水中倒影处处隐现。动与静、大与小、虚与实的鲜明对比产生了变化万千的空间。其间，曲桥为全岛的中轴线，连接着南北线上的亭、台、轩、碑，使全园主从明确，构成一气贯注之势。而曲桥位于小瀛洲、先贤祠两座园林小筑之

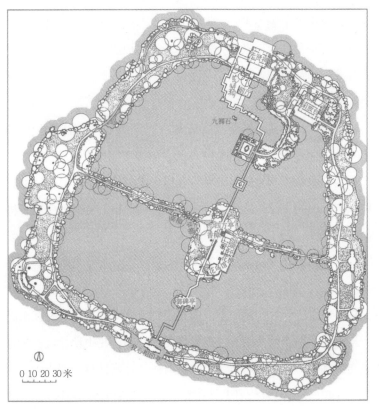

图 8-12 三潭印月平面图
图片来源:《风景园林综合实习指导书》

图 8-13 三潭印月鸟瞰图
图片来源:《映秀西湖》

后，既有利于游人的集散，又在组景上避免了一览无余，有先抑后扬之妙。正是由于曲桥的方向多变，游人漫步其上可感到步移景换，俯仰成趣；环顾四周，可"收百顷之汪洋，纳四时之烂漫；俯视湖中，锦鲤游鱼可数，睡莲田田，让人心头涌起轻快、舒展之诗意"。

清代诗人钱泳曾说："造园如作诗文，必使曲折有法"。而三潭印月就是利用纵向的曲桥和横向的柳堤，把内湖区划成"田"字形的4个水面，丰富了园林层次。在建筑物与树木的布局和配植中，运用"散整疏密相间""将作幽邃必先以显爽；作显爽，必先之以幽邃"的手法，以闭锁与开朗的对比，达到远近相映、结构自然、变化无穷又多样统一的艺术效果。

岛外，风姿古朴的3座石塔，亭亭玉立在波光潋滟的湖面上。石塔高2米，塔基系扁圆石座，塔身球形中空，有五个圆孔，饰着浮雕图案，塔顶葫芦形，造型优美。古时，每逢皓月当空，人们在塔里点上灯烛，洞口蒙上薄纸，灯光从中透出，倒映在水面上，宛如一个个小月亮，与倒映湖中的明月相映，景色优美。特别是在中秋之夜，皓月中天，月光、灯光、湖光交相辉映，月影、塔影、云影融成一片，正是"一湖金水欲溶秋"（图8-14）。清代丁立诚在《三潭灯代月》诗中赞叹："三潭塔分一月印，一波影中一圆晕。"水岸边，"我心相印亭"柳荫华盖，人在亭中凭栏眺望，可见一派开阔平远的风景。而从亭后踏上曲桥回望，三塔一一映入"我心相印亭"的圆洞门和漏窗中（图8-15、图8-16）。曲桥向北，过康熙帝御题"三潭印月"碑亭，是草木葱茏、浓荫覆盖的花鸟厅、迎翠轩和四方亭，既可远望青山绿水，又可近赏荷花与睡莲，"静坐品茗闻鸟声，移步观鱼探花景，清雅得幽意逼人"。过四方亭再上曲桥，可达栗色的卍字廊和"竹径通幽"小径。在万字亭中透过四面廊柱，随处可见绮丽的湖光秀色。独具匠心的万字廊以中国传统吉祥图案"卍"为平面，造型独特，本身就成为园中一景，在其4个端头的"春和""夏凉""秋爽"和"冬净"的廊匾，更为景色增添无穷韵味。小小的"竹径通幽"景点布置巧妙，花窗飞禽修篁衬，月洞门里幽景深。花窗采用"梅鹊争春"等题材，施以灰塑的飞禽花木的精美构图，别具一格。花窗墙既分隔又连通，墙内墙外景色各异，空间渗透，别有洞天，小中见大，在有限的空间里创造出深远的意境。当人们进入53米长、两旁密植刚竹的蜿蜒小径时，不见堤外水面，只见丛丛竹叶，郁闭、幽暗、娴静的气氛油然而生。竹径尽头是一片明亮的草地，视觉豁然开朗，光的明暗变化营造出"小中见大"的景观效果。北面，池中高耸一块"九狮石"，石影落水，水得石而幽，石得水而活。如果说"曲径通幽"是动态游览体验的"以小见大"，那么九狮石景致便是静观出广阔的"以小见大"，这种不同形式的"以小见大"应用在同一地区的有限空间里，可赋予人以"身与事接而境生，境与身接而情生"的富有诗情

图 8-14　三潭中秋之夜（钱小平　摄）

图 8-15　20 世纪 20 年代我心相印亭
图片来源：《西湖旧照》

图 8-16　借得洞窗觅三潭

画意的意境。过"曲径通幽"处，登上九曲桥，有一四角亭高踞桥上。此亭原名"百寿亭"，后因明代聂大年有"三塔亭亭引碧流"之句，改名为"亭亭亭"。这里居高临下，可欣赏四面的湖光山色。与四角亭相对，有一座突出水面的轻巧的三角亭，名"开网亭"。在明代这里有放生池，而"开网"在佛教中有放生之意，故名。穿过先贤祠、小瀛洲，可达北岸码头，前景豁然开朗，西湖秀丽的景色呈现在眼前。环岛外堤，设置了码头、休息亭廊和游览服务设施。当人们漫步堤埂上，可远眺环湖云山逶迤、雾霭漫漫、岚影波光、风姿绰约，感受到"近水远山皆有情"。三潭印月的每座单体建筑都遵循"宜亭斯亭，宜榭斯榭"的造园理法，亭廊形式多样，平面也富有变化，可谓"因景定形"。

如果从小瀛洲的北码头登岸，穿过先贤祠，展现的是游程的序幕，从九曲桥、开网亭、九狮石、亭亭亭抵达"竹径通幽"是景观序列中的高潮，而过四方亭、迎翠轩、御碑亭和我心相印亭以三石塔收尾，轴线景观序列一层复一层，一层之中又复藏一层，以顿置婉转的手法引人入胜。三潭印月的规划设计手法独具匠心，凝练拔萃，令人回味无穷。

2. 三潭印月的文化内涵

三潭印月的园林布局巧妙，与其深厚的文化积淀相关联。通过建筑匾联、楹联题名丰富联想，是我国园林艺术中最具特色的点景方法。小瀛洲上"开网亭"的楹联含义深远："一檐虚待山光补，片席平分潭影清"（王遐举书），上联说缺着一边亭檐，等湖上的山光来把它补上，下联说地方虽小，也能平分澄碧的潭影。山光潭影，清雅可玩，令人心旷神怡。与开网亭互为对景的"亭亭亭"，亭柱上清代彭玉麟写的对联"两岸凉生菰叶雨，一亭香透藕花风"，是亭外"亭亭清绝，冉冉荷香"景致的真实写照。粉墙洞门上方康有为题写的"竹径通幽"四字，包含着深与静的两重含义。石柱攒顶黛瓦的六角亭中康熙帝手题的"三潭印月"石碑，令人想起明代诗人张宁的诗句："片月生沧海，三潭处处明。夜船歌舞处，人在镜中行"。小瀛洲南端的"我心相印亭"，亭名来自佛家语言，意谓"心相合一"，现在引申为"不必言语，彼此意会"。三塔仁立于湖中，远望过去，仿佛是三只石香炉。许承祖在《西湖渔唱》中作了逼真的描写："离立湖心鼎足然，水天合璧影团圆。月前雨后凭谁写，雪色波光卵色天。"所有这些都引起人们心中对自然美更深的欣赏和对人生哲理的联想。三潭印月每处景点几乎都与联额、诗文关联，是画与诗、景与情、湖山美与诗文美的融合。因此，三潭印月的艺术特色，可用"诗中有画""画中有诗"来评价。

3. 三潭印月的植物配植

三潭印月的园林植物围绕主题、因地制宜、随形结合进行配植设计，采用乡土树种进行绿化、美化和彩花，形成三季有花、四季有景、花繁树茂绿满园的景观（图8-17～图8-19）。全园水域植睡莲、荷花，陆地栽大叶柳和香樟等，构成全岛植物景观的基调；在绕岛外埂栽植枫杨、香樟、垂柳、南川柳和水杉等乔木，形成绿色项链。在这主调中，于中轴线的前半轴线上的各建筑物之间，采用"善藏者未始不露，善露者未时不藏"的手法，配置常绿、落叶乔灌木，与建筑物密切结合，各得其所。露与藏相互结合，各尽其妙。有的采用"景愈藏，景界愈大"的手法，如"曲径通幽"处栽植竹篁，形成"一径万芉绿参天"的景致，以竹之声色，让游人在数十米的曲径中，感到隐约相窥、步移景异的深邃意趣。岛东北部的闲放台、先贤祠，则采用"俗则屏之，嘉则收之"的手法，以疏密有致、高低错落的乔灌木将景观掩映得若隐若现，达到屏俗嘉收的效果。全岛绿化讲究"大处置景、小处添趣"，如九狮石，上植凌霄，花蔓垂挂如披锦，"石本顽，有树则灵"，把九狮石装扮得既端庄又俏丽。石下曲桥旁，缸栽多个品种、色彩各异的睡莲，晶莹柔润，清新动人。古碑旁，虬曲的大叶柳伸入水面，清澈的湖水倒映着优美的剪影，韵味独特，让人流连。迎翠轩院墙前的嶙峋石笋与千奇百怪、密叶虬枝的五针松配植，犹如锦绣河山的缩影。为突出赏月主题，全岛配植了桂花、含笑、栀子花、蜡梅、结香、梅花和晚香玉等香花植物，一年四季芬芳甘美，浓郁幽远，沁人心脾。总之，三潭印月的植物景观，阳春桃柳争艳，盛夏莲荷婷立，秋日丹桂飘香，隆冬梅花、蜡梅二梅闹枝，是一幅结构精巧、风格独特、景致幽雅的有生命的织锦画面。

三潭印月的风景园林艺术可以归纳为：构思细腻，刻画精致；因地制宜，巧于因借；以情造景，以景寓情，情景交融；手法多样，妙造自然；形式别致，格调高雅。植物种植简洁明快、朴实疏落，具有高度的艺术性，是杭州风景园林艺术的精华。

二、西泠印社山地庭园

清光绪三十年（1904年），杭州金石家丁仁、王禔、叶为铭等人始创研究金石书画的学术团体，以"保存金石，研究印学"为宗旨，经过十年经营，规模日益扩大，终于在1913年正式定名为"西泠印社"，推举吴昌硕为会长。西泠印社是近代研究金石篆刻的学术团体，是我国印社之始祖，社址位于杭州西湖孤山西南麓。庭园原址是始建于陈天嘉初（560年）永福寺（后称"广化寺"），宋时西湖三贤祠的遗址。

图 8-17　田田莲叶

图 8-18 一框四景

图 8-19 花鸟厅

西泠印社山地庭园是利用历史遗迹和自然山岭进行艺术加工而形成（图8-20、图8-21）。建筑依势而筑，高低错落，形式多样，朴素自然，构成精而合宜、巧而得体的山地园林。庭院入口在孤山路上，运用"涉门成趣"的理法，在清幽素雅的黛瓦粉墙上开一扇圆洞门，其门楣上有青石雕刻的"西泠印社"门额。进门后，映入眼帘的是右侧沿墙碑廊和导引山泉的湖石溪涧，左侧有铺地、莲池、柏堂和竹阁（图8-22）。回头望，西湖堤岛纳入盈月之门，成景得景兼之。柏堂是一幢飞檐厅堂，古朴壮观，清雅宜人。堂南凿一水池，谓之莲池，中置立石一座，虽小而显灵气。据记载，柏堂为宋代高僧志铨所建，其旁原有二株古柏，故名"柏堂"。苏轼曾咏柏堂："此柏未枯君记取，灰心聊伴小乘禅。"但原迹久废，现有建筑为清光绪二年（1876年）重建。竹阁小巧玲珑，颇有雅趣，相传始建于唐代，《咸淳临安志》记载："旧在广化寺柏堂之后，有小阁，多植竹，白公每偃息其间，遂以名，今与寺俱徙。"苏轼的《宿竹阁》诗有"晚坐松檐下，宵眠竹阁间"之句。今竹阁也是清光绪二年重建的。绕过柏堂北面，迎面竖立着一座古朴清秀的石牌坊，上有"西泠印社"隶书门额，两旁石柱刻着一副篆书楹联："石藏东汉名三老，社结西泠纪廿年"，是印社创始人之一叶为铭所书，体现了"以文会友，与古为徒"的精神。过牌坊，即见叶为铭构建的、寓"结交金石"之意的"石交亭"，今为毛杉木结构的六角亭。由此沿蹬道拾级而上，至山川雨露图书室、仰贤亭。亭间壁上嵌有金石篆刻家丁敬、郑板桥等二十八人的画像和题记。凉堂壁嵌有宋代岳飞草书的唐代韩愈《弩骥吟》碑刻九块，字体奔放，为世所罕见。过印泉沿鸿雪径而上，经过凉堂可抵山顶庭园。庭院平面呈不规则形，约1600平方米，空间作开敞式处理，是印社庭院艺术最精湛的部分，具有"占湖山之胜，撷金石之华"的优美境界（图8-23）。山顶左有剔藓亭，为毛杉木结构的六角攒尖茅草亭，亭名取韩愈《石鼓歌》中"剜苔剔藓露节角"之句，意谓剔除石壁上的苔藓，方能看清石碑上的文，既古雅又形象。右有四照阁，宋初都官关氏始建，原阁在观乐楼之东，久废。1922年迁至凉堂之上，四面敞开，凭栏可俯视西湖，湖光山色尽收眼底，有楹联赞"面面有情，环水抱山山抱水；心心相印，因人传地地传人"。阁北正对小龙泓洞，凿于1923年，洞口西侧伫立邓石如石像。洞东为规印崖，崖面凿壁龛，内置宽衣博袖的第一任社长吴昌硕像，神态清闲、饱积文墨而不露（图8-24）。崖下有闲泉，其左又有文泉。凿泉聚水，形成难得的山顶泉池。规印崖上沿印社东面花墙而建的题襟馆（一名隐闲楼），建于1914年，位居印社最高处。馆内粉壁嵌有《研林诗墨》真迹碑刻30块。自此馆向西，跨小龙泓洞，就是在四照阁原址由招贤寺和尚弘伞筹资兴建的华严经塔（1924年，图8-25）。塔为十一级，上面刻有《金刚经》《华严经》、十八应真（罗汉）像等。以山池为心，天然石坡入水，下镌白色"西泠印社"篆字。塔形高耸，与观乐楼、题襟馆遥相呼应，成

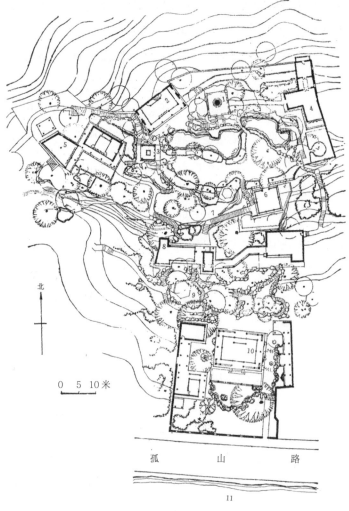

1—石塔；2—观乐楼；3—石室；4—题襟阁；5—环朴精庐；6—四照阁；
7—鸿雪径；8—山川雨露阁；9—石牌坊；10—柏堂；11—外西湖

图 8-20　西泠印社平面图
图片来源：《中国古典园林史》

图 8-21　西泠印社图

图 8-22　柏堂、竹阁庭院

为整个庭院的构图中心。从南面鸿雪径沿蹬道而上，恰能以此塔成对景。再往西就是观乐楼（1920年建，今辟为吴昌硕纪念馆）。在观乐楼前面就是借陡崖架空自成下洞上屋之构的汉三老石室（建于1922年），精巧非凡（图8-26）。石室收藏着我国"三老讳字忌日碑"等珍贵文物。石室旁有丁敬坐像（图8-27）。三老石室东南隅有一座小经幢，上刻佛说阿弥陀佛经，是近代艺术家李叔同（弘一法师）的手笔。石室之下，还朴精庐、遁安虚堂和泉池组成了开放台地，庵堂柱上有张祖翼书"既遁世而无闷，发潜德之幽光"的楹联。北坡后门，是上馆下台的山门，台由黄石构筑，拱门凹进，两侧有楹联"高风振千古，印学话西泠"，粗犷古朴，有若石城之美。

西泠印社山地庭院是由多个台地组成的精致园林，从以柏堂为中心的山麓莲池水庭院、到半山仰贤亭过渡台地、再由鸿雪径到山顶庭院，布局紧凑，景致丰富。建筑沿山径而筑，结合地形地物，尺度恰当，参差起伏，彼此协调，轻巧明快。山顶庭园亭阁参差，借宜生巧，随曲合方，构成内成景、外得景、高下起伏、山水掩映之诗意栖居环境，精妙典雅，是西泠印社庭园的精华所在。在空间的组合方面，交错地使用建筑、山岩、泉池、丛竹、树木，形成了山下封闭的柏堂空间、半山的仰贤亭和还朴精庐两个半开敞台地空间和山顶的开敞庭院空间。同时，利用金石与雕塑来丰富园景。采用池、涧、泉等理水手法，在楼阁间点缀印泉、闲泉、潜泉等自然形态的泉池，为印社平添了佳趣。山顶凿石为池，映衬天光塔影，更使庭院景色自然生动。

西泠印社的掇山工程，主要为防止水土流失和创造栽植树池，同时为台地园林造景创造条件，并延续孤山山体脉络，气势相连，自然错落，浑然一体。以柏堂为中心的莲池庭院，主要采用太湖石砌筑水池和溪涧护岸，并作为踏跺等置石；山坡上，利用体形厚实、轮廓线条刚劲、色彩与山体相似的本地黄石作为护坡；山麓以巨石横卧并埋入土中，石面的转折和缓，起伏过渡极为自然，整体效果统一协调；山顶叠石则以散点做法，营造了高低参差的种植台，栽植花木和藤本植物。柏堂庭院以香樟庇荫盖地，沿孤山路围墙点植梅花；竹阁旁的刚竹、四季竹成丛栽植；山坡上广植茶花、鸡爪槭、红枫、杜鹃和紫藤等；山顶点缀马尾松、罗汉松、黑松、大叶女贞和南天竺等；山后，沿登山径两旁，松林夹道，鸡爪槭片植相迎，满坡各色毛鹃，成为杭州春季赏花的一大景点。

总之，西泠印社庭园的风景布局和空间结构，是结合山地地形和周围环境巧妙布置的。园林因地制宜，委曲婉转；凿岩聚水成泉，就低挖地成池；建筑小品沿径而建，奇巧纤丽；假山真山既具鲜明的个性，又有统一的共性，即所谓"受之于远，得之最近"的风景结构处理手法，成功塑造了"清幽古朴"的园林风貌。西泠印社荟萃了中国园林艺术和文化艺术的精髓，以独特的园林风格而享有盛名，为我国山地园林的典范。

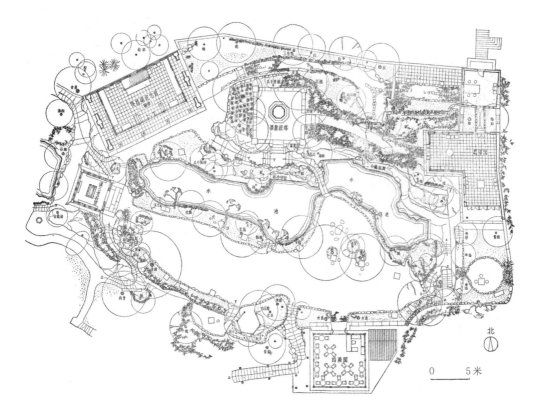

图 8-23　山顶平面
图片来源：《中国古典园林史》

图 8-24　规印崖

图 8-25　华严经塔

图 8-26　汉三老石室依崖而建

图 8-27　汉三老石室与丁敬雕像

三、花港观鱼公园

花港观鱼地处西湖西南，三面临水。东接苏堤，西倚群山，是介于小南湖和西里湖之间的一个半岛。宋时，内侍官卢允升在花家山下建花园别墅，称"卢园"，园中栽有奇花异卉，蓄养锦鳞赤鲤，景物奇秀。南宋宁宗时期，宫廷画师马远等创立"西湖十景"景目，把卢园题名为"花港观鱼"，后来清康熙帝题名，勒石镌碑，清乾隆帝南巡时又对景吟诗，镌刻于上，从此"花港观鱼"蜚声遐迩。但到民国时期，园林亭墙颓圮，道路泥污，野草丛生，仅残留一方鱼池和一座碑亭，面积仅有0.2公顷，已徒有虚名。新中国成立后，杭州园林部门进行了两次大规模的规划建设，开辟了红鱼池、牡丹园、大草坪和密林，疏通花港河道，建设芍药圃、花港茶室等，美化了湖山景色，使花港观鱼成为以"花""港""鱼"为景观特色的新型公园，面积为21.31公顷。

20世纪50年代初，时任杭州市建设局局长的余森文先生提出了传承西湖历史文化、强调崇尚自然和生态、大力倡导植物造景、汲取西方造园艺术方法、发挥园林创新精神的总体指导方针，孙筱祥先生应用中国传统山水画论和造园相关理论，借鉴画论，绘就了花港观鱼的规划蓝图。花港观鱼的规划设计，开创了新中国园林设计的一代新风，成为现代园林的经典之作。

1.公园总体布局

1952年的公园规划，根据历史文化遗迹、原有地形地貌、地物的状况，因地制宜地把公园分为东部（古观鱼池、蒋庄），中部（红鱼池、大草坪），西部（牡丹园、密林）三大部分，以及公园与西山路毗连的花港。公园于1953年开始建设，1955年竣工，占地约20公顷（图8-28～图8-30）。

公园东部为花港观鱼的古迹区，有古碑、亭和鱼池，原高庄的藏山阁与假山（图8-31、图8-32）；南面为蒋庄庭院，有亭榭和假山，花木众多，环境清幽。故公园东部以保持现状为主，设展室，略加整理，增添草地树丛。

东部入口，右侧是"花港观鱼"碑、亭和长方鱼池，左侧为蒋庄庭院。采用欲扬先抑的艺术手法，种植雪松丛，前置槭树作为障景，避免入园一览无余。绕过树丛，右走见樱花片林，可远眺西里湖秀美景色；左转藏山阁，绿茵呈现眼前，抬眼望小南湖可见星点游船和南山层峦秀色。

公园中部南面荒芜的荷塘洼地被开辟为红鱼池，鱼池四周用土丘和常绿密林围绕，组成封闭空间。为丰富水面层次变化，利用整理的土方填土成岛，以曲桥、土堤与外围绿地相接，将水面划分为大小不等的3个湖面。原规划设置亭、廊、榭3组建筑环抱中央鱼池，将鱼池分为内外2个水面，以形成园中有园、层次丰富的园林空间。池岸自然曲折，湖石散点湖边，重点处堆石成崖岸散礁。水旁栽植色彩绚丽的花木，倒影迷离，与翩翩红鱼相映成趣，看"花着鱼身鱼嗽花"，富有诗意。

中部北面原状为平坦坟地，缺少林木，地形向西里湖倾斜，设计将其辟为草坪，配植树木花草，成为人们聚集活动的场所。草坪采用开敞处理，空间开阔。草坪的东西两端，栽植大片雪松丛林，西端丛林前还配植樱花，连绵成片，构图简洁。同时，为避免草坪过分单调与空旷，中间布置了一个树丛环抱的闭合空间，形成"虚中有实""实中有虚"的效果，构成多重空间（图8-33）。在草坪与鱼池相接地段，堆土成阜，种植广玉兰、茶花等常绿乔灌木构成密闭林带，以此划分空间。草坪北临西里湖，夏日可俯视红白荷花的娇艳风姿；极目远眺，可见六桥烟柳、刘庄亭榭、栖霞岭烟色和西山层林，辽阔深远的湖山景色尽入眼帘。

公园西部是原有的松林湾，为岗阜起伏的土丘坟地，有少量杂木林，场地排水良好，适宜牡丹生长，辟建为牡丹园，成为全园竖向构图中心。设计借鉴中国花鸟画中所描绘的牡丹与假山结合的自然错落画面，采用了土石结合、以土带石的散置处理，将曲折小径低隐于种植区之间，把牡丹园划分为11个种植小区，环拱牡丹亭。牡丹园小径采用小卵石铺筑的冰梅路面。远望时，牡丹亭、石、松、牡丹构成一幅美丽的图画，完全看不到其中蜿蜒错落的小径，构图完整，有天然之妙。

牡丹园往西，开辟了大片草地，东以悬铃木丛林、西以樱花林、南以川含笑、鸡爪槭等为屏，北依原有密林前的合欢林。再往西北，有广玉兰、茶花组成林缘草坡。利用原来山丘之间郁闭的杂木林，结合地形，辟设林间小道，增植了一些常绿树分隔空间，创造宁静宜人、宜于休息的环境。

新辟花港，为了打通小南湖（图8-34）与西里湖水系，挖深公园与西山路（今杨公堤）毗连部分的零星水稻田和池塘，形成自然曲折、宽窄不等的港道。利用挖港的泥土，堆于环湖西路（今称杨公堤）东侧一带成丘阜，种植密林，隐内蔽外。港汊两岸遍植四季花木，浓荫夹港，景色深远。

公园南部原为浚湖堆土区，地基松软下沉，俗称"新花港"。1963年开始规划建设，挖河堆丘，疏通水系，修路架桥，开辟草坪，四周环以不同树群，上植鸡爪槭片林，下种芍药，形成春秋景色突出的疏林草地。港道南、西紧邻城市主干道，构建亭廊花架，沿小南湖新建接待室和茶室，成为人们休闲的好去处。外围则以密林、水渠阻隔，减噪尘、避干扰、创幽境、保安全，内侧辟建多个面积不同的草地空间。

2002年，在公园的西北部，依托原杨公堤上的景行桥石拱券遗迹和红栎山庄旧址，

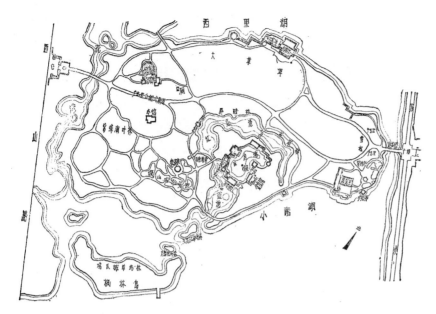

图 8-28　花港观鱼规划图（1959 年）
图片来源：《城市园林绿地规划》

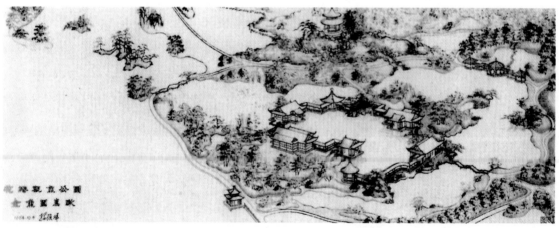

图 8-29　花港观鱼公园金鱼园鸟瞰图
图片来源：《建筑学报》

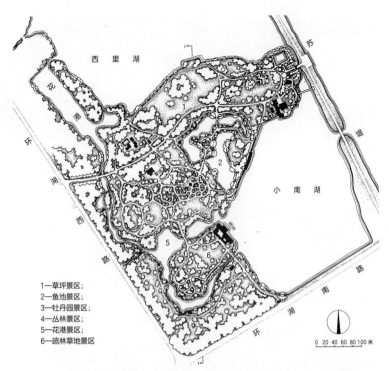

西 里 湖

苏

堤

小 南 湖

花

港

环

湖

西

路

2

5

4

5

6

1—草坪景区；
2—鱼池景区；
3—牡丹园景区；
4—丛林景区；
5—花港景区；
6—疏林草地景区

环

湖

南

路

0 20 40 60 80 100 米

图 8-30 花港观鱼总平面图（1989 年）

图 8-31 鱼池旧貌
图片来源：《西湖旧踪》

图 8-32 古花港观鱼池

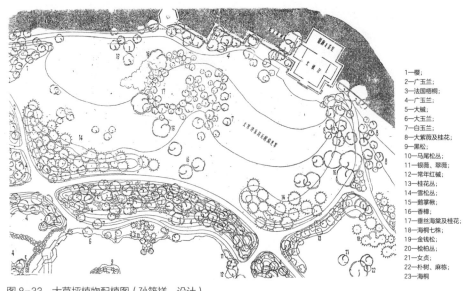

1—樱;
2—广玉兰;
3—法国梧桐;
4—广玉兰;
5—大槭;
6—大玉兰;
7—白玉兰;
8—大紫薇及桂花;
9—黑松;
10—马尾松丛;
11—银薇、翠薇;
12—常年红槭;
13—桂花丛;
14—雪松丛;
15—鹅掌楸;
16—香樟;
17—垂丝海棠及桂花;
18—海桐七株;
19—金钱松;
20—桧柏丛;
21—女贞;
22—朴树、麻栋;
23—海桐

图 8-33　大草坪植物配植图（孙筱祥　设计）

图 8-34　小南湖晨景

在原鱼种塘上建别墅式建筑数栋，连以曲桥，整理环境，并复建杨公堤碑和亭，以志盛事，统称红栎山庄景区，归入花港观鱼公园。

公园设东、西、南3个出入口，东大门通过定香桥与苏堤游船码头连接。西、南主入口设在环湖西路（今杨公堤）和环湖南路上。

2.公园的植物配植

花港观鱼公园植物配植注重种植的科学性和艺术性，充分利用原有地形与树木，采用孤植、丛植、群植等自然式种植手法，组成不同功能和不同景观的园林空间，如草地、稀树草地、疏林草地和密林等。而树群、树丛一般由大乔木、小乔木、灌木和宿根花卉组成植物群落，形成富于变化的多层垂直林相结构。有的树群则采用单纯乔木栽植，不种植灌木，呈现出简洁大气的景观效果。树木栽植距离疏密相间，避免直线排列。全园没有规则式的花坛、花境装饰。在水边林缘和路旁石畔，疏落地点缀一些多年生宿根花卉。各区植物主调有变化，但基调树种广玉兰在各区均有分布，并能把控、统一各区。全园采用了200多个树种、1万余株花木，仍有序成景，不显凌乱。分区之间又采用1~2个树种逐步过渡，互相呼应。如东部藏山阁空间以樱花与柳林空间相呼应。

主景区牡丹园栽种色泽艳丽、品种名贵的牡丹和芍药数百株，为了不影响牡丹园的缩景特色和牡丹怕烈日喜半阴的习性，园内没有采用挺直高大、尖塔形和树叶过大的乔灌木，而采用树荫不甚浓密的亚乔木庇荫（图8-35）。为增加秋色，丰富冬景，配植较多的色叶树、观果树和常绿花木。在植物配植上，注意花木的花期与牡丹不同，以免喧宾夺主。为了延长观花期和不因牡丹的荣落而影响四季景色，除认真选择不同花期的牡丹和增植适量芍药外，还选用其他植物数十种，以弥补其余季节的景致。因此，牡丹园配植的主要植物有槭类、松类、杜鹃、南天竺、瓜子黄杨、匍地柏、梅花、紫薇、矮海棠、贴梗海棠、紫藤等。尤其在栽植名种牡丹处，特辟设自然式平台一处，以黑白鹅卵石嵌成梅树铺地图案，称之梅影坡，仿若近旁栽植的红梅之影，为景观增添了情趣。牡丹园借鉴我国传统绘画艺术手法，在花木、山石和牡丹三者的造景组合上，巧妙安排体形组合、层次叠序和左右搭配，特别是细致推敲了花木姿态的俯仰、盘曲，湖石体态的丰瘦、坦皱。

公园以植物造景为主，全园树木覆盖率达80%以上。在植物选择上，除牡丹外，以广玉兰为基调，海棠、樱花为主调。植物配植方面，根据植物生态习性，采用不同种类因地、因时种植，合理搭配快长与慢生、乔木与灌木、常绿与落叶的各种植物，通过多样而统一的构图手法，创造四时不同的花景。早春，梅花暗香，玉兰如笔；仲春，垂丝海棠和樱花盛开；晚春，牡丹、芍药姹紫嫣红；夏日栀子洁白，荷花亭亭，紫薇展容；秋季桂花飘香，枫叶猩红（图8-36）；冬季翠柏披银，山茶点红，蜡梅隐香。同时，各景点还各具特色：牡丹园以牡丹为主调，配植槭树等花木数十种；红鱼池以广玉兰为基调，配植树姿舒展的早樱、海棠等花木50多种；大草坪开阔简洁，选用体形雄伟舒展的大型雪松为基调，以纯林的配植形式出现；花港部分以常绿阔叶树为基调，采用连续种植方式形成密林，在港湾凸出之处和港中小岛，特意点缀四季花木及色叶树种作焦点栽植，如春花的山樱、夏花的紫薇、秋叶的红枫和鸡爪槭。芍药圃内，成片的芍药展现着艳丽多姿的风采，各种树丛环绕着开阔的草坪。

公园北部，主干道东端的南侧采用落叶乔木无患子为庇荫树，以自然式点植；干道北侧，以广玉兰为基调的5种乔木贯穿始终（图8-37），部分地段林缘栽植开花小乔木和花灌木，包括春季开红花的海棠和开白花的珍珠花，夏秋的红、白紫薇，冬天的茶花和茶梅等，沿路景色绚丽多彩，引人入胜。公园北面临水的园路，一侧是雪松、樱花草坪（图8-38），一侧是西里湖畔的垂柳，行走路上，可赏花亦可望湖，随心而定。红鱼池畔，垂丝海棠或散布水岸，或沿园路，或小片栽植，既是园路的点缀，更是美丽的对景，形成游览的视角焦点。园路周边，依靠大乔木形成骨架，中低层种植丰富的植物材料，利用园路的曲折创造步移景异的游览体验。

花港公园利用园林植物的色彩对比，创造最佳的艺术效果。春天，白、红色的花木点缀着浅绿色的草坪，暗绿色的常绿树背景衬托前景中雪白的早樱和大红的海棠，对比鲜明。为创造明快的园林景色，在植物配植中选用了许多浅色花木，由于花色色度变化较大，园林景物的色彩仍然十分丰富。为了加强植物景观的季相变化，采用了不同花期的花木混植的配植形式。

3.园林建筑布局

园林建筑是公园点景造景及供游人休息活动的重要因素。花港公园建筑不多，除保留、维护原有旧庭院建筑，如碑亭、蒋庄、藏山阁、蕙庐等，又新建了几处点景的休息亭廊、茶室、桥梁和卫生设施等。在牡丹园最高点建有一座八角重檐亭，为全园控制中心。亭外松树虬屈，枫叶片片，方步之内必有美景，令人目不暇接，在亭中俯瞰全园，见万花争艳，相映成趣，构成一幅立体图画。红鱼池濒湖建有钢结构竹长廊，凭栏观望，只见烟柳画桥（图8-39）。在红鱼池与小南湖之间，建有挹湖花架长廊，分隔两景区，增加了景深；大草坪北临西里湖，景观深远，临水设翠雨厅（图8-40），最宜远

图 8-35　牡丹园春天

图 8-36　花港观鱼秋景

图 8-37　广玉兰程式群植

图 8-38　樱花如雪

图 8-40 红鱼池竹廊

图 8-39 公园北岸原翠雨厅（竹构）

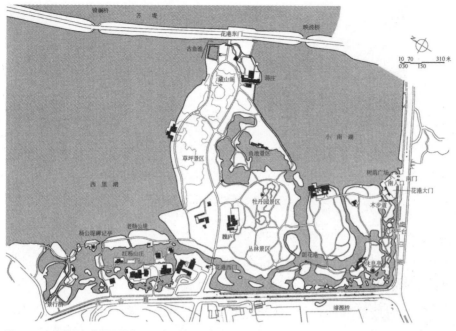

图 8-41　花港观鱼总平面图（2002 年后）

眺西北群山和刘庄的亭榭，也可俯瞰湖中红荷白莲风采。而在小南湖西侧，建有民居形式的花港茶室，东眺苏堤春色、雷峰塔影，西望层叠群山云影，北见牡丹园的"国色天香"。在"新花港"东南隅港道，建花架廊，栽植紫藤，丰富春季景观。东大门采用歇山屋顶，配以花架廊、花格和花窗，古雅又通透明快，彰显现代气息。门前平桥跨曲水接苏堤，与西湖环境连为一体。

　　总之，花港观鱼在园林布局结构、风格上极具特色。公园以植物造景为主，通过不同形式的种植方式，创造不同功能的活动空间。它由鱼池古迹、大草坪、红鱼池、牡丹园、密林、芍药圃和花港诸部分组成，每个部分既独立成景点，又高度统一地突出了花、港、鱼的主题（图8-41）。园中模山范水，点缀了亭台楼阁、曲廊水榭。采用不规则小空间组合，开合收放，聚散有变，主题突出，特色鲜明，体现了"天人合一"的设计思想，是一处人工与天然相契合，清雅与华美并存，动与静互成，虚与实并济的"多方胜景，咫尺山林"，与西湖自然风景十分协调。花港观鱼造园艺术既继承了中国传统山水园林的意诣和手法，又有现代园林的韵味，是新中国成立后新型园林的楷模之作。

四、曲院风荷公园

"曲院风荷"位于苏堤跨虹桥西北角，为"西湖十景"之一，原状仅存一片墙，一座亭，半亩地。麴院始建于宋时，原址在灵隐路旁的九里松、金沙港西北的洪春桥堍。据《西湖游览志》载："九里松旁旧有麴院，宋时取金沙涧之水，造麴以酿官酒。其地多荷花，世称'麴院风荷是也'"。当时那里有一家酿造官酒的麴院，里面种植众多的荷花，菱荷深处，清香四溢。南宋宫廷画家陈清波为此地画过一幅画，题名"麴院荷风"，成为"西湖十景"之一。宋时游船尚可直达洪春桥、九里松一带。明代中后期西湖沙涨，湖面缩小，麴院湮没。到清康熙三十八年（1699年），浙江总督李卫为迎康熙南巡，在跨虹桥之北按图筑亭台楼阁，引流叠石，并在岳湖引种荷花。康熙南巡见此景，挥笔题名为"麴院风荷"，并勒碑建亭，景名沿袭至今。

今日托名新建的曲院风荷景区，几经规划与扩建，其形制规模、园林景观都胜于前代。其范围自北山路以南，杨公堤以东，南达卧龙桥郭庄，东濒西里湖，面积达28.4公顷，成为以荷花为主题的大型公园。分为岳湖口、竹素园（名石苑）、风荷、曲院、滨湖密林和郭庄6个景区，每个区域有不同的特色（图8-42）。

"曲院风荷"处在西湖风景之中，四周有景可借。它的规划以"增色湖山"为宗旨，形式与风格注重继承中国古典园林的艺术传统，借用历史人文景观和古人的诗词作为造园的"根"和意境。园林建设因地制宜，使人工山水接近自然，突出展现"碧、红、香、凉"的特色，即荷叶的碧、荷花的红、熏风的香、环境的凉。景区湖港交叉，广植荷莲，绿树成荫，呈现出夏日"接天莲叶无穷碧""十里芰荷香到门"的总体景观。

"曲院风荷"强调园林空间的创造，采用杭州风景园林传统的"大分散、小集中"的手法，以植物造景与建筑小品相结合，构成各具特色的园林空间。岳湖口景区重在尊重历史、烘托主题，结合现状条件，加强岳王庙祠前轴线氛围（图8-43～图8-45）。正对岳王庙山门的中轴线，铺一条石板甬道，两侧列植香樟，恢复"碧血丹心"石牌坊，并置岳飞铜像。甬道两侧的仿宋式建筑，东侧餐饮，西侧购物。这样的布局既庄严肃穆，体现了岳飞的英雄气概，创造了感人的氛围，又渲染了传统庙市风貌，富有生活气息。竹素园，清雍正九年（1731年），总督李卫辟地，引栖霞岭桃溪之水建园，曲屈环注，仿古人流觞之意创建亭宇。十年后（1732年），雍正御书"竹素园"。园内有流觞亭、水月亭、临花厅、观瀑轩、聚景楼等，为清代西湖十八景之一的"湖山春社"部分。复建时，参照清代竹素园的布局，保留古时溪涧理水与叠石和三折石桥，在临水处复建聚景楼、十二花神廊等亭榭建筑，用于陈列各式盆景。园内广植竹类，形成以"秀

图 8-42 曲院风荷绿化规划（胡绪渭）

图 8-43　20 世纪 20 年代岳湖口旧貌
图片来源：杭州园林规划设计处

图 8-44　岳王庙轴线广场旧貌（1966 年前）

图 8-45　岳王庙轴线广场

竹、清泉、溪涧"为特色的以静观为主的休闲之所。移置江南三大名石之一的"皱云峰"于园中，为该园增色添辉。

风荷景区是利用原养鱼场的鱼种场和低地开挖的水体，有湖港、岛渚的形态变化。水下设置种植台，栽种若干荷花品种并控制荷花生长范围，避免品种混杂，也使水面呈现虚实变化，形影相衬。每当夏日，荷叶田田，菡萏妖娆，色彩艳丽，浓香四溢，成为以赏荷为中心的景区，体现"亭亭翠盖拥群仙"的景致。沿池周边辟设园路，架桥6座沟通水岸，并修建"迎熏阁""红绡翠盖廊""波香亭"和"风微亭"等游览性建筑。池岸种植垂柳、鸡爪槭、红枫和木芙蓉等花木。"迎熏阁"是景区的主要建筑，登楼凭眺，曲折多姿的"红绡翠盖廊"展现眼前；千姿百态，星点簇簇的艳丽荷花挺立水面，远处苏堤烟柳隐约可见，园内、园外景色融为一片。湖面上架有贴近水面的6座平、曲小桥，联接岛陆。夏日，人行其中，花映人面，令人陶醉，让人体会到"古来曲院枕莲塘，风过犹疑酝酿香"的意境之中。秋日，残荷立于水面，枯而不萎，别有一番情趣。

1983年，在苏堤西侧赵堤上，按清式形制，复建"玉带晴虹"桥，桥亭仍采用重檐歇山顶，檐角上翘，给人以飞扬之感。伫立亭间，可北望岳王庙恢宏，叹碧血丹心；亦可南眺苏堤、里西湖，瞰芙蕖艳色，赞花娇香远（图8-46、图8-47）。

曲院景区的用地，原是游船修造基地、军队营房及居民住宅区，有大片水杉林。1996年，在保护原有乔木的前提下，利用搬迁后场址，以建筑、围廊和树丛等，组成了平面自由活泼、空间有开有合、疏密有致，隐于林中的园中之园。它以陈列展览为主，展示宋代风格的"酒道探源"工艺作坊，介绍曲院风荷的历史变迁和历代诗人吟咏的诗词，并系统地展示荷花栽培管理知识、经济用途和最新的科研成果。院内置有文学家茅盾书写的曲院风荷碑石一尊。园内营造了"曲水流觞"一景，使曲院风荷与酒香再次联系在一起。院中的溪流、莲塘，既与金沙港沟通，又与岳湖和西里湖相连，促进了水体的交换，提高了水生态环境。院中荷塘栽种稀有的荷花品种，室内外摆置缸栽荷花与碗莲。院西有特色餐饮的酒家，可品尝各种名酒，人们在此赏荷、品茗、饮酒，不免陶醉于"熏得凌波仙子醉，锦裳零落怯新凉"的意境之中。

滨湖密林景区在曲院景区之南，傍西里湖滨，濒金沙港畔，有20世纪50年代栽植的水杉纯林，高大挺直，遮天蔽日，林下地被如茵，整体环境幽雅，素朴而富有野趣，被辟为公园的安静休息区。西里湖北岸临水建有湛碧楼茶室，为楼阁、亭廊、石舫、曲桥构成的水庭院，建筑白墙黛瓦、飞檐翘角、色彩素雅，与环西湖大环境相协调。在此饮茶赏荷，人们可见湖面清澈宽阔，近处绿云摇曳，远处南山如黛，耳听鸟鸣枝头，迎面熏风消暑，让人心旷神怡。每当清风明月夜，香莲池夜月，澄明雅洁，别有一番情趣。步入密林中，水杉摇曳，风送荷香，心中暑气顿消。在森林度假村木屋、大伞下纳凉，

图 8-46 风荷区

图 8-47 曲院岸旁亭榭显，惹得群杉入镜来

更是野趣横生，有回归自然之感。

郭庄为曲院风荷公园相对独立的庭院。郭庄又名"端友别墅"，《西湖新志·卷八》载："在卧龙桥畔，为绸商宋端甫所建，俗称宋庄"。民国期间，汾阳籍贯人士郭氏买下此园，改称"汾阳别墅"，俗称"郭庄"。郭庄占地面积9788平方米，其中水面面积2860平方米，建筑面积1629平方米（图8-48）。郭庄由"镜池""浣池"和"静必居"三部分组成。"静必居"为宅院，院落式布置，小青瓦、马头墙，细腻的砖雕木刻，小尺度的天井、方池，玲珑精巧，室内陈设精致典雅，古色古香。浣池由"香雪分春""景苏阁""浣藻亭""赏心悦目亭""两宜轩"等建筑围合而成，曲廊环绕，小桥流水（图8-49）。池边山石错落，花木葱翠，池中游鱼追逐，是典型的江南水庭园林。而"景苏阁"为二层楼阁式建筑，漏窗粉墙，自成小院，隔墙临湖辟平台。登楼凭栏东望，苏堤六桥呈现眼前，远山如屏；转到西面，俯瞰浣池，精巧园林尽入眼中；立于楼下，通过景墙上的漏窗和"枕湖"的圆洞门，苏堤"压堤桥"的景致巧妙地纳入门窗洞中，犹如一幅写意山水画。过洞门至平台，近观有鸳鸯戏水、荷花婷婷，环视则四周湖光山色尽收眼底。两宜轩分隔了南面的浣池和北面的镜池，前者是以建筑围合的水庭院空间，湖石假山气韵生动；而北面镜池，驳岸采用规则石块砌筑，石板曲桥架水而筑，沿西侧围墙设置曲折长廊以及扇面亭，组成水平如镜、景观开敞的水空间。赏心悦目亭高踞假山之上，视野开阔，可内瞰庭院内南北两池，亦可东眺湖光山色，处处如画。

郭庄庭院的艺术特点是在杭州湖光山色大风景环境中，巧妙构思并精心建造，外师造化，内拓意境，体现"幽、雅、闲"的意趣，具有灵动洒脱之气、曲折委婉之美、空灵远逸之境。同时在意境表达中，深受古代诗词和文学的影响，散发出深厚的文化气息。如景苏阁，意指由远眺苏堤烟柳油然而生对西湖先贤苏轼的敬仰；两宜轩也取自苏轼《饮湖山初晴后雨》诗中"总相宜"的意境。此外，乘风邀月轩、赏心悦目亭、听松亭、翠迷廊、卧波桥等的命名，均体现了诗情画意。

郭庄的造园艺术，通过借景（远借、俯借）使空间小中见大，变化无穷；通过游廊、天井、景墙、隔窗、漏窗和拱门等连接或者分隔园内不同的景致和功能空间，使空间连绵流动；同时，在建筑形体塑造、假山石峰堆叠，植物景观营造等方面，都有独到之处。从而营造出园中有园、景外有景、情趣盎然的园林境界和格调。陈从周先生在《重修汾阳别墅》中赞叹："园外有湖，湖外有堤，堤外有山，山上有塔，西湖之胜汾阳别墅得之矣，江南园林借影之妙，怀此负誉。"郭庄园林的造园手法充分体现了中国传统造园艺术，为江南园林的精品。

总之，曲院风荷公园将岳湖庙前广场、竹素园、金沙涧、曲院景区、风荷景区、滨湖密林景区和郭庄串联起来，成为"芙蕖万斛香"的游览胜地。

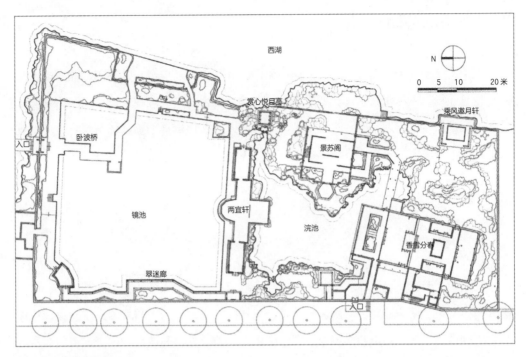

图 8-48　郭庄平面图

图 8-49　郭庄浣池

五、太子湾公园

太子湾公园位于西湖西南隅。公园南面山岭起伏，为南屏山和九曜山；北面地形平坦，略有丘阜；东邻张苍水祠、章太炎祠；西接赤山埠，与花港观鱼公园隔路相邻。该址原为西湖的浅水湾，后成为疏浚西湖淤泥堆积区。此地山林苍澜，怪石嶙峋，环境优美，野趣天成。南宋庄文（1167年卒）、景献（1120年卒）两太子安葬在这一带，故名太子湾。公园一期于1990年3月建成，总面积为17.75公顷（图8-50）。

1.理念与布局

公园遵循西湖风景园林的总体艺术风貌，在保持西湖山水园林特色的基础上，借鉴国外园林文化之精华，融合中西造园艺术，坚持回归自然、返璞归真的宗旨和以植物造景为主的造园手法，突出静中藏野、野中存乐的天趣个性，创造了一种野逸自由、富有诗情画意和田园风韵的独特风格。

公园的总体布局把握了因山就势、顺应自然、追寻自然天趣的总原则，遵循山有气脉、水有源头、路有出入、景有虚实的自然规律和艺术原理，以地形、水体、道路三大关键要素，整体地、大块面地组织园林空间。东部大空间蕴含东方山水韵味，西部空间兼具西方风景园意趣，中部引钱塘江水形成溪湾等水系将全园融为一体。公园虽源自人工改造，然而"既雕且凿，复归于朴"，成为一座"宜隔者隔之，宜敞者敞之"，可游可赏的自然山水园。全园分为6大区，即入口区、琵琶洲景区、逍遥坡景区、望山坪景区、凝碧庄景区和公园管理处。

公园设西、南2个主入口和对应花港观鱼公园的次入口。车行道从公园西门进内，沿山麓可达凝碧楼。主园路块石斜纹铺筑，纹饰古朴，线形流畅，两旁配植自然多变的不同树群，极具野趣。

2.竖向与理水

太子湾公园是西湖引钱塘江水工程出水口所在，公园的理水，不仅是造园的手法，而且是水利工程的一部分。为使公园水体在钱塘江中断引水时段不至于干涸见底，园内水位与西湖沟通，将钱塘江引水明渠进行自然化改造。源流分为两条支流，一曰流虹溪，一曰云液涧，曲折地向北萦绕，过涵洞与小南湖相通。溪涧之间为琵琶洲，为园内第一大岛。流虹溪下游向西扩展，形成园内面积最大的内湖，取名浣云湖，与南山路隔

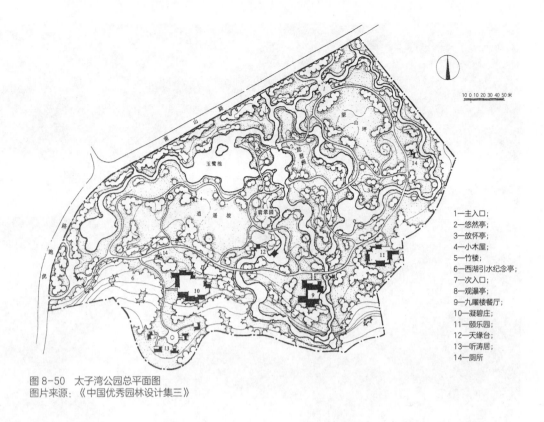

图8-50 太子湾公园总平面图
图片来源：《中国优秀园林设计集三》

1—主入口；
2—悠然亭；
3—放怀亭；
4—小木屋；
5—竹楼；
6—西湖引水纪念亭；
7—次入口；
8—观瀑亭；
9—九曜楼餐厅；
10—凝碧庄；
11—颐乐园；
12—天缘台；
13—听涛居；
14—厕所

离沟渠衔接。在浣云湖与流虹溪之间，有园内第二大岛，称瑶津岛。在钱塘江引水渠道出口上方的悬崖峭壁，利用钱江引水设泵提升，营造瀑布景观（图8-51）。公园的水系沟通相连，形成了拥有湖、溪、池、涧、瀑、潭、沟等类型的自然形态的观赏水体。同时，利用引水工程的渣土和理水的泥土，堆积成琵琶洲、瑶津岛和逍遥坡等土丘，形成了各种不同功能的自然空间。水岸凡需修筑驳岸的地段，其墈顶标高较西湖常水位低10cm；在水流冲击较大的地段，用少量山石点缀护岸，保持水土；其他地段采用自然草坡延伸到水际，流畅自然。

3.园林建筑

太子湾公园具备西湖风景园林的趣、野、静、丽的特色，还特别突出了山林、流水的"自然拙朴"的个性。园林建筑力求简洁朴实，富于地方特色。主体建筑或较大体量的建筑设置在山边，小品建筑散点设置在平陆、林缘或丘阜上。建筑多采用石、木等材料。主要建筑采用原始朴野的杭州民居形式，成组成群地布置。在公园内九曜山北麓建凝碧庄、开心馆、管理处等建筑群。单体游览建筑采用仿古形式，但不作油饰，保持木色，古色古香与山林环境协调。如舒怀亭、玉虚阁、挹翠榭等单体建筑，分散在各景区

图 8-51　太子湾公园——钱江清水入湖来（瀑布）
图片来源：《西湖新翠》

中，起到画龙点睛作用并提供休憩场所。为配合每年春季的郁金香花展，公园在望山坪建有荷兰风车。也由于公园是杭州婚纱摄影的热门外景地，为此在逍遥坡东北隅建有小教堂。九曜山、荔枝峰山顶还修建了九曜星君阁、齐云楼两组登高览胜建筑。

4.植物景观

公园绿化坚持因地制宜、适地适树的原则，发挥浙江植物特色，树种选择以绿为主，同时注意植物的季相和色彩变化（图8-52～图8-55）。植物配植注意宏观效果，力求单纯简洁，清爽雅致。公园以体型巨大、树姿优美、树冠浓密的乐昌含笑和树干通直的水杉作为基调树种或背景树，丰富林冠线。高层突出川含笑、乐昌含笑等木兰科植物；中层突出樱花、玉兰、鸡爪槭；底层栽植火棘、绣球、杜鹃等；地被突出宿根花卉和多年生草本植物，如春天的郁金香；草坪以剪股颖、瓦巴斯和早熟禾等常绿草种为主。在植物配植中，充分考虑西湖山水特色，充分利用地形及乔、灌、草的不同组合来形成虚实、疏密、高低、繁简变化的林缘线和曲折立体的轮廓线，达到树成林、花成片、树丛之间有层次变化的艺术效果。春季，望山坪上层是白色的樱花，下层是红花檵木；逍遥坡南端，上层樱花树下是草地上的各色郁金香；九曜山北坡，上有浅绿色的杂木林，下有白、紫、粉色的杜鹃花丛，对比强烈，引人注目。园路两侧，结合路旁原有的树群、树丛或者采用杂交马褂木、无患子等乔木自然栽植，为游客提供庇荫。如逍遥坡草坪北端，沿着园路三五成群配植无患子，其开展的伞形树冠为游客遮蔽夏日艳阳暴晒；每当秋日，叶色金黄，又为冷季型草坪镶了一道金边，色彩和谐，景致诱人。

总之，太子湾公园顺应现代人崇尚自然的普遍心理，以诗情画意的审美情趣和现代工程技术手段，运用灵活多变的造园手法，营造出具有山野气氛和流水情趣的简朴壮阔的自然风景，成为野逸自由而富有田园风韵的现代公园。

六、柳浪闻莺公园

柳浪闻莺位于西湖东南岸，为从涌金门至学士桥的滨湖地带。沿湖柳荫夹道，柳丝摇曳飘舞，莺声清丽悠长，故名。该地历史上曾有吴越王钱弘俶舍园为寺的灵芝寺，后以旧灵芝寺建筑的一半建显应观，祀崔子玉神像。北宋时还有仙姥墩遗迹。仙姥墩是一处高约数丈的土墩，相传是一农妇卖百花酒之地，百花酒盛名远扬，招来群仙常来聚饮，农妇偶得仙丹，幻化为仙，故此得名。宋代王安石曾咏其事云："绿漪堂前湖水

图 8-52　逍遥坡秋色

图 8-53　斑斓的九曜山春色

图 8-54　太子湾雪景（林葵　摄）

图 8-55　樱花林

绿，归来正复有荷花。花前若见余杭佬，为道仙人忆酒家。"南宋时，皇家御花园"聚景园"建于此，为此还拆除了9座佛寺。园林南起清波门外，北至涌金门下，东倚城墙，西临西湖水面，有二桥九亭三殿等亭台轩榭，含柳洲、水心寺等景物。园内小桥流水，叠石为山，沿湖柳荫蔽日，繁花似锦，水木清华，莺声婉转，风光如画。《西湖志》曾描写"柳丝踠地，轻风摇飏，如翠浪翻空"的"柳浪"景象。明代万达甫诗云："柳荫深霭玉壶清，碧浪摇空舞袖轻。林外莺声听不尽，画船何处又吹笙。"随着朝代的更替，聚景园已无陈迹可寻。明嘉靖三十九年（1560年），总督胡宗宪以灵芝寺为基础，重建祀吴越三世五王的祠，俗称钱王祠。祠内有宋时苏轼书写的表忠观石碑4块，故称"表忠观"。祠前有两座功德牌坊和两个方池。元时，今公园中心地带成为回族墓葬区。清康熙南巡时，立景碑、建碑亭，只能限于钱王祠北侧的一隅之地。抗战时期，杭州沦陷，这里被日寇划为禁区，树木被毁殆尽。直到杭州解放时，这一带荒草没径，坟冢累累，垃圾成山，塘水黑臭，枯树断桠，柳败莺去，仅余一株沙朴树、一个回教亭、两座牌坊、两个方池、一块残碑以及破旧的钱王祠庙宇，一派"不见花草只见坟，阴风凄凄浮鬼魂"的荒凉景象。

1951年，杭州有关部门修复了碑亭，种植柳树、碧桃等观赏花木，铺设草坪，将景点扩建为占地1.07公顷的公园。1955年，开始征地迁坟，并利用浚湖淤泥掩埋垃圾，填平低洼地。1957年，对场地进行全面规划，建成柳浪古迹、闻莺馆、大草坪、樱花楠木林、儿童活动区和果树林等景点；连续3年发动群众义务劳动，在浚湖堆土区的基础上挖填土方、整理地形、进行大规模植树绿化。除大量栽植柳树外，还栽植雪松、女贞、紫楠、枫杨、香樟、碧桃、海棠、木绣球等乔灌木，并铺设草坪，修筑园路，新建闻莺馆、园门、花架、八角亭和鸽亭等建筑以及市政设施，并将柳浪闻莺开放为公园。每当春天，柳枝新绿，柳丝摇曳，百花争艳，百鸟争鸣，满园春色让人心旷神怡。

随着时代变迁，柳浪闻莺公园的范围和内容也在不断地调整和变化（图8-56）。如旧钱王祠曾作为杭州动物园，展示过动物，后又沿用南宋时旧名"聚景园"，改造成一座精巧的庭院，院内有玲珑的假山、清澈的泉池、花树映衬的漏窗和古朴雅致的亭台轩榭等建筑。今又复建为钱王祠宇，展示吴越国帝王轶事及历史文化。同样，位于学士桥的原周王庙，拆除后曾规划为果树园，后改为月季园，又成为城区小花圃，再为儿童乐园，今为唐云艺术馆。闻莺馆北面樱花草坪处增建了"日中不再战"纪念碑；西北隅沿湖处复建了南宋御码头翠光亭（图8-57）；往北有西湖博物馆、国防教育馆。至涌金广场，有根据西湖神话传说创作的金牛雕像浮于湖面上，为风景增添了情趣。原涌金公园曾为老年公园，今辟为提供餐饮服务的西湖新天地。

因此，柳浪闻莺公园是在新中国成立后通过不断的建设和改造逐渐形成了今天的格局。公园采用杭州传统园林的手法，结合现代大众游览休闲的需求，采取自然式布局，以植物造景为主题，创造大片树林和草地的自然空间。公园在继承中求创新，在创新中保留文脉，成为一个既能保持"柳浪翻空"和"莺啼鸟语"的情趣，又有鲜明杭州风景园林特色、满足大众需求的现代公园。东入口大门（图8-58）内，一条石板路两侧行植柳树，尽端直抵宁静的水塘和由雪松等树种组成的树群障景，水中倒映着线条优美的树影，别有情趣。绕过树丛，往北可达秀木繁荫中的闻莺馆茶室。这里布局曲折有致，亭廊相接，前后都是宽广的草坪，景色开朗。人们在闻莺馆品茗憩坐，可俯瞰馆下池鱼，近听枝头莺啼，远眺三面云山和一湖秀水，别具一番意趣。茶馆入口有著名画家陆抑非先生题写的楹联："呼个朋来看处处柳眠花笑；喝杯茶去听声声燕语莺歌"。闻莺馆西侧的大草坪，北端以香樟为基调树群，林下遍植地被（图8-59）。南端以枫杨群林为背景，下铺碎石，置黄色块石当桌凳，供人憩坐。南北两端高大树群、湖边的疏柳与闻莺馆（图8-60）共同围合成宽广的绿茵空间，呈现出自然生态之美。闻莺馆东北的草坪上竖立着"日中不再战"纪念碑，周围簇拥着樱花，反映了中日两国人民反对侵略战争，期望世世代代友好下去的意愿。在滨湖地带眺望，左侧是雷峰塔、苏堤和三潭印月的远景，湖对岸是蜿蜒秀丽的孤山、北山和保俶塔的倩影，恰似一幅自然山水画卷。

2003年，杭州在实施西湖综合保护工程的过程中重建了钱王祠（图8-61、图8-62），增扩祠堂，添造牌坊，修复表忠观碑，塑造吴越王钱镠铜像于祠前左侧，再颂钱王风华。钱王雕像一身戎装，脚踩皂靴，身披盔甲，手持弓箭，眼神深邃，展现出威武刚强的形象。

柳浪闻莺公园空间多以树群阻隔，隔而不断，富有变化；园林建筑散点布置，隐现在绿树花丛中；除西侧滨湖园路外，园路多曲径通幽，至幽处又豁然开朗，别有天地，呈现"庭院深深深几许"的意趣。公园中到处是轻柔婀娜的柳树，柳丝飘逸，在徐徐轻风中若翠浪翻空，碧波漾涌，让人想起明代马洪的《南乡子·柳浪闻莺》词中的"翠浪涌层层，千树垂杨飐晓晴"的意境。

七、孤山名胜

"钱塘之胜在西湖，西湖之奇在孤山"。

孤山是栖霞岭的支脉，高38米，位于西湖的北半部，四周碧波萦绕，一山孤立湖中，因而得名（图8-63）；山北麓多梅花，又名"梅花屿"。白居易有"烟波澹荡摇空碧，楼殿参差倚夕阳。到岸请君回首望，蓬莱宫在海中央"的诗句，因而孤山又称"蓬

图 8-56　杭州西湖环湖南线整合规划
图片来源：杭州园林设计院

图 8-57　南宋御码头翠光亭

图 8-58　柳浪闻莺东入口

图 8-59　柳浪闻莺大草坪

图 8-60　闻莺馆

图 8-61　钱王祠旧照
图片来源：《西湖旧踪》

图 8-62　钱王祠大门

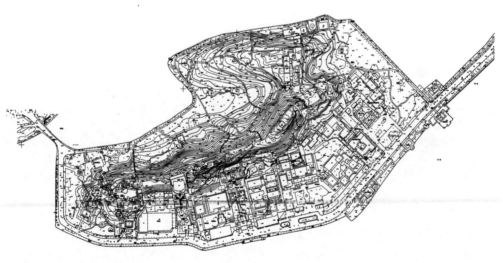

图 8-63　孤山平面图
图片来源：西湖管委会岳王庙管理处提供

莱岛"。明代凌云翰《巢居雪阁》诗云："人间蓬岛是孤山，高阁清虚类广寒"，将孤山赞为天下绝景。

"湖山最胜处"的孤山名胜，始于南北朝时。南朝陈文帝天嘉元年（560年），有天竺僧持辟支佛颌骨舍利来杭，"遂于孤山建永福寺，立塔"。后于唐贞元中（约794年），贾全为杭州刺史，于西湖造亭，为贾公亭。白居易《钱塘湖春行》诗中有写"孤山寺北贾亭西"，但今天贾亭已无迹可考。唐长庆二年（822年），白居易出任杭州刺史，在孤山寺旁修建竹阁供小憩。唐会昌五年（845年）武宗灭佛，寺圮。五代后晋开运元年（944年）吴越王建智果观音院。开运三年（946年）建玛瑙宝胜院。北宋大中祥符时（1008—1016年）改额为广化寺。寺内有辟支塔、竹阁、柏堂、水鉴堂、涵辉亭、凌云洞、金沙井诸胜。唐代时孤山为纯朴自然的山水园林点缀着寺观楼殿，至北宋时，孤山仍为城外山林，多为诗人名僧所居。

南宋时，孤山是皇家宫苑西太乙宫和皇家道观四圣延祥观所在，"若宫之严丽"，都人不敢窥视。淳祐十二年（1252年），孤山南坡兴建了规模宏大的西太乙宫，将大半座孤山划为御花园。宫观亭榭，皆理宗以御书额之。元、明时，孤山皇家园林多已不存，寺庙园林规模不如前。清康熙皇帝多次南巡驻跸杭州，在孤山建构行宫（1705年），全揽孤山之胜。清雍正五年（1727年）时，改行宫为圣因寺，为杭州四大丛林（灵隐寺、净慈寺、昭庆寺）之一。乾隆十六年（1751年），在圣因寺西、孤山正中建行宫，有御题行宫八景：贮月泉、鹫香庭、四照亭、竹凉处、瞰碧楼、领要阁、玉兰馆、绿云径（图8-64、图8-65）。清乾隆四十九年（1784年）在圣因寺兴建文澜阁，库藏《四库全书》等书籍。清道光年间，圣因寺及行宫皆毁于太平天国兵燹，后仅文澜阁得以重建。1927年为纪念孙中山先生，将孤山原圣因寺及行宫遗址改为公园，命名为中山公园。

孤山林木葱郁，曲径幽深、亭台错落，飞檐隐现，融天然美和人工美为一体，素以自然山水园林而著称，历代许多西湖名景皆位于此。南宋时，有"西湖十景"的"平湖秋月"，元代"钱塘十景"之"孤山雪霁"，清代"西湖十八景"之"梅林归鹤""蓬池松舍""海霞西爽"，清后期"西湖廿四景"之"吟香别业""述古堂"等。尤其延祥御园，"亭馆窈窕，丽若图画，水洁花寒，气象幽雅"，称为"湖山胜景独为冠"。今山南麓有中山公园、浙江博物馆、浙江图书馆古籍部、文澜阁、西泠印社、平湖秋月、逸云寄庐（明鉴楼）和楼外楼菜馆；北坡有放鹤亭、林逋墓、林启纪念馆、中山纪念亭、《鸡毛信》的海娃放羊群塑和印学博物馆；东麓有白苏二公祠、鲁迅像；西麓有秋瑾墓、俞樾故居陈列室、六一泉等。

孤山的历史文化悠久，文物古迹遍布山中，亭台楼阁错落有致，环境幽雅。在这

图 8-64　清行宫八景图
引自：孤山中山公园导览图

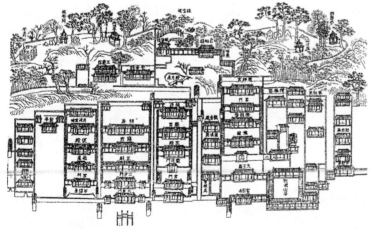

图 8-65　孤山行宫图
图片来源：浙江博物馆

里可领略到西湖文化的深度——可探访收藏《四库全书》的文澜阁；可见识革命志士秋瑾的碧血丹心；有苏小小凄婉的爱情；有高僧与处士、梅妻鹤子与春雨尺八让人尘虑尽消；有西泠印社的金石书画让人领略中国文化的博大精深；有浙江博物馆、美术馆的展品让人感受艺术的高山仰止，领略浙江的文明历史；也可登山鸟瞰西湖，望三堤三岛的"海上仙山"。孤山体现了西湖文化的广度和深度。

1.园林布局

孤山园林以中山公园为核心，大门内轴线两侧绿树成荫，尽端的石壁上刻着"孤山"两个彤红大字，其旁有20世纪20年代纪念南洋华侨赈灾的2座精巧石亭。从题刻岩壁两侧石阶登上平台，东侧是"西湖天下景"的庭院，有水池和曲桥，临池有假山叠石，高低参差，疏密有致，构成一个精巧的水庭院（图8-66、图8-67）。亭柱两旁悬挂着一副"水水山山处处明明秀秀，晴晴雨雨时时好好奇奇"的佳联，充分体现了西湖自然景致的特色。与"西湖天下景"相邻，是清乾隆四十七年（1782年）将行宫玉兰堂改建而成的文澜阁。文澜阁北倚孤山，濒临西湖，是一座仿宁波天一阁的木构六间、重檐硬山式的三层楼阁建筑。除中间原藏《图书集成》外，也是我国珍藏《四库全书》的七大书阁之一。南门厅后是一座假山，堆砌成狮象群，玲珑奇巧，其上亭台相映，其东涧水淙淙。穿过山洞，有平厅一座，厅后庭院中央有水池，池内耸立着一峰巨石，形态雄奇峻秀，称为"仙人峰"（又名"灵芝峰"）。水池西侧曲廊缦回，东侧有乾隆御碑亭。石桥跨涧，北面即是文澜阁和阁前平台。池周古木森森，花木繁茂。两处院落空间，分别以假山、水池为主题，奥、旷分明，呈现出多种景致。

中山公园西侧，是浙江省图书馆古籍部，古时有双桂轩、云岫阁、光碧亭等名胜。从中轴线端点"孤山"题刻岩壁上方平台沿蹬道至顶，途径一处苍劲挺拔、玲珑剔透的假山叠石，挺立在林木之中，远远望去仿佛是浮动在孤山上朵朵青云，称之"绿云径"。在孤山之巅可以眺望西湖，只见绿水萦绕，苏白二堤纵横左右，小瀛洲、湖心亭、阮公墩三岛漂浮湖中，远处群峰起伏，苍翠一片。

白堤连接北山与孤山，它横亘湖上，平舒坦荡，长1公里。堤两侧石驳直岸，堤中央为游览道，架有断桥、锦带桥两座，堤上两边辟为草地，内层是婀娜多姿的垂柳，外层是绚丽多彩的碧桃。每当春日，柳丝泛绿，桃树嫣红，交织如锦，"飘絮飞英撩眼乱""一株杨柳一株桃"，犹如湖中的一条锦带。

图 8-66 西湖天下景旧照
图片来源：《西湖旧踪》

图 8-67 西湖天下景

孤山的东端是西湖十景之一的"平湖秋月"（图8-68～图8-70）。唐代建有望湖亭，南宋时，亭因建四圣延祥观而迁往宝石峰。明初，亭复回原址，四面玲珑。平湖秋月的景目出现，应是望湖亭旧址改建为道观之时，据《梦粱录》《方舆胜览》所载佐证，其原出画家、诗人观景赏月的作品，泛指湖上赏月之处。明万历年间此处改为龙王堂，清康熙三十八年（1699年）又拆堂改建为御书楼，并在楼前水面建平台，周以曲桥相连。御书楼前平台凸出水面，围以栏杆，悬挂康熙帝御题"平湖秋月"匾额，东侧后人勒石立碑建亭，西接月波亭。至此景目得以固定。月波亭以西沿湖原是"罗苑"，20世纪50年代整治改建，今有八角亭、四面亭和"湖天一碧"楼以及西端平台诸景。平湖秋月楼前平台低垂，三面临水，远眺湖滨和两堤三岛，纵横在目；每当秋夜皎月挂空，湖水澄碧，水月云天，银波万顷。微风徐来，游人恍如凌波御水，飘飘若仙。湖岸市灯闪烁，水中光影绰绰，犹如万点群星捧托着天上的玉盆（图8-71）。石治棠有联语云："万顷湖平长似镜，四时月好最宜秋"，正是孤山南麓的园林胜景的最好描述。东端大草坪北坡，林木葱郁之中，置有现代伟大的文学家、思想家和革命家鲁迅先生的半身坐像，让人缅怀他"横眉冷对千夫指，俯首甘为孺子牛"的一生。

孤山的西麓有西泠印社、印学博物馆、俞樾陈列馆和秋瑾墓等名胜。西泠印社社址以风景佳丽著称，这里的园林布局紧凑，亭台、泉池、曲径、宝塔、叠石和花木巧妙地组合在一起，参差错落，设计精巧。竹阁、柏堂、四照阁、题襟馆、观乐楼、仰贤亭、别藓亭、华严经塔、三老石屋、凉堂等建筑，各占地利，幽雅清静。亭壁间嵌有清代金石篆刻家28人的画像、题记和遗墨帖石。竹阁之名唐时即有，白居易治杭时，常来孤山，还曾在竹阁夜宿，写有《宿竹阁》一诗。四照阁位于山巅，原为宋代名胜，后阁废，清代在此建四照亭。1914年印社重建此阁，将湖光山色收入亭阁四牖，正是"合内湖外湖风景奇观都归一览，萃浙东浙西人文秀气独有千秋"。印社建筑间还点缀着印泉、闲泉、潜泉等泉池，增添了古朴韵味和文化气息。

孤山的东北麓有林启纪念馆、放鹤亭和林逋墓。林启在清末任浙江道监察御史，任内兴办学校，提倡农桑，并开笃实的士风。他创办"求是书院""蚕学馆""养正书塾"等学校，分别为浙江大学、浙江理工大学、杭州高级中学、杭州第四中学的前身，开创了杭州近代教育的先河。放鹤亭是为纪念北宋诗人林逋而兴建，亭后为林逋之墓冢。林逋长期隐居孤山，终身不仕，平日除吟诗作画外，喜欢种梅养鹤，"梅妻鹤子"的传说由此而来。从古至今，放鹤亭一带一直是西湖赏梅胜地。每到冬春，寒梅怒放，清香四溢，成为一片"香雪海"。孤山西麓有近代民主革命志士秋瑾的墓与立像，她的"危局如斯敢惜身，愿将生命作牺牲"的铿锵誓词，为后人敬仰。

孤山的北面，原有冯小青墓、苏曼殊墓等，现有以麻栎为主的中山纪念林，并建有纪念亭，还有《鸡毛信》群雕和《陈其美将军雕像》。这里，春日绿草如茵，林木嫩绿如屏，秋日树叶金黄，灿若锦绣。

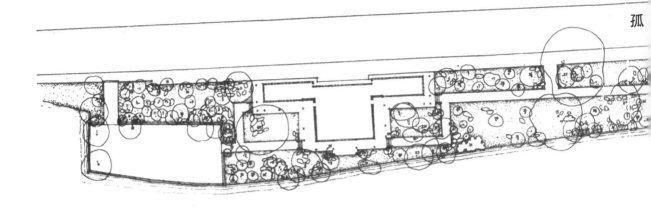

图 8-68 平湖秋月平面
图片来源：《西湖理景艺术》

图 8-69 平湖秋月立面
图片来源：《西湖理景艺术》

图 8-70 平湖秋月临湖全貌

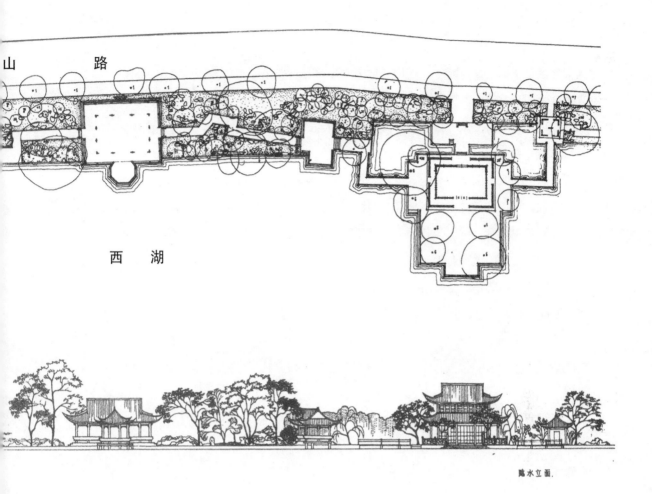

山　　路

西　　湖

临水立面.

2.筑山叠石

大自然赋予了孤山悬崖峭壁，而历代造园家又将其与假山叠石巧妙地砌筑在一起，产生真假难辨、天然美与人工美融为一体的艺术效果，形成"咫尺山林，多方胜景"。在孤山的掇山叠石中，又以"西湖天下景"和"西泠印社"两处最为著名，另外，浙江博物馆文澜阁、浙江图书馆古籍部庭院中的假山以及平湖秋月的散置山石也是精品。"西湖天下景"的假山以黄石为主，依崖而筑，高低错落，大刀劈斧，气势磅礴；庭院掇石疏密有致，精巧细微，与周围亭阁、曲桥形成精致庭院。"绿云径"以湖石堆筑，玲珑剔透，隐于树林中，仿佛朵朵浮云。西泠印社的假山，也是采用黄石与湖石分区掇筑，山下柏堂周围和山顶平台水池周边，采用湖石点缀；而山坡采用黄石砌筑，以挡泥土流失并有利栽种植物，与山体相融，与亭台、泉池、曲径、竹阁、花木巧妙结合，形成了布局紧凑、高低错落、曲径通幽、别具一格的山地园林。

3.植物配植

孤山的植物配植，根据不同的功能要求和季节变化，因地、因时地配植花木，突出历史植物景观和恢宏大气的植物特色。同时，采用传统植物的配植手法，烘托建筑环境，典雅如画。

西泠印社植物配植，运用松、竹、梅等植物材料，布置精妙，富有诗意。在柏堂、竹阁空间，松柏倚立建筑之旁，翠竹如帘，梅树舒枝其间；沿途山径，翠竹摇空，佳木扶疏，蕙草覆坡；至山顶庭园，依稀竹影婆娑，苍松翠柏，佳趣盎然。

放鹤亭一带遍植梅花，展现杭州历史上"孤山寻梅"的植物名胜（图8-72），红、白、绿等各色梅花争相绽放，一片璀璨，清香扑鼻，沁人心脾；微风过处，万枝颤动，让人神清气爽，仿佛飘然出世。

孤山后山片植早樱、广植杜鹃，每当春暖花开，花色绚丽，呈现出万象更新、欣欣向荣的壮观景象。春秋时节，麻栎林片区林木繁茂，展现出不同的色相，甚为壮美。平湖秋月配置银杏、桂花、紫薇、鸡爪槭等秋色树种，并点缀樱花、垂丝海棠等花木，与山石相映，烘托亭台楼阁，形成一幅幅四时不同、色彩变换的画面。

根据杭州气候特点和功能需求，孤山的东西两端山麓和山后辟设了多处大小不一的草坪，供游览者使用。草坪宽阔开朗，视线通透，为孤山风景增添了现代气息。

图 8-71　平湖秋月夜景
图片来源：视觉中国

图 8-72　孤山梅

图 8-73　平湖秋月平台西望罗苑
图片来源：杭州博物馆

4.园林建筑

唐时，孤山为佛门所重，寺庙林立。南宋时建有皇家道观和皇家苑囿，规模宏大。清康熙年间建西湖行宫，后雍正时改为寺院圣因寺，乾隆时在寺西侧另建行宫，园林达到最盛。从清代舆图可见，当时的建筑组群依据南北轴线布列在山的南麓，几乎涵盖整座孤山。后来北京玉泉山静明园有"圣因综绘"之景，就是仿西湖行宫而建。今天，孤山前山有浙江博物馆、浙江省图书馆古籍部等建筑组群，多为清末所建的清式建筑风格，其平面形式多样，灵活自然，建筑形体精巧，轻快空透，简洁雅致，色彩淡雅，具有杭州园林建筑的特点。

平湖秋月的建筑布局较为简练。"御书楼"漂浮在水中，四周曲栏画槛，两翼曲桥相通。沿湖有水月亭、八角亭、四面厅、湖天一碧楼等建筑，体量大小不一，退让有度，疏密相间，典雅大方（图8-73）。坐船于湖上观赏，颇似一幅风景长卷。

西泠印社的布局独具匠心，亭台楼阁依山而建，倚岩而筑，层叠错落；建筑形体小巧，比例尺度得当，彼此协调，轻巧明快，与环境协调融合。园林小中见大，幽径回转，是我国山地造园的典范。

总之，孤山不仅具自然山水之胜、林壑之美，并有人工造园造景之精妙，还有众多的历史古迹为山水园林增色。因此，孤山的园林艺术正是杭州风景艺术的缩影。

八、虎跑名胜

虎跑泉是西湖景区三大名泉之一，素有"天下第三泉"之称，更以"龙井茶，虎跑水"的特色闻名于国内外（图8-74）。虎跑的名称，源于"虎移泉眼"的神话传说。相传唐元和年间（806—820年），高僧寰中（性空）苦于用水不便，准备迁走，夜得一梦，梦中神人告曰："南岳童子泉，当遣二虎移来"。次晨，果有二虎"跑地作穴"，涌出泉水。此泉即名"虎跑泉"，其寺也随称"虎跑寺"。

据载，寺创建于唐元和十四年（819年），初名"广福院"，俗称"虎跑寺"。僖宗唐乾符三年（876年）改称"大慈定慧寺"。以后屡毁屡建，更易寺名。直至清光绪十五年（1889年）僧人品照四出募化、建设，渐复旧观。头山门入口两侧，原有始建于吴越天福八年（943年）的经幢，后毁。清代拼凑部件复建。20世纪60年代又毁。2007年按清式图片复建一经幢于头山门右侧池旁。历史上虎跑（藏殿）寺和定慧寺各有十个景目，多以林泉、山林和建筑作为欣赏主题，如含晖亭的"朝暾霞光"、钵盂池的"秋月扬辉"等。虎跑寺历经千余年，出过不少名僧，为古刹增添了庄严、神奇的色彩，其

图 8-74 虎跑整顿扩建屋顶平面图
图片来源：杭州园林规划设计处

中最为著名的是3位不同时期、不同性格的僧人：始创寺院的性空、"疯僧"济颠和近代擅长书画、音乐、剧艺的名僧弘一法师。如今的虎跑寺，佛像香火早已杳然，殿宇经改建，融入周围环境，成为山林之中的名胜。

虎跑四周群峰环峙，谷深林密，地形多变，环境极为幽静（图8-75、图8-76）。虎跑泉是由于周边山岭岩层成层状倾斜、山中雨水渗到地下成为地下水后又顺着石英砂岩层面向较低的虎跑石壁中渗透出来而形成。泉水终年不绝，十分清澈，少有溶解矿物质，总矿化度只有0.02～0.15克，甘洌醇厚，饮用对人体有保健作用。明万历《杭州府志》称虎跑泉为"杭之圣水"。

虎跑历史悠久，文物古迹较多，有"虎移泉眼"的虎雕、济公塔院、弘一法师舍利塔、弘一精舍、苏轼游虎跑诗条石、明潞王兰花碑刻、五百罗汉线刻像、李叔同纪念馆和虎跑史话馆等文化遗存。

虎跑的主体建筑是定慧、虎跑两座年代相隔久远的"三进三级"庙堂规制建筑。东西向的虎跑寺与南北向的定慧寺共同围绕泉水组成虎跑泉、玉乳泉院落，层次错落，空间多变。虎跑的建筑形式融合了传统古建筑与民居建筑的特征。

1981年，杭州园林部门对虎跑景区进行了整体规划，并进行了分期分批的整治和建设。虎跑景点的整治改造，本着尊重原有山林寺院格局、突出三代名僧人文主题的宗旨，发扬场地特色，重视整体环境效果，通过充实、提高文化艺术内涵来增加景观意

图 8-75 （明）孙枝《西湖纪胜图册之虎跑泉》

图 8-76 虎跑泉池新旧对比
图片来源：左图西湖照相馆

趣；运用传统造园的手法，突出"泉""虎"主景，使林、石、溪等自然素材与建筑、雕塑等紧密结合，浑然一体，将虎跑建成内容丰富、特色鲜明、自然美与人工美高度融合的风景名胜点。

依据场地的立地条件、历史文化和时代要求，虎跑的整治强调"引""缓""突""发"4字，即：引人入胜，步移景异；缓缓展开，逐步深入；突出主景，主次分明；发掘潜力，开拓新内容。通过整治和建设，达到功能分区明确、设施完善、游览便利的目标。景区总体分为6个功能区：林荫甬道区、品茗休息区、泉池虎雕区、梦泉传说区、商品展销区和饮食服务区。

虎跑的整治着力营造泉水的意境。从虎跑路的山门到"虎跑泉"要经过一条二里多长的山径，为突出虎跑泉景，沿路设置了迎泉、戏泉、听泉、赞泉、赏泉、试泉、梦泉和品泉等8个泉景点。迎泉在头山门入口后，右侧有2007年复建的经幢，水池立峰上镌刻"迎泉"二字。戏泉位于上山石径旁，右侧种池杉、水杉，蓄水成池，沿径溪水潺潺，泉声不断，水池设跨水汀步，铺以沙、卵石，供人戏耍玩水。听泉之景位于含晖亭方池，池水溢出跌落30~40厘米，淙淙泉声终年不绝，亭柱有"石涧泉喧仍定静，峰回路转入清凉"的对联。过含晖亭、跨泊云桥后，右转石阶的尽头有一面粉墙，墙上写着"虎跑泉"3个浓墨饱满、苍劲有力的大字。登石阶至顶，沿着书写"天下第三泉"的粉墙，过"虎迹泉踪"洞门即达原定慧寺。赞泉设在翠樾堂的前厅，这里陈设历代文人墨客赞誉虎跑泉的诗画及有关虎跑的工艺品。赏泉位于泉池庭院，游人可在小池和大方池中观赏清澈见底的泉水。虎跑泉水醇厚，分子密度和表面张力较大，"冒而不溢"。试泉位于"虎跑泉"旁的滴翠轩内，游人可以亲手尝试清代诗人丁立诚所描述的"虎跑泉勺一盏平，投以百钱凸水晶"的妙趣。梦泉设在原虎跑寺祖殿楞岩楼前基地的高台上，精心创作的寰中和尚侧卧崖穴之内，穴壁上方有"双虎跑地"的雕塑，林间峭壁上刻"虎移泉脉"4个大字。品泉就设在两个不同高程的原虎跑寺大殿及后殿内，作为品茗的场所。20世纪70年代以前，人们从山门循溪涧至含晖亭，可在水中寻找到长约一寸的细瘦断尾螺蛳，传说是济巅和尚的弃物，为人们的游览平添乐趣。

虎跑名胜的提升改造，保持了"深山藏古寺"的原有意境，利用原来寺庙的主体建筑进行拆建和增添。有的改变原有建筑的外形和内部装修，如翠樾堂；有的在原址上按原规模和尺度重新创作复建，体现传统建筑文化，如济公塔院、罗汉亭、钟楼等（图8-77、图8-78）；有的是根据地形特点与历史典故、重新构思创作的富有园林意趣的新内容，如"虎跑梦泉"一景；有的保持了原建筑的结构和外貌，重新整治内部的分隔和装修，使其更适合使用需求，如台地式布局的原虎跑寺大殿与后殿的"品泉"建筑组团。该建筑组团利用地形错层式布置，山墙上有"鹿鹤同春"精美花窗，东西有泉池相

图 8-77　济公雕像（作者：唐澄波等）

图 8-78　虎跑中心泉池古碑
图片来源：《西湖旧踪》

图 8-79　叠翠轩

依，周围绿树掩映，虽是庙宇格局，前轩后堂，但堂后虚壁有泉，层次叠落，亦有山寺之趣。翠樾堂为四合院式的建筑组合，天井南侧辟长方池，短桥跨池，布局严谨中有活泼，富有庭园意趣。虎跑景区"一山二寺"，两个不同方位的庙宇建筑群组围绕着"虎跑泉"共享庭院，滴翠轩、叠翠轩（图8-79）、罗汉堂、东坡诗碑、潞王兰花刻石、滴水崖虎雕（作者：陈鹤亭）和桂花厅（廊），依山崖组成自由活泼、虚实有致的精美寺庙园林。为避免污染泉水，菜馆建在中心区东北的泉流下方，是一组局部二层的自由式建筑组合。虽然建筑总量较大，但由于隐在丛林环绕的幽处，闹中取静，与环境协调。

建筑改造本着"保护为主，古为今用"的原则，去粗存精，留优去劣，有选择地进行改建整理。凡体量较大、多形体多单元组合的，均采用两坡顶"观音斗"式山墙。孤立的亭榭、小楼，则采用翼角起翘的四坡歇山、四坡攒尖顶。这样，建筑在总体上达到多样统一、严谨中有活泼的效果。

建筑物的装饰，根据其部位特点与性能，采用多种形式交替使用，如外伸梁头、牛腿、斗栱等为大木作装饰构件；屋面筑脊、斜脊吻兽、亭子顶饰为瓦作装饰构件；卷棚、望尘、挂落、雀替、门窗边框等为小木作装饰构件；石礅鼓、柱础、石阶、栏杆为石作装饰构件。分别采用东阳木雕、泥塑、石刻以及青石料等具有浓厚地方特色的装饰手法与材料，使建筑在整体秀丽大气的基础上又具有精巧细部，既可远观又可近赏，还具有一定的乡土风貌。

建筑物的色彩以白、灰、红三色为基调，用白墙灰瓦间以栗色的檐柱、门窗、挂落、牛腿、雀替等，淡雅秀丽，具有江南山林寺院的特点。

虎跑庭院内的道路、石阶、园路线型走向和面层铺装等均进行了调整，解决了部分地段主次不明、断头阻塞的问题。同时，开辟了从动物园到虎跑景区的车行道，以满足消防、生产和经营活动的需要。这些不同性质、宽窄不同的石质园路和石阶，沟通了各景点，形成了路路相通、景景相连的风景点。1985年"虎跑梦泉"被评为"新西湖十景"。

近年，在翠樾堂后面，新建了展示观音文化的殿堂，供人游赏。

九、吴山名胜

远古时代，吴山是伸入大海的岬角，它与西北方的海岬宝石山遥遥相对。古代近海渔民常在山上晒网，故有"晒网山""凉网山"之称。据《西湖游览志》载："吴山，春秋时为吴南界，以别于越，故曰吴山。或曰，以伍子胥故，讹伍为吴，故郡志亦称胥山，在镇海楼之右。"五代吴越国时（一说宋代），山上有城隍庙，亦称"城隍山"。

吴山是一座西南到东北的弧形丘岗，广义之吴山，是云居山、紫阳山、金地山、清平山、七宝山、宝莲山、城隍山、宝月山、浅山、峨眉山、伍公山等十余个山头的总称，最高的云居山、紫阳山海拔为98米。狭义的吴山指旧城隍庙所在之山，海拔高74米。吴山襟江带湖，登山则江、湖、山、城一览无余，美不胜收。

1. 地理人文

吴山有文字记载的历史，可追溯到春秋时期。在2400余年的历史长河中，留下了众多的历史建筑、丰富的摩崖石刻造像和碑刻题字、大量的诗文游记、美丽的神话故事等文化遗存。春秋时，吴国大夫伍子胥因屡次忠言劝谏吴王防备越国，反被吴王赐剑自刎。据《西湖游览志》载，"赐之属镂以死，浮尸江中，吴人怜之，立祠江上，因命曰"胥山庙"，今称伍公庙。

吴山的地理位置显要。唐宋时期，钱塘潮兴时，江水迫近吴山，人们不仅能看到翻滚的江涛，而且在深夜能听到雷鸣般的涛声。白居易《杭州春望》诗中就有"涛声夜入伍员庙"（即今伍公庙）之句。北宋嘉祐二年（1057年），赵祯（仁宗）赋诗给到杭州做太守的梅挚，题有"地有湖山美，东南第一州"之句。梅挚到杭后，即在吴山建堂名"有美"。欧阳修为之作《有美堂记》，脍炙人口，流芳百世。苏轼有"朝见吴山横，暮见吴山纵。吴山故多态，转侧为君容"的评价。宋代潘阆《酒泉子》词中有"庙前江水怒为涛"的描述。柳永名作《望海潮》词中铺陈描绘了钱塘风貌。元代关汉卿曾登"千叠翡翠"的吴山，眺望过"万顷玻璃"的钱塘江，写有《南吕·一枝花·杭州景》赞杭州。清康熙帝赞吴山"左控长江右控湖，万家烟火接康衢。偶来绝顶凭虚望，似向云霄展画图。"巾帼英雄秋瑾《登吴山》诗中写道："老树扶疏夕照红，石台高耸近天风。茫茫灏气连江海，一半青山是越中。"郁达夫称吴山"路近、山低、石奇，为杭州城里的真正大观"。吴山是天、地、人共同塑造的结果，具有与西湖其他风景名胜不同的内涵和魅力（图8-80、图8-81）。

吴山的景源丰富多彩，是杭州风景之灵魂。古时吴山有五多：祠庙寺观多、名人古迹多、古树清泉多、奇岩怪石多和民俗风情多。

吴山庵堂寺庙众多。民间有"吴山七十二庙、七十二庵"的说法，主要有伍公庙、海会寺、岳王庙、药王庙、宝成寺、三茅观、太岁庙等。旧时，吴山有"太岁上山""雷诞夜香""吴山赏雪""五郎八宝上吴山"等年节风俗。每当春节、端午、立夏等节日，本地百业人士，甚至杭嘉湖、苏南香客都要上吴山赶庙会，祈求神佛保佑，热闹非凡。因此，吴山也积淀了浓厚的杭城地方民俗风情。吴山建筑屡建屡毁，现在多已不存。唯有今云居山南尚存一段元末张士诚割据江浙时所建的城墙遗址，长千余米。

吴山有大量的名人古迹。吴山青衣洞有唐开成五年（840年）钱唐县令钱华、道士邢全、韩佗胄、诸葛鉴元等的隶书题刻。始建于五代后晋天福年间的宝成寺，寺内后山崖上凿有三龛七尊石佛，其中一龛为全国独一无二的元代麻曷葛刺造像。寺后感花岩有摩崖石刻，题有宋代苏轼的《留别释迦院牡丹呈赵倅》一诗。相传，此诗为苏轼有感崔护"人面桃花"的故事而题，因宝成寺旧称释迦院，因此明代人假托苏轼题诗于此，嫁接此佳话至吴山。后来，明代吴东升在诗两侧题"岁寒""松竹"，朱术珣题额"感花岩"。感花岩东南，岩壁上镌有北宋大书法家米芾的"第一山"手书。三茅观是民族英雄于谦16岁时的读书处，有长方塘和小桥古迹，附近还有传为朱熹所书的"吴山第一峰"几个遒劲有力的大字。云居山铁崖岭，传说是元末诗人杨维祯读书处；明代文学家、书画家徐渭和陈洪绶曾先后在火德庙西爽阁寓居；《西游记》作者吴承恩曾住在玄妙观，作有《醉仙词》七言绝句4首。在铁崖岭，有明末清初戏剧家、园艺家李渔故居，其建筑缘山而建，居高可俯瞰城郭，面湖则见碧波翠岚，烟树云霞，朝暮百变，人称"层园"。李渔的《闲情偶记》《李笠翁一家言》就是在此写就。清末民初，为纪念秋瑾创办体育会，在其殉难5周年之际，朱瑞等人在云居山勒石圮之，并有"浙江体育会摩崖题记"。吴山东侧，建于唐代（815年）的伍公庙祭祀伍子胥，是西湖最早出现的以真人为神的庙（图8-82、图8-83）。城隍庙供奉的"城隍神"，是明代"包青天"杭州地方官周新。创建于北宋大观元年（1107年）的东岳庙，庙内有两根剔地起突缠柱云龙石柱和杭州现存的唯一保存完整的清代戏台。今吴山南坡有纪念两任浙江巡抚阮元的阮公祠。他经学造诣极深，世誉"才通六艺"，有"一代经师"之称。他创办杭州"诂经精舍"，疏浚西湖，以封泥堆筑成今日的阮公墩，终成西湖之"双塔、三堤、三岛"的格局。

南宋时有"吴山八景"：金地笙歌、瑶台万玉、紫阳秋月、三茅观潮、鹿过曲水、峨眉夕照、枫岭红叶、云居听松。明代后，又添加"鹤步寒山""梧岗飞瀑"两景，成为"吴山十景"。清初，"吴山大观"名列"西湖十八景"之一，清乾隆时，"吴山大观""瑞石古洞"又被列入"西湖二十四景"。

吴山虽无山涧溪流，却有山泉暗涌。旧时吴山北麓的大井巷、小井巷，有井多过240眼。其东北麓有"吴山第一井"，开凿于吴越高僧德韶国师之手，水源充沛，水味甘醇。螺丝山旧有黑龙潭，唐长庆年间白居易曾到此为民祈雨，留下了《祈雨黑龙潭》的篇章。北麓四宜亭下有郭婆井，相传晋代郭璞遗存，亦称"郭璞井"。此外，云居山的三佛泉、紫阳山的白鹿泉、宝莲山的青衣泉、粮道山的八眼井和三茅观的"方池"等泉池，无不泉清水洌，大旱不竭。

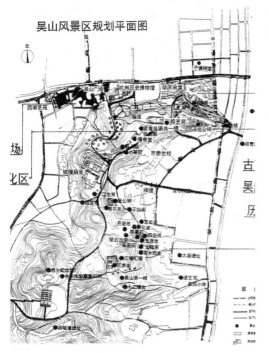

图 8-80 吴山风景区规划平面图
引自：杭州园林设计院

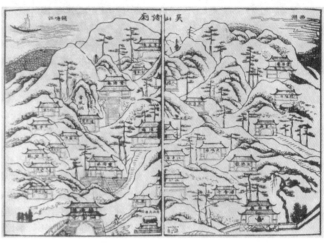

图 8-81 吴山诸庙
图片来源：包静《关山》

图 8-82 伍公庙

图 8-83 伍子胥像
图片来源：杭州京杭运河博物馆

吴山的山林，据陆游说"缭以翠麓，复以美荫"。据史料，南宋时，吴山"东栽香樟，西栽松，山陵桂黄桃又红"，故有城隍山樟林、仁圃桃园、云居山"云居听松"和"枫林红叶"等植物名胜。吴山树木葱郁，古树以樟树为最。2003年7月调查时，吴山在册的古树共有8科11种，共计81株：500年以上的一级古树18株；300年以上的二级古树9株；百年以上的三级古树54株，其中香樟数量最多，有49株。全山树龄达700余年的"宋樟"就有十余株，其树冠大如盖，终年苍翠。极目阁前的宋樟，已度过800个春秋（图8-84）。据2015年测定，东岳庙中两株楸树树龄已达525年（图8-85），"十二生肖石景"处的龙柏树龄也达625年。

吴山主要是二叠纪石灰岩，中部石灰岩溶蚀现象突出，有许多非典型性的喀斯特溶洞。青霞洞、瑞石洞（紫阳洞）、青衣洞、归云洞、朝阳洞和金星洞等岩洞"清幽彻骨，空翠扑肌"。地表上裸露的岩石也形状奇特，千姿百态，尤以紫阳山为石景荟萃之地。南宋，陆游在《阅古泉记》中细腻地描述韩侂胄宅的石景，"韩府之西，缭山而上，五步一蹬，十步一壑，崖如伏鼋，径如惊蛇。大石礌礌，或如地踊以立，或如空翔而下，或翩如将奋，或森如欲搏"。明末张岱在《西湖梦寻》"紫阳庵"中写道，吴山石皆奇秀一色，"一岩一壁，皆可累日盘桓"，并在《芙蓉石》诗中云，"吴山为石窟，是石必玲珑"。吴山较出名的石景有青霞洞石景、紫阳石景、吕字岩石景、宝莲石景、巫山十二峰、金凤阁石景、七宝山石景等，其中最著者是风骨嶙峋、诗意浓厚的"巫山十二峰"。吴山最大的奇石——昂首蹲身、回眸顾盼、跃跃欲动的蹲狮石，高约5米，底座3.5米，腹下洞高约2米，可通行人。奇石右侧有"月波池"，池畔有酷似蟾蜍的岩石，前人根据它睁目跃池的姿态，留下"昔在广寒宫，今恋月波池"的诗句。垂云峰，旧名无根石，"顶有隙可窥天，左肋石棱倒插"。吕字岩乃两块方形石头叠连在一起形成，立石数仞，上小下大，犹似"吕"字。瑞石洞，又称香风洞，"岭岈曲径，履舄所涉，栩栩然觉有仙风焉"。此外，七宝山的青霞洞也有丰富奇丽的石景。吴山深处的飞来石，上刻"碧云天"，顶部近圆形，直径约3.2米，如倒置的圆锥体，踞于月波池的翠岩之顶，被誉为"吴山深处小灵鹫"。

2. 规划建设

20世纪50年代，西湖风景区主要整修风景名胜和文物古迹。吴山历史悠久，景点繁多（50余处），历来杂庙拥挤，宗教活动盛行。1958年，根据总体构想，有关部门拆除了部分杂庙，开辟了粮道山车道，整理环境，加强绿化。1963年，按照江南园林建筑和优秀传统民居相结合的思路，对太岁庙和药王庙（图8-86）进行改建，落成"极目阁"

图 8-84　吴山宋樟

图 8-85　古楸树

图 8-86　药王庙改造

和"茗香楼"，作为外宾接待处和评书场。在此登楼可眺望西湖群山、钱塘江和城市之景，"吴越山河一览中"。1983年国务院批复的《杭州市城市总体规划》中"杭州市园林绿化规划"提出，修复紫阳山宝成寺元代麻曷葛剌造像，保护苏轼牡丹诗刻石与感花岩，增植牡丹，开放七宝山通霄观的南宋道教造像，添建亭台楼阁，造园补景，为吴山景色增辉。将毗连的紫阳山、云居山所有古迹连成一片，辟为吴山公园。

1987年的《西湖风景名胜区规划》提出，突出吴山历史起源，保护文物古迹；结合各个历史时期的文化，新建吴山大观建筑组群，修复吴山小街；整理岩石，添建休息亭廊；恢复云居山"云居听松""枫林半赤"历史植物名胜；修复清代古迹，建立胡庆余堂中药历史陈列室和中医药保健中心；在云居山南麓修建浙江省革命烈士陵园，缅怀先烈。

1991年，《西湖风景名胜区规划》（1987年版）修编指出，利用吴山历史、地理和气象的有利条件与凤凰山景区连缀成为以历史文化为主体的游览胜地，同时适当增加娱乐和休闲设施；恢复"吴山大观"楼、伍公祠、三茅观，改造民居为"吴山别业"（"有美堂"）等，将吴山景点连为一体。

2001年《西湖风景名胜区规划》修编，提出利用吴山历史及地理的有利条件，进一步挖掘该地丰富的历史文化积淀，通过杭州风景园林传统营造手法，把山上、山下分散闲置的景点缀连起来，成为完美的城景结合景区。依据规划，吴山上的城隍阁、周新庙、杭州博物馆、吴山香市等相继开工或建成，山下清河坊、吴山广场的保护建设也陆续完成，景区的面貌迅速改善。

20世纪80年代，在紫阳山新建江湖汇观亭，90年代末又建成了城隍阁（图8-87）、周新庙（图8-88）等建筑。江湖汇观亭为一座八角攒顶重檐十六柱二层楼阁式亭，沿亭中回旋梯可登临眺望江、湖、山的景色。亭柱上悬挂明代大文豪徐渭撰题的名联："八百里湖山，知是何年图画；十万家烟火，尽归此处楼台。"城隍阁景区，入口东侧高3米、长17米的照壁上，镌刻有集康熙手书的"吴山大观"4个大字；西侧镶有高6米、长27米的花岗岩浮雕《吴山风情图》，再现吴山节庆庙会热闹繁华的盛况。城隍阁为七层复合顶、仿宋楼阁式建筑，高41.6米，整幢建筑似仙山琼阁，表现出凌空飞升的气势，象征凤凰展翅翱翔，体现"龙飞凤舞到钱塘"的高远意境。登上楼阁，四面环顾，曲折如之的钱塘江、清平如镜的西子湖、层峦叠翠的西湖群山和鳞次栉比的新城风貌尽收眼底。

21世纪初，西湖实施综合保护工程。吴山的整治坚持"平民景区"本色，遵循保留大碗茶、创造好环境、修复文化链的指导思想，建设反映杭州吴越文化和民俗文化的历史人文景区。具体措施有：创建杭州博物馆，展示历史文化；实施恢复吴山庙会，继承

图 8-87　吴山城隍阁

图 8-88　周新庙

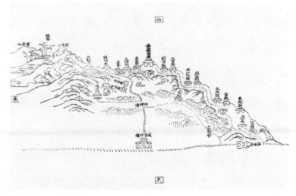

图 8-89　吴山图
图片来源：《吴山城隍庙记》

传统文化；整治游览交通和游步道系统；实施基础设施改造，形成山上山下联动游览区域；保护性修缮伍公庙建筑，力求朴素淡雅的风格，体现杭州最古老庙宇的悠久历史；展示吴越春秋和伍子胥的历史故事，彰显文化性和观赏性；利用有保留价值的民居，因山就势，修整后作为服务用房和市民休闲之所；设立州治纪念石和林下广场，供市民晨练之需；立碑纪念"有美堂"遗址；加强吴山古樟树群的保护。

3.风景园林建筑布局

吴山的风景园林建筑虽然数量较多，内容丰富，但通过巧妙的布局，都很好地融入了城市山林环境中（图8-89）。布局的特点有二：一是因地制宜，能充分利用原有的地形地貌。重要的建筑大多沿着山脊线布设，横列在不同的标高台地上，前后退让，立面上显得高低错落。从北端的鼓楼开始，山脊线上有伍公庙、海会寺（遗址）、东岳庙、卅治纪念地、茗香楼、极目阁、有美堂（遗址）、药王庙、小普陀、德云楼（太岁庙遗址）、三官庙和城隍阁、周新庙等人文历史景点，从海拔20多米的伍公庙渐升到63米处的东岳庙，至城隍阁台地达74米。大量的景点处于吴山的南坡，隐于山林摩崖幽谷中，如阮公祠、白鹿亭、感花岩、瑞石古洞、石观音洞；有的景点处于山麓地带，如宝成寺、通玄观造像以及太庙遗址等；还有的景点位于山冈上，如江湖汇观亭。二是采取大分散，小集中，成组成群布置的手法。如感花岩、宝成寺周边有石观音洞、弥勒佛、第一山、瑞石古洞等；以江湖汇观亭为中心，周边有白鹿亭、泼水观音、三茅观、吴山石刻群（吴山第一峰、蚕桑学校遗址）、石佛院、西方庵等；还有云居山石刻群、浙江体育会摩崖石刻、积义亭和古城墙（遗迹）以及位于吴山最南端的云居山浙江省革命烈士纪念碑、纪念馆、烈士诗碑组群等。

吴山的风景园林建筑，除城隍阁和烈士纪念馆外，大多根据场地条件，采用体量较小的单层山地民居或仿古建筑风格营造，隐于山林幽谷之中，显得朴素淡雅，与周围环境相协调，给人们以亲切感。

吴山的游览活动丰富。古时，除庙会外，春节、立夏、端午和各寺庙供奉的神佛诞辰，朝山进香者也是络绎不绝，山上山下人潮汹涌，三教九流蜂拥而入。山下河坊街，商铺、店号鳞次栉比，市列罗绮、户盈珠玑，人群摩肩接踵，一派繁荣景象。吴山有着城市山林的景象与野趣，风景优美；又有满山遍布的遗踪余韵可寻，人文璀璨；同时充满人间烟火气息，具有独特的市井文化，吸引广大游客，也是今日杭州市民休闲、嬉戏、探幽和访古的好处所，到处是晨练、遛鸟、打拳、跳舞和吊嗓的人们。

1985年，"吴山天风"被评为新西湖十景。景目中的"天风"出自元代诗人萨都剌在《偕卞敬之游吴山驼峰紫阳洞》诗中的"天风吹我登驼峰，大山小山石玲珑"和革命英烈秋瑾《登吴山》诗中的"老树扶疏夕照红，石台高耸近天风"之句。2017年，城隍阁又以"山阁览辉"名列杭州"夜十景"。

总之，吴山历史悠久，文物荟萃，景源丰富，景点众多，景色优美，交通便捷，是杭城民俗文化积淀的中心和展示的舞台，是市民游览活动的好去处，也是一处眺望钱塘江、西湖水和杭州城的佳所。

十、杭州植物园

杭州植物园位于西湖风景区西北的玉泉至桃源岭一带的丘陵山地上，地势西北高，东南低，中部为丘陵谷地，地形起伏多变，海拔10～165米。地质构造为下层火山凝灰岩，上层"洪积扇"，故泉眼池塘众多，水源充沛。土壤属红壤、黄壤，pH4.9～6.5，肥力适中。天然植被类型基本为落叶阔叶和常绿阔叶混交林。1956年初创时，植物园规划总面积为284.64公顷，今为248.46公顷，其中展览区108.31公顷。

1951年，杭州市建设局提出筹建植物园的设想，并于1952年纳入了《西湖风景园林建设规划大纲》上报中央。1953年采纳了陈封怀教授的建议，确定玉泉至桃源岭为园址，并请浙江大学农学院孙筱祥先生设计并绘制了《杭州植物园总体规划图》和《植物分类区规划图》。1954年中央批复了西湖风景建设报告。1956年6月成立筹备委员会，余森文兼任主任。随后开始有计划地逐步建设，直至1966年7月杭州植物园正式成立，余森文副市长兼任第一任主任。

杭州植物园是以植物科学实验和科学普及为中心任务的机构，有计划、有步骤地调查和搜集各种植物资源，对有观赏价值和经济价值的植物种类进行引种驯化、栽培和研究，为城市绿化和经济建设提供有价值的植物品种及栽培技术，供有关部门参观实习，供人们游赏并普及植物科学知识。

杭州植物园是一座具有公园外貌、科学内容，以科学研究为主，融植物科学和环境科学知识普及、游览休憩为一体的植物园。现已收集国内外植物4836余种（含品种），分别隶属于230科、1305属，编号植物有66700多株。其中迁地保护的珍稀濒危植物104种，压制收藏正号蜡叶标本7万余号，隶属221科、1024属，正、副号标本11万余份，素有"植物博物馆"的美誉。

植物园所在的玉泉至桃源岭一带，地形起伏多变，各局部有不同的土壤和小气候环境，适宜栽植各种不同习性的植物；水源充沛，溪涧水塘散点分布，还有玉泉的泉水；交通便捷，周围山峦起伏、环境优美，具有优良的建园条件。

植物园初始规划设立了展览区和实验区两大部分（图8-90）。展览区有观赏植物专类区、植物分类区、竹类植物区、树木园、经济植物区、盆景园和蔷薇园等分区；实验区包括引种驯化、抗性树种实验、优良果树培育和香料植物加工利用研究等4项内容。展览区设在交通便捷的植物园东半部，以青龙山树木园为背景，环境优美，是反映植物的科研、科普和建园水平的窗口。实验区在西半部桃源岭一带，有玉泉山与展览区相隔，西、北有雷殿山、灵峰为屏，小气候条件好，有利于栽培实验。现在，园内有14个专类园和景点，环境优美，各具特色。"玉泉观鱼""灵峰探梅"两个景点更是名闻遐迩。

1. 展览区布局

（1）观赏植物专类区：有海棠桃花园、木兰山茶园、槭树杜鹃园、桂花紫薇园、百草园、友谊园、山水园等（图8-91）。

海棠桃花园：1958年建成，占地2.86公顷，位于灵隐路入口右侧的马岭山西北坡。基址为低岭小山，坡缓谷阔，地形起伏。种植成片、成丛的各类海棠和桃花，又配植常绿、落叶乔灌木2000余株，再与原有林木组成大小不一的草坪空间，每当春花盛开，灿烂如锦，呈现出绚丽多彩的景致。

木兰山茶园：1956年始建，占地7.68公顷。位于灵隐路入口左侧的凤凰山，展区拓展到入口两侧。这里地形变化稍大，北坡陡峭，南坡缓，延伸到灵隐路北有多处水塘。土层较厚，排水良好，适合于木兰科植物生长。营造时，以广玉兰、马褂木和天目木兰等为骨干，配植二乔玉兰、红玉兰和白玉兰等树种，以及60余种茶花，形成疏密相间、高低错落的生态型植物群落（图8-92）。木兰科多为落叶乔木，花大而美，颜色素雅；而山茶科植物终年常绿，花型、颜色丰富。冬春茶花吐艳，春天木兰盛开，红白对比，树枝与绿叶相衬，是早春最靓丽的植物景观。

槭树杜鹃园：1958年建成，面积2公顷。位于北门入口的右侧，与山水园相接，栽有秀丽槭、鸡爪槭、红枫等槭树科植物21种，配置有茅白、紫萼、官粉等18个杜鹃品种。1999年，在百草园旁又建杜鹃园，占地3公顷，栽植春鹃、夏鹃、西洋鹃以及云锦杜鹃等25种70多个品种。这两处均以落叶大乔木为背景，形成绿草如茵、绿树婆娑的专类园，春时各种杜鹃异彩纷呈，绚丽多姿（图8-93）。

桂花紫薇园：1958年建成，面积10.48公顷。位于北门入口的左侧碧湖山、玉泉景点南侧。栽植有桂花四大品系71种群2000余株，紫薇30多个品种。常绿的桂花与落叶的紫薇配植，互为衬托。春夏紫薇盛开，在浓绿的桂花衬托下显得娇艳动人；每当秋季，桂花飘香，甜香远溢，构成"三秋桂子十里香"的幽雅景致，仿佛"香雾迷蒙"的仙

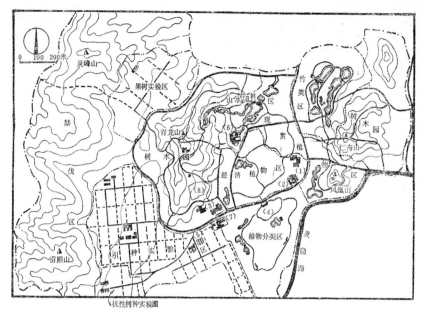

（1）—植物资源展览馆；（2）—展览温室；（3）—实验标本办公楼；（4）—植物进化宣传廊；
（5）—引种驯化实验温宝及荫棚；（6）—"玉泉观鱼"；（7）—植物综合利用实验车间；
（8）—珍贵植物保护圃

图8-90 杭州植物园总体规划
图片来源：《杭州园林资料选编》，《中国园林》整理

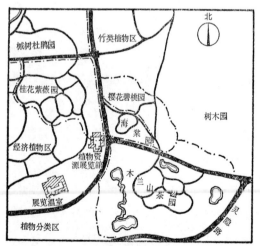

图8-91 杭州植物园观赏植物专类区平面图
图片来源：《杭州园林资料选编》

图 8-92　木兰山茶园

图 8-93　槭树杜鹃园

境，成为杭州赏桂的热门地点。

百草园：百草园位于植物园办公区东北侧，占地1.5公顷。1969年，利用场址上大量的现状乔木因地制宜进行规划，根据植物对不同生境的要求，结合原有地形，模拟自然群落进行合理的药用植物配植，营造阳生、阴生、半阴生、岩生和水生等生态小区，栽培了含著名中药"浙八味"在内的1000多种（含变种、变型）药用植物，并建造了"本草轩"以展示盆栽药用植物。百草园布局精巧，林木森森，草木繁盛，种类丰富，是独具特色的药用植物专类园（图8-94）。

友谊园：是栽植国际友人赠送的植物种子或树苗的地方，环境优美。园内栽植有朝鲜的辽东冷杉、澳大利亚的澳洲梧桐和美国的红杉、巨杉等友谊树种。植物园培育出的美国红杉苗木，已在全国17个省、市苗壮成长。

山水园：山水园地处"玉泉观鱼"景点东侧。北倚青云山，以形态丰富的湖面为中心，岛上置放鹿雕塑，湖周设置花廊、亭榭、曲桥和假山等，精心配植花木，湖中种莲，展现杭州风景园林艺术和技法，形成山水园林的风貌（图8-95）。

（2）植物分类区（图8-96、图8-97）：1956年动工，占地12公顷。按植物进化系统分裸子植物部和被子植物部两大区。在被子植物部中，又分单子叶植物门和双子叶植物门两区；在双子叶植物门中又分离瓣花区和合瓣花区，其下就按目（ORDER）分门别类作放射状排列，组成了常绿、落叶、大乔木、小乔木、灌木、藤本、高草、地被组合的植物群落，并保持了系统发育上的相互关系，既满足植物的生长要求，又符合自然群落的生境特征。分类区有乔灌木植物1000多种，仅松类就有20多个品种，是植物园的核心区，

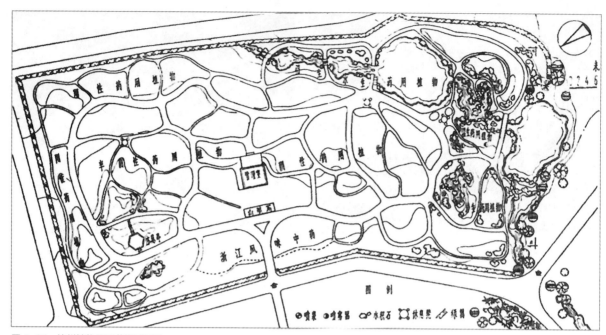

图 8-94 杭州植物园百草园平面图

图 8-95 杭州植物园山水园

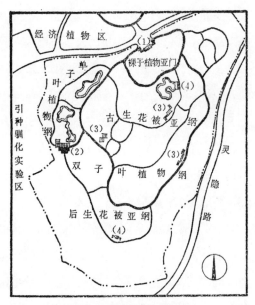

图 8-96 杭州植物园植物分类区平面图
图片来源：《杭州园林资料选编》

图 8-97 杭州植物园植物分类区

也是供教学实习和向群众普及植物知识的园地。植物分类区地形起伏，局部掘地蓄水成池，池水清澈见底，池中堆岛叠石，岸边布置水榭亭台，构成了"园中之园"的佳景。

（3）竹类植物区：位于仁寿山北坡，1960年始建，规划面积为14.5公顷，今为6公顷，栽种150多种竹子，是我国竹类品种较为齐全的基地。这里有刚劲挺秀的大毛竹，也有小似小草、细如针线的小竹；既有圆竿竹，也有竹竿四角有棱、方方正正的方竹；竹竿有绿有黄有紫，有的还有美丽的斑点和条纹；竹叶有碧绿、菲白、斑黄等，可谓"竹的王国"。这里翠竹摇空、曲径通幽。两组池塘，引西湖泄水流入，水声哗然，奔流下泄，气势不凡；无泄水之时，镜塘竹影，飞云映现，竹林夹径，别有情趣。

（4）树木园：原分置在玉泉山和仁寿山两处，以搜集浙江常绿阔叶树为主。结合生态要求将相同生长条件的灌木组合在一起，划分为12个种植区，反映亚热带地域景观，同时它又是浙江天然植物群落景观的缩影。原规划搜集乔灌木2200余种或变种，但今仁寿山东侧被占为住宅区，而玉泉山面积仅为30.6公顷，因而现今培育植物80科70属570种，分设4个小区，树深林密，浓荫匝地，称为森林公园。

（5）经济植物区：位于分类区北、百草园南、桂花紫薇园西侧，主要搜集和展示华东地区的经济植物，种植了香料、油脂、纤维、橡胶、淀粉等7类特产工业原料千余种植物。分区中还栽植了千年古莲，建有植物资源馆和展览温室。

（6）盆景园：21世纪初在桃源岭西南建盆栽园，搜集、展示浙派盆景。

（7）蔷薇园（水生植物区）：2015年后，在桃源岭原实验区和苗圃地，充分利用原有地形地貌、水文条件和地物，建设了公园外貌的蔷薇园（水生植物区）。修建了借鉴浙江山地民居特色的濯锦园、越香园，区内还有办公楼旧址等建筑物。

2.风景名胜点

（1）灵峰探梅（图8-98）：该址有始建于吴越时代的鹫峰禅寺，历史上屡建屡毁，仅存洗钵池、掬月泉遗址和七星古蜡梅。1984年复建灵峰探梅景点，将灵峰山南麓的山岙幽谷、苍松秀竹、山溪清泉等自然环境和历史遗迹都纳入范围，以山林野趣和梅文化内涵为创作理念，突出梅主题，规划为春序入胜、梅林草地、香雪深处、灵峰餐秀等4个园林空间，修建了笼月楼、掬月亭、云香亭、香雪亭和百亩罗浮坊等。景区占地10公顷，种植梅花5000余株，拥有2系4大类12型45个品种。冬春时节，红梅斗雪，暗香浮动，引来众多赏梅游客。在古灵峰寺遗址，有百年以上树龄的古蜡梅树6丛，故在景区西南侧又开辟1.5公顷的蜡梅园，种植蜡梅、夏蜡梅、亮叶蜡梅达2000多丛，其中蜡梅品种达30余个。

（2）玉泉观鱼（图8-99）：位于玉泉山麓，历史上曾是清涟寺。玉泉是西湖三大名泉之一。1965年以江南庭院格局改扩建原有观鱼池，形成3个大小不一的泉池空间。主泉池蓄养金鲤鱼和青鱼等数百尾，鱼儿洄游嘬食，生机勃勃，给人以"鱼乐人亦乐"之感。另有奇特的"晴空细雨"和"珍珠"两处泉池。1997年利用废弃水厂的储水池，改建为茶苑水庭院。

3.园路

植物园内道路分内外两环布置。外环路联系全园各区和主要建筑，是园内主要交通运输道路；内环路连接展览区各部分，起到游览导引的作用；次干道是各分区的参观线和分界线，联系分区内的主要部分；游步道是小区内供观赏各种植物的参观线。园路根据地形变化而设置，平面自然曲折迂回，线形顺畅，竖向上高低起伏，有藏、隐、明、露的不同处理。路面铺装依据环境采用不同的材料和饰纹。车行道采用黑色沥青路面，主干道采用块石、条石拼接，或混凝土划格，小径多以块石、卵石铺就。近年改造园路时采用透水混凝土材料，美观大方，生态环保，也方便游览。

4.建筑

植物园建筑主要供科学实验、科普展览和游览休息使用。实验区有实验设施，如栽培实验温室、棚架、组培室、种子室等。展览馆、展览温室、科普画廊以及亭、廊、棚架等休息设施置于展览区。办公、展览、生活建筑主要采用坡顶民居形式。山水园、分类区的建筑是白墙灰瓦、飞檐翘角的仿古建筑，与西湖景区建筑风格协调，而竹类区建筑则以竹为材料构筑。园内建筑小品形式多样，与游憩功能很好地结合。如棚架，既是藤本植物的支架，又是游人的休息设施。新建的蔷薇园中的濯锦园，建筑采用仿泥墙、块石山墙的浙江民居形式，简洁朴野，与环境协调（图8-100）。

5.植物配植

植物园的植物采取多种配植形式：植物分类区不按常规的科、属、种的分类系统，而是以"目"为单位进行植物配植；经济植物按用途分类；药用百草园按生态习性分区；观赏植物区则按照观赏效果进行栽植。在每个小区都是依照自然植物群落的特征，如乔、灌、草的组合，常绿与落叶、喜阳与耐阴的搭配，形成多层次的结构，构成自然生态的专类花园。如木兰山茶园，玉兰是落叶乔木，山茶是常绿灌木，木兰为阳

图 8-98　杭州植物园灵峰探梅

图 8-99　杭州植物园玉泉观鱼

8-100　杭州植物园蔷薇园中的浙江山地民居

性，茶花略耐蔽荫，玉兰春季开花，多为白色，也有柠檬黄或紫红色，而山茶为冬春开花，花繁色艳。二者搭配，无论从形态、习性、花期上看，配植合理，各得其所，植物生长健壮，观赏效果好。百草园草本植物多，配植了一些高大落叶乔木，形成荫生或半荫生环境，并点缀岩石，使各种蔓生、岩生、荫生、湿生的药草各得生境，达到了层层叠叠，丰富多彩的园貌。槭树杜鹃园利用场地原有枫香和壳斗科高大乔木作为上层，配植槭树和杜鹃为中下层，红、白毛鹃相映，形成"春观杜鹃花，秋赏槭树红"的秀美景色（图8-101）。植物园主园路以山玉兰、枫香、无患子、南酸枣、黄山栾树为庇荫树。

概括起来，植物园自然条件优越，具有起伏多变的地形，北部有山峦作屏，能形成良好的小气候环境；距城市较近，交通方便；园内水源充足，又可借玉泉和灵峰探梅名胜景点。植物园总体布局因地制宜，密切结合地形安排分区，使各区都有良好的植物生长条件。展览区的各个分园，均采用自然式布置；结合地形在坡角、水边点缀山石，符合裸岩自然分布规律；植物配植能做到种间组合、立地条件、生态习性及园林外貌的四者统一，形成植物与山、石、水、路融为一体的优美的公园外貌。

总之，杭州植物园规划，不仅反映了现代植物科学的最新成就和发展趋势，而且体现了科学研究、科学教育、科学生产三者的紧密关系，并很好地统一了地形地貌、建筑布局以及种植设计，让植物园的科学布局与园林艺术充分结合，从而成为一个展示植物科学内容、展现公园优美风景的植物公园。因此，杭州植物园从园址选择、规划设计、植物配植、园林艺术等方面都形成了独特风格，在国内外享有盛誉。

十一、杭州动物园

杭州动物园（图8-102）位于西湖景区西南部的大慈山白鹤峰下，虎跑路以西，紧邻著名景点虎跑。原址在闹市区钱王祠内，面积狭小，既不利于动物饲养管理，又严重地影响城市的环境卫生和居民的安宁。杭州动物园于1959年开始筹建，辟主园路，筑小兽舍、虎山。后因遇自然灾害，国家实施调控，不久就停建。1973年修改规划，调整方案，重新开建，至1975年10月完成第一期工程并对外开放，总面积约20公顷，展示各种动物150多种。杭州动物园环境幽静，树木成荫，是一座集野生动物保护、科研、科普、教育和游览于一体的、具有山林特色的动物公园。现在，园内设有20多个展馆，展示珍禽异兽200多种2000多只（头），游客达百余万人次。

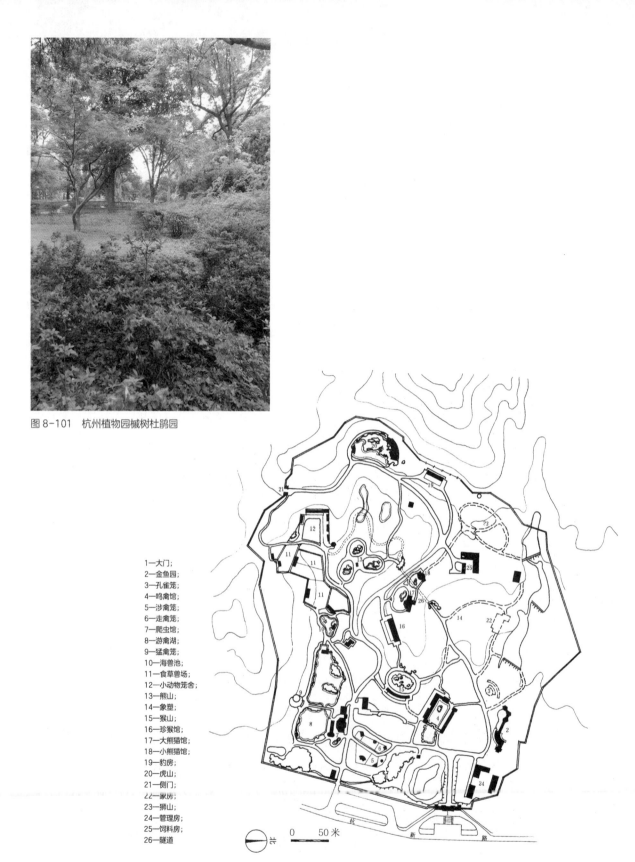

图 8-101 杭州植物园槭树杜鹃园

1—大门;
2—金鱼园;
3—孔雀笼;
4—鸣禽馆;
5—涉禽笼;
6—走禽笼;
7—爬虫馆;
8—游禽湖;
9—猛禽笼;
10—海兽池;
11—食草兽场;
12—小动物笼舍;
13—熊山;
14—象塑;
15—猴山;
16—珍猴馆;
17—大熊猫馆;
18—小熊猫馆;
19—豹房;
20—虎山;
21—侧门;
22—象房;
23—狮山;
24—管理房;
25—饲料房;
26—隧道

图 8-102 杭州动物园平面图
图片来源:《中国新园林》

1.选址

园址距离市中心仅6公里，位置适中，交通方便，有利于和市政工程衔接；四周群山环抱，林木葱茏，有良好的自然环境；基址地形复杂多变，有高地、缓坡、山谷、峭壁、溪泉等，适宜创造自然生态的动物栖息环境；场地地势自西向东倾斜，北有青龙山系与西湖相隔，海拔20~130米，环境卫生状况与汇水不会对西湖水质产生影响。

2.定位

杭州动物园是以展览本省野生动物为主、具有鲜明的自然山林特色的中型动物园，既是普及动物科学知识的场所，又是杭州市民的游憩之地。

3.布局特点

充分利用场地"三沟四岗"、地形多变的特点，营造具有山、石、林、泉特色且紧密结合动物生活习性的自然生态环境，采用大集中、小分散的布局形式，因地制宜、依山就势设置功能区。总体布局巧妙，分设动物展览区、休息活动服务区和办公区三部分。展览区为布局重点，不按动物进化程序排列，而是充分结合自然地形条件，按动物的生境和习性安排；依照动物的珍稀程度，把珍稀动物安排在重要位置上；按群众喜爱程度，把特别受人欢迎的动物安排在主要游览线上；为饲养方便，将食用相同饲料的动物相互为邻。根据地形地势安排展舍，洼地为涉禽、游禽、海兽池，缓地为金鱼池、鸣禽馆、爬虫馆，坡地为食草苑、小兽园，山谷为熊山，山岗为猴山、珍猴馆、熊猫馆，山腰为虎山和中型猛兽园。办公区置于主入口甬道北侧山岗后，便于对外联系；休息活动服务区设在鸣禽馆以南、猴山以东、走涉禽展区以西的大草坪周边。利用地形高差，采用立体隧道交叉形式解决交通问题。

4.笼舍营建

动物园的建筑、动物笼舍设计有特殊的要求，既要符合动物的栖息环境、游客的观赏需要，又要确保参观者与饲养人员的人身安全。杭州动物园的笼舍设计，力求结合立地环境，多通过叠石、理水和绿化等手段，使笼舍与山、石、林、泉融为一体，让笼舍的内外空间相互渗透。如南谷的小兽园，紧贴山坡，略凿浅洞，叠石饰面，形成山洞式兽舍。虎山则利用老矿坑的地貌，依山筑舍，在其入口叠假山为悬崖峭壁，以屏笼舍，与真山连成一体（图8-103）。在虎山舍外活动场地上，凿低蓄水为隔离沟，栽植乔灌木和茅草，又借林木苍翠的自然山峰为背景，造成猛虎犹如出没于深山老林之中的印象，颇具野趣。鸣禽馆处于涧水不断的中央一沟，由鸟舍、亭、廊建筑三面围合，东侧曲桥相接，组成具有江南韵味的水庭院（图8-104）。池中置岛植花木，岸边繁花似锦，古藤缠绕，池中鸳鸯嬉戏，荡起细细的涟漪。鸟舍的参观窗修建成镜框状，通过一笼一景、一框一景的艺术布置，在笼舍内造假山、栽花木，任由飞鸟在笼内红花绿叶间追逐戏耍，百鸟争鸣，仿佛置身于中国古典花鸟山石图画中，让人赏心悦目（图8-105）。鸣禽馆的门壁上镶嵌有花鸟砖雕，颇具江南园林风采。根据猴子的习性特点，在猴山沉池内的活动场上，堆叠假山洞穴，置放铁索、枯木，架独木桥，地面铺草地；在沉池北壁辟设假山叠水，镶嵌镜子，形成花果山水帘洞般的意趣。金鱼园分为室内廊馆和室外自然鱼池两大部分，廊馆采用仿古的传统建筑形式，亭廊相接，粉墙黛瓦，外部荷池回廊，错落有致，步移景异（图8-106）。馆内廊壁上嵌置了数十只荇藻漂浮的水箱，里面蓄养的各色金鱼自在嬉游，其瑰丽的色彩、雍容的体型、婉若游龙的姿态吸引着众多游人。金鱼馆廊是一处古韵静谧的传统庭院，散发着浓厚的中国文化魅力，又颇具现代气息。室外有19个自然鱼池，大小各异、形态不一、高低错落，池旁配置花木、小径、溪流和山亭，构成丰富多彩的花园。熊猫馆坐落在动物园中心山岗上（图8-107）。大熊猫生长在高海拔的冷凉山地中，是耐寒怕热的动物，在杭州的气候条件下饲养展示需要特别注意其夏季避暑降温问题。故熊猫馆采用坡顶单层笼舍，下设地下室，其外形以假山叠石构成山洞状，并埋设管道，引山岗下隧道凉风来调节地下室温度。又由于馆舍处于山岗上，为南北朝向，因而便于空气对流、降温、排湿，有利于熊猫生存。小熊猫展厅为圆形攒尖顶，以突出熊猫特有的珍奇地位。3组熊山成品字形置于山谷中，石砌四壁，利用沉池交叉处的参观道下方设熊舍，同时根据黑、棕、白熊的不同生存环境，采用不同颜色的石料进行叠山，石间以水泥勾缝，表面圆滑，有利于熊的栖息。如白熊活动场上堆砌大型白石假山，似雪山冰峰之境，而黑熊、棕熊的活动场地分别采用青石和黄石堆叠假山。游禽湖位于次入口车行道南侧的山坳洼地，依山谷筑坝蓄水形成上、下两片水域，由一浅滩衔接，高差处设置跌水、汀步，湖中设一小岛，置小屋供游禽栖息。岛上灌草丛生，环池青翠萦绕，与周围环境融为一体，水中天鹅游弋，优美浪漫（图8-108）。其良好的环境，吸引了大群野生鸳鸯不时前来小住，更添几分野趣。两栖爬虫馆则利用沉木、山石等精心模拟原生态生境，形成犹如藤蔓缠绕的"真实"的野外环境。

图 8-103 杭州动物园虎山与山林融为一体

图 8-104 杭州动物园鸣禽馆透视图
图片来源：《中国新园林》

图 8-105 杭州动物园鸟舍

图 8-106 杭州动物园金鱼馆廊外景

图 8-107 杭州动物园雄踞岭上的熊猫馆

图 8-108 杭州动物园游禽湖

5.植物配植

　　植物选择叶、花、果无毒或枝干无刺的种类，避免危害动物安全；选择对病虫害抗性强的植物，能够适应动物园复杂的环境并易于管理养护；在符合植物栽植的生境要求的前提下，选择能为游客创造良好的游览和休息环境的植物（图8-109）。尽可能地结合动物的生存习性和原产地的地理环境，为动物创造接近自然的生境，为笼舍建筑创造美丽的衬景。运用植物来保护、分隔和联系各个功能分区、组织风景透视线。动物园的绿化尝试在适应动物生活习性的同时进行一定的艺术创意。如借鉴描绘动物的中国画，在虎山展示场栽种松、柏、青桐和茅草等植物；在大、小熊猫馆附近栽植大片刚竹、四季竹，与原有山坡的毛竹连成一片；在鸣禽馆四周配置花色艳丽、香味浓郁的植物或浆果类花木，营造鸟语花香的优美境界；在鸣禽笼舍内叠石、种花木，形成一幅幅花鸟画卷；在原产于热带、亚热带南缘动物的展示区，多种植棕榈、

图8-109　杭州动物园春景（1975年）

芭蕉和美人蕉等植物，以烘托原生地的氛围；在走涉禽展区多植垂柳、芦苇，形成柳叶婆娑、蒹葭苍苍的开放式生态展区，吸引野生涉禽到来，圈养动物与野生动物比邻而居，和睦相处，展示了大自然的和谐之美；根据丹顶鹤栖息在森林之缘的湖泊湿地的习性，乔木选择黑松、湿地松，表达"松鹤延年"的美好传统寓意；爬虫馆栽植卷曲萦绕的盘槐和攀缘藤本植物；猴山周边栽植花木与果树，营造花果山之景致，并在活动场内保护原有乔木，根据猴子早晨喜舔舐露水的习性在地面铺以草坪，借此增强动物体质。

杭州动物园自建园以来，由于园地环境优越，交通便捷，动物品种丰富，动物健康活泼，服务设施日臻完善，广受游人欢迎，已成为西湖风景区的一个重要组成部分。

结

语

西湖风景园林是自然造化的结晶，又是人工雕琢的艺术精品。它是依托西湖山水脉络和独特的历史文化，经过历代先贤和有识之士的不懈努力，坚持尊重自然、顺应自然、保护自然的理念，智慧地利用古潟湖改造成陂湖、继而又通过风景营建创造出的一个完整的自然山水园林体系。它继承了中华民族山水文化的精神价值和审美意识，以及传统造园理法，展现了中国传统的宇宙观（天人合一）、社会观（以人为本）、自然观（尊重自然）和世界观（以中为体，以外为用），既具有中国古典园林人文写意的特点，也是中国传统文化"诗意栖居"的典型范例，具有极高的艺术价值。

新中国成立后，西湖风景园林坚持保护、传承、融合、创新的理念和路线，并一以贯之。随着时代的发展，西湖风景园林与时俱进，不断地学习、吸纳世界优秀园林文化和园林科技，融会贯通并落地生根。在 20 世纪 50 年代，西湖风景园林在规划、设计和建设中，以前瞻性的生态价值观、历史文化观和科学发展观作为指导思想，创作了符合大众生活需求和时代审美、具有东方美学神韵的园林精品。改革开放后，为满足人们不断增长的对生活质量和美学品质的追求，西湖风景园林在数量和质量上有了很大的发展。进入新世纪，西湖风景园林进一步全面提升品质，创造出新的园林风格和类型，很好地适应于生态文明建设和杭州城市的新发展。西湖风景园林的传承与创新相结合的理念和实践，开创了新中国风景园林的一代新风。

西湖文化景观进入"世界遗产名录"之时，国际古迹遗址理事会（ICOMOS）曾评价，该景观在 10 个多世纪的持续演变中日臻完善，"成为景观元素特别丰富、设计方法极为独特、历史发展特别悠久、文化含量特别厚重的'东方文化名湖'"，"对中国乃至全世界的园林设计影响深远"。西湖风景园林，如同西湖这颗璀璨的明珠，长久以来光芒四射，照耀四方。西湖风景园林博大精深，"谁能识其全"，无论多少篇章都无法道尽说明。

附

录

杭州西湖常见园林植物

序号	中文名	学名	科名	备注
一、常绿乔木				
1	马尾松	*Pinus massoniana*	松科	造林先锋树种
2	湿地松	*Pinus elliottii*	松科	风景林，用材林
3	黑松	*Pinus thunbergii*	松科	树形多姿优美
4	白皮松	*Pinus bungeana*	松科	树干皮乳白色，树冠奇特
5	火炬松	*Pinus taeda*	松科	姿态优美
6	雪松	*Cedrus deodara*	松科	观树形
7	日本五针松	*Pinus parviflora*	松科	作盆景、庭院栽植，姿态优美
8	杉木	*Cunninghamia lanceolata*	杉科	南方用材树种
9	柳杉	*Cryptomeria fortunei*	杉科	树体高达，株形雄伟壮丽
10	北美红杉	*Sequoia sempervirens*	杉科	1972年美国总统尼克松赠送
11	圆柏	*Juniperus chinensis*	柏科	防护树，公路中分带防眩光
12	龙柏	*Juniperus chinensis* 'Kaizuka'	柏科	树冠圆柱形，似龙体
13	侧柏	*Platycladus orientalis*	柏科	防护树种，古侧柏枝干苍劲，气魄雄伟
14	竹柏	*Nageia nagi*	罗汉松科	塔形树冠，干皮红褐色，花期5月，籽眩紫色
15	罗汉松	*Podocarpus macrophyllus*	罗汉松科	树形优美，观果观叶
16	苦槠	*Castanopsis sclerophylla*	壳斗科	防护树种
17	青冈	*Cyclobalanopsis glauca*	壳斗科	防护树种
18	米槠	*Castanopsis carlesii*	壳斗科	嫩叶背呈红褐色或棕黄色，雄圆锥花序近顶生，黄绿色。花期3~6月
19	秃瓣杜英	*Elaeocarpus glabripetalus*	杜英科	观叶，春季部分树叶转为红色
20	香樟	*Cinnamomum camphora*	樟科	叶色深绿，新芽红色，可挥发芳香味
21	浙江樟	*Cinnamomum japonicum*	樟科	花两性，黄绿色，花期4~5月
22	紫楠	*Phoebe sheareri*	樟科	树姿优美，四季常绿，花黄绿色，4~5月
23	浙江楠	*Phoebe chekiangensis*	樟科	花期5月，密被黄褐色绒毛
24	红楠	*Machilus thunbergii*	樟科	春天发叶，鳞芽和幼叶鲜红色，春末生细小而金黄色的两性花，覆盖树冠，蓝黑色浆果
25	大叶冬青	*Ilex latifolia*	冬青科	花期4~5月，花黄绿色，果球形，红色或棕红色
26	冬青	*Ilex chinensis*	冬青科	观果，果熟期11~12月
27	荷花玉兰（广玉兰）	*Magnolia grandiflora*	木兰科	花期6~7月，花白色
28	乐昌含笑	*Michelia chapensis*	木兰科	花期4月，花乳黄色
29	深山含笑	*Michelia maudiae*	木兰科	花期2~3月，花白色
30	披针叶茴香	*Illicium lanceolatum*	八角科	花期4~5月，花簇生红色
31	枇杷	*Eriobotrya japonica*	蔷薇科	冬季开花，5~6月结果，梨果黄色
32	椤木石楠	*Photinia bodinieri*	蔷薇科	枝刺较多，可用作围篱
33	石楠	*Photinia serratifolia*	蔷薇科	幼叶红色，花白色，浆果红色（10~11月）
34	红叶石楠	*Photinia ×fraseri*	蔷薇科	观叶，新叶红色
35	桂花	*Osmanthus fragrans*	木樨科	仲秋开花两次，有金黄、淡黄、黄白各色，极芳香
36	女贞	*Ligustrum lucidum*	木樨科	花期5~6月，花冠白色，芳香

序号	中文名	学名	科名	备注
37	珊瑚树	*Viburnum odoratissimum*	忍冬科	防火树种，大树观果
38	木荷	*Schima superba*	山茶科	花期6月，花白色芳香，山林防火树种
39	柑橘	*Citrus* spp.	芸香科	花期4~5月，花白色，香气浓，9~10月果熟，果红、黄等色
40	柚	*Citrus grandis*	芸香科	花期5月，花白色，有香气，9~10月果熟，果淡黄色
41	棕榈	*Trachycarpus fortunei*	棕榈科	花期5~6月，花淡黄色，核果蓝黑色
42	山杜英	*Elaeocarpus sylvestris*	杜英科	叶纸质，狭倒卵形；花总状花序腋生，花白色
二、落叶乔木				
1	二球悬铃木	*Platanus acerifolia*	悬铃木科	树冠雄伟，枝叶繁茂，秋叶绚丽
2	无患子	*Sapindus saponaria*	无患子科	花期5~6月，秋色叶
3	黄山栾树	*Koelreuteria bipinnata* 'Integrifoliola'	无患子科	花期6~7月，花黄色，7~9月结果，果红褐色
4	栾树	*Koelreuteria paniculata*	无患子科	花期5~6月，花黄色
5	银杏	*Ginkgo biloba*	银杏科	秋叶金黄色
6	水杉	*Metasequoia glyptostroboides*	杉科	耐水湿，秋色叶
7	池杉	*Taxodium distichum* var. *imbricatum*	杉科	耐水湿，秋色叶
8	水松	*Glyptostrobus pensilis*	杉科	耐水湿，秋色叶
9	落羽杉	*Taxodium distichum*	杉科	耐水湿，秋色叶
10	垂柳	*Salix babylonica*	杨柳科	观树形，姿态优美而潇洒
11	南川柳	*Salix rosthornii*	杨柳科	观树形
12	枫香	*Liquidambar formosana*	金缕梅科	观秋色叶
13	朴树	*Celtis sinensis*	榆科	观树形
14	珊瑚朴	*Celtis julianae*	榆科	观树形
15	榔榆	*Ulmus parvifolia*	榆科	树形优美，姿态潇洒
16	大叶榉	*Zelkova schneideriana*	榆科	秋叶鲜红
17	麻栎	*Quercus acutissima*	壳斗科	山林中多见
18	白栎	*Quercus fabri*	壳斗科	山林中多见，花期4月，果熟期10月
19	鹅掌楸	*Liriodendron chinense*	木兰科	观叶形，夏季开花，花莲花状、黄色，秋叶金黄
20	杂交鹅掌楸	*Liriodendron chinense* × *tulipifera*	木兰科	观叶形，花期5月，花黄色
21	二乔玉兰	*Yulania* × *soulangeana*	木兰科	花期3~4月，花瓣白，基部淡紫
22	宝华玉兰	*Magnolia zenii*	木兰科	花期4~5月，花紫红色
23	玉兰	*Yulania denudata*	木兰科	花期3~4月，花白色，有香气
24	七叶树	*Aesculus chinensis*	七叶树科	花期5月，花乳白色
25	合欢	*Albizia julibrissin*	含羞草科	花期6~7月，花淡红色
26	黄檀	*Dalbergia hupeana*	豆科	花冠淡紫色或白色，木材坚韧、致密
27	槐	*Sophora japonica*	豆科	花期7~8月，花黄白色
28	重阳木	*Bischofia polycarpa*	大戟科	花期4~5月，花黄绿色，秋叶红色
29	乌桕	*Triadica sebifera*	大戟科	观树形，秋叶各色
30	美国山核桃	*Carya illinoinensis*	胡桃科	树姿优美，秋色叶
31	枫杨	*Pterocarya stenoptera*	胡桃科	适应性强，耐水湿

序号	中文名	学名	科名	备注
32	梧桐	*Firmiana simplex*	梧桐科	主干青绿
33	柿树	*Diospyros kaki*	柿科	观果（10～11月）
34	枳椇	*Hovenia acerba*	鼠李科	其果可食
35	楝	*Melia azedarach*	楝科	花期春夏间，花瓣淡蓝色
36	香椿	*Toona sinensis*	楝科	嫩芽可食
37	臭椿	*Ailanthus altissima*	苦木科	防护树种，花期4～5月，花黄绿色
38	黄连木	*Pistacia chinensis*	漆树科	秋季叶经霜变红
39	金钱松	*Pseudolarix amabilis*	松科	观秋色叶（金黄色）
40	毛泡桐	*Paulownia tomentosa*	玄参科	花期5月，花白色或淡紫色
41	杜仲	*Eucommia ulmoides*	杜仲科	药用植物
42	鸡爪槭	*Acer palmatum*	槭树科	观树、叶形，秋色叶，花黄色，翅果紫红色
43	三角槭	*Acer buergerianum*	槭树科	伞房花序顶生，黄绿色，观秋叶
44	红枫	*Acer palmatum* 'Atropurpureum'	槭树科	观树形，全年观叶
45	中华重齿枫（小鸡爪槭）	*Acer duplicatoserratum* var. *chinense*	槭树科	观树形，秋色叶
46	碧桃	*Amygdalus persica* 'Duplex'	蔷薇科	花期4月，花各种颜色
47	梅	*Armeniaca mume*	蔷薇科	花期2～3月，花各种颜色
48	杏	*Armeniaca vulgaris*	蔷薇科	花期3月，花色粉红
49	樱桃	*Cerasus pseudocerasus*	蔷薇科	观果，花期3月，花粉红色，果熟期5月
50	山樱花	*Cerasus serrulata*	蔷薇科	花期3月，花白色
51	日本晚樱	*Cerasus serrulata* var. *lannesiana*	蔷薇科	花期3～4月，花粉红色
52	东京樱花（早樱）	*Cerasus yedoensis*	蔷薇科	花期3月，花白色
53	西府海棠	*Malus* × *micromalus*	蔷薇科	花期3～4月，花粉红色
54	垂丝海棠	*Malus halliana*	蔷薇科	花期3～4月，花红色
55	湖北海棠	*Malus hupehensis*	蔷薇科	花期3～4月，花深红色
56	红叶李	*Prunus cerasifera* 'Pissardii'	蔷薇科	花期3月，花粉白色
57	李	*Prunus salicina*	蔷薇科	花期3月，花数朵簇生，白色
58	菊花桃	*Prunus persica* 'Ju Hua'	蔷薇科	花期3～4月，花粉红色碗状，花形似菊花
59	紫薇	*Lagerstroemia indica*	千屈菜科	花期6～9月，花多种颜色
60	楝树	*Euodia meliifolia*	芸香科	花期3月，先花后叶，花杯形，黄色
61	珙桐	*Davidia involucrata*	蓝果树科	花期4～5月，花乳白色，花形似鸽子，黄龙洞、云栖有引种
62	楸树	*Catalpa bungei*	紫葳科	总状花序伞房状，花期4～5月，花初开淡红色，后呈白色
三、常绿灌木				
1	大叶黄杨	*Buxus megistophylla*	黄杨科	庭院绿篱
2	金叶黄杨	*Buxus sinica* 'Aurea'	黄杨科	观叶，花期4月，7月观蒴果，淡黄色
3	雀舌黄杨	*Buxus bodinieri*	黄杨科	叶形似雀舌，树姿优美
4	黄杨	*Buxus sinica*	黄杨科	树皮黄灰色
5	金边冬青卫矛	*Euonymus japonicus* 'Aureo-marginatus'	黄杨科	叶片金黄色或乳白色
6	山茶	*Camellia japonica*	山茶科	冬春开花，花有白、红、粉、紫等色，色泽鲜艳

序号	中文名	学名	科名	备注
7	茶梅	*Camellia sasanqua*	山茶科	冬春开花，花有白、粉、红等诸色
8	厚皮香	*Ternstroemia gymnanthera*	山茶科	花期6月，淡黄色，蒴果10月成熟，果绛红带黄色
9	金边胡颓子	*Elaeagnus pungens* 'Variegata'	胡颓子科	叶缘金黄或乳白，花白色或银白色，果红色
10	胡颓子	*Elaeagnus pungens*	胡颓子科	花银白色，下垂，果成熟时红色
11	栀子	*Gardenia jasminoides*	茜草科	花期4~6月，花白色，芳香，果黄色
12	水栀子	*Gardenia jasminoides* 'Radicans'	茜草科	花期5~7月，花冠白色，芳香
13	六月雪	*Serissa japonica*	茜草科	花期4~6月，花小，白色或淡粉紫色
14	洒金珊瑚	*Aucuba japonica* 'Variegata'	山茱萸科	花期10~11月，花黄白色，观叶
15	桃叶珊瑚	*Aucuba chinensis*	山茱萸科	夏季开花，花瓣紫红色，深秋红果
16	紫金牛	*Ardisia japonica*	紫金牛科	花期5~6月，花冠白色或带粉红色，果熟期9~11月，果鲜红色
17	长柱小檗	*Berberis lempergiana*	小檗科	5月开黄色小花，新枝叶淡红色，秋冬转红色
18	阔叶十大功劳	*Mahonia bealei*	小檗科	耐阴，落叶林中，花黄绿色
19	十大功劳	*Mahonia fortunei*	小檗科	总状花序，花黄色
20	南天竹	*Nandina domestica*	小檗科	四季常青，花白色秀丽，果冬季艳红
21	云锦杜鹃	*Rhododendron fortunei*	杜鹃花科	花期4~5月，花粉红色，具香味
22	杜鹃	*Rhododendron simsii*	杜鹃花科	花期4~5月，花多色复色，有香气
23	大叶醉鱼草	*Buddleja davidii*	马钱科	花期夏季，穗状，花紫红色
24	八角金盘	*Fatsia japonica*	五加科	观叶，花期10~11月，花黄白色
25	枸骨	*Ilex cornuta*	冬青科	观果
26	无刺枸骨	*Ilex cornuta* 'Fortunei'	冬青科	4~5月开花，花黄绿色，9~10月果熟时红色
27	龟甲冬青	*Ilex crenata* 'Convexa'	冬青科	观亮绿叶
28	铺地柏	*Juniperus procumbens*	柏科	护坡植物
29	千头柏	*Platycladus orientalis* 'Sieboldii'	柏科	树冠紧密卵形
30	云南黄馨	*Jasminum mesnyi*	木樨科	3月开花，花黄色
31	小叶女贞	*Ligustrum quihoui*	木樨科	花期8~9月，花乳白色，有香味
32	小蜡	*Ligustrum sinense*	木樨科	花期4~5月，花乳白色，有浓香
33	檵木	*Loropetalum chinense*	金缕梅科	花期4~5月，花乳白色
34	红花檵木	*Loropetalum chinense* var. *rubrum*	金缕梅科	花期一年两次，4~5月和9~10月，花淡红或紫红色
35	金叶大花六道木	*Abelia grandiflora* 'Francis Mason'	忍冬科	新叶金黄色，花小、白里带粉，芬芳
36	地中海荚蒾	*Viburnum tinus*	忍冬科	盛花期3月份，花白色
37	匍枝亮绿忍冬	*Lonicera nitida* Elegant 'Maigrun'	忍冬科	花期4月上旬，花青黄色，具清香，浆果蓝紫色
38	含笑	*Michelia figo*	木兰科	花期5月、9月两次，花乳白色，清香
39	夹竹桃	*Nerium oleander*	夹竹桃科	花期夏秋，花冠白、粉、橙红或玫瑰红色
40	火棘	*Pyracantha fortuneana*	蔷薇科	花期4~5月，花白色，果熟9~10月，果红色
41	伞房决明	*Senna corymbosa*	豆科	盛花期8~9月，花黄色
42	海桐	*Pittosporum tobira*	海桐花科	花期5~6月，花序伞房状，花乳白色，有芳香
43	波罗花	*Yucca gloriosa*	百合科	每年5月、10月开两次花，花乳白色
44	金丝桃	*Hypericum monogynum*	藤黄科	花期7~8月，花瓣金黄色

序号	中文名	学名	科名	备注
45	瑞香	*Daphne odora*	瑞香科	树冠球形，头状花序顶生，花冠黄白色至淡紫色，花期春夏之交，核果球形红色
四、落叶灌木				
1	羽毛枫	*Acer palmatum* 'Dissectum'	槭树科	观树形，春秋叶色变红
2	小檗	*Berberis thunbergii*	小檗科	总序花序，花黄色，浆果熟时变红色
3	紫叶小檗	*Berberis thunbergii* 'Atropurpurea'	小檗科	叶紫色，花黄色，冬季红果
4	紫荆	*Cercis chinensis*	豆科	花期3～4月，花蝶形，红紫色
5	蜡梅	*Chimonanthus praecox*	蜡梅科	花期冬春，花蜡黄色，香气浓
6	夏蜡梅	*Calycanthus chinensis*	蜡梅科	夏季开花，花瓣状，白色至粉红色，内轮淡黄色
7	美人梅（樱李梅）	*Prunus* × *blireana* 'Meiren'	蔷薇科	花期3月，花粉红至红色
8	贴梗海棠	*Chaenomeles speciosa*	蔷薇科	先花后叶，花猩红色、橘红色或淡红色
9	郁李	*Cerasus japonica*	蔷薇科	春天开花，花粉红色
10	棣棠	*Kerria japonica*	蔷薇科	花期7～8月，花柠檬黄色
11	野蔷薇	*Rosa multiflora*	蔷薇科	花白色，稍有香气
12	粉化绣线菊	*Spiraea japonica*	蔷薇科	花期5月中旬，花粉色
13	金山绣线菊	*Spiraea japonica* 'Gold Mound'	蔷薇科	花期4月中旬至10月中旬，粉红色，叶随季节变换不同颜色达8个月
14	金焰绣线菊	*Spiraea japonica* 'Goldflame'	蔷薇科	盛花期4月中旬至6月中旬，花玫瑰红色，叶随季节变化呈不同颜色
15	喷雪花	*Spiraea thunbergii*	蔷薇科	花期3～4月，花单瓣白色
16	笑靥花	*Spiraea prunifolia* var. *simpliciflora*	蔷薇科	花期3～4月，花重瓣白色
17	月季	*Rosa chinensis.*	蔷薇科	花期4～11月，花型众多，花色灿烂，艳丽
18	帚形桃	*Amygdalus persica* f. *pyramidalis*	蔷薇科	花期3～4月，花有白、粉红、紫红等色
19	白鹃梅	*Exochorda racemosa*	蔷薇科	总状花序顶生小枝上，花白色，谷雨前后开放，果形奇异
20	紫玉兰	*Yulania liliiflora*	木兰科	花早春3月，花瓣紫红色
21	臭牡丹	*Clerodendrum bungei*	马鞭草科	花期5月下旬至10月，花冠紫红色或淡红色
22	红瑞木	*Cornus alba*	山茱萸科	枝干红色
23	宁波溲疏	*Deutzia ningpoensis*	虎耳草科	花白色，有香气
24	溲疏	*Deutzia scabra*	虎耳草科	初夏开花，花白色，有香气
25	八仙花	*Hydrangea macrophylla*	虎耳草科	花期5～7月，顶生伞房花序，花大，有大红、桃红、白色
26	浙江山梅花	*Philadelphus zhejiangensis*	虎耳草科	花期6月，花白色
27	老鸦柿	*Diospyros rhombifolia*	柿科	深秋观果
28	结香	*Edgeworthia chrysantha*	瑞香科	花期3月，花黄色有浓香
29	金钟花	*Forsythia viridissima*	木樨科	花期3～4月，花先叶开放、深金黄色
30	迎春花	*Jasminum nudiflorum*	木樨科	早春开花，花冠喇叭形，成对小黄花展现
31	蜡瓣花	*Corylopsis sinensis*	金缕梅科	先花后叶，花金黄色有香气
32	金缕梅	*Hamamelis mollis*	金缕梅科	先花后叶，花金黄色有香气
33	海滨木槿	*Hibiscus hamabo*	锦葵科	花期6～8月，花钟形、金黄色，秋季叶变红
34	木槿	*Hibiscus syriacus*	锦葵科	花期6～10月，花有白、粉、红、紫等色
35	木芙蓉	*Hibiscus mutabilis*	锦葵科	花期9～10月，花大，花色一日三变，从红色逐日变淡

序号	中文名	学名	科名	备注
36	郁香忍冬	*Lonicera fragrantissima*	忍冬科	观叶，观花，花期2～3月
37	忍冬	*Lonicera japonica*	忍冬科	观叶，观花，花期5～6月
38	绣球荚蒾	*Viburnum macrocephalum*	忍冬科	花期3～4月，花白色
39	琼花	*Viburnum macrocephalum* 'Keteleeri'	忍冬科	花期3～4月，花白色，淡绿
40	海仙花	*Weigela coraeensis*	忍冬科	花期5～6月
41	锦带花	*Weigela florida*	忍冬科	花期4～5月，盛花期15～20天，花为深浅不同的红色
42	木绣球	*Viburnum plicatum*	忍冬科	花期4～5月，初开时青绿色，后转为白色，清香
43	牡丹	*Paeonia suffruticosa*	芍药科	花期4～5月，花大，各色，具香气
44	石榴	*Punica granatum*	石榴科	花期5～8月，花鲜红色
45	羊踯躅	*Rhododendron molle*	杜鹃花科	总状伞形花序顶生，花期3～5月，花冠漏斗形，金黄色
五、草本植物				
1	金线蒲	*Acorus gramineus*	天南星科	观叶
2	艳山姜	*Alpinia zerumbet*	姜科	花期5～6月，花乳白色，蒴果橙红色
3	姜花	*Hedychium coronarium*	姜科	花期8～12月，花白色，具浓香
4	大耧斗菜	*Aquilegia glandulosa*	毛茛科	花期4～6月
5	花毛茛	*Ranunculus asiaticus*	毛茛科	花期4～5月
6	猫爪草	*Ranunculus ternatus*	毛茛科	花期3～4月
7	大花美人蕉	*Canna × generalis*	美人蕉科	花期6～10月，花红色
8	美人蕉	*Canna indica*	美人蕉科	花期6～10月，花各色
9	野菊	*Chrysanthemum indicum*	菊科	花期9～11月，花黄色
10	大金鸡菊	*Coreopsis lanceolata*	菊科	花期5～6月，花黄色
11	大吴风草	*Farfugium japonicum*	菊科	花期7～11月，花黄色
12	金光菊	*Rudbeckia laciniata*	菊科	花期7～10月
13	银叶菊	*Senecio cineraria*	菊科	花期6～9月，花黄色
14	波斯菊	*Cosmos bipinnatus*	菊科	花期5～8月，舌状花，花白、粉红、堇紫等色
15	黑心菊	*Rudbeckia hybrida*	菊科	花期5～9月，舌状花，花金黄色
16	宿根天人菊	*Gaillardia aristata*	菊科	花期6～10月，舌状花黄色，管状花红紫色
17	大滨菊	*Leucanthemum maximum*	菊科	花期5～7月，花黄色
18	亚菊	*Ajania pacifica*	菊科	花期10～12月，伞房花序金黄色
19	松果菊	*Echinacea purpurea*	菊科	舌状花瓣宽、略下垂，玫瑰红或淡紫红色；管状花橙黄色
20	常夏石竹	*Dianthus plumarius*	石竹科	花期5～11月，花紫红、白等色
21	剪夏罗	*Lychnis coronata*	石竹科	花期6～7月，花橙红色
22	马蹄金	*Dichondra micrantha*	旋花科	花期4～5月，花淡黄色
23	蛇莓	*Duchesnea indica*	蔷薇科	花期4～6月
24	美女樱	*Glandularia × hybrida*	马鞭草科	花期4～10月，花色丰富
25	细叶美女樱	*Glandularia tenera*	马鞭草科	花期5～11月，花色丰富
26	活血丹	*Glechoma longituba*	唇形科	花期4～5月，花浅蓝至淡紫色
27	美国薄荷	*Monarda didyma*	唇形科	花期6～7月，花深红色
28	蓝花鼠尾草	*Salvia farinacea*	唇形科	花期4～7月
29	绞股蓝	*Gynostemma pentaphyllum*	葫芦科	花期7～9月，花冠淡绿或白色

序号	中文名	学名	科名	备注
30	刻叶紫堇	*Corydalis incisa*	罂粟科	花期3~4月，花蓝紫色
31	大花萱草	*Hemerocallis middendorffii*	百合科	花期5~7月，花色花型极丰富
32	玉簪	*Hosta plantaginea*	百合科	花期6~7月，花纯白色
33	紫萼	*Hosta ventricosa*	百合科	花期6~8月，花淡紫色
34	风信子	*Hyacinthus orientalis*	百合科	花期2~3月，花色丰富
35	百合	*Lilium brownii*	百合科	花期5~6月
36	禾叶山麦冬	*Liriope graminifolia*	百合科	花期5月
37	矮小山麦冬	*Liriope minor*	百合科	花期5~6月
38	阔叶麦冬	*Liriope muscari*	百合科	花期7~8月，花紫色
39	沿阶草	*Ophiopogon bodinieri*	百合科	花期6~7月，花淡紫色
40	玉竹	*Polygonatum odoratum*	百合科	花期5~6月，花被白色
41	吉祥草	*Reineckea carnea*	百合科	花期9~11月，花紫红或淡红
42	万年青	*Rohdea japonica*	百合科	观叶
43	白穗花	*Speirantha gardenii*	百合科	花期4~5月，花白色
44	蜘蛛抱蛋	*Aspidistra elatior*	白合科	花期5~6月，花紫色
45	郁金香	*Tulipa gesneriana*	百合科	花期3~4月，花多色
46	忽地笑	*Lycoris aurea*	石蒜科	花期8~9月，花鲜黄色
47	长筒石蒜	*Lycoris longituba*	石蒜科	花期8~9月，花白色
48	石蒜	*Lycoris radiata*	石蒜科	花期8~9月，花鲜红色
49	换锦花	*Lycoris sprengeri*	石蒜科	花期7~9月，花淡紫红色
50	喇叭水仙	*Narcissus pseudonarcissus*	石蒜科	花期3~4月，花淡黄色
51	水鬼蕉	*Hymenocallis littoralis*	石蒜科	花期7~8月，花白色有香气
52	葱兰	*Zephyranthes candida*	石蒜科	花期8~11月，花白色或外带淡红
53	韭兰	*Zephyranthes carinata*	石蒜科	花期5~9月，化玫瑰红色
54	水仙	*Narcissus tazetta var. chinensis*	石蒜科	花期1~3月，花乳白色
55	鱼腥草	*Houttuynia cordata*	三白草科	花期5~7月，花小，白色
56	蝴蝶花	*Iris japonica*	鸢尾科	花期3~4月，花蓝、白色
57	鸢尾	*Iris tectorum*	鸢尾科	花期4~5月，花蓝紫色
58	忍冬	*Lonicera japonica*	忍冬科	花期4~5月，花白色转黄，芳香
59	过路黄	*Lysimachia christiniae*	报春花科	花期5~7月，花黄色
60	金叶过路黄	*Lysimachia nummularia* 'Aurea'	报春花科	叶金黄色，霜后为暗红色，花期5~7月，花金黄色
61	紫茉莉	*Mirabilis jalapa*	紫茉莉科	花期6~10月，花红、白、黄等色
62	美丽月见草	*Oenothera speciosa*	柳叶菜科	花期4~7月，花白转粉红色
63	诸葛菜	*Orychophragmus violaceus*	十字花科	花期3~4月，花淡蓝色
64	红花酢浆草	*Oxalis corymbosa*	酢浆草科	花期4~11月，花粉红色
65	紫叶酢浆草	*Oxalis triangularis ssp. papilionacea*	酢浆草科	花期4~11月，花淡红色，观叶紫红色
66	芍药	*Paeonia lactiflora*	芍药科	花期4~5月，花各色
67	针叶福禄考	*Phlox subulata*	花葱科	花期6~9月，花淡粉紫色
68	花叶冷水花	*Pilea cadierei*	荨麻科	观叶
69	杜若	*Pollia japonica*	鸭跖草科	花期6~7月，花白色或紫色

序号	中文名	学名	科名	备注
70	无毛紫露草	*Tradescantia virginiana*	鸭跖草科	花期5～10月，花紫蓝色
71	紫锦草	*Tradescantia pallida*	鸭跖草科	花期5～11月，花淡紫色
72	虎耳草	*Saxifraga stolonifera*	虎耳草科	观叶，花期4～5月，花白色
73	佛甲草	*Sedum lineare*	景天科	花期4～5月，花瓣黄色
74	垂盆草	*Sedum sarmentosum*	景天科	花期6～7月，花黄色
75	翠云草	*Selaginella uncinata*	卷柏科	花淡蓝色
76	红车轴草	*Trifolium pratense*	豆科	花期4～11月，花紫红色
77	白车轴草	*Trifolium repens*	豆科	花期4～11月，小花白色
78	紫花地丁	*Viola philippica*	堇菜科	花期3～4月，花蓝紫色
79	芒萁	*Dicranopteris pedata*	里白科	观叶，山林中多见
80	井栏边草	*Pteris multifida*	凤尾蕨科	观叶，苏堤有栽植
81	贯众	*Cyrtomium fortunei*	鳞毛蕨科	观叶，在荫蔽栽植
82	天目地黄	*Rehmannia chingii*	玄参科	花期4～5月
83	火星花	*Crocosmia crocosmiiflora*	鸢尾科	花期6月底至8月初，花火红色
84	狗牙根	*Cynodon dactylon*	禾本科	暖季型草坪植物
85	高羊茅	*Festuca arundinacea*	禾本科	冷季型草坪植物
86	多年生黑麦草	*Lolium perenne*	禾本科	冷季型草坪植物
87	结缕草	*Zoysia japonica*	禾本科	过渡型草坪植物
88	花叶燕麦草	*Arrhenatherum elatius* var. *bulbosum* 'Variegatum'	禾本科	冷季型草坪植物
89	蓝羊茅	*Festuca glauca* 'Select'	禾本科	观叶
90	血草	*Imperata* sp.	禾本科	观叶
91	芭蕉	*Musa basjoo*	芭蕉科	叶大如巨扇，具有"雨打芭蕉"意境
92	鸡冠花	*Celosia cristata*	苋科	栽培的有球形、扁球形、穗形、扫帚形及凤尾形等
93	凤仙花	*Impatiens balsamina*	凤仙花科	能自播繁殖，花多侧生，花大，色彩繁多，自夏至秋开花不绝
六、水生植物				
1	荷花	*Nelumbo nucifera*	睡莲科	花期6～8月，花色有红、粉、白诸色
2	睡莲	*Nymphaea tetragona*	睡莲科	浮叶，花具各色，多型
3	莼菜	*Brasenia schreberi*	睡莲科	花期6月，花瓣紫红色
4	芡实	*Euryale ferox*	睡莲科	浮叶草本，花瓣多数紫色，观叶
5	萍蓬草	*Nuphar pumilum*	睡莲科	花期5～8月，花黄色
6	苹	*Marsilea quadrifolia*	苹科	浮叶水生植物
7	槐叶苹	*Salvinia natans*	槐叶苹科	浮水植物
8	金鱼藻	*Ceratophyllum demersum*	金鱼藻科	沉水植物
9	三白草	*Saururus chinensis*	三白草科	花序下叶片常为乳白色或具乳白色斑
10	红蓼	*Polygonum orientale*	蓼科	穗状花序，花被深红色或白色
11	千屈菜	*Lythrum salicaria*	千屈菜科	花期6～9月中旬，花粉红色或紫红色
12	菱	*Trapa bispinosa*	菱科	花两性，白色
13	穗状狐尾藻	*Myriophyllum spicatum*	小二仙草科	沉水植物
14	狐尾藻	*Myriophyllum verticillatum*	小二仙草科	植株大部分沉水，挺出水面的枝叶翠绿色
15	水芹	*Oenanthe javanica*	伞形科	花期5～7月，花瓣白色，有芳香气味

序号	中文名	学名	科名	备注
16	荇菜（莕菜）	*Nymphoides peltatum*	睡菜科	花两性、杏黄色，花期4～10月
17	黑藻	*Hydrilla verticillata*	水鳖科	沉水植物
18	苦草	*Vallisneria natans*	水鳖科	沉水植物
19	水鳖（芣菜）	*Hydrocharis dubia*	水鳖科	多年生浮水植物，花单性、同生于佛焰苞内，花白色
20	泽泻	*Alisma plantago-aquatica*	泽泻科	花期6～8月，花白色
21	野慈姑	*Sagittaria trifolia*	泽泻科	花期6～9月，花白色
22	慈姑	*Sagittaria trifolia* var. *sinensis*	泽泻科	花期6～9月，花白色
23	菹草	*Potamogeton crispus*	眼子菜科	多年生沉水植物
24	再力花	*Thalia dealbata*	竹芋科	花期6～10月，花紫红色
25	凤眼莲	*Eichhornia crassipes*	雨久花科	花淡蓝紫色
26	梭鱼草（海寿花）	*Pontederia cordata*	雨久花科	花淡蓝紫色
27	菖蒲	*Acorus calamus*	天南星科	两性花，黄绿色
28	石菖蒲	*Acorus tatarinowii*	天南星科	观叶
29	海芋	*Alocasia macrorrhiza*	天南星科	观卵状戟形叶
30	水浮莲	*Pistia stratiotes*	天南星科	浮水植物
31	浮萍	*Lemna minor*	浮萍科	浮水植物
32	水烛	*Typha angustifolia*	香蒲科	花期6～7月，花褐色，果期8～10月
33	黄花鸢尾	*Iris pseudacorus*	鸢尾科	花期4～7月，花瓣黄色
34	灯芯草	*Juncus effusus*	灯芯草科	湿生性草木，茎细、圆柱状
35	旱伞草	*Cyperus alternifolius*	莎草科	湿生性草本，观叶
36	水葱	*Scirpus validus*	莎草科	花期7～9月，呈棕色或紫褐色
37	花叶芦竹	*Arundo donax* 'Versicolor'	禾本科	早春或秋季萌发的新叶有黄白色长条纹
38	芦苇	*Phragmites communis*	禾本科	秋天观芦花
39	菰（茭白）	*Zizania caduciflora*	禾本科	观叶片，叶披针形
40	黄花水龙	*Ludwigia peploides* ssp. *stipulacea*	柳叶菜科	多年生浮水植物，花黄色、大而艳
七、藤蔓植物				
1	腺萼南蛇藤	*Celastrus orbiculatus* var. *punctatus*	卫矛科	
2	小叶扶芳藤	*Euonymus fortunei* var. *radicans*	卫矛科	观叶，叶秋呈绯红色、冬季红褐色，花白色
3	速铺扶芳藤	*Euonymus fortunei* 'Dart's Blanket'	卫矛科	观叶，入冬叶色转为暗红色
4	紫藤	*Wisteria sinensis*	豆科	花期夏季，花冠红紫色，具芳香
5	鸡血藤	*Millettia reticulata*	豆科	花期5～8月，花玫瑰红色至红紫色
6	薜荔	*Ficus pumila*	桑科	果期9～10月，隐花果成熟时暗红色
7	木香	*Rosa banksiae*	蔷薇科	花期夏初，花白色，浓香
8	凌霄	*Campsis grandiflora*	紫葳科	花期5～8月，花橙红色
9	中华常春藤	*Hedera nepalensis*	五加科	花黄白色
10	常春藤	*Hedera nepalensis* var. *sinensis*	五加科	叶黄白色，花序伞状球形，黄白色
11	爬山虎	*Parthenocissus tricuspidata*	葡萄科	秋叶变红，花小不显，黄绿色
12	绿叶地锦	*Parthenocissus laetevirens*	葡萄科	花期6～7月，花白色
13	络石	*Trachelospermum jasminoides*	夹竹桃科	花期4～6月，花冠白色

序号	中文名	学名	科名	备注
14	花叶蔓长春花	*Vinca major* 'Variegata'	夹竹桃科	花期5～9月，花冠漏斗状，蓝色
15	蔓长春花	*Vinca major*	夹竹桃科	花期4～5月，花蓝色
16	圆叶牵牛	*Ipomoea purpurea*	旋花科	花期夏季，花淡紫、白色
17	茑萝	*Ipomoea quamoclit*	旋花科	花期7～10月，花洋红色或橙黄色
18	鸡矢藤	*Paederia foetida*	茜草科	花期5～8月，花玫瑰红至红紫色
19	金银花	*Lonicera japonica*	忍冬科	花期夏季，初开白色，后变黄色
20	铁线莲	*Clematis florida*	毛茛科	花乳白色
		八、竹类		
1	毛竹	*Phyllostachys edulis*	禾本科	营造风景林，杭州云栖竹径、黄龙洞均用此竹
2	孝顺竹	*Bambusa multiplex*	禾本科	丛状灌木型竹类，观叶竹类
3	凤尾竹	*Bambusa multiplex* 'Fernleaf'	禾本科	丛状灌木型竹类
4	龟甲竹	*Phyllostachys edulis* 'Heterocycla'	禾本科	茎节处膨大，形似龟甲状
5	紫竹	*Phyllostachys nigra*	禾本科	竹竿青紫色近黑色，姿态雅致、绮丽
6	黄竿乌哺鸡竹	*Phyllostachys vivax* 'Aureocaulis'	禾本科	灌木状竹类，作地被
7	菲白竹	*Pleioblastus fortunei*	禾本科	灌木状竹类，叶具鲜丽的黄绿相间纵条纹
8	翠竹	*Sasa pygmaea*	禾本科	秆散生，植株矮小，叶披针形、翠绿色，宜作绿篱和地被
9	方竹	*Chimonobambusa quadrangularis*	禾本科	竿茎四方形，别具风雅，黄龙洞有方竹园
10	罗汉竹	*Phyllostachys aurea*	禾本科	竹竿、节隆起如罗汉
11	淡竹	*Phyllostachys glauca*	禾本科	同属有金竹、金明竹变种
12	早园竹	*Phyllostachys propinqua*	禾本科	散生竹类，竹笋食用
13	刚竹	*Phyllostachys sulphurea*	禾本科	散生型竹类
14	茶秆竹	*Pseudosasa amabilis*	禾本科	散生型竹类，叶翠绿
15	四季竹	*Semiarundinaria lubrica*	禾本科	丛生竹类
16	佛肚竹	*Bambusa vulgaris*	禾本科	丛生灌木状竹类，茎节基部膨大如瓶，形似佛肚
17	箬竹	*Indocalamus tessellatus*	禾本科	灌木状竹类
18	花叶箬竹	*Pleioblastus variegatus*	禾本科	灌木状竹类，叶面有乳白色纵条纹，作地被
19	鹅毛竹	*Shibataea chinensis*	禾本科	灌木状竹类，作地被
20	阔叶箬竹	*Indocalamus latifolius*	禾本科	灌木状竹类，姿态雅丽

参考资料

1.施奠东.西湖园林植物景观艺术[M].杭州：浙江科学技术出版社，2015.

2.中国科学院植物研究所.中国高等植物图鉴：第二册[M].北京：科学出版社，1972.

3.上海市林学会科普委员会，上海市园林管理局绿化宣传站.城市绿化手册[M].北京：中国林业出版社，1984.

4.吴玲.地被植物与景观[M].北京：中国林业出版社，2007.

5.龙雅宜.常见园林植物认知手册[M].北京：中国林业出版社，2006.

6.俞仲辂.新优园林植物选编[M].杭州：浙江科学技术出版社，2005.

7.陈绍云，马元建.观赏植物整形修剪技术[M].杭州：浙江科学技术出版社，2008.

8.喻勋林，曹铁如.水生观赏植物[M].北京：中国建筑工业出版社，2005.

9.高亚红，王挺，余金良.杭州植物园植物名录[M].杭州：浙江科学技术出版社，2016.

参考文献

[1] 托伯特·哈姆林. 建筑形式美[M]. 邹德侬，译. 北京：中国建筑工业出版社，1982.

[2] 米·费·奥夫相尼科夫. 美学[M]. 上海：上海译文出版社，1990.

[3] 安怀起. 杭州园林[M]. 上海：同济大学出版社，2009.

[4] 鲍沁星. 两宋园林中方池现象研究[J].中国园林，2012，28（04）：73-76.

[5] 陈冰晶，王晓俊. 自然式植物景观空间形态研究以杭州西湖公园绿地为例[J]. 风景园林，2016（05）：121-126.

[6] 陈从周. 园林谈丛[M]. 上海：上海文化出版社，1980.

[7] 陈光照. 我国风景园林中的水石之美[J].绍兴文理学院学报（哲学社会科学版），1997（02）：38-41.

[8] 陈进，马永祥. 西湖书法蠡测[M]//张建庭. 西湖学论丛：第3辑. 杭州：杭州出版社，2010.

[9] 陈明剑. 谈杭州西湖山水之美[C]//西湖文化研讨会筹备组.西湖文化研讨会论文集之三. 杭州，1999：129-134.

[10] 陈明剑. 西湖的自然美及保护[M]//杭州市社会科学界联合会，西湖文化研讨会组委会. 西湖文澜——西湖文化研讨会论文集萃. 杭州：杭州出版社，2015.

[11] 陈明剑. 西湖的文化品质[J]. 风景名胜，1998（05）：16-17.

[12] 陈桥驿. 历史时期西湖的发展和变迁——关于西湖是人工湖及其何以众废独存的讨论[J].中原地理研究，1985（02）：1-8.

[13] 陈述. 南山绝胜[J]. 风景名胜，1996（06）：21-21.

[14] 陈水昊，余连祥，张传峰. 中国丝绸文化[M]. 杭州：浙江摄影出版社，1995：.

[15] 陈同滨，傅晶，刘剑. 世界遗产杭州西湖文化景观突出普遍价值研究[J]. 风景园林，2012（02）：68-71.

[16] 陈有民. 园林植物与意境美[J]. 中国园林，1985（04）：28-29+2.

[17] 池长尧. 西湖旧踪[M]. 杭州：浙江人民出版社，1985.

[18] 储椒生，陈樟德. 园林造景图说[M]. 上海：上海科学技术出版，1988.

[19] 褚斌杰. 中国历史小丛书：白居易[M]. 北京：中华书局，1962.

[20] 褚斌杰. 白居易[M]. 北京：中华书局，1962.

[21] 崔友文. 中国盆景及其栽培[M]. 北京：北京商务印书馆，1959.

[22] 杜汝俭，李恩山，刘管平. 园林建筑设计[M]. 北京：中国建筑工业出版社，1986.

[23] 范丽琨，唐宇力，钱萍，等. 杭州西湖荷花种质资源收集、分类及应用研究[J]. 广东园林，2015，37（03）：23-27.

[24] 冯钟平. 中国园林建筑[M]. 北京：清华大学出版社，1988.

[25] 傅伯星. 伯星三乐篇[M]. 杭州：杭州出版社，1996.

[26] 傅勤家. 中国道教史[M]. 上海：上海文化出版社，1989.

[27] 高濂，等. 四时幽赏录：外十种[M]. 上海：上海古籍出版社，1998.

[28] 高履泰. 建筑的色彩[M]. 南昌：江西科学技术出版社，1988.

[29] 古吴墨浪子. 西湖佳话[M]. 上海：上海古籍出版社，1980.

[30] 国家城市建设总局. 杭州园林植物配置专辑[M]. 北京：城市建设出版社，1981.

[31] 杭州市园林文物局. 西湖志[M]. 上海：上海古籍出版社，1995.

[32] 杭州市政协文史和学习委员会，杭州于谦祠. 于谦[M]. 杭州：杭州出版社，1998.

[33] 杭州市政协文史和学习委员会. 于谦[M]. 浙江：杭州出版社，1998.

[34] 杭州文物保护管理所. 杭州闸口白塔[M]. 杭州：浙江摄影出版社，1996.

[35] 杭州园林管理局. 杭州园林资料选编[M]. 北京：中国建筑工业出版社，1977.

[36] 何乐之. 中国历史小丛书：西湖史话[M]. 北京：中华书局，1962.

[37] 何征. 宋文人山水画对园林艺术的影响[J]. 浙江林学院学报，1998（04）：121-125.

[38] 胡理琛. 胡理琛文集[M]. 北京：中国建筑工业出版社，2012.

[39] 胡祥翰. 西湖新志[M]. 上海：上海古籍出版社，1998.

[40] 黄玮. 古典园林传统如何古为今用[J]. 建筑学报，1980（05）：26-27.

[41] 黄文鑫，吴保欢，崔大方. 诗词中的桃文化及其对园林应用的启示[J]. 广东园林，2016，38（02）：89-91.

[42] 计无否. 园冶[M]. 北京：城市建筑出版社，1957.

[43] 建筑师编辑部. 建筑师4[M]. 北京：中国建筑工业出版社，1989.

[44] 江志清. 浙派插花艺术的核心风格与特点[J]. 浙江园林，2018（01）：84-87.

[45] 姜卿云. 浙江新志[M]. 杭州：杭州正中书局，1936（民国25年）.

[46] 教育部高教司组. 中国文化概论修订本[M]. 北京：北京师范大学出版社，2014.

[47] 金学智. 东方艺术美学丛书[M]. 江苏：江苏文艺出版社，1990.

[48] 冷文，萧岚. 江南佳丽地　超山与吴昌硕[M]. 杭州：西泠印社出版社，华宝斋书社，2009.

[49] 冷晓. 杭州城市发展研究[M]. 北京：北京当代世界出版社，2001.

[50] 冷晓. 杭州佛教史[M]. 香港：百通（香港）出版社，2001.

[51] 冷晓. 近代杭州佛教史[M]. 杭州：杭州市佛教协会出版社，1995.

[52] 李昆山. 关于西湖景观建设的一点美学思考[J]. 杭州师院学报（社会科学版），1987（03）：98-102.

[53] 李路珂. 古都开封与杭州[M]. 北京：清华大学出版社，2012.

[54] 李树华. 关于我国明代末期五篇盆景专论的研究[J]. 中国园林，1997（01）：40-43.

[55] 李伟强，包志毅. 园林植物空间营造研究以杭州西湖绿地为例[J]. 风景园林，2011（05）：98-103.

[56] 李一凡. 西湖山水"地以人名"之文化论述略[M]//张建庭. 西湖学论丛：第四辑. 杭州：杭州出版社，2012：66-71.

[57] 李一凡. 古都历史文化的侧面——西湖景观美学二题议[M]. 浙江：浙江大学出版社，2009.

[58] 李一凡. 景观的文化还原——以杭州西湖为例[J]. 美育学刊，2014，5（05）：24-35.

[59] 李一凡. 论西湖意境文化[J]. 中共杭州市委党校学报，2009（06）：13-17.

[60] 李一凡. 西湖美学札记[M]. 浙江：浙江大学出版社，2015.

[61] 李子荣，刘卫. 西湖新翠[M]. 北京：北京人民出版社，1999.

[62] 梁敦睦. 试谈园林名胜的组景题名[J]. 广东园林，1987（03）：12-14.

[63] 梁敦睦. 中国园林与中国文学的渊源[J]. 广东园林，1987（04）：6-7+22.

[64] 梁仕然. 广东惠州西湖风景名胜理法浅论[J]. 风景园林，2012（03）：153-157.

[65] 林福昌. 中国风景园林名家名师. 林福昌[M]. 北京：中国建筑工业出版社，2018.

[66] 林福昌. 西湖景观艺术美的探讨[J]. 中国园林，1994（04）：46-49.

[67] 林福昌. 西湖园林植物造景浅识[J]. 中国园林，1997（04）：48-50.

[68] 林岗，蔡晓勇，朱晨，等. 杭州雕塑院[M]. 北京：中国美术学院出版社，2013.

[69] 林正秋. 杭州南宋皇宫探索[M]// 杭州市社会科学界联合会，西湖文化研讨会组委会. 西湖文澜——西湖文化研讨会论文集萃. 杭州：杭州出版社，2015.

[70] 林正秋. 南宋都城临安[M]. 杭州：西泠印社出版社，1986.

[71] 刘敦桢. 中国古代建筑史[M]. 北京：中国建筑工业出版社，1980.

[72] 刘天华. 画境文心——中国古典园林之美[M]. 北京：生活·读书·新知三联书店，2008.

[73] 刘先觉，潘谷西合. 江南园林图录——庭院[M]. 南京：东南大学出版社，2007.

[74] 鲁晨海. 中国历代园林图文精选：第5辑[M]. 上海：同济大学出版社，2006.

[75] 陆鉴三. 西湖笔丛[M]. 杭州：浙江人民出版社，1981.

[76] 陆元影. 中国传统民居与文化[M]. 北京：中国建筑工业出版社，1992.

[77] 路秉杰. 雷锋塔创建记——关于吴越王钱俶所书雷锋塔跋记的解读[J]. 同济大学学报（社会科学版），2000，11（2）：7-11.

[78] 罗筠筠. 自然美欣赏[M]. 山西：山西人民出版社，1995.

[79] 罗哲文. 中国古塔[M]. 北京：中国青年出版社，1985.

[80] 吕小薇，孙小昭. 西湖诗词[M]. 上海：上海古籍出版社，1982.

[81] 麻欣瑶，杨云芳，李秋明，等. 明清杭州园林[M]. 北京：中国电力出版社，2020.

[82] 梅重，洪尚之，陈汉民，等. 西湖天下景[M]. 浙江：浙江摄影出版社，1997.

[83] 孟兆祯，毛培琳，黄庆喜，等. 园林工程[M]. 北京：北京林学院，1996.

[84] 孟兆祯. 西湖——高山流水间的诗意栖居[J]. 浙江园林，2016（03）：8-16.

[85] 孟兆祯. 园衍[M]. 北京：中国建筑工业出版社，2015.

[86] 牛沙. 杭州市西湖风景名胜区古泉池景观研究[D]. 杭州：浙江农林大学，2014.

[87] 纽国莉. 杭州孔庙的历史变迁与现状[C]//西湖文化研讨会筹备组. 西湖文化研究会论文集之三. 杭州，
    1999：72-75.

[88] 欧阳海. 论竹类在中国园林建设中的作用[J]. 广东园林，2005（02）：29-32.

[89] 潘传瑞，吴伏虎，刘传军，等. 盆景史7000年[J]. 广东园林，2015，37（04）：13-15.

[90] 潘梦阳. 宁夏揽胜[M]. 银川：宁夏人民出版社，1998.

[91] 潘梦阳. 伊斯兰与穆斯林[M]. 银川：宁夏人民出版社，1993.

[92] 潘志良. 西湖古版画[M]. 杭州：杭州出版社，2020.

[93] 彭一刚. 中国古典园林分析[M]. 北京：中国建筑工业出版社，1986.

[94] 齐君. 中国传统艺术中的园林美学[J]. 广东园林，2017，39（01）：37-40.

[95] 邱雯. 董邦达与《西湖十景》图[J]. 新美术，2015，36（5）：29-34.

[96] 阮毅成. 三句不离本"杭"[M]. 香港：香港未来中国出版社，1993.

[97] 施奠东. 西湖风景园林（1949—1989）[M]. 上海：上海科学技术出版社，1990.

[98] 施奠东. 西湖钩沉——西湖植物景观的历史特征及历史延续性[J]. 中国园林，2009，25（09）：1-6.

[99] 施奠东. 在中国风景园林的延长线上砥砺前进[J]. 中国园林，2018，34（01）：20-27.

[100] 苏雪痕. 植物景观规划设计[M]. 北京：中国林业出版社，2012.

[101] 孙高亮. 于谦全传[M]. 苏道明，校注. 杭州：浙江文艺出版社，1983.

[102] 孙巨淼. 竹文化及竹子在园林造景中的应用[J]. 浙江园林，2016（02）：18-21.

[103] 孙筱祥，胡绪渭. 杭州花港观鱼公园规划设计[J]. 建筑学报，1959（05）：19-24.

[104] 孙筱祥. 中国山水画论中有关园林布局理论的探讨[J]. 园艺学报，1964（01）：63 74.

[105] 田汝成. 西湖游览志[M]. 上海：上海古籍出版社，1958.

[106] 同济大学，重庆建筑工程学院，武汉建筑材料工业学院. 城市园林绿地规划[M]. 北京：中国建筑工业出
    版社，1982.

[107] 同济大学城市规划教研室. 中国城市建设史[M]. 北京：中国建筑工业出版社，1982.

[108] 同济大学建筑系园林教研室. 公园规划与建筑图集[M]. 北京：中国建筑工业出版社，1986.

[109] 汪菊渊. 中国古代园林史[M]. 北京：中国建筑工业出版社，2006.

[110] 王朝闻. 美学概论[M]. 北京：人民出版社，1981.

[111] 王恩，盛久远. 南宋杭州西湖[C]// 第八届西湖文化研讨会组委会. 西湖文化研讨会文集. 浙江，2009：
    165-171.

[112] 王光龙，张杭岭. 杭州园林古建筑[M]. 杭州：浙江摄影出版社，2014.

[113] 王玲. 中国茶文化[M]. 北京：中国书店出版社，1992.

[114] 王品玉. 谈谈风景园的自然美[J]. 园林与名胜，1985（01）：20-21.

[115] 王士伦，赵振汉. 杭州史话[M]. 杭州：浙江人民出版社，1979.

[116] 王双阳，吴敢. 从义学到绘画——西湖十景图的形成与发展[J]. 新美术，2015，36（1）：65-72.

[117] 王双阳，吴敢. 文人趣味与应制图式清代的西湖十景图[J]. 新美术，2015，36（7）：48-54.

[118] 王旭峰. 走读西湖[M]. 杭州：浙江摄影出版社，2006.

[119] 王永照. 苏轼选集[M]. 上海：上海古籍出版社，1958.

[120] 韦恭隆. 杭州山水的由来[M]. 北京：商务印书馆，1971.

[121] 吴晗，何乐之. 西湖史话[M]. 上海：中华书局，1962.

[122] 吴涛. 诗情画意与题名景观[M]//张建庭. 西湖学论丛：第四辑. 杭州：杭州出版社，2012：95-100.

[123] 吴为廉. 景园建筑工程规划与设计：下[M]. 上海：同济大学出版社，1996.

[124] 吴泽椿，韦金笙，胡运骅，等. 中国盆景艺术[M]. 北京：科普出版社，1989.

[125] 吴忠泉，黄连友，仲向平，等. 留住城市的脚印：杭州老房子存照[M]. 杭州：浙江大学出版社，2000.

[126] 吴自牧. 梦粱录[M]. 杭州：浙江人民出版社，1980.

[127] 习近平. 加强对西湖文化的保护[N]. 浙江日报，2003-09-15（1）.

[128] 向其柏. 中国桂花品种图志[M]. 杭州：浙江科学技术出版社，2008.

[129] 辛克靖，李靖淑. 中国古建筑装饰图案[M]. 郑州：河南美术出版社，1990.

[130] 徐恩存. 中国石窟[M]. 杭州：浙江人民出版社，1996.

[131] 徐洁，何韦，周为等. 杭州新景观——西湖·西溪双西合璧[M]. 沈阳：辽宁科学技术出版社，2006.

[132] 阎崇年. 中国历史名都[M]. 杭州：浙江人民出版社，1986.

[133] 杨晓东. 明清时期江南私家园林景点题名中的竹文化研究[J]. 风景园林，2019，26（04）：116-119.

[134] 姚桂芳. 从文物遗存看西湖的人文景观[C]// 第二届西湖文化研讨会组委会.西湖文化研讨会论文集. 杭州，1995：96-100.

[135] 姚桂芳. 杭州名城的保护、利用和现代化建设[C]// 第二届西湖文化研讨会组委会.西湖文化研讨会论文集. 杭州，1995：13-16.

[136] 姚永正. 三潭印月的布置艺术[J]. 园林与名胜，1986（06）：34-35

[137] 游修龄. 西湖的人文生态文化[C]//西湖文化研讨会筹备组.西湖文化研讨会论文集之三. 杭州，1999：152-156.

[138] 于之. 杭州小瀛洲园林艺术浅谈[J]. 中国园林，1985（02）：15.

[139] 余森文. 园林植物配置艺术的探讨[J]. 建筑学报，1984（01）：35-40+88.

[140] 余树勋. 议假山[J]. 中国园林，1985（01）：11-13.

[141] 俞建军. 引水对西湖水质改善作用的回顾[J]. 水资源保护，1998，14（2）：50-55.

[142] 喻勋林，曹铁如. 中国观赏植物图鉴丛书 水生观赏植物[M]. 北京：中国建筑工业出版社，2005.

[143] 袁庆. 白居易茶诗研究[D]. 西安：陕西师范大学，2016.

[144] 翟灏，等. 湖山便览[M]. 王维翰，重订. 上海：上海古籍出版社，1998.

[145] 张岱年. 中国文史百科[M]. 杭州：浙江人民出版社，1998.

[146] 张建庭. 碧波盈盈[M]. 杭州：杭州出版社，2003.

[147] 张倩. 谁道江南风景佳，移天缩地在君怀——杭州西湖对皇家园林的影响[J]. 风景园林，2015：48-53.

[148] 张仁美. 西湖纪游[M]//王国平. 西湖文献集成：第8册. 杭州：杭州出版社，2004.

[149] 浙江人民出版社. 西湖揽胜[M]. 杭州：浙江人民出版社，1979.

[150] 浙江省风景园林学会. 余森文园林论文集[M]杭州：中国美术学院出版社，2021.

[151] 浙江省杭州市委员会办公室. 南宋京城杭州[C]. 中国人民政治协商会议，1984.

[152] 浙江省科普创作协会. 西湖胜景科学趣谈[M]. 杭州：浙江大学出版社，1989.

[153] 浙江通志编撰委员会. 浙江通志：第九十九卷：西湖专志[M]. 杭州：浙江人民出版社，2019.

[154] 浙江通志编撰委员会. 浙江通志：茶叶专志[M]. 杭州：浙江人民出版社，2019.

[155] 真柏. 花花草草的七情六欲[M]. 北京：中国时代经济出版社，2009.

[156] 中国城市规划设计研究院. 中国新园林[M]. 北京：中国林业出版社，1985.

[157] 中国大百科全书总委员会《建筑园林城市规划》委员会. 中国大百科全书：建筑·园林·城市规划[M]. 北京：中国大百科全书出版社，1992.

[158] 中国风物志丛书. 宁夏风物志[M]. 银川：宁夏人民出版社，1985.

[159] 中国佛教协会. 中国佛教：（一）（二）[M]. 北京：北京知识出版社，1980.

[160] 仲向平，郁建民. 法云古村——杭州最后的山地民居[C]//第八届西湖文化研究会组委会. 西湖文化研讨

会文集. 杭州，2009：152-154.

[161]　仲向平. 西湖名人故居[M]. 杭州：杭州出版社，2000.

[162]　周淙，施谔. 南宋临安两志[M]. 杭州：浙江人民出版社，1983.

[163]　周峰. 南北朝前古杭州[M]. 杭州：浙江人民出版社，1997.

[164]　周峰. 隋唐名郡杭州[M]. 杭州：浙江人民出版社，1997.

[165]　周峰. 吴越首府杭州[M]. 杭州：浙江人民出版社，1988.

[166]　周峰. 元明清名城杭州[M]. 杭州：浙江人民出版社，1981.

[167]　周景崇. 杭州佛教石窟造像考[J]. 美术观察，2015，35（5）：110-117.

[168]　周密. 武林旧事[M]. 杭州：西湖书社，1981.

[169]　周末隼. 西湖水文化初探[C]// 第二届西湖文化研讨会组委会.西湖文化研讨会论文集. 杭州，1995：72-82.

[170]　周维权. 中国古典园林史[M]. 北京：清华大学出版社，1999.

[171]　周新华. 西湖天下：西湖亭阁[M]. 杭州：浙江出版联合集团，浙江摄影出版社，2011.

[172]　朱宏宇. 论中国园林对英国18世纪如画园林的影响[J]. 中国园林，2011，27（09）：90-94.

[173]　朱彭. 南宋古迹考：外四种[M]. 杭州：浙江人民出版社，1983.

[174]　朱文艳. 画意诗情景无尽，春风秋月趣常园——浅析中国古典诗词与古典园林的相融相通[J]. 包装世界，2016（05）：71-73.

[175]　宗白华，等. 中国园林艺术概论[M]. 江苏：江苏人民出版社，1987.

其他参考资料

（1） 陈樟德，《曲院风荷规划、风荷区设计》，杭州园林设计院，1986年。

（2） 杭州日报群工资料组，《西湖》，1979年。

（3） 杭州市规划局、杭州市文管会、杭州市园管局，《历史文化名城——杭州市文物古迹、风景名胜、古树名木保护单位》，1983年。

（4） 杭州市园林管理局、浙江日报社编辑部，《西湖诗词选（附楹联）》，1979年6月。

（5） 杭州市园林管理局，《杭州园林工作经验汇编（1949—1959年）》，1959年。

（6） 杭州市园林管理局，《花港公园简介》，1974年。

（7） 杭州市园林管理局资料室，《孤山园林浅谈》，1981年。

（8） 杭州园林设计院，《杭州西湖国家级风景名胜区总体规划》修编，2002年。

（9） 杭州园林设计院，《杭州西湖风景名胜区总体规划》，1987年。

（10） 王品玉，《西湖园林建筑》，1973年。

（11） 吴子刚、潭伯禹等，《建国三十五年来杭州西湖与环湖地区园林建设》，1984年。

（12） 吴子刚，《建国以来杭州西湖及环湖地区的园林建设》，1983年。

（13） 浙江省文物局，《文物考古资料1》，1984年。

（14） 浙江省文物局，《文物考古资料4》，1986年。

（15） 朱沛章、欧庆利，《吴山文物考察报告》，1989年。

后

记

线性的时间，永远只有消逝，而不会重来。生命之贵就在其不可重复性。周易中"乾卦"象云："天行健，君子以自强不息。""人当自强不息"的哲学命题，已成为中华民族最可贵的文化精神。退休十余载，忙碌于为风景园林事业发挥"余热"，直至2015年，终觉时光在悄然流逝，蓦然回首，已年逾古稀。往事如烟，方知老去无成，顿时萌生总结编撰资料，以有意义的方式刺激大脑、活跃思维、延缓衰老的想法。又因生活在杭州、工作在西湖，为西湖风景园林事业尽了绵薄之力，为了不辜负这宝贵的岁月和这天生丽质的西子湖，怀着钟情西湖的特殊情感和对第二故乡的拳拳之心，以及对中国传统山水园林的崇敬，参考20世纪80年代初杭州市园林管理局拟编著的《西湖园林艺术》讨论提纲与《杭州西湖风景与园林艺术》调查研究提纲（讨论稿），重整编著提纲。此后，又不辞辛苦搜集资料，欣然落笔，潜心编写，克服三年疫情的影响和病痛的困扰，多次增删润色，历经数年，终于编就了《西湖风景园林艺术》。

本书重点剖析了西湖景区的自然景观、融合自然美与人文美的风景园林艺术、西湖景区植物景观艺术、园林建筑艺术、理水艺术、筑山叠石艺术和规划设计艺术等。唯在植物景观艺术章节，因有《西湖园林植物景观艺术》珠玉在前，故而本书着重于论述西湖景区宏观植物配植艺术、植物材料的美学欣赏和若干植物的文化内涵，较少涉及植物局部配植内容。

中国园林以其悠久的历史文化内涵和精湛的造园艺术著称于世。中国传统园林又是一个大型繁杂、以静态为主的综合艺术系统，几乎拥有一切艺术门类的因素。杭州西湖是中国历代文化精英秉承"天人和一"的哲理，在深厚的文化艺术、造园艺术的基础上，持续性创造的具有中国山水美学、讲求诗情画意的最经典的风景园林设计作品。历史上，杭州西湖风景园林艺术影响遍及海内外。20世纪50年代，杭州风景园林在遵循余森文先生竭力倡导的向大自然学习、尊重自然、坚持以植物造景为主、"采中西园林艺术之长"创造符合自然之美的西湖新园林的建园思想基础上，以传承和创新相结合的理念，开创了新中国风景园林的一代新风。同时，杭州西湖又是一本"西湖天下景，游者无愚贤，深浅随所得，谁能识其全"的书（宋·苏轼语），"湖山之景，四时无穷，虽有画工，莫能摹写"（宋·吴自牧《梦粱录·卷十二》）。关于西湖的著述，浩如烟海。以个人的愿望来说，总想将此书撰写得好一点。因此，本书力求扎根于杭州这块土壤，挖掘与发扬本土文化，展现新视觉、新思维，通过文字和图片，较简洁明晰和全面真实地反映西湖的内涵与外貌。

历代有关西湖的文献卷帙浩繁，史料非常丰富。本书中选用的资料来源，有的是先前读书时摘录的经典段落，有的是各种年会的论文，有的是从报刊、杂志上剪裁下来，有的从书籍、刊物上直接引用，有的来自于杭州展览（博物）馆的展板内容。特别是早些年摘录、剪裁下来的内容，缺乏著作者、刊物名称或出版社等信息，由于年代久远，如今已无法查询这些资料的来源。谨在此向所有被引用资料的原作者或出版社，致以深深的感谢并报以歉意！书中的图、画，多有出处，照片除署名外，均由作者拍摄。文中有些统计数字，由于来源不一、时间和项目不同，存在着不统一的情况，但无碍于对西湖艺术美整体的认识。

本书对于不会使用现代工具进行书写和寻找浩瀚资料的老者来说，是一件难度较大的事。我采用最原始的铅笔书写，便于修改。在撰稿期间，家人给予了最大的支持和帮助。贤妻倪芸英除承担全部家务外，还为本书外出复印、扫描图画和筛选照片；铅笔稿由长女林葵录入为电子文件（含正文、参考文献、备选图照目录）并核对诗词出处以及多次校对文稿；修饰图照则由儿子林晖及孙子林裔帮忙。本书审稿由次女、北京林业大学园林学院教授林箐在繁重的工作和家庭事务之余挤出时间完成。感谢她认真审核文献、梳理文章、完善内容，为本书付出了巨大的精力。

本书得到杭州植物园李晶萍博士在植物名录中的学名录入、校核方面的帮助；得到了杭州市园林文物局、杭州市西湖风景名胜区管理委员会及下属各单位给予收集资料的协助，得到杭州园林设计院提供众多图纸和扫描、修饰图片的帮助，在此一并表示感谢！并致谢一直支持和帮助我的朋友和同仁！

真诚感谢老学友、中国风景园林学会原副秘书长、中国建筑技术研究院黄晓鸾高级工程师的认真审阅、修正，并提出宝贵的修改意见与建议。

本书承蒙中国风景园林学会原副理事长、中国风景园林学会终身成就奖获得者、IFLA 亚太区杰出人物、杭州市园林文物局原局长施奠东先生对送审稿的复核、赐正和亲书书名，使我备受鼓舞。

本书得到吾师，曾任建设部风景园林专家委员会副主任、中国风景园林学会副理事长，首届中国林业科技奖、中国风景园林学会终身成就奖获得者，我国著名的风景园林学家、风景园林教育家、中国工程院院士、北京林业大学园林学院孟兆祯教授欣然拨冗题款，在百忙之中仔细地修改初稿目录，认真审阅送审稿，并乐而赐序，使我深感欣幸，特表衷心感谢！遗憾的是先生驾鹤西去，未见本书正式出版。

本书是在中国建筑工业出版社学术著作出版基金的诚挚赞助下，付梓出版。感谢中国建筑工业出版社杜洁主任、兰丽婷编辑等同志为本书出版付出的辛勤劳动，今借本书出版的机会，谨向她们表示深切的谢意！

由于风景园林是由自然、人文、社会、科学交叉融合的跨学科领域。著者虽企望通过本书，能比较全面地展现出东方明珠——杭州西湖的艺术魅力，但限于所学有限，见闻难周，拙稿必然会有不少谬误，敬祈读者、同仁见谅，并不吝赐教、指正。

著者　林福昌

2023 年 7 月于杭州山水人家

汇报初稿目录

作者简介

林福昌

福建福清人，1939 年 3 月生。

1963 年毕业于北京林学院绿化系（即今北京林业大学园林学院），分配到杭州市园林管理局工作。教授级高级工程师，第六届全国人民代表大会代表。

1981 年起担任杭州市园林管理局规划设计室、处、院副职，1990 年起担任杭州园林设计院院长，1998 年改任院顾问总工程师，直至 1999 年底退休。曾任中国勘察设计协会园林设计协会副理事长、浙江省第二届经济建设咨询委员会委员（连任两届）、浙江省建设厅科技委员会委员（连任三届），现为浙江省风景园林学会顾问。

20 世纪 60 年代起，主要承担杭州西湖风景名胜区规划管控工作，编制西湖景区建设规划（计划）、杭州市历史文化名城保护规划（首轮，风景名胜）、杭州市城市总体规划（园林绿化）、杭州西湖风景名胜区总体规划、杭州市绿地系统规划，并负责城市群众绿化工作。主持（参加）数十项规划设计实践，其中杭州太子湾公园规划设计获得建设部优秀规划设计一等奖、第七届全国优秀工程设计铜质奖。发表论文十余篇，其中《杭州西湖景观艺术美的探讨》一文获得中国风景园林学会、中国勘察设计协会园林设计协会 1992 年度全国园林规划设计优秀论文。2008 年，中国风景园林学会主编的《中国风景园林名家名师　林福昌》一书，由中国建筑工业出版社出版发行。

图书在版编目（CIP）数据

西湖风景园林艺术 / 林福昌著. —北京：中国建筑工业出版社，2024.2
ISBN 978-7-112-29534-0

Ⅰ.①西… Ⅱ.①林… Ⅲ.①西湖—园林艺术 Ⅳ.
① TU986.62

中国国家版本馆CIP数据核字（2023）第251534号

责任编辑：兰丽婷　杜　洁
责任校对：王　烨

本书是一本介绍杭州西湖风景园林艺术的理论与实践的著作，简要而系统地以艺术诠释数千年来西湖从海湾、潟湖、陂湖，凭借天然赋以人工补凿，直至千峰凝翠、湖水澄碧、人文荟萃、名胜古迹众多的风景湖。宛如"一镜天开浮碧云"的世界文化遗产景观让人一见倾心，给人以无限缱绻之情。本书立论鲜明、以史为鉴、论从史出，著写过程中查证了大量的文献资料和实践记录，可供风景园林专业设计、工程、技术人员和大专院校师生课余阅读，以及广大游杭者阅览探考。

西湖风景园林艺术
林福昌　著
*
中国建筑工业出版社出版、发行（北京海淀三里河路9号）
各地新华书店、建筑书店经销
北京海视强森文化传媒有限公司制版
北京富诚彩色印刷有限公司印刷
*
开本：880毫米×1230毫米　1/16　印张：30¾　插页：8　字数：615千字
2024年5月第一版　2024年5月第一次印刷
定价：**298.00**元
ISBN 978-7-112-29534-0
（42289）